全国医药类高职高专“十三五”规划教材 · 药学类专业

# 药用植物学

主　编　彭学著　汪荣斌
副主编　杨翠玲　颜永刚
编　者　（以姓氏笔画为序）
王玉梅　河西学院
杨翠玲　山西职工医学院
汪荣斌　安徽中医药高等专科学校
周　群　湖南医药学院
骆　航　永州职业技术学院
袁　媛　湖南中医药高等专科学校
彭学著　湖南中医药高等专科学校
颜永刚　陕西中医药大学

西安交通大學出版社
XI'AN JIAOTONG UNIVERSITY PRESS

图书在版编目(CIP)数据

药用植物学/彭学著,汪荣斌主编.—西安:西安交通大学出版社，2017.7(2023.11 重印)
全国医药类高职高专“十三五”规划教材·药学类专业
ISBN 978-7-5605-9835-2

Ⅰ.①药…　Ⅱ.①彭…　②汪…　Ⅲ.①药用植物学-高等职业教育-教材
Ⅳ.①Q949.95

中国版本图书馆 CIP 数据核字(2017)第 159213 号

书　　名　药用植物学
主　　编　彭学著　汪荣斌
责任编辑　宋伟丽　王银存

出版发行　西安交通大学出版社
　　　　　(西安市兴庆南路 1 号　邮政编码 710048)
网　　址　http://www.xjtupress.com
电　　话　(029)82668357　82667874(市场营销中心)
　　　　　(029)82668315(总编办)
传　　真　(029)82668280
印　　刷　西安日报社印务中心

开　　本　787mm×1092mm　1/16　　印张 16.5　　字数 400 千字
版次印次　2017 年 8 月第 1 版　　2023 年 11 月第 3 次印刷
书　　号　ISBN 978-7-5605-9835-2
定　　价　36.00 元

如发现印装质量问题，请与本社市场营销中心联系。
订购热线：(029)82665248　(029)82667874
投稿热线：(029)82668803
读者信箱：med_xjup@163.com

# 编审委员会

# 前　言

本教材是依据全国高等医药院校职业教育药学专业教学计划和《药用植物学》教学大纲编写而成的，可供全国高等医药院校药学专业、药物制剂专业、药品检验、药品生产、医药营销专业等专科层次使用，也可作为制药企业、药品检验机构、药师培训和执业药师资格考试的参考用书。

本教材的编写始终贯彻“宽基础、重实践”的原则。在体例上，突出了以能力为本位的课程特色，吸收了本、专科教材的优点；在内容上，以《中国药典》2015年版为依据，做到思想性、科学性、先进性、启发性和实用性相结合，注重培养学生的职业能力和社会能力。

本教材共十二章，第二至四章由细胞到组织，再到器官，由浅入深介绍植物显微结构，并介绍了被子植物各器官的外部形态；第五至十二章介绍的是植物的分类。在课时安排上，分类学部分虽篇幅较长，但课时较少；实训课则以显微结构为主。每章后附有目标检测，书后还附有实训指导、植物标本的采集与制作、被子植物门分科检索表等，以供学生学习参考。

本教材的编写分工是：第一、二、三章及附录由彭学著老师编写，第四章第一、五节由杨翠玲老师编写，第四章第二、六节由颜永刚老师编写，第四章第三节由周群老师编写，第四章第四节由骆航老师编写，第五、六、七、八、九、十、十一章由汪荣斌老师编写，第十二章第一、二节至第三节一（一）离瓣花亚纲由袁媛老师编写，第十二章第三节一（二）合瓣花亚纲和单子叶植物纲由王玉梅老师编写，最后由彭学著老师负责统稿。

本教材在编写过程中，参阅了大量相关资料，也得到了西安交通大学出版社以及各参编单位领导及教师的大力支持和帮助，在此一并表示衷心的感谢。

由于编者水平所限，书中可能存在不足之处，敬请广大读者批评指正，以便后期进一步修订和完善。

**编　者**

**2017年6月**

# 目　　录

# 第一章　绪　论

## 学习目标

【掌握】药用植物学概念。

【熟悉】学习药用植物学的目的和方法。

【了解】药用植物学发展简史和发展趋势。

## 一、药用植物学的概念、地位和学习目的

自然界中具有预防、治疗疾病和对人体有保健功能的植物称为药用植物。药用植物学是植物学中的一个分支，是研究药用植物的形态、结构、分类及生长发育规律的一门学科。中药种类繁多，主要是来源于植物，中药的品种鉴定、品质评价、临床疗效及新药开发都与药用植物学密切相关，因此本学科是药学各专业学生必修的一门专业基础课，起着承前启后的重要作用。我们学习药用植物学的主要目的有以下几点。

### (一)为中药鉴定学和生药学等课程的学习打基础

本课程的内容包括药用植物的外部形态、内部结构和植物分类三部分，这是学习中药鉴定学、生药学、天然药物化学、中药化学、中药学、中药资源学及药用植物栽培学等课程的必备基础知识。特别是中药鉴定学和生药学，其中植物类中药的性状鉴别和显微鉴别完全是以药用植物学的知识为基础，因此学习本课程十分重要。

### (二)鉴定植物类中药的原植物种类，确保来源准确

我国幅员辽阔，自然条件复杂，植物种类繁多，仅被子植物就有约3万种，已有记载的药用植物就达到了11 000多种。如此多种类，加上多民族语言、多地方方言、各地用药习惯差异以及中药历史沿革等因素，使药材名称不尽相同，导致植物类中药来源极其复杂，一物多名、多物同名的现象比较普遍。如爵床科植物穿心莲，又名一见喜、榄核莲、苦草、四方莲和圆锥须药草等。又如中药贯众，在全国同名为“贯众”的植物有9科17属49种及变种，其中当作中药贯众混用的有5科25种，而药典只列举了鳞毛蕨科植物粗茎鳞毛蕨 *Dryopteris crassirhizoma* Nakai 和紫萁科植物紫萁 *Osmunda japonica* Thunb. 两种。同属植物形态特征相似，极易混淆，造成临床上“方对，药不灵”，甚至引起中毒危及患者生命安全。如以泻热作用极差的河套大黄 *Rheum hotaoense* C. Y. Cheng et C. T. kao 作为正品大黄栽培使用；把含有毒性成分的大叶柴胡 *Bupleurum logiradiatum* Turcz. 作为柴胡使用等。所以我们应运用植物分类学知识和先进的科技手段确定中药原植物的种类，解决中药材存在的名实混淆问题，保证临床用药准确、安全和有效。

（三）开发新的药物资源

随着社会的进步，科技的发展，我们在发掘祖国宝贵医药遗产的同时，运用现代科学技术，发挥中医药优势，合理利用我国丰富的植物资源，寻找新的药源、新的活性成分，进而研制出疗效高的新药，满足人民对医疗、保健日益增长的需要。数十年来，我国医药工作者从本草记载的多品种来源中药中，发现了同属多种具有相同疗效的药用植物，如黄芩、贝母、细辛、柴胡等。从本草记载治疗疟疾的青蒿（黄花蒿）*Artemisia annua* L. 中分离到高效抗疟成分青蒿素。在广西、云南找到了可供生产血竭的剑叶龙血树 *Dracaena cochinchinensis*（Lour.）S. C. Chen等。新药开发已取得了比较丰硕的成果。

## 二、药用植物学的发展简史

我国药用植物学的发展历史悠久，早在3000多年前的《诗经》和《尔雅》中就有药用植物的记载。我国的“本草”著作就是历史上记载药物知识的著作。清代以前的“本草”著作共有400多部，其中对我国药学事业影响较大的有《神农本草经》《本草经集注》《新修本草》《经史证类备急本草》《本草纲目》《植物名实图考》《植物名实图考长编》等。

**1.《神农本草经》**

《神农本草经》是我国现存最早的本草著作，书出汉代，作者不详，记载药物365种，其中植物药237种。

**2.《本草经集注》**

《本草经集注》由梁代·陶弘景编著，记载药物730种，多为植物药。

**3.《新修本草》**

《新修本草》由唐代·苏敬等编著，政府组织编修颁布，被公认为我国第一部国家药典，也是世界上最早的药典，记载药物850种。

**4.《经史证类备急本草》**

《经史证类备急本草》又称《证类本草》，宋代·唐慎微编著，记载药物1746种。

**5.《本草纲目》**

《本草纲目》由明代·李时珍历时30多年编著，记载药物1892种，其中植物药1100多种。该著作首先试用了生态学分类法，即五部分类法，是本草史上的一部巨著，对我国乃至世界药学事业都有深远影响。

**6.《植物名实图考》及《植物名实图考长编》**

《植物名实图考》及《植物名实图考长编》由清代·吴其浚编著，共记载植物2552种，是一部植物学专著，其中包含大量的药用植物。该书图文并茂，是研究和鉴定植物的重要典籍。

鸦片战争后，西医药对我国中医药事业冲击极大，导致药用植物学的发展极其缓慢。新中国成立后，国家十分重视中医药事业的发展，在全国各地陆续成立了中医药院校和中药研究机构，培养了一大批中药人才。几十年来，经药用植物工作者与相关学科技术人才共同努力，出版了一大批重要著作，如《中国药用植物志》《全国中草药汇编》《中药大辞典》《中药志》《新华本草纲要》《中国中药资源志》《中华本草》《中国植物志》《中华人民共和国药典》等，这些著作代表了我国中药和药用植物的研究成果。除以上著作外，全国各地还创建了大量刊登药用植物的期刊，如《中草药》《中药材》《中国中药杂志》等。目前我国的药用植物研究和应用堪称世界之最。

## 三、药用植物学的学习方法

药用植物学是一门实践性很强的学科，内容十分丰富，学习时应注重理论联系实际，认真上好每一堂实验课，理论知识切勿死记硬背。对于显微结构和植物形态部分，名词术语比较多，学习时一定要仔细观察，加深理解，并横向比较。分类学部分，记忆科特征是难点，学习时要抓住科的主要特征，结合自己熟悉的植物来掌握。对于形态学和分类学内容，要十分重视野外学习，课后走进大自然，花草树木、瓜果蔬菜随处可见，结合理论知识，多观察、多比较、多实践，就能记得住，学得好。

## 目标检测

1. 简述学习药用植物学的目的。
2. 简述对我国药学事业影响较大的本草书籍。

# 第二章　植物细胞

## 学习目标

【掌握】细胞中各种后含物类型、特征,细胞壁的特点、鉴别方法。

【熟悉】细胞的一般结构。

【了解】细胞分裂。

植物细胞是构成植物体的基本单位,也是植物生命活动的基本单位。单细胞植物是由一个细胞构成的个体,其生长、发育和繁殖等一切生命活动都在这一细胞内完成。高等植物的个体是由许多形态与功能不同的细胞构成的,在整体中各细胞相互依存,彼此协作,共同完成复杂的生命活动。

## 第一节　植物细胞的形态

植物细胞的形状多种多样,随功能和存在部位的不同而异。执行输导作用的细胞多呈管状;执行支持作用的细胞多呈纺锤形,且细胞壁常增厚;排列疏松的薄壁细胞多呈球形或类球形;排列紧密的薄壁细胞则多呈多面体形等。

植物细胞的大小差异较大,多数细胞直径在10~100μm。贮藏细胞最大,直径可达1mm,如西瓜瓤细胞;有的细胞极长,如苎麻纤维的细胞可长达550mm;最长的细胞是无节乳管,长达数米至数十米,如橡胶树的乳汁管。

因植物细胞很小,肉眼难以直接分辨,必须用显微镜才能观察清楚其内部结构。常用的显微镜有光学显微镜和电子显微镜,光学显微镜的有效放大倍数一般不大于1600倍,能观察到的结构称为植物的显微结构;电子显微镜的有效放大倍数已超过了100万倍,所观察到的结构称为超微结构或亚显微结构。

## 第二节　植物细胞的基本结构

各种植物细胞的形状和结构是不同的,即使同一个细胞在不同的发育阶段,其内部结构也在变化,所以通常不可能在一个细胞里看到细胞的全部结构。为便于说明和学习,现将植物细胞的内部结构都集中在一个细胞里列举出来,这个细胞被称为典型的植物细胞或称为模式植物细胞。

典型的植物细胞外面包围的是一层细胞壁,壁内有生命的物质为原生质体,无生命的物质为后含物和一些生理活性物质（图 2－1）。

## 一、原生质体

原生质体是细胞内有生命物质的总称，包括细胞质、细胞核、质体、线粒体、高尔基复合体、核糖体和溶酶体等，为细胞的主要部分，细胞的一切代谢活动都在这里进行。构成原生质体的物质基础是原生质，原生质是生命物质的基础，其组成成分在新陈代谢过程中不断发生变化，最主要的成分是蛋白质与核酸的复合物。核酸有两类，一类是去氧核糖核酸（DNA），另一类是核糖核酸（RNA）。DNA 是遗传物质，决定生物的遗传和变异；RNA 则是把遗传信息传到细胞质中去的中间体，在细胞质中直接影响蛋白质的产生。

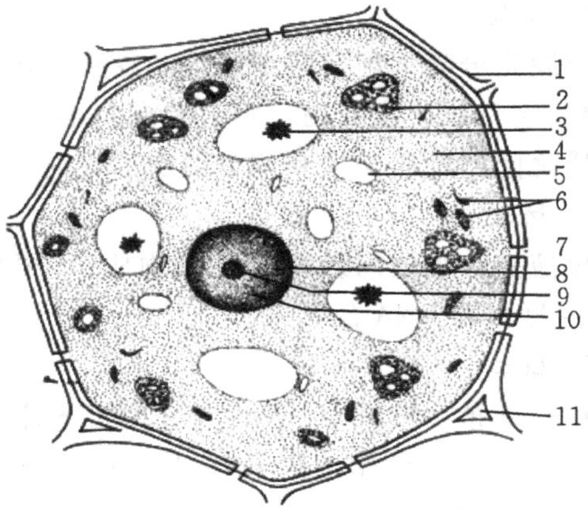


图 2－1　典型的植物细胞结构

1. 细胞壁　2. 叶绿体　3. 晶体　4. 细胞质　5. 液泡　6. 线粒体　7. 纹孔　8. 细胞核　9. 核仁　10. 核液　11. 细胞间隙

按照形态、作用及组分上的差异，原生质体可分为细胞质、细胞核和细胞器三部分。

### （一）细胞质

细胞质是原生质体的基本组成部分，为半透明、半流动的基质，主要由蛋白质和类脂组成。细胞质与细胞壁相接触处有一层膜称为细胞质膜，与液泡相接触处也有一层膜称为液泡膜。细胞质膜和液泡膜之间的部分称为中质。在幼小的植物细胞中，细胞质充满整个细胞，其中分散着细胞核、细胞器和后含物。随着细胞的生长发育，中央液泡形成并逐渐扩大，将细胞质挤压到细胞的周缘并紧贴细胞壁。

细胞质能自主流动，这是一种生命现象。在光学显微镜下，可以观察到叶绿体的运动，这就是细胞质自主流动的结果。细胞质流动受环境影响，如温度、光线和化学物质等都可以影响细胞质流动；邻近细胞受损伤时也会刺激细胞质流动。细胞质的自主流动能促进细胞内营养物质的分布，有利于新陈代谢的进行，对于细胞的生长发育、创伤的愈合和气体交换都有一定的促进作用。

细胞质膜对各种物质的通过具有选择性，能让水、无机盐类和其他营养物进入细胞，也能阻止细胞内的营养物质任意渗出细胞，还能阻止对细胞有害的其他物质进入细胞。细胞质膜和液泡膜还具有半渗透现象，即细胞质和细胞外部液体之间存在着渗透作用。此外，细胞质膜还能抵御病菌的侵害，接受和传递外界的信号，调节细胞的生命活动。

### （二）细胞核

细胞核是细胞生命活动的控制中心。在光学显微镜下观察活的植物细胞，因细胞核折光率较高而容易看到。细胞核多呈圆球形，大小一般在 10～20μm。在幼小的细胞中，细胞核位于细胞中央，随着细胞的长大和中央液泡的形成，细胞核也随之被中央液泡挤压到细胞的边缘。在有的成熟细胞中，细胞核也可借助于几条线状细胞质的四面牵引而保持在细胞的中央。高等植物的细胞一般只有一个细胞核，但在一些低等植物的细胞中，也具有两个或多个细胞核的情况。

细胞核具有复杂的内部结构，常分为核膜、核液、核仁和染色质四部分。

1. 核膜

核膜是分隔细胞质与细胞核的界膜。在光学显微镜下观察只有一层膜,但在电子显微镜下观察,它是双层膜结构。膜上有许多小孔,称为核孔。核孔的张开和关闭,对控制细胞核与细胞质之间的物质交换和调节细胞的代谢具有十分重要的作用。

2. 核液

核液是细胞核内黏稠的液态物质,主要成分是蛋白质、RNA 和多种酶,这些物质保证了 DNA 的复制和 RNA 的转录。

3. 核仁

核仁分布在核液中,是细胞核中折光率更强的小球体,有一个或几个,主要由蛋白质和 RNA 组成。它是细胞核内 RNA 和蛋白质合成的主要场所,与核糖体的形成密切相关。

4. 染色质

染色质是分散在核液中,容易被碱性染料着色的物质,主要由 DNA 和蛋白质所组成。在不分裂的细胞核中,染色质是不明显的,但通过染色处理可观察到染色质丝交织成网状。当细胞核分裂时,染色质聚合成一些螺旋状的染色质丝,进而形成棒状的染色体。染色体是贮存、复制和传递遗传信息的主要物质基础,与植物的遗传有着重要的关系。各种植物染色体的数目、形状和大小各不相同,但对某一种植物来说则是相对稳定的,所以染色体的数目、形状、大小是植物分类鉴定的重要依据之一。

细胞核的主要作用是控制细胞的遗传和生长发育,调节细胞内物质的代谢途径,决定蛋白质的合成等。细胞失去细胞核将不能正常生长发育和繁殖,同样,细胞核也不能脱离细胞质而孤立地生存。

(三)细胞器

细胞器包括质体、线粒体、液泡、内质网、核糖体、微管、高尔基复合体、圆球体、溶酶体、微体等。前三者可以在光学显微镜下观察到,其余则只有在电子显微镜下才能看到。

1. 质体

质体为植物细胞特有的细胞器,在细胞中数目不一,其基本组成为蛋白质和类脂,并含有色素。由于所含色素的不同,其功能也不相同。据此可将质体分为叶绿体、有色体和白色体(图 2-2)。

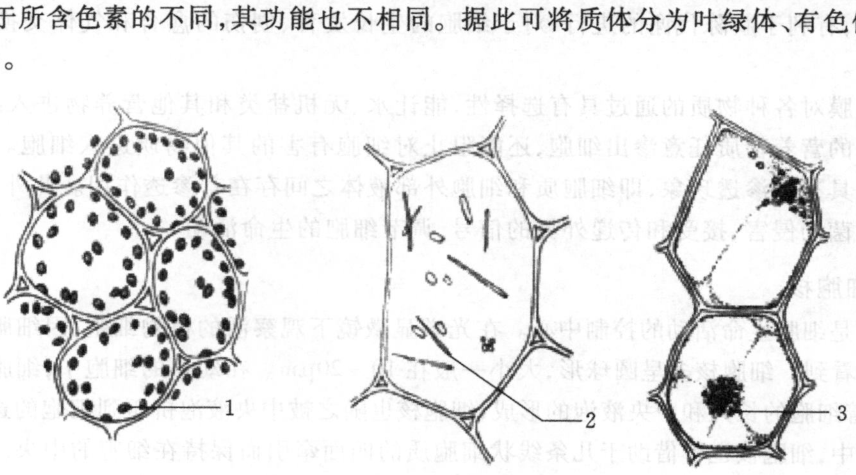


图 2-2 质体

1. 叶绿体 2. 有色体 3. 白色体

（1）叶绿体　高等植物的叶绿体一般呈球形或扁球形，直径 4 ~ 10μm，厚 1 ~ 2μm。常存在于植物的叶、茎、花和果实中，主要分布于叶肉细胞。叶绿体主要由蛋白质、类脂、去氧核糖核酸和色素组成，此外还含有与光合作用有关的酶和多种维生素等，是植物进行光合作用和合成同化淀粉的场所。叶绿体所含色素主要有叶绿素 a、叶绿素 b、胡萝卜素和叶黄素等，其中叶绿素的含量最多，所以呈绿色。

（2）有色体　有色体在细胞中一般呈杆状、针状、圆形、椭圆形、多角形和不规则形，常存在于花、果实和根中。有色体所含色素主要是胡萝卜素和叶黄素等，故常使植物呈黄色、橙色或橙红色。如在胡萝卜的根、蒲公英的花瓣、番茄的果肉细胞中均可看到有色体。

（3）白色体　白色体一般呈球形、纺锤形或其他形状，多见于植物的不见光部分、分生组织以及种子的幼胚中，是不含色素的无色小颗粒。依据其积累和贮藏营养物质的不同，分为合成淀粉的造粉体、合成蛋白质的蛋白质体和合成油脂的造油体三种。

叶绿体、有色体和白色体在起源上均由前质体分化而来，它们之间在一定条件下可以相互转化。例如辣椒在成熟时由绿变红，即是叶绿体转变成了有色体；又如胡萝卜根暴露在地面的部分变成绿色，即是有色体转化成了叶绿体；再如马铃薯块茎暴露在地面的部分变成绿色，即是白色体转化成了叶绿体。

**2. 线粒体**

线粒体一般呈颗粒状、棒状、丝状或有分枝的细胞器，比质体小，是细胞中物质氧化（呼吸作用）的中心，在氧化过程中释放能量，被称为细胞的“动力工厂”。

**3. 液泡**

液泡也是植物细胞特有的细胞器。在幼小的细胞中液泡小而分散，随着细胞的生长，液泡逐渐增大，并合并成一个或几个大液泡，将细胞质、细胞核等挤到细胞的周缘。液泡包被有液泡膜，液泡膜是原生质体的组成部分，也具有选择透性。液泡内的液体称为细胞液，是细胞新陈代谢过程中产生的各种物质的混合液，其主要成分是水，还有糖类、盐类、苷类、生物碱、有机酸、挥发油、鞣质、树脂、色素、结晶等，其中不少化学成分具有强烈的生理活性，往往是植物药的有效成分。

此外，还有内质网、核糖体、高尔基复合体、圆球体、溶酶体和微体等。这些细胞器都有一定的形态和功能，是细胞生活和物质代谢不可缺少的。

## 二、后含物及生理活性物质

细胞中除有生命的原生质体外，还有许多非生命的物质，包括后含物和生理活性物质。

### （一）后含物

植物细胞的原生质体在新陈代谢活动中产生的非生命物质统称为后含物。后含物种类很多，有些是可以被再利用的营养物质，如淀粉、蛋白质、油脂等；有些是细胞的废弃物，如草酸钙晶体。后含物以液体、晶状体和非结晶固体等形式存在于细胞质或液泡中，不同植物的后含物种类、形态和性质常各有差异，因而后含物的特征是中药显微鉴定和理化鉴定的重要依据之一。常见的后含物有以下几种。

**1. 淀粉**

淀粉由多分子葡萄糖脱水缩合而成，其分子式为（$C_6H_{10}O_5$）$_n$。一般绿色植物经光合作用所产生的葡萄糖，在叶绿体内暂时转变成同化淀粉。同化淀粉再度分解为葡萄糖，转运至贮藏器官中，并在造粉体内重新形成的淀粉称为贮藏淀粉。贮藏淀粉是以淀粉粒的形式贮藏在植物根、地下茎和种子等器官的薄壁细胞中。淀粉积累时，先形成淀粉粒的核心——脐点，然后围绕脐点由内向外继续沉积。许多植物的淀粉粒，在显微镜下可观察到围绕脐点有许多明暗相间的环纹称为层纹，这是由于淀粉沉积时，直链淀粉（葡萄糖分子呈直线排列）与支链淀粉（葡萄糖分子呈分支状排列）相互交替分层沉积的缘故，直链淀粉较支链淀粉对水有更强的亲和性，两者遇水膨胀度不一致从而表现出了折光上的差异。如果用乙醇处理，使淀粉粒脱水，这种层纹即随之消失。

淀粉粒多呈类球形、卵形或多面体形等；脐点的形状有点状、裂隙状、分叉状、星状等，有的在中心，有的偏于一端。淀粉粒有单粒、复粒、半复粒三种类型：一个淀粉粒只有一个脐点的称为单粒淀粉；具有两个或两个以上脐点，每个脐点有各自的层纹称为复粒淀粉；具有两个或两个以上脐点，每个脐点除有各自的层纹外，还有共同的层纹称为半复粒淀粉（图 2－3）。淀粉粒的类型、形状、大小、层纹和脐点等常随植物种类不同而异，因而可作为鉴定中药的一种依据。淀粉粒不溶于水，在热水中常膨胀而糊化，遇酸或碱加热则分解为葡萄糖。直链淀粉遇稀碘液显蓝色，支链淀粉则显紫红色，因淀粉粒一般是直链和支链淀粉的混合物，故常显蓝紫色。用醋酸甘油试液装片，置偏光显微镜下观察，淀粉粒常有偏光现象，已糊化的淀粉粒无偏光现象。

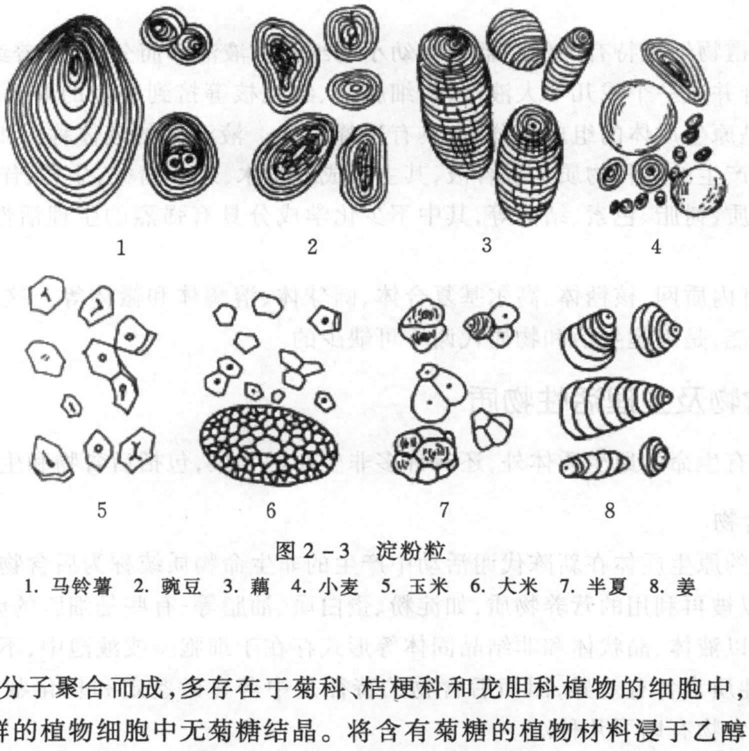


图 2－3　淀粉粒

1. 马铃薯　2. 豌豆　3. 藕　4. 小麦　5. 玉米　6. 大米　7. 半夏　8. 姜

**2. 菊糖**

菊糖由果糖分子聚合而成，多存在于菊科、桔梗科和龙胆科植物的细胞中，能溶于水而不溶于乙醇，故新鲜的植物细胞中无菊糖结晶。将含有菊糖的植物材料浸于乙醇中，一周后，做成切片置显微镜下观察，在细胞内可见类圆形、半圆形或扇形的菊糖结晶（图 2－4）。菊糖结晶遇 25% α－萘酚溶液和浓硫酸显紫红色并溶解。

3. 蛋白质

植物细胞中的贮藏蛋白质与构成原生质体的活性蛋白质完全不同,它是化学性质稳定的无生命物质。种子的胚乳和子叶细胞中通常含有丰富的蛋白质,它们多以糊粉粒的形式贮藏在细胞质或液泡中,为无定形小颗粒或结晶体。如小麦种子胚乳细胞中的糊粉粒为无定形小颗粒;蓖麻种子胚乳细胞中的糊粉粒,其外有一层蛋白质膜,内部无定形的蛋白质基质中分布有蛋白质拟晶体和环己六醇磷酸酯的钙或镁盐的球晶体;茴香胚乳细胞中的糊粉粒还包含有细小的草酸钙簇晶。这些贮藏蛋白质遇碘液呈暗黄色;遇硫酸铜加苛性碱水溶液呈紫红色。

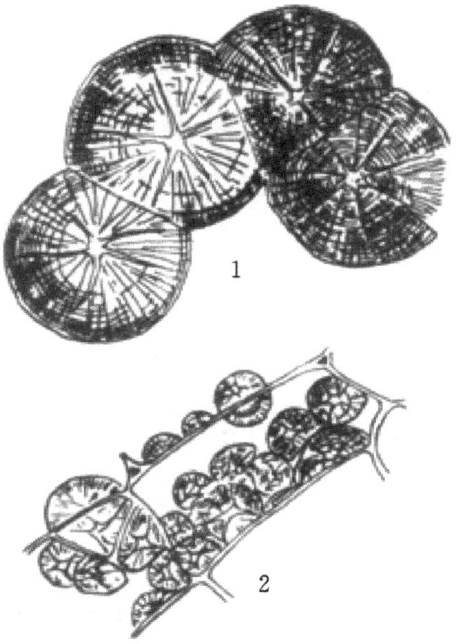

图 2－4　大丽菊根菊糖结晶
1. 放大的菊糖结晶　2. 细胞内的菊糖结晶

4. 脂肪和油

脂肪和油是由脂肪酸和甘油结合而成的酯,也是植物细胞中贮藏的一种营养物质。在常温下呈固态或半固态的称为脂肪,如可可豆脂;呈液态的则称为油,如芝麻油。脂肪和油常以小油滴的形式分散在细胞质中,以植物种子中含量最丰富,如芝麻、花生、油菜籽等。

脂肪和油均不溶于水,易溶于有机溶剂;遇碱则皂化;遇苏丹Ⅲ溶液显橙红色、红色或紫红色,遇锇酸显黑色。在贮藏的营养物质中,脂肪最为经济,在氧化时能释放出较多的能量。有的油可供药用,如蓖麻油常用作泻下剂,大风子油用于治疗麻风病,月见草油治疗高脂血症等。

5. 晶体

一般认为,晶体是植物细胞新陈代谢过程中所产生的废物,常见的有两种类型:草酸钙结晶和碳酸钙结晶。

(1)草酸钙结晶　植物体内草酸钙结晶的形成,常被认为是细胞内过多的草酸被钙中和,以降低草酸的毒害,使自身得到了保护。草酸钙常为无色透明的晶体,以不同的形状分布于细胞液中。一种植物通常只形成一种形状的晶体,但也有少数植物形成两种或多种形状的晶体,如曼陀罗叶中含有簇晶、方晶和砂晶。草酸钙结晶的形状主要有以下几种(图 2－5)。

①簇晶:呈球形或多角状星形,常由许多菱状晶体聚集而成,如大黄、人参等。

②针晶:两端尖锐的针状,在细胞中多成束存在,形成针晶束,常存在于黏液细胞中,如半夏、玉竹等。有的针晶不规则地分散在细胞中,如苍术。

③方晶:又称单晶或块晶,通常呈正方形、长方形、斜方形或菱形等,一般单个存在于细胞内,如甘草、黄柏等。

④砂晶:呈细小的三角形、箭头状或不规则形,密集分布在细胞中,如牛膝、地骨皮等。

⑤柱晶:呈长柱形,长度为直径的 4 倍以上,如射干、淫羊藿等。

大量植物细胞中含有草酸钙结晶,它的有无、形状和大小等,均是鉴别中药的重要显微特征。草酸钙晶体不溶于醋酸,但遇 20% 硫酸时便溶解,并形成硫酸钙针状晶体析出。

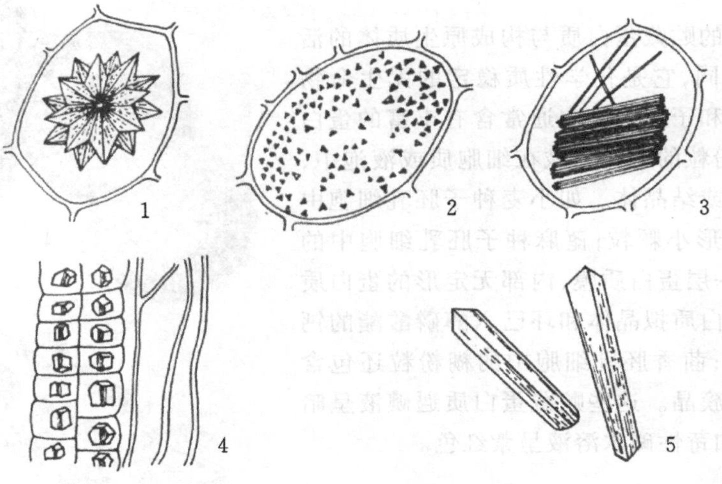


图 2－5 各种草酸钙结晶

1. 簇晶 2. 砂晶 3. 针晶 4. 方晶 5. 柱晶

(2)碳酸钙结晶 碳酸钙结晶又称钟乳体，形如一串悬垂的葡萄，一端连接在细胞壁上(图 2－6)。多存在于爵床科、桑科、荨麻科等植物叶的表皮细胞中，如穿心莲、无花果等。碳酸钙结晶遇醋酸溶解，并释放出 $CO_2$ 气体，本反应可将碳酸钙结晶与草酸钙结晶区分开来。

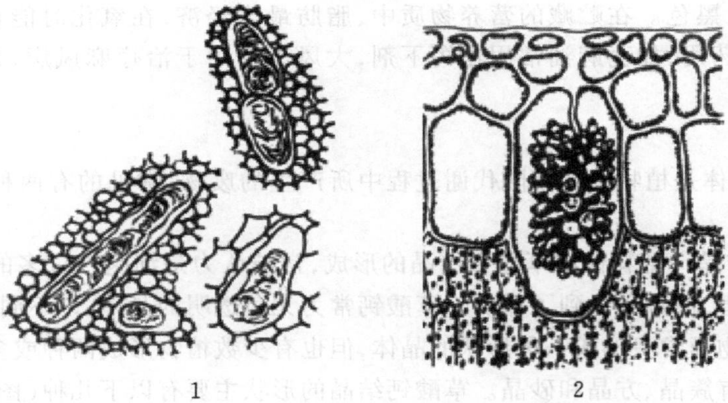


图 2－6 碳酸钙结晶

1. 穿心莲叶内钟乳体 2. 无花果叶内钟乳体

此外，在有些植物细胞中还存在着其他类型的结晶，如柽柳叶中含硫酸钙结晶、菘蓝叶中含靛蓝结晶、槐花中含芸香苷结晶等。

(二)生理活性物质

生理活性物质是指能对细胞内的生化反应和生理活动起调节作用的活性成分，包括酶、维生素、植物激素、抗生素和植物杀菌素等。这些物质在植物体内含量甚微，却对植物体的新陈代谢和生长发育起重要作用，但目前来看其对中药鉴别的作用不大。

## 三、细胞壁

细胞壁是植物细胞特有的结构，与液泡和质体一起构成了植物细胞与动物细胞相区别的三大结构特征。一般认为细胞壁是由原生质体分泌的非生活物质所构成，具有一定的韧性。但现已证明，在细胞壁（主要是初生壁）中也含有少量具有生理活性的蛋白质，它们可能与细胞壁的生长和细胞分化时细胞壁的分解有关。由于植物细胞的年龄和执行功能的不同，细胞壁的成分和结构也不一致。

### （一）细胞壁的分层

成熟细胞的细胞壁一般可分为三层（由外到内）：胞间层、初生壁、次生壁（图 2－7）。

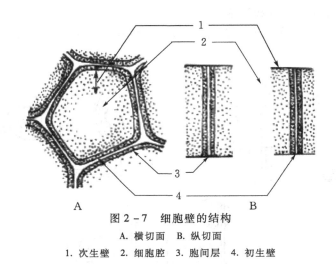

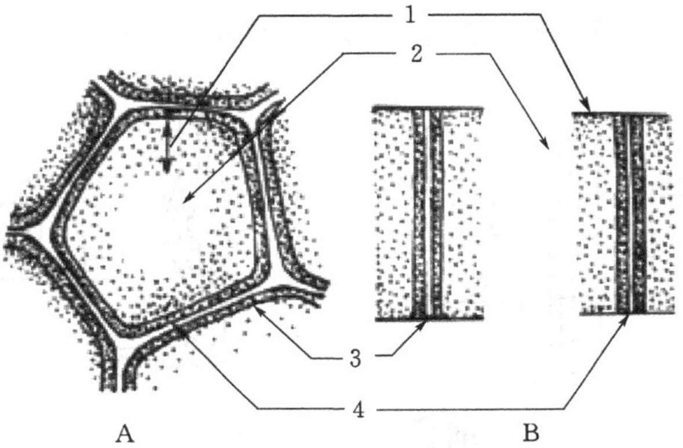


图 2－7　细胞壁的结构

A. 横切面　B. 纵切面

1. 次生壁　2. 细胞腔　3. 胞间层　4. 初生壁

**1. 胞间层**

胞间层是相邻的两个细胞所共有的壁层，亦称中层。胞间层由亲水性的果胶质组成，相邻的细胞依靠它而粘连在一起。果胶质很容易被酸、碱或酶等溶解，利用此特点可以将植物细胞彼此分离。

**2. 初生壁**

初生壁是植物细胞生长过程中，由原生质体分泌的纤维素、半纤维素和少量的果胶质在胞间层的内侧聚集，形成的薄而有弹性的壁层（1～3μm）。初生壁能随细胞的生长而生长，其表面积增加的生长，称为填充生长。其厚度增加的生长，称为附加生长。有些植物细胞终生只具有初生壁。

**3. 次生壁**

次生壁在植物细胞停止生长后，原生质体分泌的纤维素、半纤维素和少量木质素等，逐渐在初生壁的内侧沉积形成的壁层。次生壁一般较坚硬，厚薄不等，有些较厚的次生壁还可分为内、中、外三层。次生壁可使植物细胞的机械强度大大增加。

### （二）纹孔和胞间连丝

**1. 纹孔**

次生壁在增厚的过程中并不是均匀的，有的部位并没有增厚而形成空腔，称为纹孔。相邻细胞壁上的纹孔常在相同部位成对地相互衔接，称为纹孔对。纹孔对之间具有由两层初生壁和一层胞间层组成的薄膜，称为纹孔膜。纹孔膜两侧的空腔，称为纹孔腔。纹孔位于细胞腔的开口称纹孔口。纹孔的形成有利于细胞间的物质交换。

纹孔有单纹孔和具缘纹孔两种类型。

（1）单纹孔　其纹孔腔为圆形或扁圆形的孔。单纹孔多存在于薄壁细胞、韧皮纤维和石细胞上。

（2）具缘纹孔　具缘纹孔又称重纹孔。其纹孔腔周围的次生壁向细胞腔内呈架拱状隆起所形成的纹孔。其纹孔腔两端大小不等，靠初生壁大而圆，靠细胞腔（即纹孔口）则小而圆或扁圆，显微镜下正面观呈两个同心圆状。在松柏类裸子植物的管胞上，常于纹孔膜中央增厚形成纹孔塞，正面观呈三个同心圆，外圈是纹孔腔的边缘，中间是纹孔塞的边缘，内圈是纹孔口的边缘。具缘纹孔多存在于导管和管胞上。

纹孔对有三种类型，即单纹孔纹孔对、具缘纹孔纹孔对和半缘纹孔纹孔对（图2－8）。

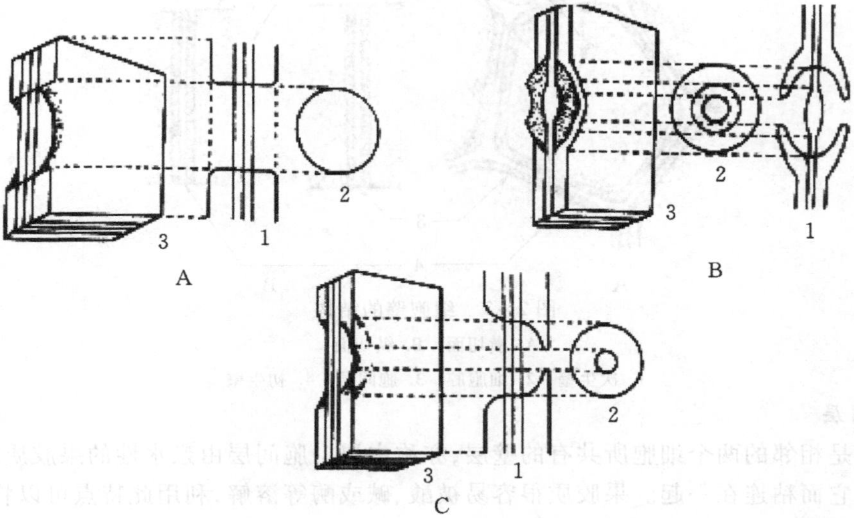


图2－8　纹孔的图解

A. 单纹孔纹孔对　B. 具缘纹孔纹孔对　C. 半缘纹孔纹孔对

1. 切面观　2. 表面观　3. 立体观

（1）单纹孔纹孔对　即是相邻细胞壁的两侧都是单纹孔的纹孔对，如相邻两个薄壁细胞上的纹孔对。

（2）具缘纹孔纹孔对　即是相邻细胞壁的两侧都是具缘纹孔的纹孔对，如相邻两个导管细胞上的纹孔对。

（3）半缘纹孔纹孔对　即是相邻细胞壁的一侧是单纹孔，另一侧是具缘纹孔的纹孔对，如导管与薄壁细胞之间细胞壁上的纹孔对。

**2. 胞间连丝**

细胞间有许多纤细的原生质丝，穿过初生壁上的微细孔眼彼此联系，这种原生质丝称为胞间连丝（图2－9）。胞间连丝一般不明显，有少量细胞壁较厚的细胞，其胞间连丝经染色处理后可在光学显微镜下观察到，如柿、马钱子等种子内的胚乳细胞。胞间连丝有利于细胞之间保持生理上的联系。

图 2－9　胞间连丝

（三）细胞壁的特化

细胞壁主要由纤维素构成，具有韧性和弹性。但由于环境和生理功能不同的影响，细胞壁上也常常积累其他物质，以致发生理化性质的特化，如木质化、木栓化、角质化、黏液质化和矿质化等。

1. **木质化**

细胞壁在附加生长时积累了较多的木质素，使细胞壁变得更加坚硬，细胞的支撑能力得到增强。木质化细胞常趋于衰老而死亡。细胞壁木质化的细胞有导管、管胞、木纤维和石细胞等。木质化的细胞壁遇间苯三酚溶液和浓盐酸，即显红色。

2. **木栓化**

细胞壁内填充和附加了木栓质。木栓质是一种脂溶性物质，细胞壁木栓化后不易透气、透水，原生质体消失，细胞趋于死亡。木栓化细胞壁遇苏丹Ⅲ试液可被染成红色。

3. **角质化**

在植物叶、茎以及果实的表皮细胞外壁中常填充和附加了角质，并常常在其外侧还形成一层角质层，称角质化。角质也是一种脂溶性物质，可防止水分过度蒸发，以及某些虫类和微生物的侵害。角质层遇苏丹Ⅲ试液可被染成橘红色。

4. **黏液质化**

细胞壁中的纤维素和果胶质等成分变成黏液，称黏液质化。黏液质化形成的黏液在细胞表面常呈固态，吸水膨胀则呈黏滞状态，如车前和亚麻的种子。黏液质化的细胞壁遇玫红酸钠醇溶液可被染成玫瑰红色；遇钌红试剂可被染成红色。

5. **矿质化**

植物细胞壁中含有硅酸盐或钙盐等矿物质，以增强植物茎、叶的机械支持能力，如禾本科植物的茎、叶及木贼茎。硅酸盐能溶于氢氟酸，但不溶于醋酸或浓硫酸。

# 第三节　植物细胞的分裂

植物的生长和繁衍是通过细胞数量的增多和体积的增大来实现的。细胞数量的增多又是细胞分裂的结果。通过细胞分裂既可增加植物体细胞的数量，使植物体生长发育，又可形成生殖细胞，以繁衍后代。植物细胞的分裂方式通常有三种：有丝分裂、无丝分裂和减数分裂。

## 一、有丝分裂

有丝分裂是细胞分裂中最普遍的一种方式，通过分裂增加植物体细胞，因分裂过程中会出现纺锤丝而得名。根尖和茎尖的分生组织细胞与形成层细胞的分裂都是有丝分裂。一次有丝分裂完成后，由于染色体经过了复制，一个母细胞分裂成了两个子细胞，而子细胞中染色体的数目与母细胞相同。

## 二、无丝分裂

无丝分裂过程比较简单，也是植物体细胞的一种增殖方式，分裂时不会出现染色体和纺锤丝。在低等植物和高等植物中无丝分裂都普遍存在。一次无丝分裂完成后，一个母细胞也分裂成为两个子细胞，而子细胞中染色体的数目与母细胞相同。

## 三、减数分裂

减数分裂是植物有性繁殖产生配子的一种分裂方式。在分裂过程中，细胞连续分裂两次，而染色体只复制一次。分裂完成后，一个母细胞分裂产生了4个子细胞，子细胞中染色体的数目只有母细胞的一半。

## 知识拓展

**植物组织培养**

植物组织培养是应用植物细胞具有形成整体植株的潜在能力这一特点，从植物体内分离出一个细胞或一种组织置于含有合成培养基的瓶中，在无菌条件下，使之生长或发育的一种方法。植物组织培养技术在植物学及其相关学科已得到了广泛应用，如植物育种、快速繁殖和生理活性物质的生产等。

## 目标检测

1. 植物细胞特有的结构有哪些？
2. 质体分为哪几类？
3. 常见的草酸钙晶体有哪些类型？
4. 细胞壁有哪些特化类型？如何鉴别？

# 第三章　植物组织

## 学习目标

【掌握】保护组织、机械组织、输导组织和分泌组织。

【熟悉】分生组织、薄壁组织、维管束的概念及类型。

【了解】各组织的生理功能。

植物组织是由许多来源和功能相同，形态和结构相似，彼此紧密联系的细胞所组成的细胞群。

## 第一节　植物组织的类型

根据形态结构和功能的不同，植物组织常分为分生组织、薄壁组织、保护组织、机械组织、输导组织和分泌组织六类，其中后五类都是由分生组织分裂分化形成的，所以又统称为成熟组织。

### 一、分生组织

在植物体内凡是能保持细胞的分裂功能，不断产生新细胞的细胞群，都称为分生组织。这是一群具有分生能力的细胞，通过这些细胞的不断分裂、分化，使植物体得以生长发育。分生组织细胞一般较小，排列紧密，无细胞间隙，细胞壁薄，不具纹孔，细胞质浓，细胞核大，无明显液泡和质体的分化。

#### （一）根据分生组织来源的不同分类

根据分生组织来源的不同分为原分生组织、初生分生组织和次生分生组织三类。

**1. 原分生组织**

原分生组织来源于植物种子的胚根和胚芽处，位于根、茎的先端，是一群能长期保持分裂能力的细胞，能使植物根、茎不断伸长生长。

**2. 初生分生组织**

初生分生组织由原分生组织细胞分裂分化而形成，位于原分生组织之后，细胞仍保持分裂的能力，并已开始分化，向着成熟的方向发展。初生分生组织包括原表皮层、基本分生组织和原形成层。由初生分生组织分裂分化产生的结构称为初生构造，也能使植物根、茎伸长生长。

**3. 次生分生组织**

次生分生组织是已经分化成熟的薄壁组织细胞（如表皮、皮层、髓射线和中柱鞘等部位细胞）经过生理上和结构上的变化，又重新恢复分生能力所形成的分生组织。次生分生组织主要包括双子叶植物和裸子植物根的形成层和木栓形成层、双子叶植物和裸子植物茎的束间形成层和木栓形成层等。由次生分生组织分裂分化产生的结构称为次生构造，能使植物根、茎加粗生长。

（二）根据分生组织所处位置的不同分类

根据分生组织所处位置的不同分为顶端分生组织、侧生分生组织和居间分生组织。

1. 顶端分生组织

顶端分生组织位于植物根、茎的最先端，即生长锥部位的分生组织细胞。它的分裂、分化，可使根、茎不断伸长或长高。

2. 侧生分生组织

侧生分生组织包括形成层和木栓形成层，主要存在于双子叶植物和裸子植物的根和茎当中，成环状排列，并与轴向平行。它的活动可使植物根、茎不断加粗生长。

3. 居间分生组织

居间分生组织是顶端分生组织细胞遗留下来的或是已经分化的薄壁组织细胞重新恢复分生能力而形成的分生组织。居间分生组织位于植物茎的节间基部、叶的基部、总花柄的顶部以及子房柄等部位，不能长时间保持分生能力。它们的活动可使植物器官不断生长，如竹子、水稻的长高；葱、韭菜叶上部被割，下部继续生长；花生的“入土结实”等。

一般认为顶端分生组织，就其发生来说，属于原分生组织，但原分生组织和初生分生组织之间并无明显分界，所以顶端分生组织也包括初生分生组织；侧生分生组织，则相当于次生分生组织；居间分生组织则属于初生分生组织。

## 二、薄壁组织

薄壁组织又称基本组织。在植物体内分布最广，是植物体的重要组成部分。细胞常为球形、类球形、圆柱形或多面体形等，体积比分生组织细胞大得多（图 3－1）。薄壁组织一般是生活细胞，细胞壁薄，具单纹孔，液泡较大，细胞间常有胞间隙。细胞的分化程度较低，具有潜在的分生能力，在一定条件下，可转化为分生组织。薄壁组织细胞具有同化、贮藏、吸收和通气等功能，对植物体创伤的恢复，不定根与不定芽的产生，扦插繁殖和嫁接的成活以及组织离体培养等具有重要意义。

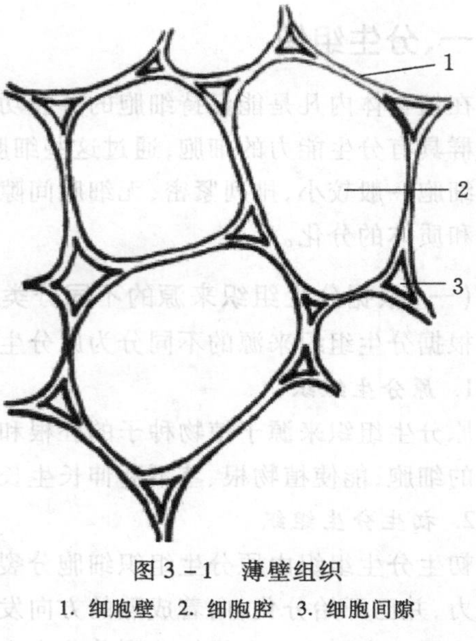

图 3－1 薄壁组织

1. 细胞壁 2. 细胞腔 3. 细胞间隙

根据细胞结构和生理功能的不同，薄壁组织常分为基本薄壁组织、同化薄壁组织、贮藏薄壁组织、吸收薄壁组织和通气薄壁组织五种类型。

（一）基本薄壁组织

基本薄壁组织是指植物根、茎中填充和联系其他组织的薄壁细胞。细胞可在一定的条件下转化为次生分生组织。

### (二)同化薄壁组织

同化薄壁组织又称绿色薄壁组织,主要存在于植物体易受光照的器官,包括叶肉细胞、绿色植物茎皮层外侧的细胞、绿色的萼片和果实中靠近表皮的细胞。细胞内含有大量叶绿体,能进行光合作用,制造营养物质。

### (三)贮藏薄壁组织

贮藏薄壁组织是指能积聚营养物质的薄壁细胞,细胞通常较大,多存在于植物的根、地下茎、果实和种子中。细胞内贮存的物质主要有淀粉、蛋白质、脂肪和糖类等,如贮有淀粉粒的马铃薯块茎薄壁细胞、贮有蛋白质和油脂的蓖麻种子胚乳细胞、贮有大量水分的芦荟叶片薄壁细胞等。

### (四)吸收薄壁组织

吸收薄壁组织是指能从外界吸收水分和无机盐,并运输到输导组织的薄壁细胞。吸收薄壁组织主要位于根尖的根毛区。

### (五)通气薄壁组织

通气薄壁组织多存在于水生植物和沼泽植物体内,细胞间具有发达的细胞间隙,这些间隙相互贯通形成管道或大的气腔,内贮有大量气体,除通气功能外,还能对植物体的漂浮起支持作用,如凤眼莲膨大的叶柄和灯心草茎等部位的薄壁细胞。

## 三、保护组织

保护组织是指处在植物体各器官的表面,对植物内部结构起保护作用的细胞群。常由一层或数层细胞构成,能控制和进行气体交换,防止水分过度散失、外界的机械损伤以及病虫的侵害等。根据来源和形态结构的不同,可分为初生保护组织(表皮)和次生保护组织(周皮)两类。

### (一)表皮

表皮是由初生分生组织分化形成的初生保护组织,一般分布于植物幼嫩的根、幼嫩的茎、叶、花、果实和种子的表面,多由一层生活细胞构成(少量植物为 2 ~ 3 层细胞)。细胞通常呈扁平方形、长方形、多边形或不规则形等,细胞排列紧密,无细胞间隙。细胞内有细胞核、大型液泡及少量细胞质,一般不含叶绿体。细胞壁外壁通常角质化,并在表面形成一层明显的角质层,有的植物细胞壁还可矿质化或在角质层外形成蜡被,增强保护作用。表皮细胞还常常分化产生毛茸和气孔。

#### 1. 毛茸

毛茸是由表皮细胞分化形成的突起物,具有保护、产生分泌物、减少水分蒸发等作用。常分为腺毛和非腺毛两类。

(1)腺毛　腺毛是能分泌挥发油、树脂和黏液等物质的毛茸。常由腺头和腺柄两部分组成,腺头多为圆球形,由一个或几个分泌细胞组成,起分泌作用;腺柄连接腺头和表皮细胞,由单细胞或多细胞构成,如薄荷、曼陀罗和洋地黄等植物的叶上具有腺毛。在薄荷叶上,还有一种无柄或短柄的腺毛,腺头常由 8 个(或 6 个、7 个)细胞组成,呈扁球形,排列在同一平面上,称为腺鳞(图 3 - 2)。

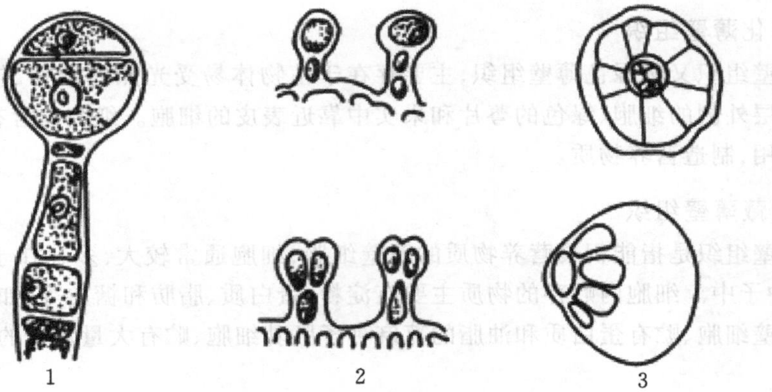

图 3-2 腺毛与腺鳞

1. 南瓜幼茎上的腺毛 2. 洋地黄叶上的腺毛 3. 薄荷叶上的腺鳞

(2)非腺毛 非腺毛是无分泌作用的毛茸，由单细胞或多细胞组成，无头、柄之分，顶端通常狭尖，单纯起保护作用。非腺毛多种多样，常见的有以下几种(图 3-3)。

①线状毛：由单细胞或多细胞组成，毛茸细长呈线状，如忍冬和薄荷叶上的毛茸。

②棘毛：该毛茸细胞壁常木质化，厚而坚实，细胞内还有结晶体，如大麻叶上的棘毛，其基部有钟乳体。

③分枝毛：毛茸呈分枝状，如毛蕊花、裸花紫珠叶上的毛茸。

④丁字毛：毛茸呈丁字形，如菊、艾叶上的毛茸。

⑤星状毛：毛茸呈放射状分枝，如石韦叶和木芙蓉叶上的毛茸。

⑥鳞毛：毛茸呈鳞片状或圆形平顶状，如胡颓子叶上的毛茸。

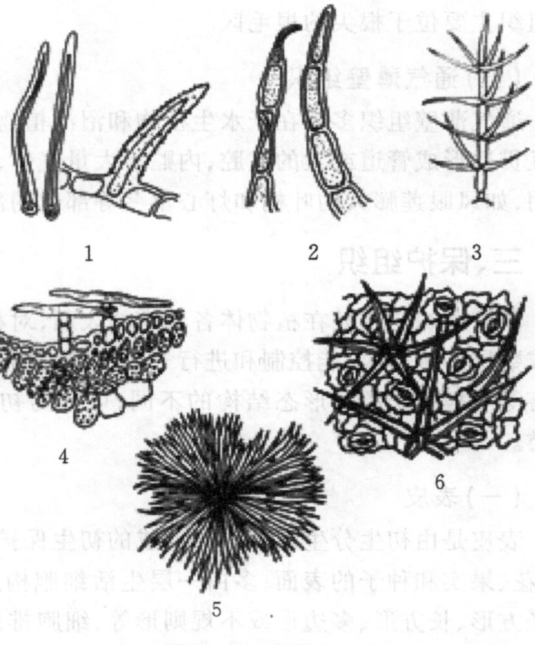

图 3-3 非腺毛

1. 单细胞线状毛 2. 多细胞线状毛 3. 分枝毛 4. 丁字毛 5. 鳞毛 6. 星状毛

各种植物上的毛茸形态各异，其类型和特点可以作为鉴定中药材的依据。

2. 气孔

在以表皮起保护作用的植物体表面有许多小孔，这些小孔是植物体与外界进行气体交换的通道，称为气孔。气孔多分布在叶片和幼嫩的茎枝上，双子叶植物的气孔是由两个半月形的保卫细胞凹入的一面相对而形成的，这两个保卫细胞与气孔合称为气孔器(图 3-4)。保卫细胞是生活细胞，有明显的细胞核，内含叶绿体，其细胞壁的增厚也特殊，与表皮细胞相连的细胞壁较薄，其他各面的细胞壁较厚。因此，当植物体水分充足时，保卫细胞充水膨胀，较薄的细胞壁鼓胀弯曲，气孔张开；当植物体水分不足时，保卫细胞失水收缩，细胞趋于伸直，气孔缩小以至闭合,由此控制植物的气体交换和水分蒸腾。

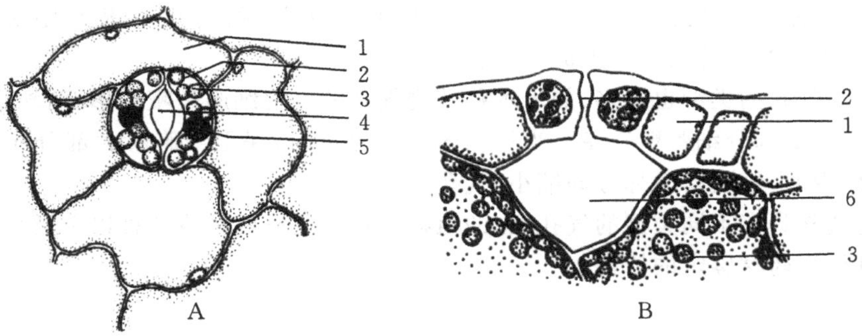


图 3-4 气孔

A. 表面观 B. 横切面观

1. 表皮细胞 2. 保卫细胞 3. 叶绿体 4. 气孔 5. 细胞核 6. 气室

保卫细胞周围的表皮细胞称为副卫细胞。不同植物气孔的副卫细胞数量及其与保卫细胞之间的排列关系有一定差异,据此将双子叶植物的气孔分为常见的五种类型(或称为气孔轴式)(图 3-5)。

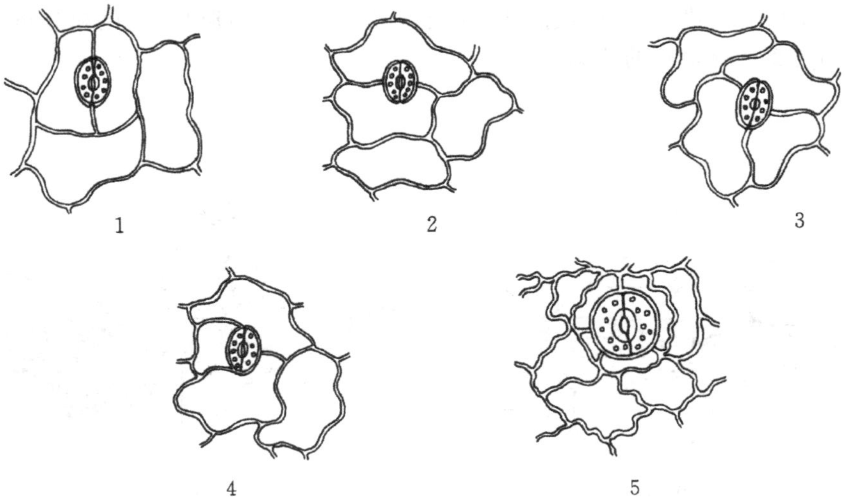


图 3-5 气孔的类型

1. 平轴式 2. 直轴式 3. 不定式 4. 不等式 5. 环式

(1)平轴式(平列型) 气孔周围通常有两个副卫细胞,其长轴与保卫细胞和气孔的长轴平行,如茜草、落花生和菜豆等植物叶上的气孔。

(2)直轴式(横列型) 气孔周围通常也有两个副卫细胞,但其长轴与保卫细胞和气孔的长轴垂直,如石竹、穿心莲和薄荷等植物叶上的气孔。

(3)不定式(不规则型) 气孔周围的副卫细胞数目不定,大小基本相同,形状与其他表皮细胞也相似,如桑、艾和枇杷等植物叶上的气孔。

(4)不等式(不等细胞型)　气孔周围的副卫细胞有3~4个,大小不等,其中一个显著较小,如菘蓝、荠菜和曼陀罗等植物叶上的气孔。

(5)环式(辐射型)　气孔周围的副卫细胞数目不定,其形状比其他表皮细胞狭窄,围绕气孔排列成环状,如茶和桉等植物叶上的气孔。

单子叶植物气孔的类型也很多,如禾本科植物气孔的保卫细胞是哑铃形,两端膨大部分细胞壁较薄,中间窄的部分细胞壁较厚。当植物体水分充足时,保卫细胞膨大部分充水膨胀,气孔张开;水分减少时,细胞膨大部分即缩小,气孔闭合。

不同植物通常具有不同类型的气孔,有的植物叶片上还有两种或两种以上类型的气孔,因此气孔类型可作为药材鉴定的依据。

### (二)周皮

木本植物的根和茎在增粗生长时,由于表皮细胞不能适应其生长而失去保护能力,植物体内一些薄壁细胞随即恢复分生能力转化成木栓形成层,木栓形成层向外产生木栓层细胞,向内产生栓内层细胞,从而产生出周皮行使保护作用。在根中木栓形成层通常是由中柱鞘细胞形成,而在茎中常由表皮、皮层或韧皮薄壁细胞转化而来,因此周皮属于次生保护组织。真正行使保护功能的是木栓层。木栓层是由多层扁平、排列整齐紧密、细胞壁木栓化的细胞组成的(图3-6)。

在周皮形成时,位于气孔内方的木栓形成层向外产生圆形或椭圆形的薄壁细胞,这些细胞排列疏松,随着数量的不断增多,将表皮突破形成凸起的圆形或椭圆形裂口,这些凸起的裂口即是皮孔(图3-7)。它是周皮行使保护作用时,植物体与外界进行气体交换的通道。在木本植物的茎枝上常可看到横的、竖的或点状的凸起就是皮孔,它的形状、颜色和分布的密度常可作为茎枝类和皮类药材鉴别的依据。

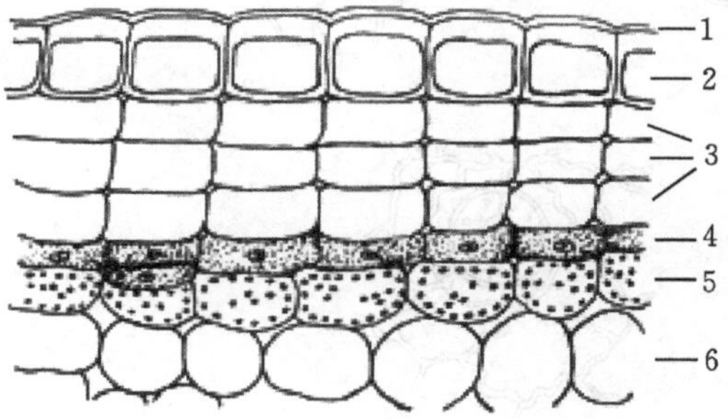


图3-6　周皮

1. 角质层　2. 表皮　3. 木栓层
4. 木栓形成层　5. 栓内层　6. 皮层

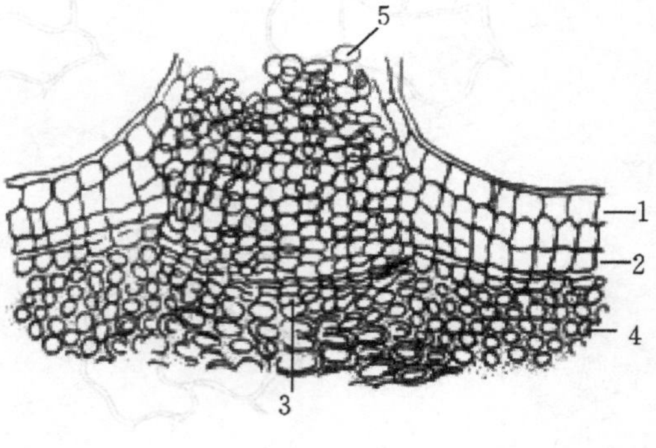


图3-7　皮孔

1. 表质　2. 木栓层　3. 木栓形成层
4. 皮层　5. 填充细胞

## 四、机械组织

机械组织是植物体内细胞壁明显增厚,起支持和巩固作用的细胞群。根据其细胞壁增厚的部位和程度的不同,常分为厚角组织和厚壁组织两类。

### (一)厚角组织

厚角组织是细胞的细胞壁一般在角隅处增厚,增厚不均匀,并且细胞壁的主要成分是纤维素和果胶质，不含木质素，所以细胞仍含有原生质体，是生活细胞。厚角组织常存在于植物的茎、叶柄、叶的主脉和花柄等处，靠近表皮呈束状或环状分布，支持植物体直立生长，如薄荷、益母草、芹菜等植物茎的棱角处就有厚角组织。在横切面上，厚角组织细胞常呈多角形，内含叶绿体。厚角组织细胞还具有潜在的分生能力（图 3－8）。

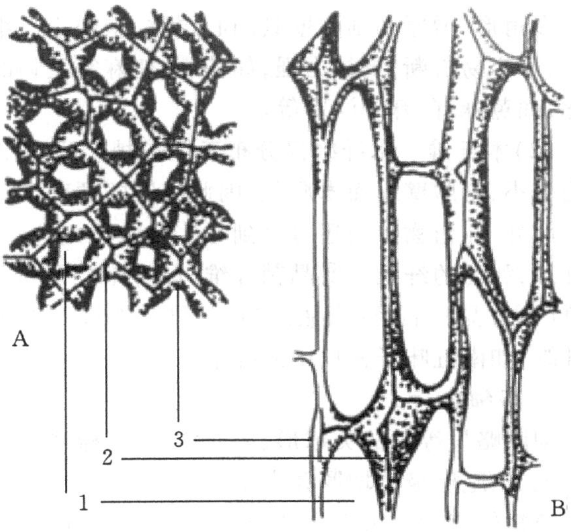

图 3－8　厚角组织

A. 横切面　B. 纵切面

1. 细胞腔　2. 胞间层　3. 增厚的细胞壁

### （二）厚壁组织

厚壁组织是细胞壁全面、大幅度增厚的一类细胞。增厚的细胞壁上还常有层纹和呈沟状的单纹孔，细胞腔很小，均为死细胞。根据细胞形状的不同，常分为纤维和石细胞两类。

#### 1. 纤维

纤维一般为两端狭尖的细长形细胞，细胞壁厚，细胞腔小甚至没有，壁上有少数的纹孔。狭尖的细胞末端彼此嵌插成束，成为器官的坚强支柱。根据纤维在植物体内存在部位的不同，常分为韧皮纤维和木纤维（图 3－9）。

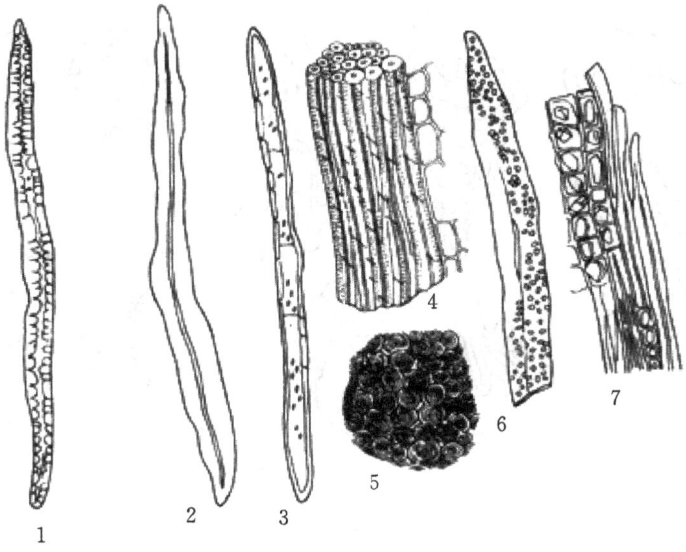

图 3－9　纤维

1. 五加皮纤维　2. 肉桂纤维　3. 分隔纤维　4. 纤维束

5. 纤维束横切面　6. 南五味子根嵌晶纤维　7. 甘草晶纤维

(1)韧皮纤维　韧皮纤维分布于韧皮部，长纺锤形细胞常聚合成束，横切面观细胞多呈圆形或多角形，增厚的细胞壁具同心层纹，胞腔小。细胞壁的主要成分是纤维素，因此细胞的韧性大，不容易折断，抗拉力强，如苎麻、亚麻等植物的韧皮纤维。但也有少数植物的韧皮纤维木质化，如黄麻、苘麻和洋麻等。

(2)木纤维　木纤维仅分布于被子植物木质部中，细胞也是长纺锤形，常比韧皮纤维短，细胞腔小，细胞壁厚而木质化，因此细胞的硬度大，支持力强，但韧性差，易折断。

此外，在植物体内还可见到一些特殊形式的纤维。①分隔纤维：细胞腔中具有菲薄横隔膜的纤维，如姜的纤维。②晶鞘纤维（晶纤维）：周围的薄壁细胞中含有草酸钙结晶的纤维束，如甘草（含方晶）、石竹（含簇晶）的纤维。③嵌晶纤维：次生壁外层密嵌有一些细小草酸钙方晶的纤维，如南五味子根皮中的纤维。

2. ***石细胞***

细胞略呈等径的类球形、多面体形、短棒状、分枝状或不规则形等形状，一般由薄壁细胞分化形成，细胞壁极度增厚并木质化，细胞腔很小，成熟后原生质体消失的死亡细胞。细胞多存在于植物的茎、叶、果实和种子中，单个或成群分布（图 3－10）。

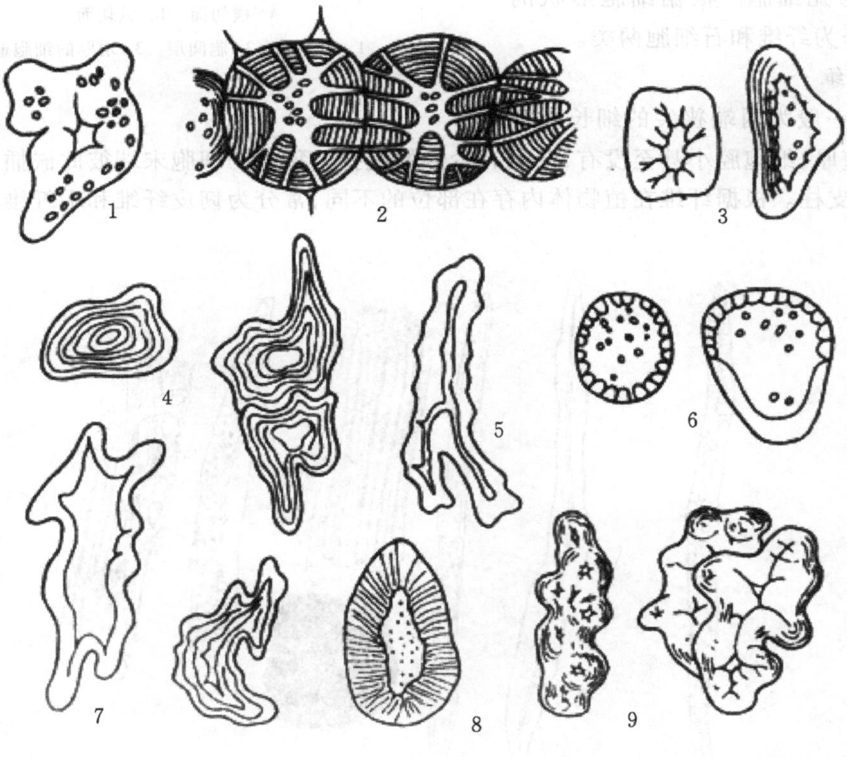


图 3－10　石细胞

1. 南五味子根嵌晶石细胞　2. 梨果实石细胞　3. 土茯苓石细胞　4. 黄柏石细胞　5. 茶叶石细胞　6. 苦杏仁石细胞　7. 厚朴石细胞　8. 五味子果实石细胞　9. 川楝子石细胞

大量的植物类中药中含有石细胞，其形状、大小、颜色、细胞壁的厚薄、层纹的有无、纹孔的疏密等各有差异，因此是鉴别中药的重要依据。如梨的果实中具有圆形或类圆形的石细胞；川乌根中具有长方形或多角形的石细胞；乌梅种皮中具有壳状或盔状的石细胞；厚朴、黄柏中具有不规则形状的石细胞等。

## 五、输导组织

输导组织是植物体内输导水分和养料的细胞群。细胞一般呈管状，上下彼此相接，形成管道系统贯穿于整个植物体。根据细胞的内部构造和运输物质的不同，输导组织可分为两类。一类是导管和管胞，另一类是筛管、伴胞和筛胞。

### （一）导管和管胞

导管和管胞是存在于木质部中由下而上输送水分和无机盐的管状细胞。

#### 1. 导管

导管是植物体木质部中由管状的导管细胞连接而成的输水组织，细胞的细胞壁常增厚并木质化，成为死亡细胞。导管主要分布于被子植物体内，只有少数裸子植物（麻黄等）和个别蕨类植物（蕨属）也具有导管。在导管形成过程中，导管分子之间的横壁溶解消失，连接成纵向贯通的管道，因而输导能力强；横向相邻的导管细胞则依靠侧壁上的纹孔来输导。导管分子次生壁常有不均匀的木质化增厚，形成不同的纹理。据此，导管分子可分为下列五种类型（3－11）。

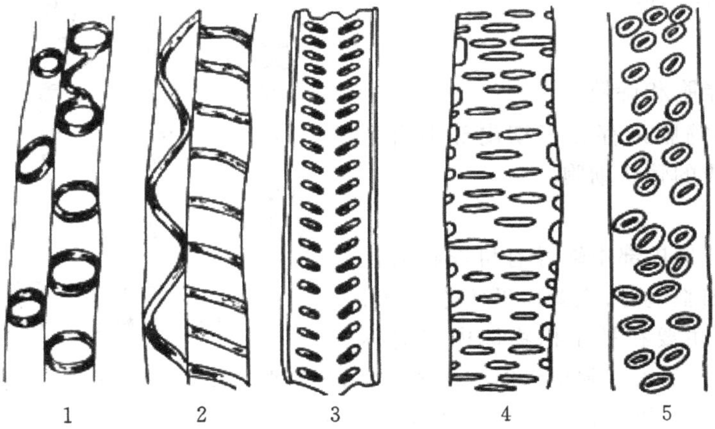


图 3－11　导管

1. 环纹导管　2. 螺纹导管　3. 梯纹导管　4. 网纹导管　5. 孔纹导管

（1）环纹导管　次生壁呈环状增厚，环与环之间仍为薄壁区，因此可随植物体的生长而伸长。环纹导管直径较小，主要存在于植物器官的幼嫩部位。

（2）螺纹导管　次生壁呈一条或数条螺旋带状的增厚。细胞壁仍存在薄壁区，可随植物体的生长而伸长。螺纹导管直径也较小，多存在于植物器官的幼嫩部位。

（3）梯纹导管　细胞壁横向和纵向均有增厚，未增厚的部分横向间隔排列呈梯状。这种导管分化程度较高，多存在于植物器官的成熟部位。

（4）网纹导管　细胞壁呈网状增厚，网孔为未增厚的部分。这种导管直径较大，分化程度高，多存于植物器官的成熟部位。

(5)孔纹导管　细胞壁几乎全面增厚，未增厚的部分为具缘纹孔或单纹孔。这种导管直径较大，分化程度高，多存在于植物器官的成熟部位。

以上是几种典型的导管类型。在植物体内，还存在着一些混合类型的导管，如有的导管上同时存在螺纹与环纹，或螺纹与梯纹增厚的情况，有的导管介于梯纹与网纹之间，称为梯－网纹导管。在以上导管中，环纹导管与螺纹导管直径一般较小，输导能力较差，多存在于植物器官的幼嫩部分，能随植物器官的生长而生长。网纹导管与孔纹导管在植物器官中出现较晚，管壁厚，管径大，输导能力强，多存在于植物体的成熟部分，比较坚韧，能抵抗周围组织的压力，保持输导作用。

**2. 管胞**

管胞与导管一样，也是植物体木质部中的输水组织，细胞的细胞壁常增厚并木质化而成为死亡细胞。管胞主要存在于蕨类植物和裸子植物体内，兼具支持作用。在被子植物的叶柄和叶脉中也有发现，但量少，不起主要作用。管胞呈长管状，两端斜尖，端壁上不形成穿孔，而是通过细胞侧壁上的纹孔来输导，所以输导能力比导管低，是较原始的输导组织。管胞的次生壁也有环纹、螺纹、梯纹和孔纹等类型的增厚（图 3－12）。

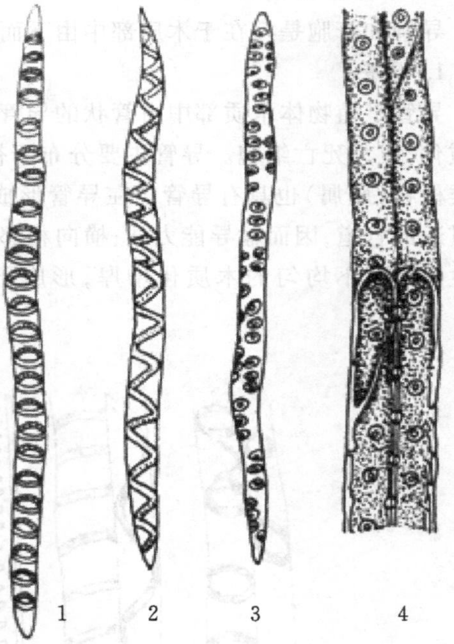


图 3－12　管胞

1. 环纹　2. 螺纹　3. 梯纹　4. 孔纹

**(二)筛管、伴胞和筛胞**

筛管、伴胞和筛胞是存在于韧皮部中由上而下输送有机物质的管状细胞。

**1. 筛管**

筛管是植物体韧皮部中输导有机养料的管状细胞。细胞的细胞壁薄，主要由纤维素构成，因而是生活细胞，主要在被子植物体内起输导作用。与导管相似，筛管细胞也纵向连接成管状，但细胞间的横壁不消失，上有许多小孔，这些小孔称筛孔，细胞间有机养料的输导就是通过这些筛孔来完成的。具有筛孔的横壁称为筛板，筛板和筛管壁上筛孔集中分布的区域又称筛域。筛管细胞一般只生活一年，新的筛管产生后即担负起输导的责任，老的筛管受挤压破碎而形成颓废组织永远失去输导功能（图 3－13）。

**2. 伴胞**

在被子植物筛管分子的旁边，常伴有一个或多个细长的小型薄壁细胞，称为伴胞。伴胞是生活细胞，细胞质浓稠，细胞核较大，含有多种酶，呼吸作用旺盛。研究证明，伴胞和筛管细胞是由同一母细胞分裂而成的，筛管的运输功能和伴胞的生理代谢密切相关。

**3. 筛胞**

筛胞是蕨类植物和裸子植物输导有机养料的狭长形细胞。细胞直径较小，没有形成筛板，但侧壁上有筛域，细胞间通过倾斜的端壁相连进行物质的输导。筛胞旁无伴胞，输导能力较差。

## 六、分泌组织

分泌组织是指具有分泌功能，能分泌产生挥发油、树脂、黏液、乳汁以及蜜汁等物质的细胞群。根据细胞所产生的分泌物在体内与体外的不同，分泌组织分为外部分泌组织和内部分泌组织两类（图 3－14）。

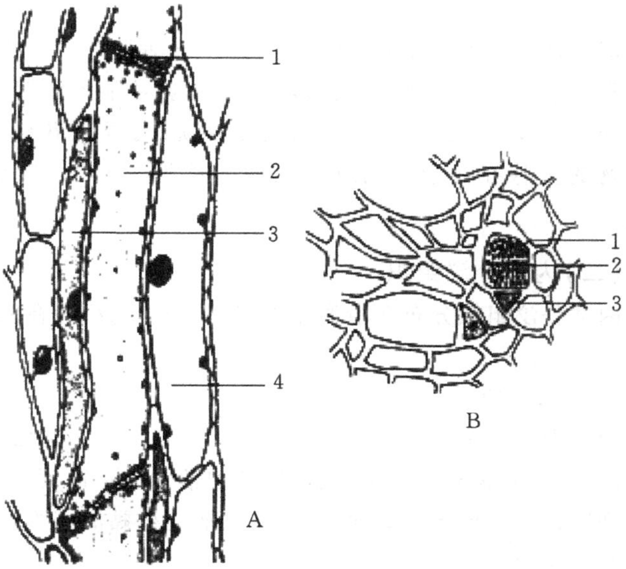


图 3－13　筛管与伴胞

A. 纵切面　B. 横切面

1. 筛板　2. 筛管　3. 伴胞　4. 韧皮薄壁细胞

### （一）外部分泌组织

外部分泌组织分布在植物体的体表，其分泌物排出体外，包括腺毛和蜜腺两类。

**1. 腺毛**

腺毛是具有分泌能力的毛茸，由表皮细胞分化而来，由腺头和腺柄两部分组成。具分泌能力的腺头细胞覆盖有角质层，产生的分泌物积聚在细胞壁与角质层之间，分泌物可经角质层渗出或角质层破裂而排出。

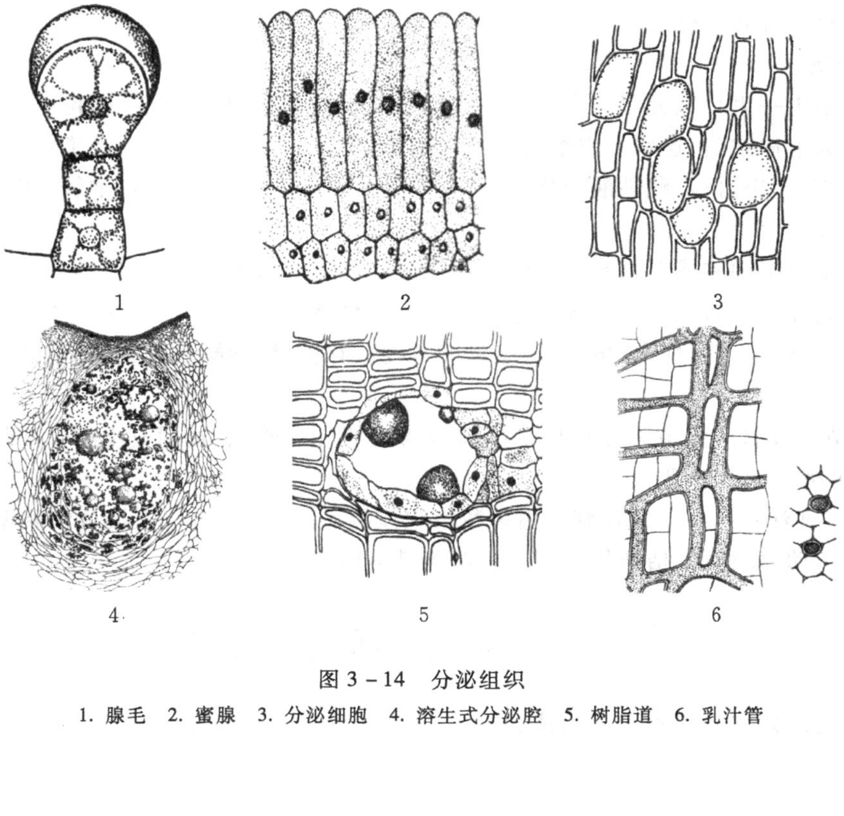


图 3－14　分泌组织

1. 腺毛　2. 蜜腺　3. 分泌细胞　4. 溶生式分泌腔　5. 树脂道　6. 乳汁管

2. 蜜腺

蜜腺是能分泌蜜汁的腺体，由一层表皮细胞或其下面数层细胞特化而成。蜜腺细胞比相邻细胞的细胞壁薄，无角质层或角质层很薄，细胞质浓厚。蜜汁常通过角质层扩散或经气孔排出。蜜腺一般位于虫媒花植物的花萼、花冠、子房或花柱的基部，如槐、油菜、荞麦等。此外，还有植物的蜜腺存在于叶、托叶、花柄以及花序等处，如樱桃叶、蚕豆托叶以及白花菜花序等部位。

（二）内部分泌组织

内部分泌组织分布在植物体内部，其分泌物积存在体内，包括分泌细胞、分泌腔、分泌道和乳汁管四类。

1. 分泌细胞

分泌细胞是单个散在的具有分泌能力的细胞。通常比周围细胞大，产生的分泌物贮存在细胞内，当分泌物充满整个细胞时，细胞常木栓化而死亡，成为贮藏细胞。其中贮藏挥发油的称油细胞，如姜、桂皮和菖蒲等；贮藏黏液的称黏液细胞，如半夏、玉竹和山药等。

2. 分泌腔

分泌腔是植物体内贮藏分泌物的腔室。根据形成过程的不同分为两种类型。

（1）溶生式分泌腔　溶生式分泌腔是处在基本薄壁组织中的一群分泌细胞，产生的分泌物储存在细胞内，当其分泌物充满整个细胞时，细胞死亡，细胞壁溶解消失，从而形成贮有分泌物的腔室，此类腔室称为溶生式分泌腔，如橘的果皮和叶中的分泌腔，又称“油室”。

（2）裂生式分泌腔　裂生式分泌腔是处在基本薄壁组织中的一群具有分泌能力的细胞彼此分离，裂开形成腔室，这些分泌细胞完整地包围着腔室，是生活细胞，产生的分泌物贮存在腔室中，如当归根中的分泌腔。

3. 分泌道

分泌道是由一束具有分泌能力的细胞彼此分离，裂开形成的一条管状腔道。腔道周围的分泌细胞称为上皮细胞，这些上皮细胞是生活细胞，产生的分泌物贮存在腔道中。其中贮藏树脂的称树脂道，如松树；贮藏黏液的称黏液道，如美人蕉；贮藏挥发油的称油管，如小茴香。

4. 乳汁管

乳汁管是由单细胞或多细胞组成的一种能分泌乳汁的长管状结构，常具分枝，在植物体内形成系统。乳汁管细胞是生活细胞，通常有多个细胞核，所含乳汁多呈乳白色、黄色或橙色。乳汁的成分复杂，主要有糖类、蛋白质、生物碱、橡胶、苷类、酶和鞣质等物质。乳汁管通常有以下两种。

（1）无节乳汁管　无节乳汁管是由单细胞构成的乳汁管，长度可达数米，如夹竹桃科、萝摩科、桑科等植物的乳汁管。

（2）有节乳汁管　有节乳汁管是由多数细胞连接而成的乳汁管，连接处细胞壁溶化贯通，乳汁可互相流动，如菊科、桔梗科、旋花科、罂粟科等植物的乳汁管。

## 第二节　维管束及其类型

维管束是由韧皮部和木质部构成，贯穿了整个植物体，起输导和支持作用的一种束状结构。存在于蕨类植物、裸子植物和被子植物体内。其中韧皮部主要由筛管、伴胞、筛胞、韧皮薄壁细胞和韧皮纤维组成,质地较柔软;木质部主要由导管、管胞、木薄壁细胞和木纤维组成,质地较坚硬。

裸子植物和被子植物中双子叶植物的维管束,在韧皮部与木质部之间有形成层,可逐年增粗,这种维管束称为无限维管束或开放性维管束。蕨类植物和被子植物中单子叶植物的维管束无形成层,不能增粗,这种维管束称为有限维管束或闭锁性维管束。

根据韧皮部和木质部排列方式的不同,以及形成层的有无,维管束常分为以下六种类型(图 3 – 15)。

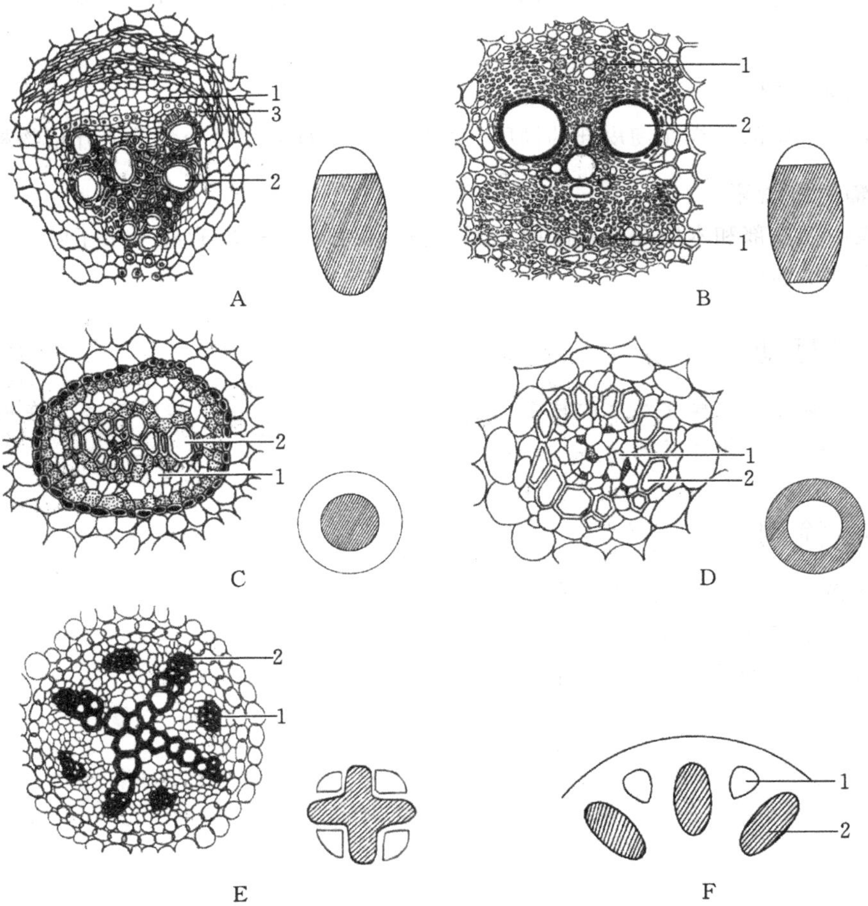


图 3 – 15　维管束类型

A. 无限外韧维管束　B. 双韧维管束　C. 周韧维管束　D. 周木维管束

E. 双子叶植物根辐射维管束　F. 单子叶植物根辐射维管束

1. 韧皮部　2. 木质部　3. 形成层

### (一) 有限外韧维管束

维管束中韧皮部位于外侧,木质部位于内侧,中间无形成层,如单子叶植物茎中的维管束。

### (二)无限外韧维管束

维管束中韧皮部位于外侧,木质部位于内侧,两者之间有形成层,具有本维管束的植物可增粗生长,如双子叶植物和裸子植物茎中的维管束。

### (三)双韧维管束

维管束中木质部的内外两侧都是韧皮部,常见于茄科、旋花科、葫芦科、夹竹桃科、桃金娘科植物的茎中。

### (四)周韧维管束

维管束中韧皮部围绕在木质部的周围,常见于禾本科、百合科、棕榈科、蓼科及某些蕨类植物体内。

### (五)周木维管束

维管束中木质部围绕在韧皮部的周围,常见于菖蒲、石菖蒲等少数单子叶植物根状茎中。

### (六)辐射维管束

维管束中韧皮部和木质部相互间隔排列,呈辐射状形成一圈,存在于单子叶植物根和初生构造的双子叶植物根中。

## 课堂互动

采取一段带叶和木栓化细胞的枝条,让学生就枝条上各种组织和维管束存在的部位展开讨论,然后提问,最后教师点评。

## 目标检测

1. 名词解释:植物组织、筛域、周皮、维管束。
2. 植物组织有哪些类型?
3. 维管束可分为几类?各有何特点?

# 第四章　植物器官

## 第一节　根

### 学习目标

【掌握】根的形态、类型及根的次生构造。

【熟悉】根的变态、根的初生构造和根的异常构造。

【了解】根的生理功能、根尖的构造。

根是植物在长期适应陆生生活过程中发展起来的器官，通常是植物体生长在地面下的营养器官，外形多呈长圆柱形。具有向地性、向湿性和背光性。不生叶和花，一般也不生芽。根具有吸收、输导、固着、合成、贮藏和繁殖等作用。有些植物的根是重要的中药材，如党参、柴胡、白芍、人参、三七、大黄、甘草等。

### 一、根及根系的类型

#### （一）主根、侧根

**1. 主根**

由种子的胚根直接发育而成的根称为主根。主根不断向下生长，有时也称直根或初生根。

**2. 侧根**

主根生长到一定长度后，从内部侧向生出许多支根，称为侧根。侧根和主根往往形成一定角度，侧根达到一定长度时，又能生出新的侧根。习惯上将细小的侧根，称纤维根。

#### （二）定根和不定根

依据来源不同将根分为定根和不定根。

**1. 定根**

直接或间接由胚根发育形成的主根及各级侧根称为定根，一般定根有固定的生长部位，如甘草、人参、三七的根。

**2. 不定根**

有些植物的根并不是直接或间接由胚根所形成，而是从茎、叶、老根或胚轴上生出来的，这些根的产生没有固定的位置，故统称不定根。例如，玉蜀黍、麦、稻、薏苡的种子萌发后，由胚根发育成主根不久即枯萎，而从茎的基部节上生长出许多大小、长短相似的须根来，这些根就是不定根。植物栽培上，利用枝条、叶、地下茎等能产生不定根的习性，可进行扦插、压条等营养繁殖。

### (三)直根系和须根系

一株植物地下所有根的总和,称为根系。根据根的形态及生长特性,根系可分为两种基本类型,即直根系和须根系(图4-1)。

**1. 直根系**

由明显而发达的主根及各级侧根组成的根系,称为直根系。主根粗大,一般垂直向下生长。直根系入土较深,双子叶植物和裸子植物多具有直根系,如大黄、柴胡、甘草等。

**2. 须根系**

主根不发达,或早期死亡,从茎的基部节上生长出许多大小、长短相仿的不定根。凡是无明显的主根和侧根区分的根系,或根系全部由不定根及其分枝组成,粗细相近,无主次之分呈须状的根系,称为须根系。须根系入土较浅,单子叶植物一般具有须根系,如麦冬、薏苡、百合等。

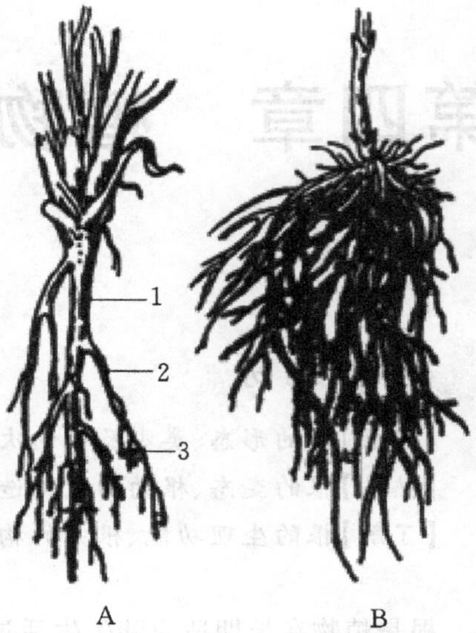


图4-1 根系

A. 直根系 B. 须根系

1. 主根 2. 侧根 3. 纤维根

## 二、变态根

有些植物为了适应生活环境的变化,经过长期的发展演化,其根的形态结构产生了一些变态,而且这些变态性状形成后可以代代遗传下去。这些变态根常见的主要有以下几种类型。

### (一)贮藏根

根的一部分或全部因贮藏营养物质而呈肉质肥大状,这样的根称贮藏根。贮藏根依据其来源及形态的不同又可分为肉质直根和块根(图4-2)。

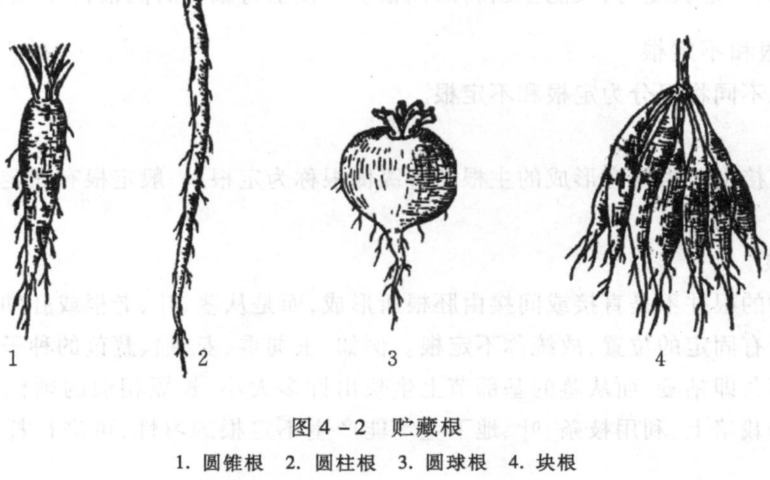


图4-2 贮藏根

1. 圆锥根 2. 圆柱根 3. 圆球根 4. 块根

1. **肉质直根**

肉质直根主要由主根发育而成，一株植物上仅有一个肉质直根，其上部具有胚轴和节间很短的茎。按形态不同常分为以下三种。

（1）圆锥根　主根肥大呈圆锥状，如胡萝卜、白芷、桔梗的根等。

（2）圆柱根　主根肥大呈圆柱状，如萝卜、甘草、黄芪的根等。

（3）圆球根　主根肥大呈圆球状，如芫青的根等。

2. **块根**

块根由侧根或不定根肥大而成，如麦冬、百部、何首乌等。块根在外形上往往不规则，而且在其膨大部分上端没有茎和胚轴。

### （二）支持根

有些植物在靠近地面的茎节上产生一些不定根伸入土中，以增强支持茎干的作用，这样的根称为支持根，某些单子叶植物具有支持根，如玉米、薏苡、甘蔗等（图4－3）。

### （三）攀援根

攀援植物在茎上生出不定根，以使植物能攀附于石壁、墙垣、树干或其他物体上，这种根称为攀援根，如常春藤、络石等（图4－3）。

### （四）气生根

茎上产生的不伸入土中而悬垂于空气中的不定根称气生根。气生根具有在潮湿空气中吸收和贮藏水分的能力，多见于热带植物，如石斛、吊兰、榕树等（图4－3）。

### （五）呼吸根

某些生长于湖沼或热带海滩地带的植物，由于一部分被淤泥淹没，呼吸困难，因而有部分根垂直向上生长，暴露于空气中进行呼吸，称呼吸根，如池杉、水松、红树等（图4－3）。

### （六）水生根

水生植物的根呈须状飘浮于水中，纤细柔软并常带绿色，称水生根，如浮萍、菱、睡莲等（图4－3）。

### （七）寄生根

一些寄生植物产生的不定根伸入寄主植物体内吸收水分和营养物质，以维持自身的生活，这种根称为寄生根。其中植物体内不含叶绿体，完全依靠吸收寄主体内的养分维持生活的，称全寄生植物，如菟丝子、列当等；植物体内含叶绿体，能自制部分养料又能吸收寄主体内养分的，称半寄生植物，如桑寄生、槲寄生等（图4－3）。

## 三、根尖的构造

根尖是从根的最先端到有根毛的部分（图4－4），长4～6mm，分为根冠、分生区、伸长区和成熟区四部分。

1. **根冠**

根冠位于根的最顶端，是由许多薄壁细胞组成的冠状结构。根冠起保护根尖的作用，它像一顶帽子（即冠）套在分生区的外方，所以称为根冠。有些根冠的外层细胞还能产生黏液，使根尖穿越土壤缝隙时，得以减少摩擦。根冠的外层细胞因与土壤摩擦而发生脱落，同时分生区的细胞不断分裂产生新的根冠细胞，因此，根冠可以始终保持一定的形状和厚度。组成根冠的细胞是活的薄壁细胞，常含有淀粉，一般多无大的分化，只是近分生区部分的细胞较小，近外方的细胞较大。除了一些寄生根和菌根外，绝大多数植物的根尖部分都有根冠存在。

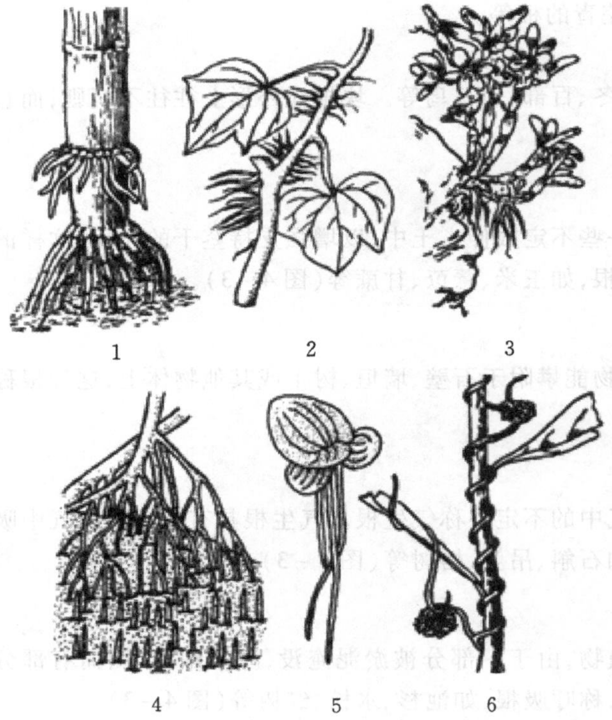


图 4-3　变态根的类型

1. 支持根（玉米）　2. 攀援根（常春藤）
3. 气生根（石斛）　4. 呼吸根（红树）
5. 水生根（青萍）　6. 寄生根（菟丝子）

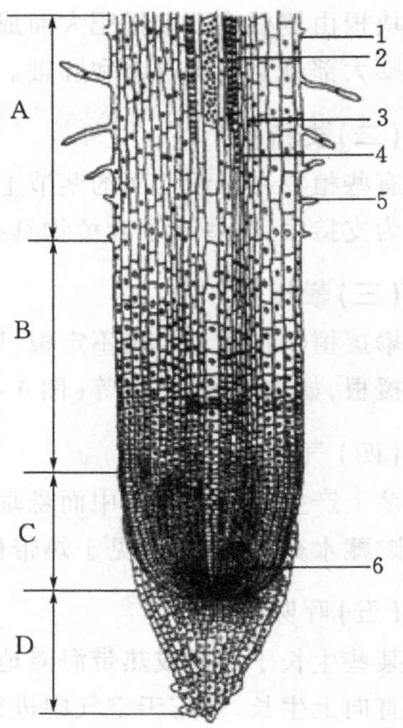


图 4-4　根尖纵切面

A. 成熟区　B. 伸长区　C. 分生区　D. 根冠
1. 表皮　2. 导管　3. 皮层
4. 微管柱鞘　5. 根毛　6. 顶端分生组织

**2. 分生区（生长点）**

分生区全长 1～2mm，呈圆锥形，大部分被根冠包围着。分生区是典型的顶端分生组织，具有很强的分生能力，不断地进行细胞分裂，除一部分向前方发展，形成根冠细胞，以补偿根冠因受损伤而脱落的细胞外，大部分向后方发展，经过细胞的生长、分化，从而形成根的表皮、皮层和中柱。

**3. 伸长区**

伸长区位于分生区上至出现根毛的地方，此处细胞分裂已逐渐停止，细胞体积扩大，并显著地沿根的长轴方向延伸，因此称为伸长区。根的长度生长是分生区细胞的分裂、增大和伸长区细胞延伸共同活动的结果，特别是伸长区细胞的延伸，使根显著地伸长。伸长区细胞除显著延伸外，也加速了分化，最早的筛管和最早的环纹导管往往出现在这个区域。

**4. 成熟区**

成熟区位于伸长区上方，细胞已停止伸长，并且多已分化成熟，形成了各种初生组织，因此称为成熟区。成熟区中，最外一层细胞分化为表皮，里面分化为皮层和微管柱。最显著的特点是表皮中一部分细胞的外壁向外突出，形成根毛，所以又叫根毛区。根毛生长速度较快，但寿命较短，一般只有几天，多的在 10～20 天，即死亡。随着老的根毛陆续死亡，从伸长区上部又陆续生出新的根毛。不断更新的结果使新的根毛区也就随着根的生长，向前推移，进入新的土壤区域，这对于丰富根的吸收是极为有利的。根毛的产生大大增加了根的吸收面积。水生植物常无根毛。

## 四、根的初生构造

幼根的生长是由根尖的顶端分生组织经过分裂、生长、分化三个阶段发展而来的，这种生长称为初生生长。在初生生长中所产生的各种组织，都属于初生组织，由初生组织组成幼根的初生构造。大多数单子叶植物根不再进行次生生长，因此只具有初生构造。而双子叶植物根一般要进行次生生长，形成次生构造。使根延长的生长称为初生生长，使根增粗的生长称为次生生长。

通过植物根尖的成熟区做一横切面，就能看到根的初生构造，由外至内为表皮、皮层和维管柱三个部分(图 4－5)。

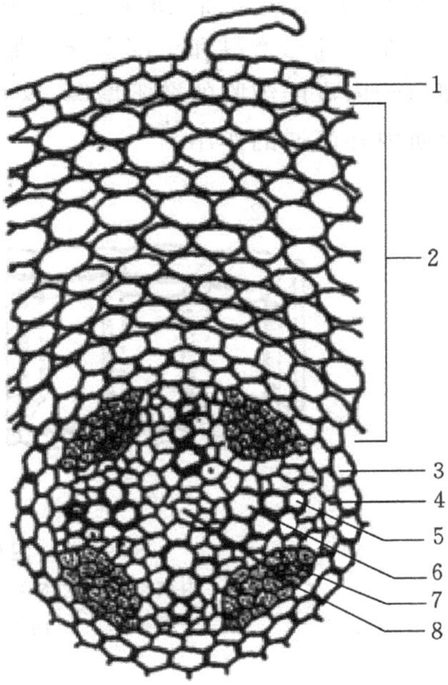


图 4－5 双子叶植物根的初生构造

1. 表皮 2. 皮层 3. 内皮层 4. 维管柱鞘 5. 原生木质部 6. 后生木质部 7. 初生韧皮部 8. 尚未成熟的后生木质部

### (一)表皮

表皮位于根的最外层，是由原表皮发育而成，一般由一层表皮细胞组成。细胞近似长方形，排列整齐紧密，无细胞间隙，细胞壁薄，非角质化，富通透性，不具气孔。部分表皮细胞的外壁向外突起形成根毛。根的这些特征与植物其他器官的表皮不同，而与根的吸收作用相关，所以有“吸收表皮”之称。有的根最外层为多列细胞壁木栓化增厚的细胞，称为根被，如麦冬。

### (二)皮层

皮层是由基本分生组织发育而成，它位于表皮的内方，由多层薄壁细胞组成，细胞排列疏松，有着显著的细胞间隙。皮层占根相当大的部分，通常分为外皮层、皮层薄壁组织和内皮层三部分。

**1. *外皮层***

外皮层是皮层最外方紧接表皮的一层细胞，排列紧密、整齐，无细胞间隙。当根毛枯死，表皮破坏后，外皮层的细胞壁增厚并木栓化，能代替表皮起保护作用。

**2. *皮层薄壁组织***

皮层薄壁组织为外皮层内方的多层细胞，壁薄，排列疏松，有细胞间隙。皮层薄壁组织具有将根毛吸收的溶液转送到根的维管柱中去，又可将维管柱内的有机养料转送出来，有的还有贮藏作用。所以皮层实际为兼有吸收、运输和贮藏作用的基本组织。

3. 内皮层

内皮层为皮层最内方的一层细胞，排列整齐紧密，无细胞间隙。内皮层细胞壁常增厚，分为两种类型。一种是内皮层细胞的径向壁（侧壁）和上下壁（横壁）局部增厚（木质化或木栓化），增厚部分呈带状，环绕径向壁和上下壁而成一整圈，称凯氏带。其宽度不一，但远比其所在的细胞壁狭窄，从横切面观，增厚的部分呈点状，称凯氏点（图4-6）。另一种是内皮层细胞进一步发育，整个壁增厚，如其径向壁、上下壁以及内切向壁（内壁）全面增厚，只有外切向壁（外壁）比较薄，则横切面观时内皮层细胞增厚部分呈马蹄形。也有的内皮层细胞壁全部木栓化加厚。在马蹄形增厚和全部木栓化加厚植物中，水的通道完全阻断，但留下了少数正对初生木质部角的内皮层细胞的壁不增厚，这些细胞壁未增厚的细胞称为通道细胞，起着皮层与维管束间物质内外流通的作用。

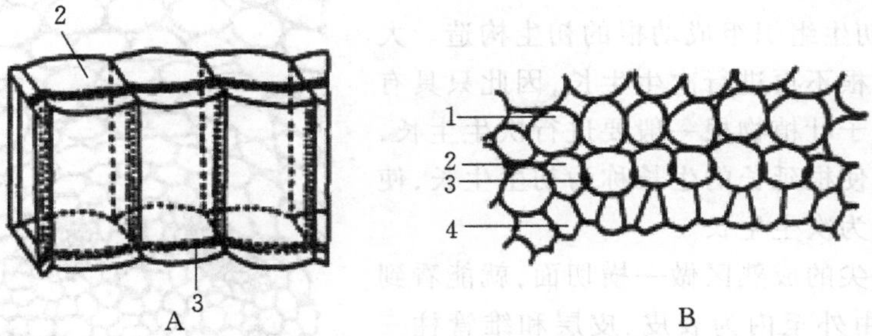


图4-6 内皮层细胞（示凯氏带、凯氏点）

A. 内皮层细胞立体观，示凯氏带 B. 内皮层细胞横切，示凯氏点

1. 皮层细胞 2. 内皮层细胞 3. 凯氏带（点） 4. 中柱鞘细胞

（三）维管柱

维管柱是内皮层以内的部分，结构比较复杂，包括维管柱鞘、初生木质部和初生韧皮部三部分，有些植物的根还具有髓，由薄壁组织或厚壁组织组成。

1. 维管柱鞘

维管柱鞘紧贴内皮层，位于维管柱的最外方，通常由一层薄壁细胞组成，有潜在的分生能力，在一定时期可产生侧根、不定根、不定芽、部分木栓形成层和形成层。

2. 初生木质部和初生韧皮部

初生木质部和初生韧皮部为根的输导组织，在根的最内方。根的维管柱中的初生维管组织，包括初生木质部和初生韧皮部，不并列成束，而是相间排列，各自成束，所以又称为辐射维管束。由于根的初生木质部在分化过程中，是由外方开始向内方逐渐发育成熟，这种方式称为外始式，这是根发育上的一个特点。因此，初生木质部的外方，也就是近维管柱鞘的部位，是最初成熟的部分，称为原生木质部，它是由管腔较小的环纹导管或螺纹导管组成。渐近中部，是成熟较迟的部分，称为后生木质部，它是由管腔较大的梯纹、网纹或孔纹等导管所组成。由于初生木质部的发育是外始式，因此，外方的导管最先形成，这就缩短了皮层和初生木质部间的距离，从而加速了由根毛所吸收的物质向地上部分运输。

在根的横切面上，初生木质部整个轮廓呈星角状，其束（星角）的数目随植物种类而异。每种植物的根中，初生木质部束的数目是相对稳定的。如十字花科、伞形科的一些植物和多数裸子植物的根中，只有两束初生木质部，称二原型；毛茛科唐松草属有三束，称三原型；葫芦科、杨柳科及毛茛科毛茛属的一些植物有四束，称四原型；如果束数在六束以上，则称多原型。双子叶植物根初生木质部的束数较少，多为二至六原型；单子叶植物根的束数较多，一般为 8 ~ 30 束，棕榈科有些植物其束数可达数百束之多。初生木质部的结构比较简单，主要由导管、管胞和木薄壁细胞组成，有时有木纤维。裸子植物的初生木质部主要为管胞。

初生韧皮部发育成熟的方式，也是外始式，即原生韧皮部在外方，后生韧皮部在内方。初生韧皮部束的数目在同一根内，与初生木质部束的数目相等，它与初生木质部相间排列，即位于初生木质部两束之间。初生韧皮部由筛管、伴胞和韧皮薄壁细胞组成，偶有韧皮纤维；裸子植物的初生韧皮部有筛胞，无筛管。初生木质部和初生韧皮部之间为薄壁组织。

一般双子叶植物根的中央部分往往由初生木质部中的后生木质部占据，逐渐达到维管柱的中央，其横切面的轮廓为具有棱的实心体，没有髓部，这是双子叶植物幼根初生构造的一个基本特征。多数单子叶植物以及双子叶植物中的有些植物种类，根的中央部分不分化成木质部，而由薄壁组织或厚壁组织形成髓部，如乌头、花生、蚕豆、龙胆、鸢尾等。

## 五、根的次生构造

大多数双子叶植物和裸子植物的主根和较大的侧根在完成了初生生长之后，由于形成层的发生和活动，产生次生维管组织和周皮，使根的直径增粗，这种生长过程，称为次生生长。由次生生长所产生的各种组织称次生组织，由这些组织所形成的结构称次生构造。绝大多数蕨类和单子叶植物的根，在整个生活期中，一直保持着初生构造。

### （一）维管形成层的产生及其活动

当根进行初生生长时，在初生木质部和初生韧皮部之间的一些薄壁组织恢复分生能力，转变为形成层，逐渐向初生木质部外方的维管柱鞘部位发展，使相邻的维管柱鞘细胞也开始分化成为形成层的一部分，形成层即由片断连接成为一个凹凸相间的环。在韧皮部下方的形成层分裂速度较快，次生木质部产生的量较多，因此，形成层凹入的部分大量向外推移，使凹凸相间的形成层环变成圆环状。

形成层原始细胞多为一层扁平细胞，不断进行分裂，向内分裂产生的细胞形成新的木质部，加在初生木质部的外方，称为次生木质部，一般由导管、管胞、木薄壁细胞和木纤维组成；向外分裂所生的细胞形成新的韧皮部，加在初生韧皮部的内方，称为次生韧皮部，一般由筛管、伴胞、韧皮薄壁细胞和韧皮纤维组成。此时的维管束便由初生构造的木质部与韧皮部相间排列的辐射型，转变为木质部在内方，韧皮部在外方的外韧型维管束。次生木质部和次生韧皮部，合称次生维管组织，是次生构造的主要组成部分。在具有次生生长的根中，次生木质部和次生韧皮部间始终存在着形成层。次生木质部和次生韧皮部的组成，基本上和初生构造中的相似，但次生韧皮部内，韧皮薄壁组织较发达，韧皮纤维的量较少。

另外，在次生木质部和次生韧皮部内，还有一些径向排列的薄壁细胞群，分别称为木射线和韧皮射线，总称维管射线。维管射线是次生构造中新产生的组织，它从形成层处向内外贯穿次生木质部和次生韧皮部，作为横向运输的结构。次生木质部导管中的水分和无机盐，可以经维管射线运至形成层和次生韧皮部。次生韧皮部中的有机养料，可以通过维管射线运至形成层和次生木质部。

次生生长是裸子植物和大多数双子叶植物根所特有的，因此，在每年的生长季节内，形成层的活动必然产生新的次生维管组织。这样，根也就一年一年地长粗（图4－7）。

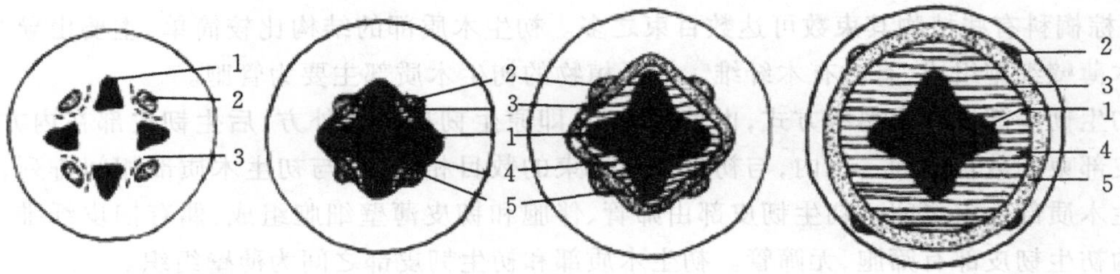


图4－7　根的次生生长图解

A. 形成层尚未出现　B. 形成层已形成

C. 次生木质部与次生韧皮部的形成　D. 形成层已成一圆环（本图解未表示周皮形成）

1. 初生木质部　2. 初生韧皮部　3. 形成层　4. 次生木质部　5. 次生韧皮部

### （二）木栓形成层的发生及其活动

在大多数根中，维管形成层活动的结果，是使次生维管组织不断增加，整个维管柱不断扩大。这种加粗的生长到了一定的程度，势必引起维管柱鞘以外的皮层、表皮等组织破裂。同时，维管柱鞘细胞恢复分裂能力，形成木栓形成层，木栓形成层向外分生木栓层，向内分生栓内层。木栓层由多层木栓细胞组成，木栓细胞多呈扁平状，排列整齐，细胞壁木栓化，呈褐色，由于木栓细胞不透气、不透水，故可代替表皮起保护作用。木栓层、木栓形成层、栓内层三者合称周皮。在周皮外方的各种组织（表皮和皮层）因为失去水分和营养供给而全部死亡，所以一般根的次生构造中没有表皮和皮层，而被周皮所代替。

最早的木栓形成层产生于维管柱鞘，但它活动到一定时期就终止了。周皮内方的部分薄壁细胞（栓内层或韧皮部）又能恢复分生能力，产生新的木栓形成层，进而形成新的周皮。

应注意的是，植物学上的根皮是指周皮这一部分，而药材中的根皮类，如地骨皮、牡丹皮等，则是指形成层以外的部分，含韧皮部、周皮和落皮层。

单子叶植物的根无形成层，不能加粗生长；无木栓形成层，故也无周皮，由表皮或外皮层行使保护功能。也有一些单子叶植物，如百部、麦冬等，表皮分裂成多层细胞，细胞壁木栓化，形成一种保护组织，称为根被。

## 六、根的异常构造

某些双子叶植物的根，除正常的次生构造外，还可产生一些特有的维管束，称异型维管束，并形成根的异常构造。异常构造与初生构造、次生构造相对应，也称为三生构造。常见的有两种类型。

### （一）同心环状排列异型维管束

当根的正常维管束形成不久，形成层失去分生能力，而在相当于微管柱鞘部位的薄壁细胞又恢复分生能力，形成新的形成层，向外分裂产生大量薄壁细胞和一圈异型的无限外韧维管束，如此反复多次，形成多圈异型维管束，其间有薄壁细胞相隔，一圈套住一圈，呈同心环状排列。属于这种类型的，又可分为两种情况。

(1)不断产生的新形成层环始终保持分生能力，并使层层同心性排列的异型维管束不断增大而呈年轮状，如商陆根。

(2)不断产生的新形成层环仅最外一层保持分生能力，而内面各层于异型维管束形成后即停止活动，如牛膝、川牛膝的根。

### (二) 非同心环状异型维管束

当中央较大的正常维管束形成后，皮层的部分薄壁细胞恢复分生能力，形成多个新的形成层环，产生许多单独的或复合的大小不等的异型维管束，相对于原有的形成层环而言是异心的，形成异常构造。故在横切面上可看到一些大小不等的圆圈状的花状纹理，是鉴别的重要特征，如何首乌的块根(图 4－8)。

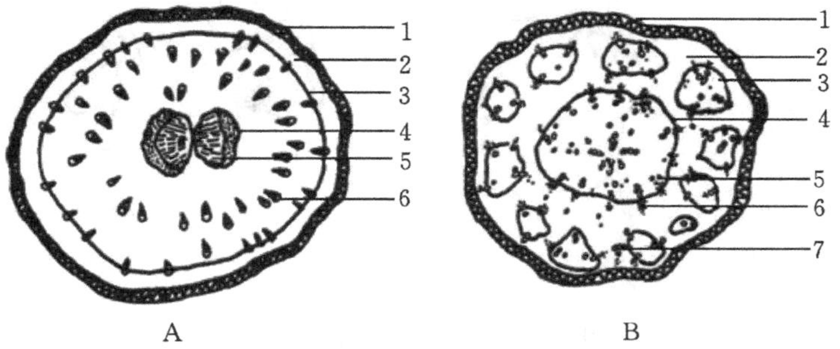


图 4－8　根的异常构造简图

A. 牛膝　1. 木栓层　2. 皮层　3. 形成层　4. 韧皮部　5. 木质部　6. 异常维管束

B. 何首乌　1. 木栓层　2. 皮层　3. 复合的异型维管束　4. 形成层　5. 木质部　6. 韧皮部　7. 单独的异型维管束

## 知识拓展

### 根瘤和菌根

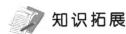

种子植物的根和土壤内的微生物有着密切的关系。微生物不但存在于土壤内，影响着生存的植物，而且有些微生物甚至进入植物根内，与植物共同生活。这些微生物从根的组织内取得可供它们生活的营养物质，而植物也由于微生物的作用，而获得它所需要的物质。这种植物和微生物双方间互利的关系，称为共生。共生关系是两个生物间相互有利的共居关系，彼此间有直接的营养物质交流，一种生物对另一种生物的生长有促进作用。在种子植物和微生物间的共生关系现象，一般有两种类型，即根瘤和菌根。

**1. 根瘤的形成及意义**

豆科植物的根上，常常生有各种形状和颜色的瘤状物，称为根瘤。根瘤是豆科植物与根瘤细菌的共生体，当豆科植物在幼苗时期，原来生存于土壤的短杆状的根瘤细胞，被根毛分泌的有机物质所吸引而聚集在根毛的周围，大量进行繁殖。处在根毛周围的根瘤菌，又能刺激豆科植物根皮层部分的细胞增生，使根的表面出现很多畸形小突起，即根瘤。根瘤菌一方面从植物根中获得碳水化合物，同时能将空气中不可被植物利用的游离氮($N_2$)转变为可被吸收的氨($NH_3$)。这些氨除满足根瘤菌本身的需要外，还可为宿主(豆科等植物)提供生长发育可以利用的含氮化合物。目前，人们正设想有目的地通过固氮遗传基因的转移，使其他植物也能长出根瘤进行固氮(图4-9)。

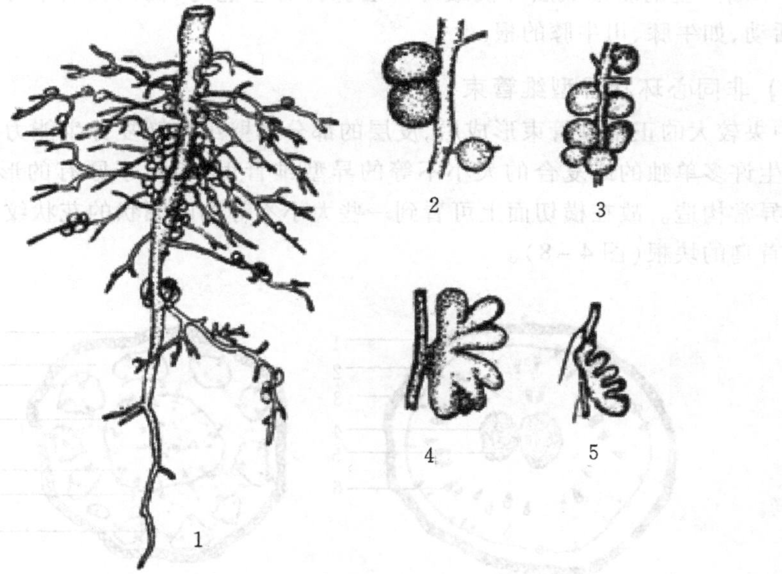


图4-9　几种豆科植物的根瘤

1. 具有根瘤的大豆根系　2. 大豆的根瘤　3. 蚕豆的根瘤　4. 豌豆的根瘤　5. 紫云英的根瘤

**2. 菌根的形成、类型及意义**

除根瘤菌外，种子植物的根也与真菌有共生的关系。这些与真菌共生的根，称为菌根。菌根比根瘤更为普遍。菌根和种子植物的共生关系是：真菌将所吸收的水分、无机盐类和转化的有机物质供给种子植物，而种子植物把它所制造和储藏的有机养料，包括氨基酸供给真菌。此外，菌根还可以促进根细胞内储藏物质的分解，增进植物根部的输导和吸收作用，产生植物激素和植物生长调节素，促进根系的生长。

很多具菌根的植物，在没有相应的真菌存在时，就不能正常地生长或种子不能萌发，如松树在没有与它共生的真菌的土壤里，吸收养分就很少，以致生长缓慢，甚至死亡。同样，某些真菌，如不与一定植物的根系共生，也将不能存活。在林业上，根据造林的树种，预先在土壤内接种需要的真菌，或事先让种子感染真菌，以保证树种良好的生长发育，这在荒地或草原造林上有着重要的意义。

## 目标检测

1. 变态根有哪些类型？麦冬属于哪类变态根？
2. 双子叶植物与单子叶植物根的初生构造有何不同？
3. 双子叶植物与单子叶植物根系有何区别？内部结构有何异同？
4. 常用中药何首乌、牛膝、商陆根中各是何种异型构造？

# 第二节 茎

## 学习目标

【掌握】茎的形态特征、茎及变态茎的类型；双子植物茎次生构造、单子叶植物茎和根状茎的构造特点。

【熟悉】双子植物茎初生构造。

【了解】芽的类型、茎尖的构造和双子叶植物茎的异常构造。

茎是植物体生长于地上的营养器官，是联系根、叶，输送水分、无机盐和有机养料的轴状结构。茎通常生长在地面以上，但有些植物的茎生长在地下，如泽泻、百合、贝母。有些植物的茎极短，叶由茎生出呈莲座状，如蒲公英、车前。种子萌发后，随着根系的发育，上胚轴和胚芽向上发展为地上部分的茎和叶。茎端和叶腋处着生的芽萌发生长形成分枝。继而新芽不断出现与生长，最后形成了繁茂的植物地上部分。

茎有输导、支持、贮藏和繁殖的功能。根部吸收的水分和无机盐以及叶制成的有机物质，通过茎输送到植物体各部分以供给各部器官生活的需要。有些植物的茎，有贮藏水分和营养物质的作用，如仙人掌茎贮存水分，甘蔗茎贮存蔗糖，半夏茎贮存淀粉。此外，有些植物茎能产生不定根和不定芽，常用茎来进行繁殖，如杨、桑、川芎、半夏等。

## 一、茎的形态与类型

### (一)茎的形态

**1. 茎的外形**

茎一般呈圆柱形，有的呈方形，如唇形科植物薄荷、益母草的茎；有的呈三角形，如莎草科植物荆三棱、香附的茎；有的呈扁平形，如仙人掌的茎。茎的中心常为实心，但也有些植物的茎是中空的，如连翘、胡萝卜、南瓜等。禾本科植物如稻、麦、竹等的茎中空且有明显的节，称为秆。

茎可分为节和节间两部分。茎上着生叶的部位称节，相邻两节之间的部分称节间。在叶着生处，叶柄和茎之间的夹角处称叶腋，茎枝的顶端和叶腋均生有芽。木本植物的茎枝分布有叶痕、托叶痕、芽鳞痕和皮孔等(图 4－10)。叶痕是叶脱落后留下的痕迹；托叶痕是托叶脱落后留下的痕迹；芽鳞痕是包被芽的鳞片脱落后留下的

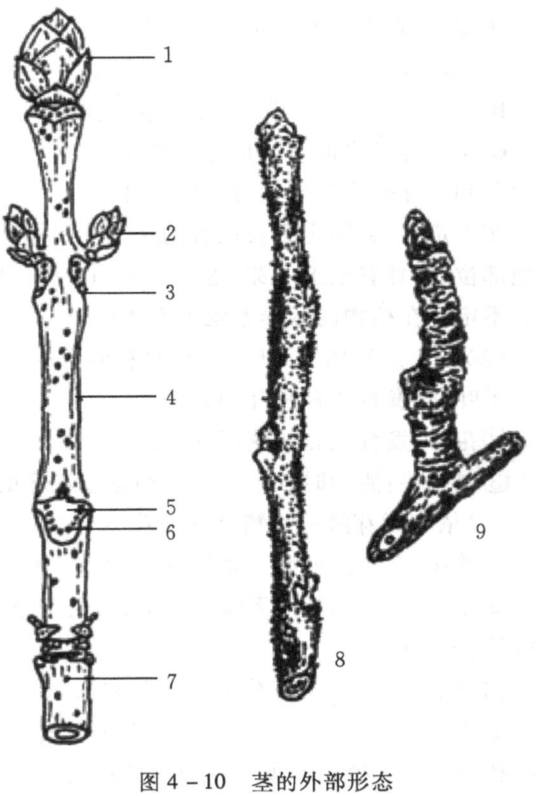


图 4－10 茎的外部形态

1. 顶芽 2. 侧芽 3. 节 4. 节间 5. 叶痕 6. 维管束痕 7. 皮孔 8. 苹果的长枝 9. 苹果的短枝

疤痕;皮孔是茎枝表面隆起呈裂隙状的小孔,是茎与外界气体交换的通道。以上痕迹各种植物都有一定的特征,可作为鉴别植物种类、植物生长年龄等的依据。

2. 芽

芽是处于幼态而尚未发育的枝条、花或花序,即枝条、花或花序的原始体。根据芽的生长位置、发育性质、有无鳞片包被以及活动能力等情况将芽分为以下类型(图4-11)。

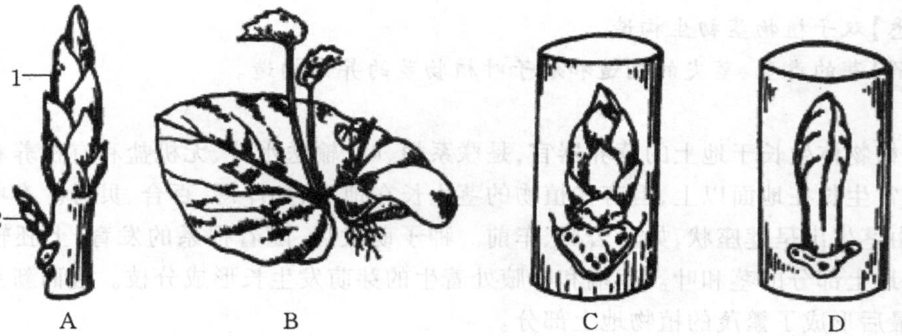


图4-11 芽的类型

A. 定芽(1. 顶芽 2. 腋芽) B. 不定芽 C. 鳞芽 D. 裸芽

(1)依芽生长位置分为定芽和不定芽。

①定芽:在茎上有一定生长位置的芽。

A. 顶芽:生长于茎枝顶端,如玉兰。

B. 腋芽:生长于叶腋,腋芽因生在枝的侧面,亦称侧芽,如紫藤。

C. 副芽:有些植物的顶芽和腋芽旁边还可生出一两个较小的芽称为副芽,如桃、葡萄等,在顶芽和腋芽受伤后可代替它们发育。

②不定芽:无固定生长位置的芽。芽不是从叶腋或枝顶发出,而是生在茎的节间、根、叶及其他部位,如甘薯根上的芽,落地生根和秋海棠叶上的芽,柳、桑等的茎枝或创伤切口上产生的芽。不定芽在植物的营养繁殖上有重要意义。

(2)依芽的性质分为叶芽、花芽和混合芽。

①叶芽:发育成枝和叶的芽。

②花芽:发育成花或花序的芽。

③混合芽:能同时发育成枝叶和花或花序的芽,如苹果、梨等。

(3)依有无芽鳞分为鳞芽和裸芽。

①鳞芽:在芽的外面有鳞片包被,如杨、柳、玉兰等。

②裸芽:在芽的外面无鳞片包被,多见于草本植物和少数木本植物,如茄、薄荷,木本植物的枫杨、吴茱萸。

(4)依芽的活动状态分为活动芽和休眠芽。

①活动芽:指正常发育的芽,即当年形成,当年萌发或第二年春天萌发的芽,如一年生草本植物和一般木本植物的顶芽及距顶芽较近的芽。

②休眠芽(潜伏芽):长期保持休眠状态而不萌发的芽。在一定条件下,休眠芽和活动芽是可转变的,如在生长季节突遇高温、干旱,会引起一些植物的活动芽转入休眠;另一方面,如

树木砍伐后，树桩上往往由休眠芽萌发出许多新枝条。此外，一般植物的顶芽有优先发育并抑制腋芽的作用（顶端优势），如果摘掉顶芽，可促进下部休眠腋芽的萌发。

### （二）茎的类型

**1. 按茎的质地分类**

（1）木质茎　茎质地坚硬，木质部发达称木质茎。具木质茎的植物称木本植物。一般有以下几种类型。

①乔木：5m 以上，下部分枝少，如厚朴、杜仲。

②灌木：5m 以下，在近基部处发出数个丛生的植株，如夹竹桃、酸枣。

③小灌木：1m 以下，如六月雪。

④亚灌木：基部木质、上部草质，介于木本和草本之间，如草麻黄、牡丹。

⑤木质藤本：茎细长，木质坚硬，常缠绕或攀附它物向上生长，如木通、鸡血藤等。

（2）草质茎　茎质地柔软，木质部不发达称草质茎。具草质茎的植物称草本植物。常分为 3 种类型。

①一年生草本：植物一年内完成生命周期，开花结果死亡，如紫苏、荆芥。

②二年生草本：植物第一年种子萌发，第二年开花结果死亡，如菘蓝、萝卜。

③多年生草本：植物生命周期全程超过两年。多年生草本分为两种：一种称常绿草本，常绿若干年不凋，如麦冬、万年青；另一种称宿根草本，地上部分每年都枯萎，地下部分则保持生命力，如人参、黄连。

④草质藤本：茎细长，草质柔弱，常缠绕或攀附它物而生长，如丝瓜、党参等。

（3）肉质茎　茎的质地柔软多汁，肉质肥厚的称肉质茎，如芦荟、仙人掌。

**2. 按茎的生长习性分类**

（1）直立茎　直立生长于地面，不依附它物的茎，如紫苏、杜仲、松、杉等植物的茎（图 4－12）。

（2）缠绕茎　细长，依靠自身缠绕它物做螺旋状上升的茎，如五味子呈顺时针（从右到左）方向缠绕；牵牛、马兜铃呈逆时针方向（从左到右）缠绕；何首乌、猕猴桃则无一定规律（图 4－12）。

（3）攀援茎　茎细长不能直立，而是靠卷须、不定根、吸盘或其他特有的攀援结构攀附它物向上生长，如葡萄、栝楼、豌豆等借助于茎或叶形成的卷须攀援它物；常春藤、络石等借助于不定根攀援它物；爬山虎借助短枝形成的吸盘攀援它物（图 4－12）。

（4）匍匐茎　茎平卧地面，沿水平方向蔓延生长，节上生不定根，如甘薯、连钱草等（图 4－12）。

（5）平卧茎　茎平卧地面，沿水平方向蔓延生长，节上无不定根，如蒺藜、马齿苋等（图 4－12）。

## 二、变态茎

茎与根一样，有些植物由于长期适应不同的生活环境，产生了一些变态。茎的变态种类很多，可分为地下茎的变态和地上茎的变态两大类。地下茎和根类似，但仍具有茎的一般特征，其上有节和节间，并具退化鳞叶及顶芽、侧芽等，可与根区别，地下茎变态主要为贮藏各种营养物质。

### （一）地下茎变态

地下茎变态常见的类型有以下几种（图 4－13）。

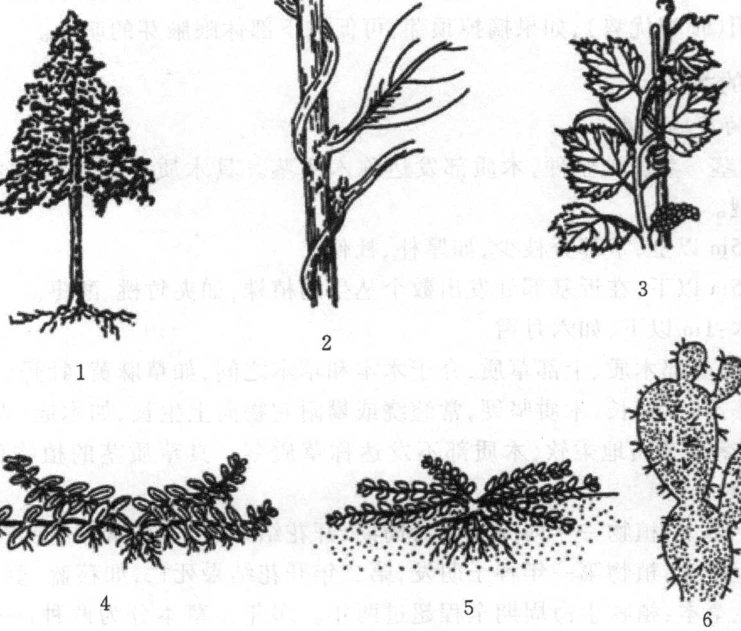


图4－12　茎的类型

1. 直立茎　2. 缠绕茎　3. 攀援茎　4. 匍匐茎　5. 平卧茎　6. 肉质茎

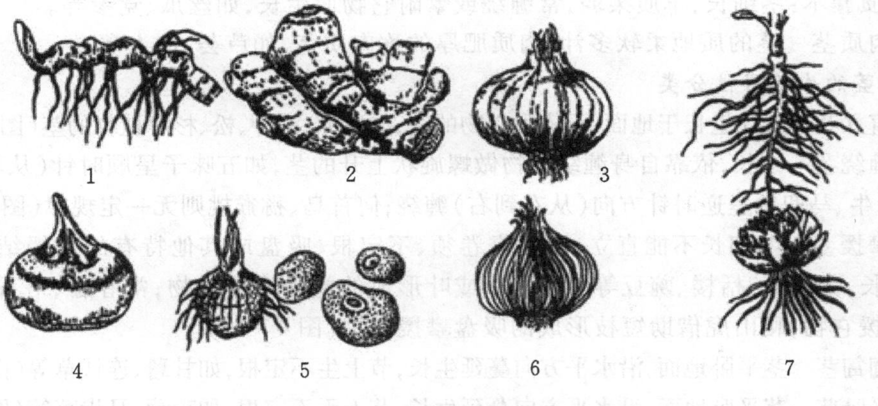


图4－13　地下茎变态

1. 根状茎　2. 根状茎　3. 鳞茎(外观)　4. 球茎　5. 块茎　6. 鳞茎(纵剖面)　7. 鳞茎

**1. 根状茎**

根状茎(根茎)常横卧地下,节和节间明显,节上有退化的鳞片叶,先端有顶芽,节上有腋芽,向下常生不定根。有的植物根状茎呈团块状,如姜、苍术、川芎;有的植物根状茎短而直立,如人参、三七;有的还具有明显的茎痕(地上茎枯萎后留下的痕迹),如黄精。根状茎的形态及节间长短随植物而异,如白茅、芦苇的根状茎细长。

**2. 块茎**

块茎短而膨大呈不规则块状的地下茎,与块根相似,但有很短的节间,节上具芽及鳞片状退化叶或早期枯萎脱落,如天麻、半夏、马铃薯等,其中马铃薯的表面凹陷处即为退化茎节所形成的芽眼，其中生芽。

3. 球茎

球茎肉质肥大，呈球形或扁球形，具明显的节和缩短的节间；节上有较大的膜质鳞片；顶芽发达；腋芽常生于上半部，基部具不定根，如慈姑、荸荠等。

4. 鳞茎

鳞茎呈球形或扁球形，茎极度缩短称鳞茎盘，被肉质肥厚的鳞叶包围；顶端有顶芽，鳞叶内生有腋芽，基部具不定根。鳞茎可分为无被鳞茎和有被鳞茎。无被鳞茎鳞片狭，呈覆瓦状排列，外面无被覆盖，如百合、贝母等；有被鳞茎鳞片阔，内层被外层完全覆盖，如洋葱、大蒜等。

### (二)地上茎变态

地上茎变态常见的类型有以下几种(图 4－14)。

图 4－14　地上茎变态

1. 叶状茎(天门冬)　2. 不分枝的枝刺(山楂)　3. 分枝的枝刺(皂荚)　4. 茎卷须(葡萄)

1. 叶状茎或叶状枝

植物的一部分茎或枝变成绿色扁平叶状，代替叶的作用，而真正的叶则退化为膜质鳞片状、线状或刺状，如竹节蓼、天门冬、仙人掌等。

2. 刺状茎

刺状茎(枝刺)的茎变为刺状，有的植物枝刺不分枝，如山楂、酸橙、贴梗海棠等；有的植物枝刺分枝，如皂荚等。枝刺生于叶腋，可与叶刺相区别。月季、花椒茎上的刺是由表皮细胞突起形成的，无固定的生长位置，易脱落，称皮刺，与枝刺不同。

3. 钩状茎

钩状茎由茎的侧轴变态而来，通常呈钩状，粗短、坚硬无分枝，位于叶腋，如钩藤。

4. 茎卷须

茎卷须常见于攀援茎植物，茎变成卷须状，柔软卷曲，多生于叶腋，如栝楼。但葡萄的茎卷须由顶芽变成，而后腋芽代替顶芽继续发育，使茎成为合轴式生长，而茎卷须被挤到叶柄对侧。

5. 小块茎和小鳞茎

有些植物的腋芽常形成小块茎，形态与块茎相似，如山药的零余子(珠芽)，半夏叶柄上的不定芽也可形成小块茎。有些植物在叶腋或花序处由腋芽或花芽形成小鳞茎，如卷丹腋芽形成小鳞茎，洋葱、大蒜花序中花芽形成小鳞茎。小块茎和小鳞茎均有繁殖作用。

## 三、茎尖的构造

茎尖是指茎或枝的顶端，为顶端分生组织所在的部位。它的结构与根尖基本相似，即由分生区（生长锥）、伸长区和成熟区三部分组成。主要不同之处在于：茎尖顶端没有类似根冠的构造，而是由幼小的叶片包围着。在生长锥四周有叶原基或腋芽原基的小突起，能发育成叶或腋芽。成熟区的表皮不形成根毛，但常有气孔和毛茸。

由生长锥分裂出来的细胞逐渐分化为原表皮层、基本分生组织和原形成层等初生分生组织。这些分生组织细胞继续分裂分化，进而形成茎的初生构造（图 4－15）。

与根类似，茎的成熟区中亦可相继形成初生构造、次生构造和三生构造。

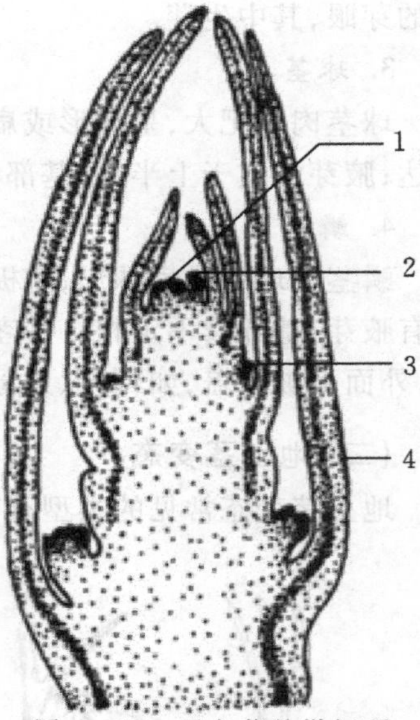

图 4－15　忍冬芽的纵切面

1. 生长锥　2. 叶原基
3. 腋芽原基　4. 幼叶

## 四、双子叶植物茎的初生构造

通过茎的成熟区做一横切面，可观察到茎的初生构造。从外到内分为表皮、皮层和维管柱三部分（图 4－16）。

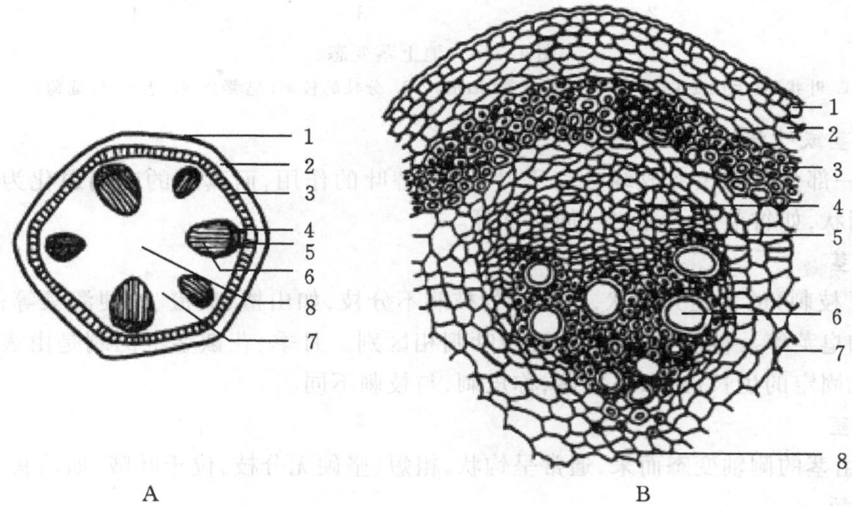

图 4－16　双子叶植物茎初生构造横切面（马兜铃茎）

A. 简图　B. 详图

1. 表皮（外有角质层）　2. 皮层　3. 纤维束　4. 韧皮部　5. 形成层　6. 木质部　7. 髓射线　8. 髓

### （一）表皮

表皮是幼茎最外的一层细胞，由一层长方形、扁平、排列整齐无细胞间隙的细胞组成。一般不具叶绿体，少数植物茎的表皮细胞含有花青素，使茎呈紫红色，如甘蔗、蓖麻。有的具有气孔、毛茸或其他附属物。表皮细胞的外壁较厚，通常角质化并形成角质层，有的还有蜡被。

### (二)皮层

茎的皮层不如根发达,位于表皮与维管柱之间,由多层生活细胞构成。其细胞大、壁薄,常为多面体形、球形或椭圆形,排列疏松,具细胞间隙。靠近表皮的细胞常具叶绿体,故嫩茎呈绿色。

皮层主要由薄壁组织构成,但在近表皮部分常有厚角组织,以加强茎的韧性。有的厚角组织排成环形,如葫芦科和菊科某些植物,有的分布在茎的棱角处,如芹菜、薄荷。有的皮层中还可有纤维、石细胞,如黄柏、桑。有的还有分泌组织,如向日葵。

在大多数双子叶植物茎中的皮层最内一层细胞仍为一般的薄壁细胞,而不像根在形态上可以分辨出内皮层,故皮层与维管区域之间无明显分界。有的植物此层细胞中含有许多淀粉粒而称之为淀粉鞘,如马兜铃、蚕豆、蓖麻等。

### (三)维管柱

维管柱位于皮层以内,占茎的较大部分,包括呈环状排列的维管束、髓部和髓射线等。

**1. 初生维管束**

双子叶植物的初生维管束包括初生韧皮部、初生木质部和束中形成层。

(1)初生韧皮部　初生韧皮部位于维管束外方,由筛管、伴胞、韧皮薄壁细胞和韧皮纤维组成,分化成熟方向和根相同,是外始式。原生韧皮部在外方,后生韧皮部在内方。初生韧皮纤维常成群地位于韧皮部的最外侧。

(2)初生木质部　初生木质部位于维管束的内侧,由导管、管胞、木薄壁细胞和木纤维组成,其分化成熟的方向和根相反,是由内向外的,称内始式。原生木质部居内方,由口径较小的环纹、螺纹导管组成;后生木质部居外方,由孔径较大的梯纹、网纹或孔纹导管组成。

(3)束中形成层　束中形成层位于初生韧皮部和初生木质部之间,为原形成层遗留下来的,由 1 ~ 2 层具有分生能力的细胞组成,可使茎不断加粗。

**2. 髓**

髓位于茎的中心部位,由基本分生组织产生的薄壁细胞组成,草本植物茎髓部较大,木本植物茎髓部一般较小。有些植物髓局部破坏,形成一系列的横髓隔,如猕猴桃、胡桃。有些植物茎髓部在发育过程中消失形成中空的茎,如连翘、芹菜、南瓜。

**3. 髓射线**

髓射线也叫初生射线,位于初生维管束之间的薄壁组织,内通髓部,外达皮层。在横切面上呈放射状,具横向运输和贮藏作用。一般草本植物的髓射线较宽,木本植物的髓射线则较窄。髓射线细胞具潜在分生能力,在次生生长开始时,能转变为形成层的一部分,即束间形成层。

## 五、双子叶植物茎的次生构造

双子叶植物茎在初生构造形成后,接着产生次生分生组织——形成层和木栓形成层,它们进行细胞分裂、分化,使茎不断增粗生长,这种生长称次生生长,由此形成的结构称次生构造。

### (一)双子叶植物木质茎的次生构造

木本双子叶植物茎的次生生长可持续多年,故次生构造特别发达(图 4 - 17)。

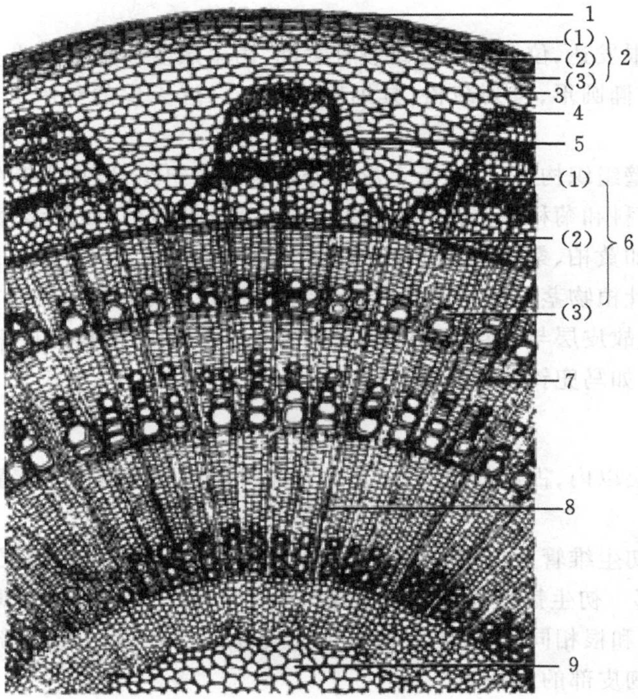


图 4－17　双子叶植物木质茎的次生构造

1. 落皮层　2. 周皮　(1)木栓层　(2)木栓形成层　(3)栓内层　3. 皮层　4. 韧皮纤维　5. 韧皮射线　6. 维管束　(1)韧皮部　(2)形成层　(3)木质部　7. 木射线　8. 髓射线　9. 髓

***1. 形成层及其活动***

当茎进行次生生长时，束中形成层邻接的髓射线细胞恢复分生能力，转变为束间形成层，并与束中形成层连接，此时形成层成为一个圆筒（横切面上形成一个完整的形成层环）。

形成层细胞具有强烈的分生能力，束中形成层向内分裂产生次生木质部，增添于初生木质部的外方；向外分裂产生次生韧皮部，增添于初生韧皮部内方。通常产生的次生木质部细胞比次生韧皮细胞数量多得多，因此，横切面观，次生木质部比次生韧皮部宽很多。一部分束中形成层细胞随着茎的加粗生长径向延长形成微管射线，存在于木质部的称为木射线，存在于韧皮部的称为韧皮射线。木射线和韧皮射线均有横向输送物质的功能。束间形成层细胞，一部分分裂产生薄壁细胞，使髓射线随着茎的加粗而延长，另一部分分裂产生的薄壁细胞，分化产生新的维管组织，所以木本植物茎维管束之间距离会逐渐变窄。藤本植物茎次生生长时，束间形成层不分化产生维管组织，次生构造中维管束之间距离较宽，如关木通。

在茎加粗生长的同时，形成层细胞也进行径向或横向分裂，增加细胞，扩大本身的圆周，以适应内方木质部的增大，同时形成层的位置也逐渐向外推移。了解形成层的所在部位，对药材生产和植物嫁接均有实际意义。

***2. 次生木质部***

次生木质部是木本植物茎次生构造的主要部分，是木材的主要来源。

次生木质部由导管、管胞、木薄壁细胞、木纤维和木射线组成。导管主要是梯纹、网纹及孔纹导管,其中孔纹导管最普遍。导管、管胞、木薄壁细胞和木纤维等,是次生木质部中的纵向系统。

在木本植物茎的木质部或木材的横切面上常可见许多同心轮纹层,每一个轮纹层都是由形成层在一年中所形成的木材,一年一轮标志着树木的年龄,称为年轮。但有的植物(如柑橘)一年可以形成3轮,这些年轮称假年轮。这是由于形成层有节奏地活动,每年有几个循环的结果。假年轮的形成也是由于一年中气候变化特殊,或被害虫吃掉了树叶,生长受影响而引起。年轮的形成是由于形成层的分裂活动受季节影响所产生的,春季气候温暖,雨量充沛,形成层的分裂活动较强烈,所产生的细胞体积大,壁薄;导管直径大,数目多;纤维较少;因此材质较疏松,颜色较淡,称早材或春材。秋季气温下降,雨量稀少,形成层的分裂活动降低,所产生的细胞体积较小,壁较厚;导管直径小,数目少;纤维较多;因而材质较密,颜色较深,称晚材或秋材。

在木质茎(木材)横切面上,靠近形成层的部分颜色较浅,质地较松软,称边材。边材具输导作用。中心部分,颜色较深,质地较坚固,称心材,心材中一些细胞常积累代谢产物,如挥发油、树胶、色素等,有些射线细胞或轴向薄壁细胞通过导管上的纹孔侵入导管内,形成侵填体,使导管或管胞堵塞,失去运输能力。心材比较坚硬,不易腐烂,且常含有某些化学成分,如沉香、降香、檀香等中药材都是心材。

要充分地了解茎的次生构造及鉴定木类药材,需采用三种切面(图4-18),即横切面、径向切面和切向切面,以进行比较观察(表4-1)。

(1)横切面　横切面是与纵轴垂直所做的切面。

(2)径向切面　径向切面是通过茎的直径做的纵切面。

(3)切向切面　切向切面是不通过茎的中心而垂直于茎的半径所做的纵切面。

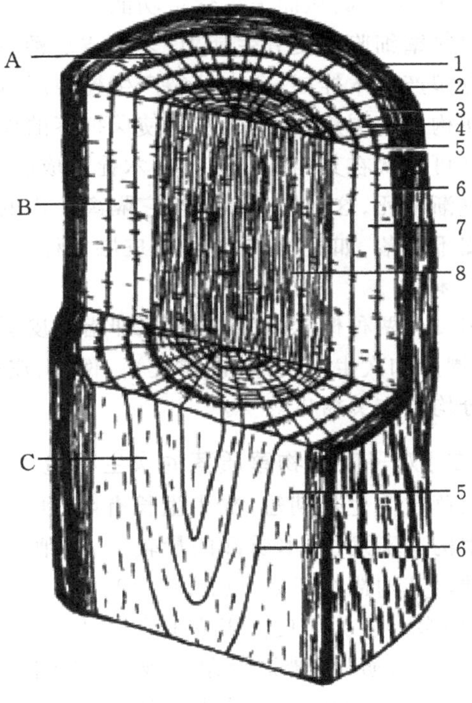


图4-18　木材的三种切面及年轮

A. 横切面　B. 径向切面　C. 切向切面

1. 落皮层　2. 韧皮部　3. 形成层　4. 射线

5. 木质部　6. 年轮　7. 边材　8. 心材

**表4-1　木材横切面、径向切面、切向切面三切面的比较**

| | 横切面 | 径向切面 | 切向切面 |
|---|---|---|---|
| 切向 | 与纵轴垂直的切面 | 通过茎中心所做的纵切 | 离开茎中心所做的纵切 |
| 年轮 | 同心环状 | 垂直带状,互相平行 | 不规则的垂直带状 |
| 射线 | 辐射状条纹,是射线的纵切,显示长与宽度 | 是射线纵切,显示长与高度,射线横向分布,与年轮呈直角 | 是射线的横切面,呈纺锤状,显示射线的高度、宽度,列数和细胞两端形状 |

3. 次生韧皮部

形成层活动向外分裂形成次生韧皮部。次生韧皮部形成时,初生韧皮部被推向外方并被挤压破裂,形成颓废组织。次生韧皮部一般由筛管、伴胞、韧皮薄壁细胞、韧皮纤维和韧皮射线组成。有的植物在次生韧皮部还有石细胞、乳管等。例如,肉桂、厚朴、杜仲有石细胞,夹竹桃科、桑科植物有乳汁管。

次生韧皮部的薄壁细胞中除含有糖类、油脂等营养物质外,有的还含有鞣质、橡胶、生物碱、苷类、挥发油等次生代谢产物,它们常有一定的药用价值。

4. 木栓形成层

形成层活动产生大量组织,使茎不断增粗生长,但已分化成熟的表皮细胞一般不能相应增大和增多,被挤破从而失去保护功能。此时,植物茎就由表皮细胞或皮层薄壁组织细胞,也可是韧皮薄壁细胞恢复分生能力(多为皮层薄壁组织细胞),转化为木栓形成层。木栓形成层则向外分裂产生木栓层、向内分裂产生栓内层,逐渐形成了由木栓层、木栓形成层及栓内层三层结构所构成的周皮,代替表皮行使保护茎的作用。一般木栓形成层的活动只不过数月,大部分树木又可依次在其内方产生新的木栓形成层,形成新的周皮。老周皮内方的组织被新周皮隔离后逐渐枯死,这些周皮以及被它隔离死亡的组织合称落皮层,如白皮松、白桦、悬铃木。但有的周皮不脱落,如黄柏、杜仲。落皮层也称外树皮。

5. 树皮

树皮有两种概念,狭义的树皮即指落皮层,广义的树皮指形成层以外的所有组织,包括落皮层、周皮和次生韧皮部(内树皮)。例如,皮类药材厚朴、杜仲、肉桂、黄柏、秦皮、合欢皮的药用部分均指广义树皮。

### (二)双子叶植物草质茎的次生构造

因草质茎生长期短,次生生长有限,所以次生构造不发达,木质部的量较少,质地较柔软。其构造特征如下(图4-19)。

(1)最外层为表皮。表皮上有气孔,并常有毛茸、角质层、蜡被等附属物,表皮细胞中有叶绿体,因此草质茎大多呈绿色,具光合作用的能力。

(2)有些种类仅具束中形成层,没有束间形成层。还有些种类不仅没有束间形成层,束中形成层也不明显(如毛茛科植物)。

(3)髓部发达,髓射线一般较宽,有的种类的髓部中央破裂成空腔。

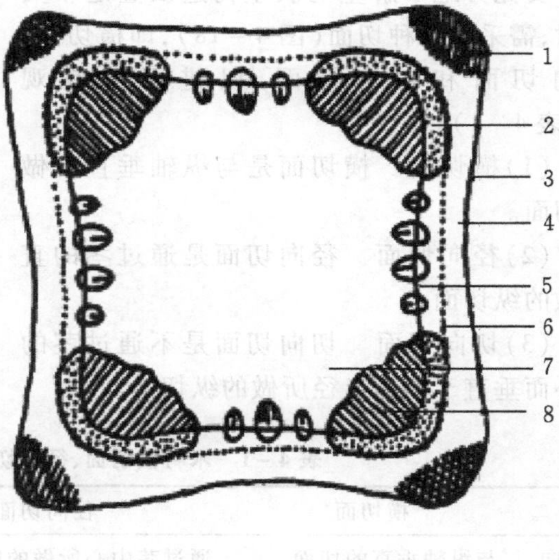


图4-19 双子叶植物草质茎的次生构造简图(薄荷茎横切面)

1. 厚角组织 2. 韧皮部 3. 表皮 4. 皮层 5. 形成层 6. 内皮层 7. 髓 8. 木质部

### (三)双子叶植物根状茎的构造

双子叶植物根状茎一般系指草本双子叶植物根状茎。其结构与地上茎类似。它的结构特征如下(图4-20)。

(1)表面通常具木栓组织,少数具表皮或鳞叶。

(2)皮层中常有根迹维管束和叶迹维管束。

(3)皮层内侧有时具纤维或石细胞。维管束为外韧型,排列呈环状。

(4)贮藏薄壁细胞发达,常有较多的贮藏物质(黄连的根状茎),机械组织多不发达。

(5)中央有明显的髓部。

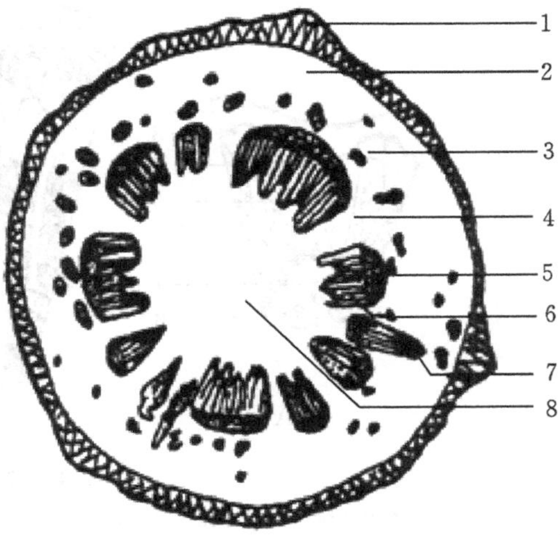


图 4－20　双子叶植物根状茎横切面简图(黄连)
1. 木栓层　2. 皮层　3. 石细胞群　4. 射线
5. 韧皮部　6. 木质部　7. 根迹维管束　8. 髓

(四)双子叶植物茎和根状茎的异常构造

某些双子叶植物的茎和根状茎除了形成一般的正常结构外,常有部分薄壁细胞,能恢复分生能力,转化成形成层,由于形成层的活动产生多数异型维管束,形成了异常构造。

1. 髓维管束

髓维管束是指位于双子叶植物茎或根状茎髓部的维管束。例如,大黄根状茎的横切面上除可见正常的维管束外,髓部有许多星点状的异型维管束,其形成层呈环状,外侧为由几个导管组成的木质部,内侧为韧皮部,射线呈星芒状排列(图 4－21)。

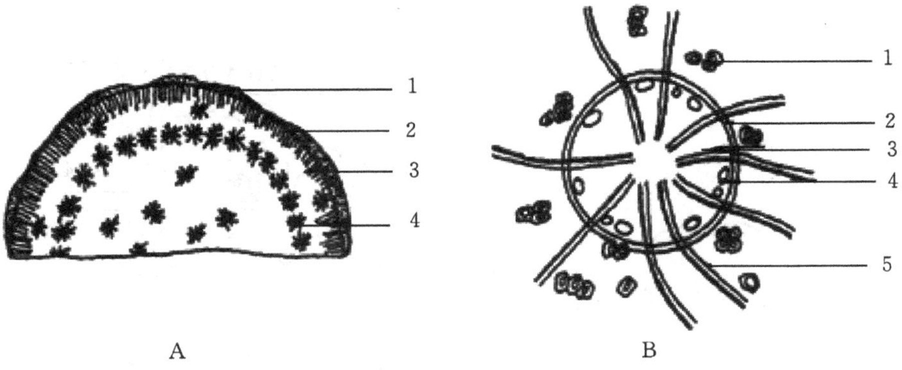


图 4－21　大黄根状茎横切面简图
A. 掌叶大黄　1. 韧皮部　2. 形成层　3. 木质部射线　4. 星点
B. 星点(放大)　1. 导管　2. 形成层　3. 韧皮部　4. 黏液腔　5. 射线

2. 同心环状排列的异常维管束

某些双子叶植物茎,初生生长和早期次生生长都是正常的,当次生生长到一定阶段,次生维管柱的外围又形成多轮呈同心环状排列的异常维管组织,称为同心环维管束。例如,密花豆的老茎(鸡血藤)、常春油麻藤茎(图 4－22)。

3. 木间木栓

根茎中薄壁组织细胞恢复分生能力后,形成了新的木栓形成层,呈环状,包围一部分韧皮部和木质部,把维管柱分隔为数束。

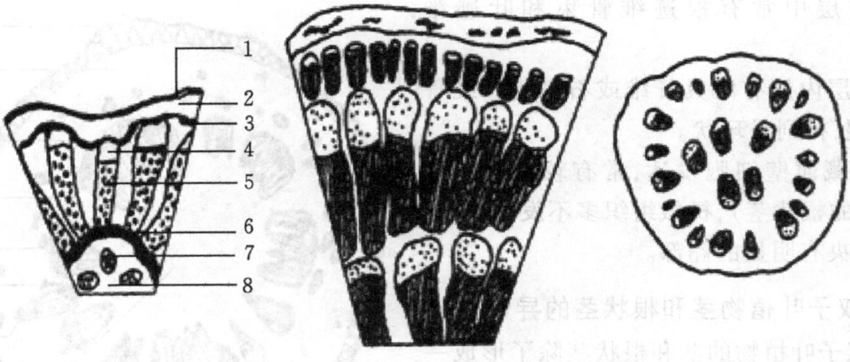


图 4-22　茎的异常构造

A. 海风藤横切面部分放大图　1. 木栓层　2. 皮层　3. 柱鞘纤维(周维纤维)　4. 韧皮部　5. 木质部　6. 纤维束环　7. 异型维管束　8. 髓

B. 常春油麻藤茎横切面简图(示同心环状异形维管束)　C. 桃儿七茎横切面简图(示散生状异常维管束)

## 六、单子叶植物茎和根状茎的构造

单子叶植物茎和根茎通常只有初生构造而没有次生构造，与双子叶植物茎和根茎相比主要区别如下(图 4-23)。

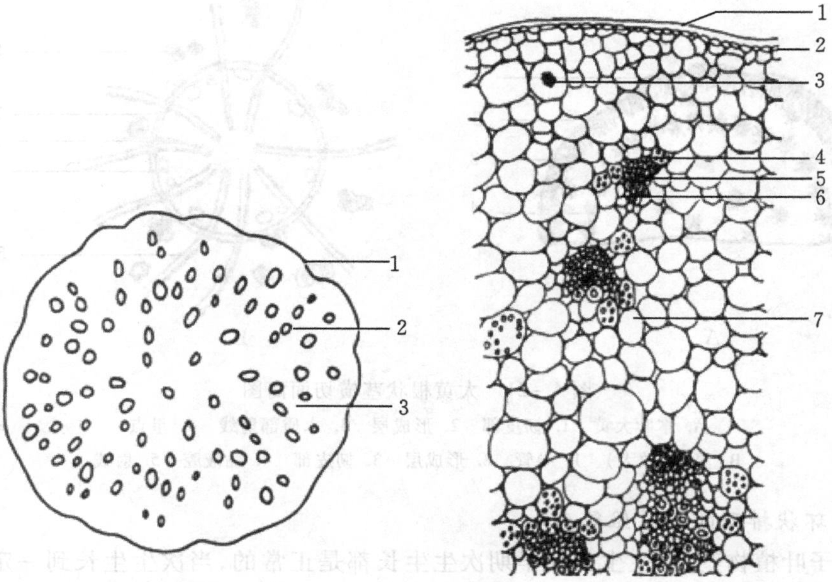


图 4-23　单子叶植物茎(石斛茎)横切面

A. 简图　1. 表皮　2. 维管束　3. 基本薄壁组织

B. 详图　1. 角质层　2. 表皮　3. 晶体　4. 纤维束　5. 韧皮部　6. 木质部　7. 基本薄壁组织

(1)单子叶植物茎一般没有形成层和木栓形成层,终身只具初生构造,少数热带单子叶植物(如龙血树、芦荟等)除外。

(2)单子叶植物茎的最外层是由一列表皮细胞所构成的表皮,通常不产生周皮。禾本科植物茎秆的表皮下方,往往有数层厚壁细胞分布,以增强支持作用。

(3)表皮以内为基本薄壁组织和散生在其中的多数维管束,因此无皮层、髓和髓射线之分。维管束为有限外韧型。多数禾本科植物茎的中央部位(相当于髓部)萎缩破坏,形成中空的茎秆。

此外,也有少数单子叶植物茎具形成层,而有次生生长,如龙血树、丝兰和朱蕉等。但这种形成层的起源和活动与双子叶植物不同。如龙血树的形成层起源于维管束外的薄壁组织,向内产生维管束和薄壁组织,向外产生少量薄壁组织。

单子叶植物根状茎的内皮层大多明显,因而皮层和维管柱有明显分界,皮层常占较大部分,其中往往有叶迹维管束散在其中,如石菖蒲等(图 4 – 24)。

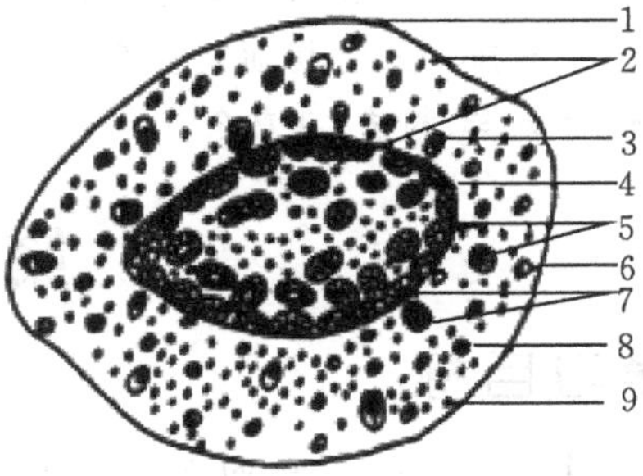


图 4 – 24　单子叶植物根茎(石菖蒲)横切面简图
1. 表皮　2. 薄壁组织　3. 叶迹维管束　4. 内皮层
5. 木质部　6. 纤维束　7. 韧皮部
8. 草酸钙结晶　9. 油细胞

## 知识拓展

### 谁是植物界最高的树种?

谁是植物界最高的树种? 这是植物爱好者普遍关心的。在全世界上万种树木中,身高超过 100m 的只有三种,它们是北美红杉、道格拉斯黄杉和澳大利亚王桉。1872 年 12 月,一位澳大利亚维多利亚州的林业检查员记录了一株 132.6m 的王桉;1902 年一位科学家在加拿大不列颠哥伦比亚非拉的林恩谷中,测量了一株高 126.49m 的道格拉斯黄杉;目前仍健在的一株北美红杉,高 112.1m,生长在美国加利福尼亚西北部沿海的红杉树国家公园内的雷德伍德河畔。这株劫后余生的北美红杉,受到美国政府的特别保护。

在我国浙江天目山有一株高近 30m、胸径 2.33m 的柳杉,曾备受清朝乾隆皇帝的常识,被封为“大树王”;在贵州习水县有一株高 45m、胸径 7.3m 的特大杉木,仅主干可以出 84$m^3$ 木材,被称为“神杉”;生长在西藏雅鲁藏布江畔的巨柏,高达 50m、胸径 6m,寿命长达 2000 年以上,被尊称为“神树”;在台湾阿里山,有一种三千多年的红桧,高达 60m、干基部直径 6.5m,被称为“神木”。

目前,世界公认的最大的巨杉是一株被尊称为“谢尔曼将军”的巨杉,它高 83m 多,树干基部直径超过 11m,30m 处的树干直径仍有 6m。1985 年科学家根据活立木比重进行测算,该树重量约 $2.8\times10^6$ 千克,它相当于 450 头非洲象重量。据估计,“谢尔曼将军”能出 55753$m^2$ 板材,如果用它来订一个大木箱的话,足可以装进一艘万吨级的远洋轮船。它是世界“万木之王”,目前傲然挺立在美国内华达山脉西侧的红杉树国家公园中。

## 目标检测

1. 茎和根在外形上有何主要区别？
2. 茎按质地分为哪些类型？每种类型各举1例。
3. 常见地上茎与地下茎的变态类型有哪些？各举2例。
4. 试述双子叶植物茎的初生构造。
5. 试述双子叶植物木质茎形成层及木栓形成层的产生及其活动。
6. 茎木类药材三种切面能观察到哪些结构？
7. 何为周皮、树皮、年轮？

# 第三节　叶

## 学习目标

【掌握】叶的组成，叶脉的类型，单叶和复叶。

【熟悉】双子叶植物叶片的构造。

【了解】单子叶植物叶片的构造。

叶是着生在茎节上且常为绿色扁平体，具有向光性，是植物体内叶绿体主要存在的器官。

叶的主要生理功能是光合作用、呼吸作用和蒸腾作用。此外，叶还具有吐水、吸收、贮藏和繁殖的功能。绿色植物通过叶片中叶绿体所含叶绿素和有关酶的活动，利用太阳光能，把二氧化碳和水合成有机物（主要为葡萄糖），同时释放出氧气的过程称为光合作用；呼吸作用与光合作用相反，它是指植物细胞吸收氧气，使体内的有机物质氧化分解，排出二氧化碳，并释放能量供植物生命活动需要的过程；水分以气体状态从植物体表散失到大气中的过程，称为蒸腾作用；叶的吐水作用又称溢泌作用，它是植物在夜间或清晨空气湿度高，而蒸腾作用微弱时，水分以液体状态从叶片边缘或叶先端的水孔排出的现象；叶也有吸收的功能，如根外施肥或喷洒农药，即向叶面喷洒一定浓度的肥料或杀虫剂等农药时，叶片表面就能吸收进入植物体内；有些植物的叶有贮藏作用，尤其是有的变态叶如洋葱、百合、贝母等的肉质鳞叶内含有大量的贮藏物质；有少数植物的叶尚具有繁殖的能力，如落地生根和秋海棠的叶。

### 一、叶的组成

叶的形态虽然大小各异、变化多样，但其组成基本是一致的，通常由叶片、叶柄和托叶三部分组成。这三部分俱全的叶称完全叶，如桃、柳、月季等。有些植物的叶只具有其中的一或两个部分，称不完全叶，其中最普遍的是不具托叶的叶，如丁香、茶、白菜等；还有些是同时缺少托叶和叶柄，如石竹、龙胆等，而缺少叶片的叶则极为少见（图4－25）。

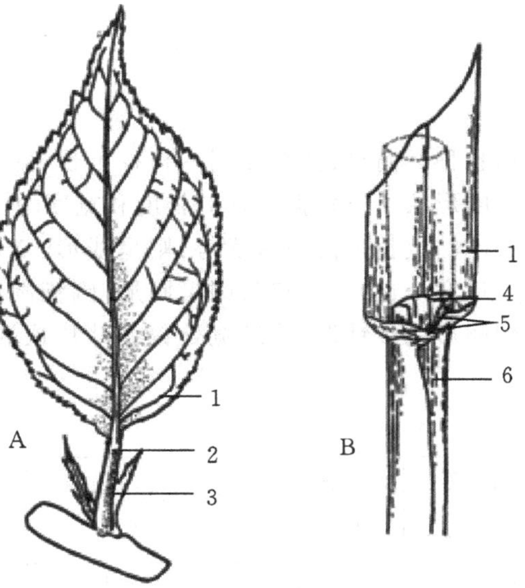


图 4-25 叶的组成部分

A. 完全叶 B. 禾本科植物的叶

1. 叶片 2. 叶柄 3. 托叶 4. 叶舌 5. 叶耳 6. 叶鞘

### (一)叶片

叶片是叶的主要部分,一般为绿色薄的扁平体,有上表面(腹面)和下表面(背面)之分。叶片的全形称叶形,顶端称叶端或叶尖,基部称叶基,周边称叶缘,叶片内分布有叶脉。

### (二)叶柄

叶柄是叶片和茎枝相连接的部分,一般呈类圆柱形、半圆柱形或稍扁平。但随植物种类的不同和适应生活环境的需要,叶柄的形状有时产生变态,如水浮莲、菱等水生植物的叶柄上具膨胀的气囊,以支持叶片浮于水面。有的植物叶柄基部有膨大的关节,称叶枕,能调节叶片的位置和休眠运动,如含羞草。有的叶柄能围绕各种物体螺旋状扭曲,起攀援作用,如旱金莲。有的植物叶片退化,而叶柄变态成叶片状以代替叶片的功能,如台湾相思树。有些植物的叶柄基部或叶柄全部扩大呈鞘状,称叶鞘。如当归、白芷等伞形科植物叶的叶鞘是由叶柄基部扩大形成的,而淡竹叶、芦苇、小麦等禾本科植物叶的叶鞘是由相当于叶柄的部位扩大形成的,并且在叶鞘与叶片相接处还具有一些特殊结构,相接处腹面的膜状突起物称叶舌,在叶舌两旁有一对从叶片基部边缘延伸出来的突起物称叶耳,叶耳、叶舌的有无、大小及形状常可作为鉴别禾本科植物种的依据之一。此外,有些植物的叶无叶柄,叶片基部包围在茎上,称抱茎叶,如苦荬菜;有的无柄叶的叶片基部彼此愈合,并被茎所贯穿,称贯穿叶,如元宝草。

### (三)托叶

托叶是叶柄基部的附属物,常成对着生于叶柄基部两侧。托叶的形状多种多样,有的小而呈线状,如梨、桑;有的与叶柄愈合成翅状,如月季、蔷薇、金樱子;有的变成卷须,如菝葜;有的呈刺状,如刺槐;有的大而呈叶状,如豌豆、贴梗海棠;有的形状及大小和叶片几乎一样,只是托叶的腋内无腋芽,如茜草;有的托叶扩展愈合呈鞘状,包围茎节的基部,称托叶鞘,为何首乌、虎杖等蓼科植物的主要特征。

## 二、叶的各部形态

### (一)叶片全形

叶片的形状和大小随植物种类而异,甚至在同一植株上也不一样。但一般同一种植物叶的形状是比较稳定的。叶片的形状主要根据叶片的长度和宽度的比例以及最宽处的位置来确定。若叶片在发育过程中长度的生长量占绝对优势,则呈线形、剑形等;若长度与宽度的生长量接近,或是略长一些,而且最宽处在叶片中部,则呈圆形、阔椭圆形或长椭圆形;若最宽处偏在叶片的基部,则呈卵形、阔卵形或披针形;若最宽处偏在叶片顶端,则呈倒卵形、倒阔卵形或倒披针形(图4-26)。

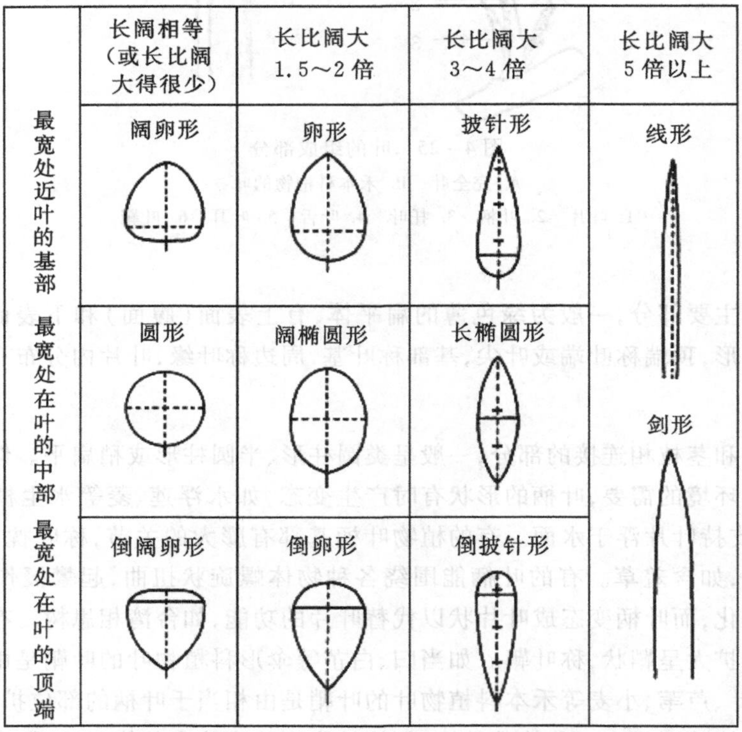

长阔相等(或长比阔大得很少)
长比阔大1.5～2倍
长比阔大3～4倍
长比阔大5倍以上
最宽处近叶的基部
阔卵形
卵形
披针形
线形
最宽处在叶的中部
圆形
阔椭圆形
长椭圆形
剑形
最宽处在叶的顶端
倒阔卵形
倒卵形
倒披针形


图4-26　叶片形状图解

以上是叶片的基本形状,其他常见的或较特殊的叶片形状还有松树叶为针形,海葱、文殊兰叶为带形,银杏叶为扇形,紫荆、细辛叶为心形,积雪草、连钱草叶为肾形,蝙蝠葛、莲叶为盾形,慈姑叶为箭形,菠菜、旋花叶为戟形,车前叶为匙形,菱叶为菱形,蓝桉的老叶为镰形,白英叶为提琴形,杠板归叶为三角形,侧柏叶为鳞形,葱叶为管形,秋海棠叶为偏斜形等。此外,还有一些植物的叶并不属于上述的其中一种类型,而是两种形状的综合,如卵状椭圆形、椭圆状披针形等(图4-27)。

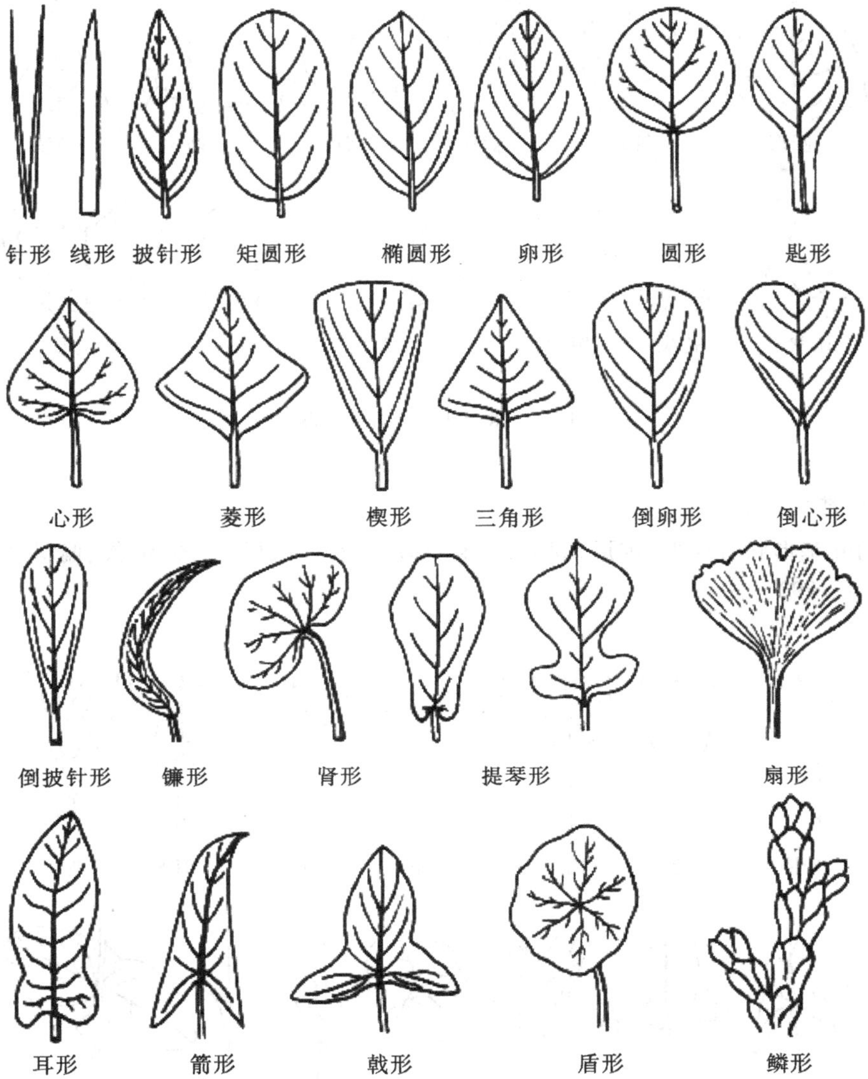


图 4-27 叶片的全形

### (二)叶端的形状

常见的叶端形状有圆形、钝形、截形、急尖、渐尖、渐狭、尾状、芒尖、短尖、微凹、微缺、倒心形等(图 4-28)。

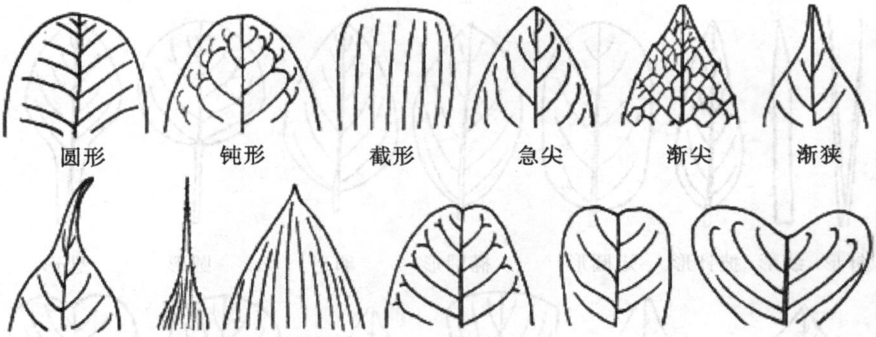


图 4－28　叶端的各种形状

## (三)叶基的形状

常见的叶基形状有楔形、钝形、圆形、心形、耳形、箭形、戟形、截形、渐狭、偏斜、盾形、穿茎、抱茎等(图 4－29)。

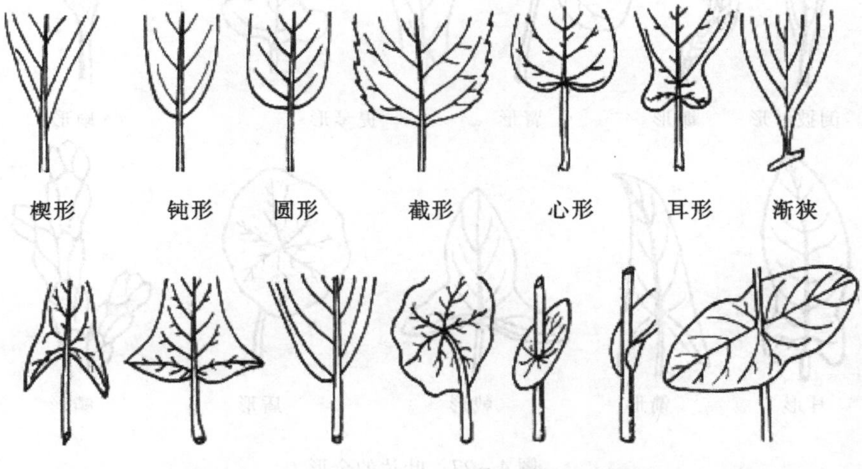


图 4－29　叶基的各种形状

## (四)叶缘的形状

常见的叶缘形状有全缘、波状、锯齿状、重锯齿状、牙齿状、圆齿状、缺刻状等(图 4－30)。

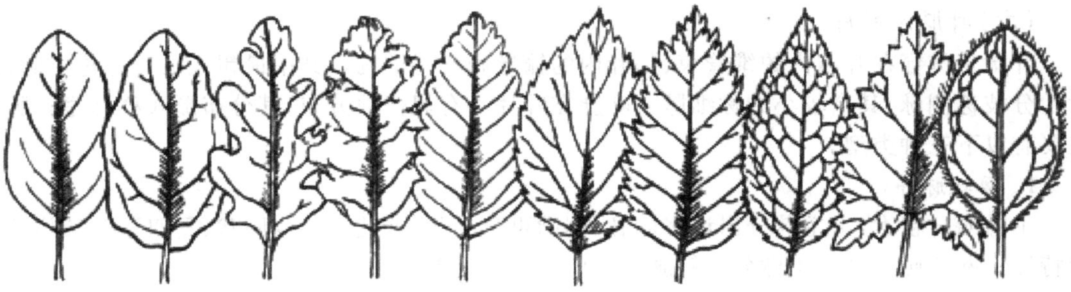


图 4－30　叶缘的各种形状

（五）叶片的分裂

一般植物的叶片常是完整的或近叶缘具齿或细小缺刻，但有些植物的叶片叶缘缺刻深而大，形成分裂状态，常见的叶片分裂有羽状分裂、掌状分裂和三出分裂三种。依据叶片裂隙的深浅不同，又可分为浅裂、深裂和全裂。浅裂为叶裂深度不超过或接近叶片宽度的四分之一；深裂为叶裂深度超过叶片宽度的四分之一；全裂为叶裂深度几达主脉或叶柄顶部（图 4－31，图 4－32）。

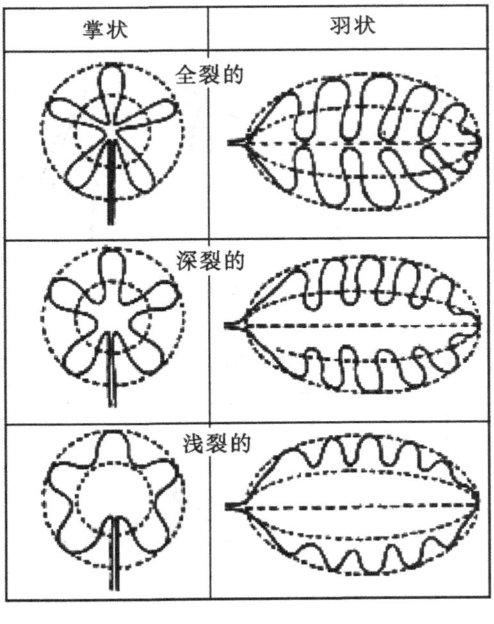


图 4－31　叶片的分裂图解

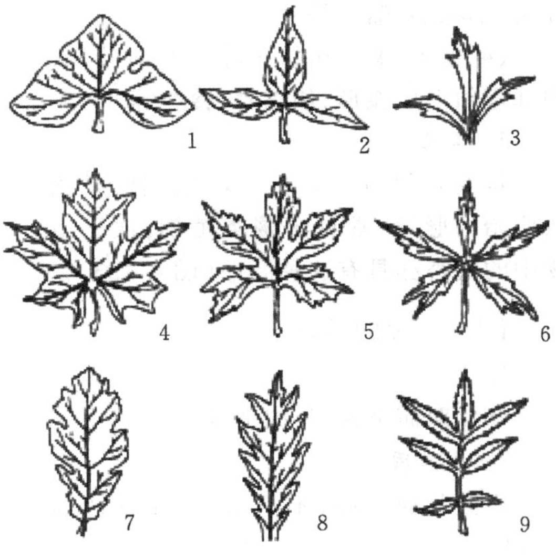


图 4－32　叶片的分裂类型

1. 三出浅裂　2. 三出深裂　3. 三出全裂
4. 掌状浅裂　5. 掌状深裂　6. 掌状全裂
7. 羽状浅裂　8. 羽状深裂　9. 羽状全裂

## (六)叶脉及脉序

叶脉是贯穿在叶肉内的维管束,是叶内的输导和支持结构。其中最粗大的叶脉称主脉,主脉的分枝称侧脉,其余较小的称细脉。叶脉在叶片上有规律地分布,其分布形式称脉序。脉序主要有以下三种类型。

### 1. 网状脉序

主脉明显粗大,由主脉分出许多侧脉,侧脉再分细脉,彼此连接成网状,是双子叶植物叶脉的特征。网状脉序又因主脉分出侧脉的不同而有两种形式。

(1)羽状网脉　叶具有一条明显的主脉,两侧分出许多大小几乎相等并作羽状排列的侧脉,侧脉再分出细脉交织成网状,如桂花、茶、枇杷等。

(2)掌状网脉　叶的主脉数条,由叶基辐射状发出伸向叶缘,并由侧脉及细脉交织成网状,如南瓜、蓖麻等。

### 2. 平行脉序

叶脉平行或近于平行排列,是多数单子叶植物叶脉的特征。常见的平行脉可分为四种形式。

(1)直出平行脉　各叶脉从叶基互相平行发出,直达叶端,如淡竹叶、麦冬等。

(2)横出平行脉　中央主脉明显,侧脉垂直于主脉,彼此平行,直达叶缘,如芭蕉、美人蕉等。

(3)辐射脉　各叶脉均从基部辐射状伸出,如棕榈、蒲葵等。

(4)弧形脉　叶脉从叶基伸向叶端,中部弯曲形成弧形,如玉簪、铃兰等。

### 3. 二叉脉序

每条叶脉均呈多级二叉状分枝,是比较原始的脉序,常见于蕨类植物,裸子植物中的银杏亦具有这种脉序(图 4-33)。

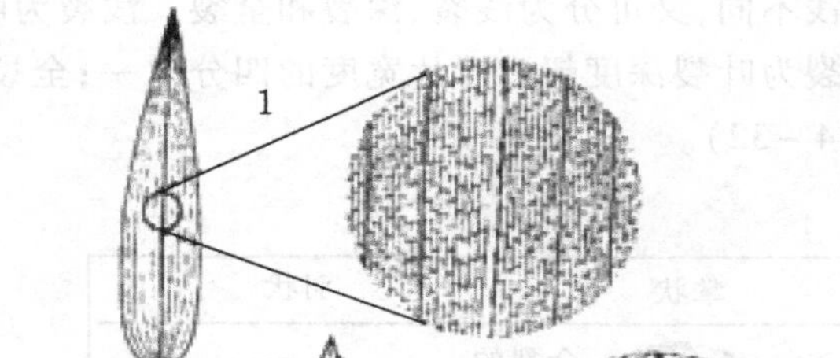


图 4-33　脉序的类型

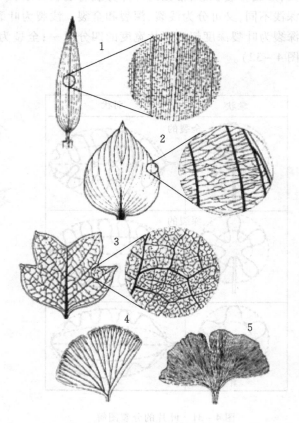

1. 淡竹叶,示平行脉序　2. 玉簪属一种,示弧形脉序
3. 北美鹅掌楸,示网状脉序　4. 铁线蕨属一种,示叉状脉序
5. 银杏,示叉状脉序,1~3 为细脉的放大

## (七)叶片的质地

### 1. 膜质

叶片薄而半透明,如半夏。

### 2. 干膜质

质极薄而干脆,不呈绿色,如麻黄的鳞片叶。

### 3. 纸质

质地较薄而柔韧,似纸张样,如糙苏。

### 4. 草质

叶片薄而柔软,如薄荷、藿香叶。

### 5. 革质

质地坚韧而较厚,略似皮革,如山茶叶。

6. **肉质**

叶片肥厚多汁，如芦荟、景天、马齿苋叶等。

### （八）叶片的表面性质

叶与其他器官一样，表面常有附属物而具各种表面特征。常见的有光滑的，如冬青、枸骨，叶面无任何毛茸或凸起，而具有较厚的角质层；被粉的，如芸香，叶表面有一层白粉霜；粗糙的，如紫草、蜡梅，叶表面具极小突起，手触摸有粗糙感；被毛的，如薄荷、毛地黄等，叶表面具各种毛茸。

### （九）异形叶性

通常每一种植物的叶具有特定形状，但也有一些植物的叶在同一植株上具有不同形状，这种现象称为异形叶性。异形叶性的发生有两种情况，一种是由于植株发育年龄的不同，所形成的叶形各异，如小檗幼苗期的叶子为椭圆形，但在以后的生长过程中再长出的叶逐渐转变为刺状，又如蓝桉幼枝上的叶是对生无柄的椭圆形叶，而老枝上的叶则是互生有柄的镰形叶；另一种是由于外界环境的影响，引起叶的形态变化，如慈姑在水中的叶是线形，而浮在水面的叶是肾形，露出水面的叶则呈箭形（图 4－34，图 4－35）。

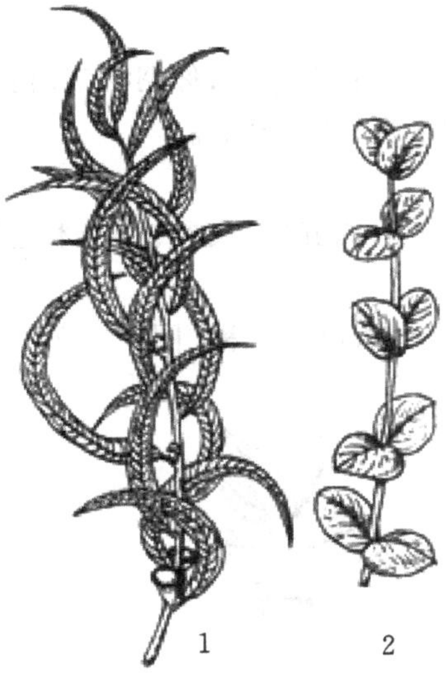


图 4－34　蓝桉的异形叶

1. 老枝　2. 幼枝

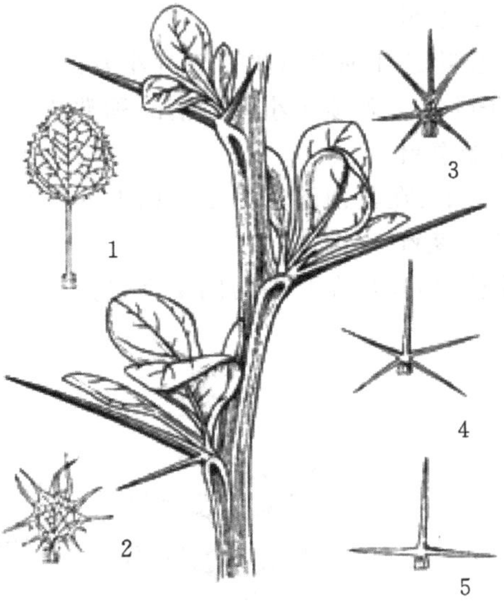


图 4－35　小檗的异形叶（刺）

1～5. 表示叶在个体发育过程中逐渐转变为刺形

## 三、单叶与复叶

### （一）单叶

在一个叶柄上只着生一片叶片，称单叶，如厚朴、女贞、枇杷等。

### （二）复叶

一个叶柄上生有两个以上叶片的叶，称复叶。从来源上看，复叶是由单叶的叶片分裂而成的，即当叶裂片深达主脉或叶基并具小叶柄时，便形成了复叶。复叶的叶柄称总叶柄，总叶柄上着生叶片的轴状部分称叶轴，复叶上的每片叶子称小叶，小叶的柄称小叶柄。根据小叶的数目和在叶轴上排列的方式不同，复叶又分为以下几种（图 4－36）。

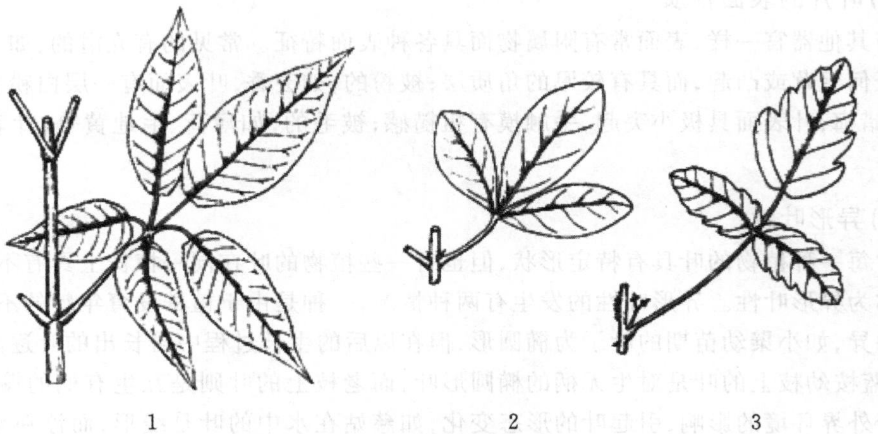

1　　2　　3

图 4－36　复叶的主要类型

1. 掌状复叶　2. 掌状三出复叶　3. 羽状三出复叶

**1. 三出复叶**

三出复叶是叶轴上着生有三片小叶的复叶。若顶生小叶具有柄的，称羽状三出复叶，如大豆、胡枝子叶等。若顶生小叶无柄的称掌状三出复叶，如半夏、酢浆草等。

**2. 掌状复叶**

叶轴短缩，在其顶端着生三片以上的呈掌状展开的小叶，如五加、人参、五叶木通等。

**3. 羽状复叶**

叶轴长，小叶片在叶轴两侧呈羽状排列。羽状复叶又分为以下几种（图 4－37）。

1　　2　　3

图 4－37　羽状复叶的主要类型

1. 奇数羽状复叶　2. 偶数羽状复叶　3. 二回羽状复叶，示羽片

(1)单(奇)数羽状复叶　羽状复叶的叶轴顶端只具一片小叶,如苦参、槐树等。

(2)双(偶)数羽状复叶　羽状复叶的叶轴顶端具有两片小叶,如决明、蚕豆等。

(3)二回羽状复叶　羽状复叶的叶轴做一次羽状分枝,在每一分枝上又形成羽状复叶,如合欢、云实等。

(4)三回羽状复叶　羽状复叶的叶轴做二次羽状分枝,最后一次分枝上又形成羽状复叶,如南天竹、苦楝等。

4. **单身复叶**

单身复叶是一种特殊形态的复叶,叶轴的顶端具有一片发达的小叶,两侧的小叶退化成翼状,其顶生小叶与叶轴连接处有一明显的关节,如柑橘、柚等。

具单叶的小枝条和羽状复叶之间有时易混淆,识别时首先要弄清叶轴和小枝的区别:第一,叶轴先端无顶芽,而小枝先端具顶芽;第二,小叶叶腋无腋芽,仅在总叶柄腋内有腋芽,而小枝上每一单叶叶腋均具腋芽;第三,复叶的小叶与叶轴常成一平面,而小枝上单叶与小枝常成一定角度;第四,落叶时复叶是整个脱落或小叶先落,然后叶轴连同总叶柄一起脱落,而小枝一般不落,只有叶脱落。

此外,全裂叶与复叶在外形上亦很相近,区别在于全裂叶的叶裂片往往大小不一,通常顶裂片较大,向下裂片渐小,且裂片边缘不甚整齐,常出现锯齿间距不等、大小不一或有不同程度缺刻等现象,尤其是全裂叶的叶裂片基部常下延至中肋,不形成小叶柄,外形扁平并明显可见裂片的主脉与叶的中脉相连,如败酱、紫堇等,而复叶的小叶大小较一致,边缘整齐,基部具有明显的小叶柄。叶片的分裂和复叶的发生有利于增大光合作用面积,减少对风雨的阻力,是植物对自然环境长期适应发展的结果。

## 四、叶序

叶在茎枝上排列的次序或方式称叶序。常见的叶序有以下几种。

### (一)互生叶序

在茎枝的每一节上只生一片叶子,各叶交互而生,沿茎枝螺旋状排列,如桃、柳、桑等。

### (二)对生叶序

在茎枝的每一节上相对着生两片叶子,有的与相邻两叶成十字形排列为交互对生,如薄荷、龙胆等;有的对生叶排列于茎的两侧成二列状对生,如女贞、水杉等。

### (三)轮生叶序

在茎枝的每一节上轮生三片或三片以上的叶子,如夹竹桃、轮叶沙参等。

### (四)簇生叶序

两片或两片以上的叶着生在节间极度缩短的侧生短枝上,密集成簇,如银杏、枸杞、落叶松等。此外,有些植物的茎极为短缩,节间不明显,其叶像从根上生出而成莲座状,称基生叶,如蒲公英、车前等(图 4 - 38)。

叶在茎枝上的排列无论是哪一种方式,相邻两节的叶子都不重叠,彼此成相当的角度镶嵌着生,称叶镶嵌。叶镶嵌使叶片不致相互遮盖,有利于充分接受阳光进行光合作用,另外,叶的均匀排列也使茎的各侧受力均衡。叶镶嵌现象比较明显的有常春藤、爬山虎、烟草等(图 4 - 39)。

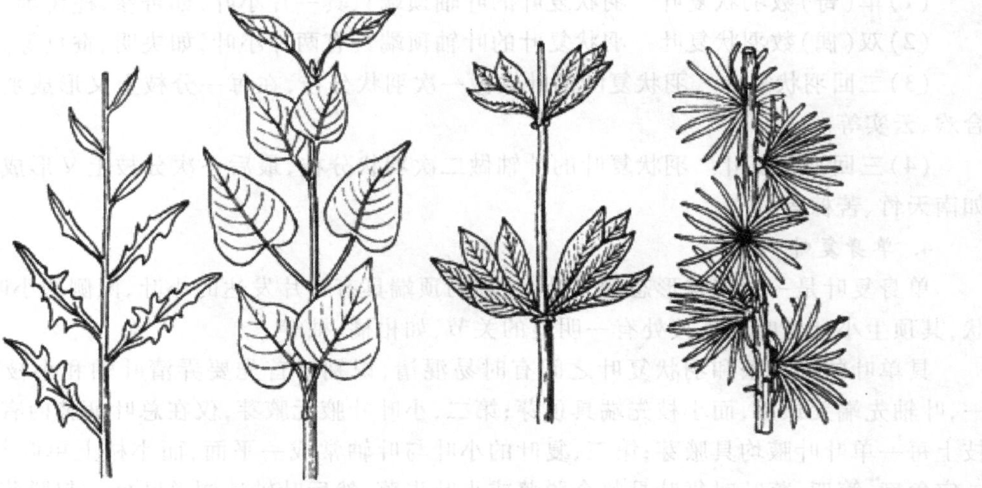

图 4-38 叶序

1. 互生叶序 2. 对生叶序 3. 轮生叶序 4. 簇生叶序

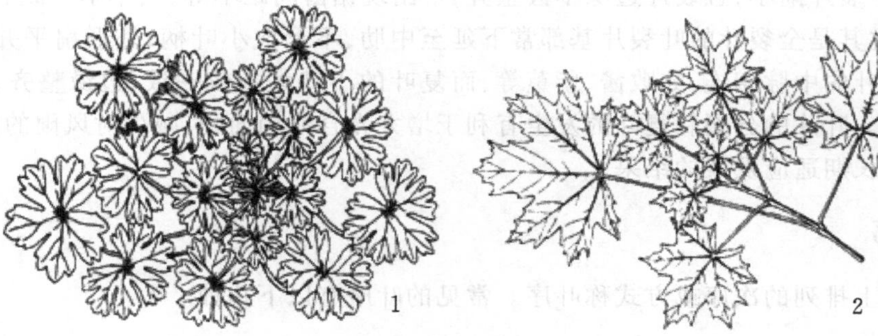

图 4-39 叶镶嵌

1. 莲座叶丛（植株的叶镶嵌） 2. 枝条的叶镶嵌

## 五、变态叶

叶和根、茎一样，受环境条件的影响和生理功能的改变而发生形态构造上的变态，常见的变态类型有以下几种。

### （一）苞片

生于花或花序下面的变态叶称苞片。其中生在花序外围或下面的苞片称总苞片；花序中每朵小花花柄上或花萼下的苞片称小苞片。苞片的形状多与普通叶不同，常较小，绿色，也有形大而呈其他颜色的。如向日葵等菊科植物花序下的总苞是由多数绿色的总苞片组成；鱼腥草花序下的总苞是由四片白色的花瓣状总苞片组成；半夏、马蹄莲等天南星科植物的花序外面常有一片形大的总苞片称佛焰苞。

### （二）鳞叶

叶特化或退化成鳞片状称鳞叶。鳞叶有肉质和膜质两类。肉质鳞叶肥厚，能贮藏营养物质,如百合、贝母、洋葱等鳞茎上的肥厚鳞叶;膜质鳞叶菲薄,常干脆而不呈绿色,如麻黄的叶、洋葱鳞茎的外层包被以及慈姑、荸荠球茎上的鳞叶等,此外,木本植物的冬芽(鳞芽)外亦具褐色膜质鳞片叶,起保护作用。

(三)叶刺

叶片或托叶变态呈刺状,起保护作用或适应干旱环境,如小檗、仙人掌类植物的刺是叶退化而成;刺槐、酸枣的刺是由托叶变态而成;红花、枸骨上的刺是由叶尖、叶缘变成的。根据刺的来源和生长位置的不同,可区别叶刺和枝刺。但月季、玫瑰等茎表面的刺,则是由茎的表皮向外突起所形成,其位置不固定,常易剥落,称为皮刺。

(四)叶卷须

叶全部或部分变成卷须,借以攀援它物。如豌豆的卷须是由羽状复叶上部的小叶变成;菝葜的卷须是由托叶变成。根据卷须的来源和生长位置也可与茎卷须区别。

(五)根状叶

某些水生植物如槐叶萍、金鱼藻等,其沉浸于水中的叶常细裂变态成细须根状,有吸收养料、水分的作用。

(六)捕虫叶

捕虫植物的叶常变态成盘状、瓶状或囊状以利捕食昆虫,称捕虫叶。其叶的结构有许多能分泌消化液的腺毛或腺体,并有感应性,当昆虫触及时能立即自动闭合,将昆虫捕获而被消化液所消化,如茅膏菜、猪笼草等(图 4 - 40)。

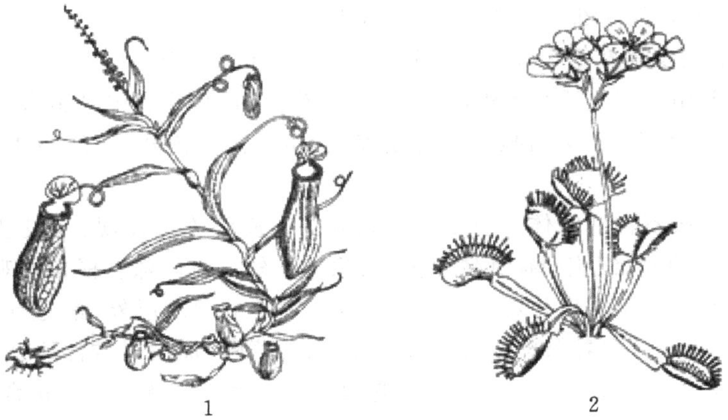

1 2

图 4 - 40 叶的变态——捕虫叶

1. 猪笼草 2. 捕蝇草

## 六、叶的显微构造

叶由茎尖生长锥后方的叶原基发育而成,叶的初生组织与根和茎一样,分为原表皮层、基本分生组织和原形成层,幼叶在发育过程中已完全成熟,幼叶上不再保留原分生组织,因此没有根与茎中仍然保留着的原分生组织所组成的生长锥。

## (一)双子叶植物叶的构造

### 1. 叶柄的构造

叶柄的结构和茎的结构大致相似,是由表皮、皮层和维管组织三部分组成。一般叶柄的横切面常呈半月形、圆形、三角形等。

叶柄的最外层是表皮,表皮以内为皮层,皮层的外围部分有多层厚角组织,有时也有一些厚壁组织,这是叶柄的主要机械组织;其内方为薄壁组织,不定数目和不同大小的维管束常呈弧形、环形、平列形排列在薄壁组织中。维管束的结构和幼茎中的维管束相似,由于幼嫩的维管束从茎中向外方、侧向地进入叶柄,便形成了木质部位于上方(腹面),韧皮部位于下方(背面)的排列方式,在每一维管束外常有厚壁细胞包围。双子叶植物的叶柄中,木质部与韧皮部之间往往有一层形成层,但只有短时期的活动。在叶柄中,由于维管束的分离或联合,使维管束的数目和排列变化极大,造成其结构复杂化。

植物种类不同,叶柄的显微结构特征也往往不同,因此,有时可作为叶类、全草类药材的鉴别特征之一。

### 2. 叶片的构造

多数双子叶植物叶片的上面(腹面)为深绿色,下面(背面)为淡绿色,这是由于叶片在枝上的着生位置为横向的,即叶片近于和枝的长轴相垂直,使叶片两面受光的情况不同,因而两面的内部结构也有较大的分化,这种上下两面在外部形态和内部构造上有明显区别的叶称为两面叶或异面叶。有些植物的叶在枝上着生时,近于和枝的长轴平行,或与地面相垂直,叶片两面的受光情况差异不大,因而两面的外部形态和内部结构也相似,即上下两面均有气孔和栅栏组织等,这种叶称为等面叶,如桉叶、番泻叶等。无论是两面叶还是等面叶,即使其外形上表现得多种多样,但叶片的内部均由表皮、叶肉和叶脉组成。

(1)表皮　表皮覆盖在整个叶片的最外层,覆盖在叶片腹面的称上表皮,覆盖于背面的称下表皮。表皮通常由一层生活细胞组成,但也有少数植物,叶片表皮是由多层细胞组成,称为复表皮,如夹竹桃具有 2 ~ 3 层细胞组成的复表皮,印度橡胶树叶具有 3 ~ 4 层细胞组成的复表皮。

表皮细胞中一般不含叶绿体。双子叶植物叶的表皮细胞顶面观,一般呈不规则形,侧壁(径向壁)往往呈波浪状,细胞间彼此紧密嵌合,除气孔外没有间隙。横切面观,表皮细胞呈方形或长方形,外壁较厚,角质化并具角质层。多数植物叶的角质层外,常还有一层不同厚度的蜡质层。角质层的存在,起着保护作用,可以控制水分蒸腾,加固机械性能,防止病菌侵入,对药液也有着不同程度的吸收能力。角质层的厚度还可作为作物优良品种选育时的根据之一。

叶片表皮上常具有气孔和毛茸(非腺毛、腺毛、鳞片等)。这些结构,在植物分类学上及叶类生药显微鉴定时,常常是有价值的鉴别特征。

(2)叶肉　叶肉位于叶上下表皮之间,由含有叶绿体的薄壁细胞组成,是绿色植物进行光合作用的主要场所。叶肉通常分为栅栏组织和海绵组织两部分。

①栅栏组织:位于上表皮之下,细胞呈圆柱形,排列整齐紧密,其细胞的长轴与上表皮垂直,形如栅栏。细胞内含有大量叶绿体,光合作用效能较强,所以叶片上面的颜色较深,栅栏组织在叶片内通常排成一层,也有排列成两层或两层以上的,如冬青叶、枇杷叶。各种植物叶肉的栅栏组织排列的层数不一样,有时可作为叶类药材鉴别的特征之一。

②海绵组织：位于栅栏组织下方，与下表皮相接，由一些近圆形或不规则形的薄壁细胞构成，细胞间隙大，排列疏松如海绵；细胞中所含的叶绿体一般较栅栏组织为少，所以叶下面的颜色常较浅。叶肉组织在上表皮和下表皮的气孔处有较大的空隙，称为孔下室。这些空隙与栅栏组织和海绵组织的细胞间隙相通，有利于内外气体的交换。在叶肉中，有些植物含有分泌腔，如桉叶；有的含有各种单个分布的石细胞，如茶叶；还有的在薄壁细胞中常含有结晶体，如曼陀罗叶肉中含有砂晶、方晶和簇晶。

（3）叶脉　叶脉为叶片中的维管束，具有输导和支持叶片的作用。叶脉分主脉和各级侧脉，它们的构造不完全相同。主脉和大的侧脉是由维管束和机械组织组成。维管束的结构和茎的维管束大致相同，由木质部和韧皮部组成，木质部位于向茎面，由导管、管胞组成。韧皮部位于背茎面，由筛管、伴胞组成。在木质部和韧皮部之间还常有少量的次生组织。在维管束的上下方，常有厚壁或厚角组织包围；在表皮下常有厚角组织起着支持作用，这些机械组织在叶的背面最为发达，因此主脉和大的侧脉在叶片背面常形成显著的突起。侧脉越分越细，结构也越趋简化，最初消失的是形成层和机械组织，其次是韧皮部组成分子，木质部的结构也逐渐简单，组成它们的分子数目也减少。到了叶脉的末端，木质部中只留下 1～2 个短的螺纹管胞，韧皮部中则只有短而狭的筛管分子和增大的伴胞。

叶片主脉部位的上下表皮内方，一般为厚角组织和薄壁组织，无叶肉组织。但有些植物在主脉的上方有一层或几层栅栏组织，与叶肉中的栅栏组织相连接，如番泻叶、石楠叶，是叶类药材的鉴别特征（图 4－41）。

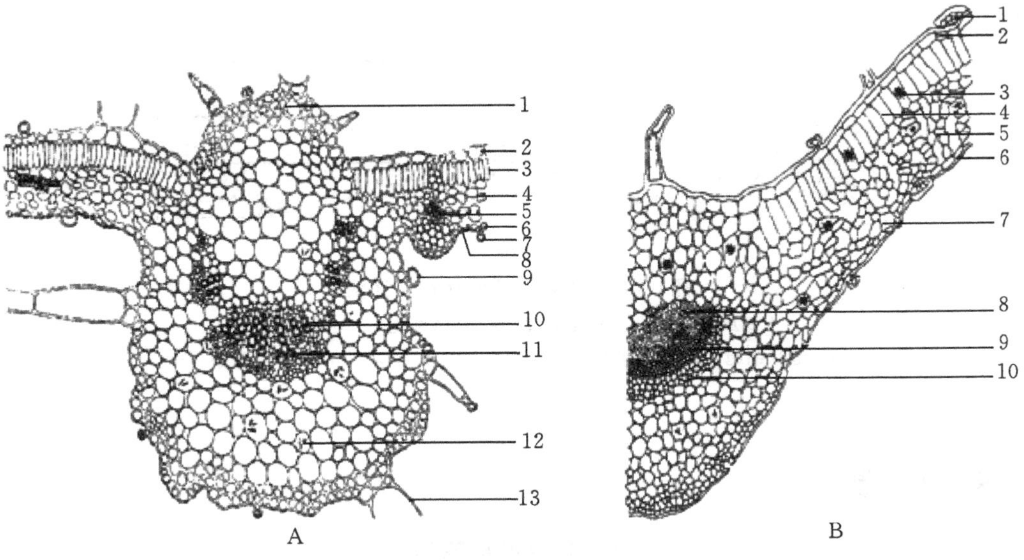


图 4－41　双子叶植物叶的横切面详图

A. 线纹香茶菜叶的组织横切面　1. 厚角组织　2. 表皮　3. 栅栏组织　4. 海绵组织　5. 侧脉维管束　6. 下表皮　7. 腺毛　8. 气孔　9. 腺鳞　10. 木质部　11. 韧皮部　12. 草酸钙针晶　13. 非腺毛

B. 薄荷叶的组织横切面　1. 腺毛　2. 上表皮　3. 橙皮苷结晶　4. 栅栏组织　5. 海绵组织　6. 下表皮　7. 气孔　8. 木质部　9. 韧皮部　10. 厚角组织

### (二)单子叶植物叶的构造

单子叶植物叶的结构比较复杂,但叶片同样是由表皮、叶肉和叶脉三部分组成,各部分都有不同的特征。

禾本科植物叶片的一般特征为:表皮细胞的形状比较规则,常为长方形和方形,长方形细胞排列成行,长径沿叶的纵轴方向排列,因而易于纵裂。细胞外壁不仅角质化,并含有硅质,在表皮上常有乳头状突起、刺或毛茸,因此叶片表面比较粗糙。在上表皮中有一些特殊大型的薄壁细胞,称泡状细胞,这类细胞具有大型液泡,在横切面上排列略呈扇形,干旱时由于这些细胞失水收缩,使叶子卷曲成筒,可减少水分蒸发,这种细胞与叶片的卷曲和张开有关,因此也称运动细胞。表皮上下两面都分布有气孔。禾本科植物的叶片多呈直立状态,叶片两面受光近似,因此,叶肉没有栅栏组织和海绵组织的明显分化,属于等面叶类型。但有的植物有栅栏组织和海绵组织的分化,如淡竹叶。

禾本科植物叶脉内的维管束为有限外韧维管束,在维管束与上下表皮之间有发达的厚壁组织。在维管束外围常有一二层或多层细胞,这些细胞是薄壁组织或厚壁组织,这一结构称维管束鞘,维管束鞘的存在可以作为禾本科植物分类上的特征(图 4-42)。

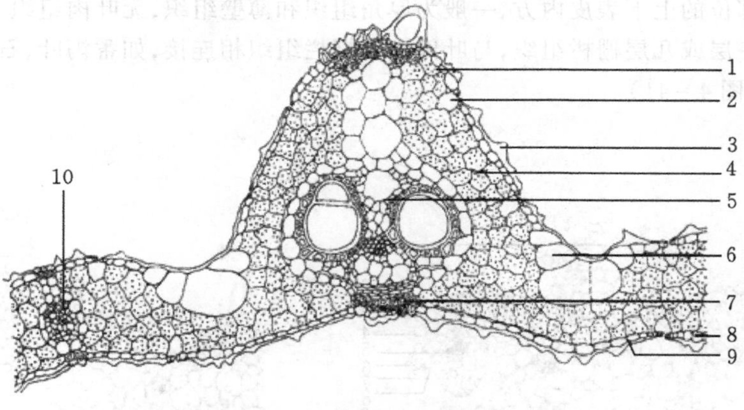


图 4-42 水稻叶片的横切面详图

1. 上表皮 2. 气孔 3. 表皮毛 4. 薄壁细胞 5. 主脉维管束 6. 泡状细胞 7. 厚壁组织 8. 下表皮 9. 角质层 10. 侧脉维管束

## 知识拓展

### 裸子植物叶的构造

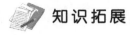

裸子植物多为常绿植物,叶多为针叶。以裸子植物中松属植物马尾松的针叶为例,其叶小,横切面呈半圆形,表皮细胞壁较厚,角质层发达,表皮下有多层厚壁细胞,称为下皮层,气孔内陷,呈旱生植物的特征。叶肉细胞的细胞壁向内凹陷,有无数的褶襞,叶绿体沿褶襞分布,这使细胞扩大了光合作用的面积。叶肉细胞实际上就是绿色折叠的薄壁细胞。叶内具树脂道,在叶肉上方具明显的内皮层,维管组织两束居于叶的中央(图 4-43)。

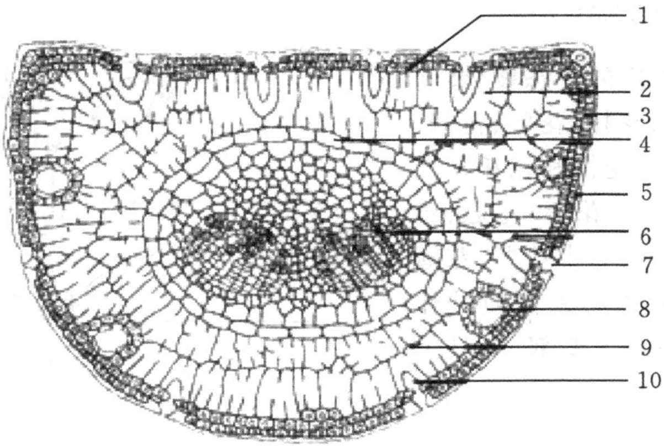


图 4－43　松针叶的横切面构造

1. 下皮层　2. 叶肉细胞　3. 表皮　4. 内皮层　5. 角质层　6. 维管束　7. 下陷的气孔　8. 树脂道　9. 薄壁组织　10. 孔下室

## 目标检测

1. 名词解释：网状脉序、复叶、双(偶)数羽状复叶、对生叶序。
2. 如何辨别单叶和复叶？
3. 简述双子叶植物叶片与单子叶植物叶片构造的主要区别。
4. 何谓等面叶与两面叶？

# 第四节　花

## 学习目标

【掌握】花的组成、形态及花序的类型。

【熟悉】花的类型和花程式。

【了解】花图式。

花是种子植物特有的繁殖器官。种子植物通过传粉、受精、产生果实和种子，使种族得以延续繁衍。种子植物之外其他植物均不开花，称隐花植物。裸子植物花较简单、原始，而被子植物花则高度进化，构造也较复杂，通常所说的花指被子植物的花。

花的形态、构造随植物种类而异，花在植物器官中出现的较晚，但它的形态构造特征较其他器官稳定，变异较小。同时植物在长期进化过程中所发生的变化也往往从花结构方面反映出来，因此花被作为植物鉴定的主要依据。正确认识花，掌握花的特征，对学习植物分类学、药用原植物鉴别及花类药材鉴定有重要意义。中药中也有不少以花入药者，如辛夷、金银花、洋金花、槐米、红花、菊花、旋覆花、款冬花、番红花、凌霄花、玫瑰、月季、梅花等。

## 一、花的组成及形态

花是适合于繁殖作用的变态枝，节间极缩短，一般是由花梗、花托、花萼、花冠、雄蕊群、雌蕊群等组成。花梗和花托是枝的部分，主要起支持作用；花萼、花冠、雄蕊群、雌蕊群均是变态叶，其中花萼、花冠合称花被，具保护和引诱昆虫传粉的作用；雄蕊与雌蕊是花中最重要部分，具生殖功能（图4－44）。

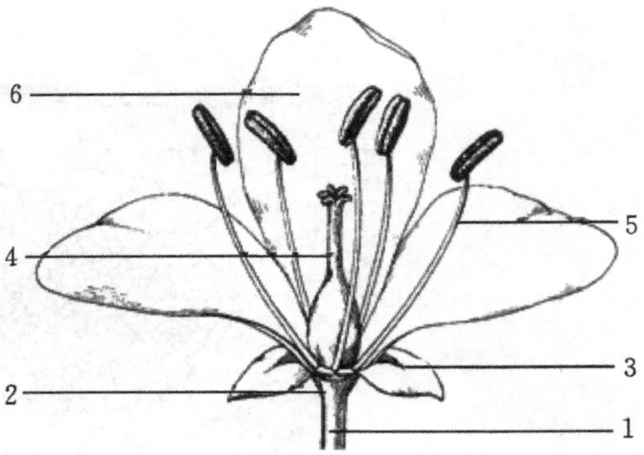


图4－44　花的组成

1. 花梗　2. 花托　3. 花萼
4. 雌蕊　5. 雄蕊　6. 花冠

### （一）花梗

花梗又称花柄，是花与茎连接的部分，通常呈绿色柱状，粗细长短随植物种类各自有别。不少花梗上或下部有小形叶状物，称为苞片。

### （二）花托

花托位于花梗顶端，通常稍膨大，花萼、花冠、雄蕊、雌蕊均着生其上。花托一般多为平坦或稍凸起的圆顶状，也有不同形状，如厚朴、玉兰的花托伸长呈圆柱状；草莓的花托膨大呈圆锥状；金樱子、玫瑰的花托凹陷呈杯状或瓶状；莲的花托膨大呈倒圆锥形；落花生的花托在雌蕊受精后延伸成为连接雌蕊的柱状体，称雌蕊柄；有的植物花托顶端形成肉质增厚部分，呈花盘状，如枣、卫矛、芸香、葡萄等。

### （三）花被

花被是花萼与花冠的总称，特别是萼、冠形态相似不易区分时，则称为花被，如木兰、百合、黄精等。

1. 花萼

花萼是一朵花中所有萼片的总称，位于花最外层，常呈绿色叶片状。一朵花的萼片彼此分离的称离生萼，如毛茛、油菜；萼片互相连合的称合生萼，如曼陀罗、地黄，其连合部分称萼筒或萼管，分离部分称萼齿或萼裂片。有的萼筒一侧向外凸成一管状或囊状突起称为距，如凤仙花、旱金莲等。若果实形成前花萼脱落的称落萼，如虞美人、油菜；若果期花萼仍存在并随果实一起发育的称宿存萼，如柿、茄等。若花萼有两轮，则通常内轮称萼片，外轮称副萼（亦叫苞片），如棉花、草莓等。若萼片大而鲜艳呈花瓣状称瓣状萼，如乌头、铁线莲。菊科植物花萼细裂成毛状称冠毛，如蒲公英、飞蓬等。此外，牛膝、青葙的花萼变成膜质半透明。

2. 花冠

花冠是一朵花中所有花瓣的总称，位于花萼内侧，常见有各种鲜艳的颜色，是花中最显眼的部分。花冠也有离瓣花冠（如桃、萝卜）与合瓣花冠（如牵牛、桔梗）之分。合瓣花冠的连合部分称花冠管或花冠筒，分离部分称花冠裂片。有的花瓣在基部延长呈囊状或管状，亦称距，如紫花地丁、延胡索。

花冠常有多种形态，常见的有如下几种类型（图4－45）。

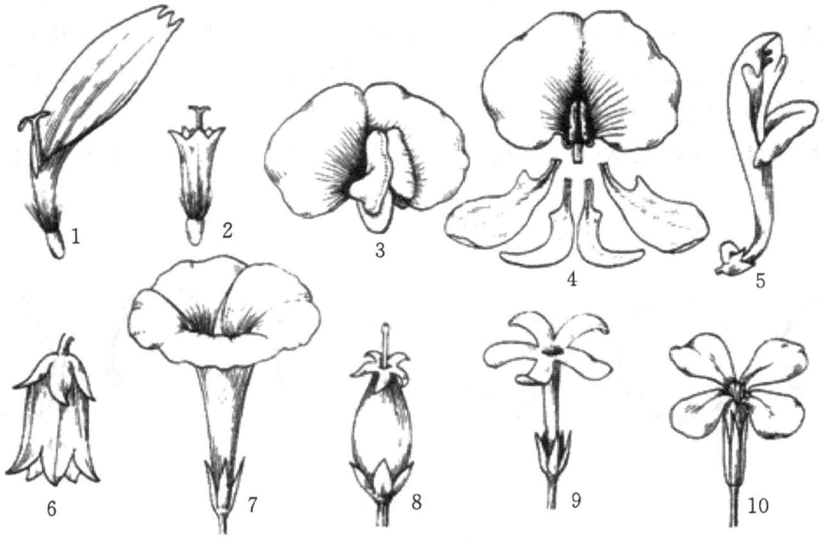


图 4－45　花冠的类型

1. 舌状花冠　2. 管状花冠　3. 蝶形花冠　4. 蝶形花冠解剖　5. 唇形花冠
6. 钟状花冠　7. 漏斗状花冠　8. 壶形花冠　9. 高脚碟状花冠　10. 十字形花冠

（1）舌状花冠　花冠基部连合成一短筒，上部裂片连合呈舌状向一侧扩展，如向日葵、菊花等菊科植物。

（2）管状花冠　花冠合生呈细长管状，花冠裂片沿花冠管方向伸出，如红花、白术等菊科植物。

（3）蝶形花冠　花瓣 5 片，分离，排列成蝴蝶形，上面 1 片最大，位于花的最外方称旗瓣，侧面 2 片较小，位于花的两翼称翼瓣，最下面的两片最小且顶部常靠合，并向上弯曲似龙骨称龙骨瓣，如甘草、黄芪等豆科植物。

（4）唇形花冠　花冠下部筒状，上部呈 2 唇形，通常上唇 2 裂，下唇 3 裂，如益母草、紫苏等唇形科植物。

（5）钟状花冠　花冠筒稍短而宽，上部扩大成古代铜钟形，如桔梗、党参等桔梗科植物。

（6）漏斗状花冠　合瓣花冠，花冠筒长，自下向上逐渐扩大，形似漏斗，如牵牛、旋花、曼陀罗等植物。

（7）高脚碟状花冠　花冠下部合生呈长管状，上部裂片成水平状扩展呈碟形，如长春花、迎春花、水仙。

（8）十字形花冠　花瓣 4 片，分离，上部外展呈十字形排列，如荠菜、萝卜等十字花科植物。

（9）辐状花冠　花冠筒短，花冠裂片向四周辐射状扩展，似车轮辐条，故又可称轮状花冠，如枸杞、茄等茄科植物。

3. 花被卷迭式

花被卷迭式是指花被各片之间的排列形式与关系，在花蕾即将绽放时尤为明显。常见的有如下几种（图 4－46）。

（1）镊合状　花被各片的边缘互相靠近而不覆盖，如葡萄、桔梗的花冠。若各片的边缘微向内弯称内向镊合,如沙参的花冠;若各片的边缘微向外弯称外向镊合,如蜀葵的花萼。

(2)旋转状　花被各片彼此以一边重迭成回旋形式,如夹竹桃、黄栀子的花冠。

(3)覆瓦状　花被片边缘彼此覆盖,但其中有1片两边完全在外面,1片完全在内面,如山茶花萼,紫草、三色堇的花冠。

(4)重覆瓦状　若在覆瓦状排列的花被片中,有2片全在内,2片全在外的,称重覆瓦状,如野蔷薇的花冠。

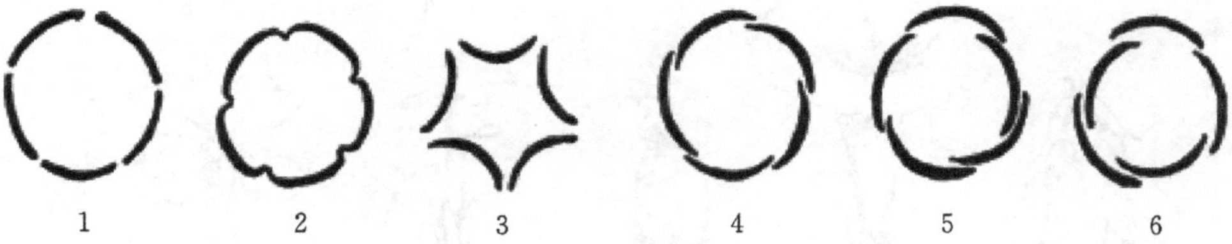


图4-46　花被卷迭式

1. 镊合状　2. 内向镊合状　3. 外向镊合状　4. 旋转状　5. 覆瓦状　6. 重覆瓦状

### (四)雄蕊群

雄蕊群是一朵花中所有雄蕊的总称。雄蕊位于花被的内方,通常着生在花托上,若雄蕊着生在花冠上,称贴生,如泡桐、益母草。雄蕊的数目随植物种类不同而异,一般与花瓣同数或为其倍数,雄蕊数在10枚以上称雄蕊多数或不定数。

#### 1. 雄蕊的组成

雄蕊由花丝和花药两部分组成。

(1)花丝　花丝为雄蕊下部细长的柄状部分,起连接和支持作用。

(2)花药　花药为花丝顶端膨大的囊状体,通常由4个或2个花粉囊组成,分为两半,中间为药隔。花粉囊内产生许多花粉,花粉成熟时,花粉囊以各种方式自行裂开,散出花粉。根据花药在花丝上着生方式的不同可分为六类。①全着药:全部花药着生在花丝上(莲、油桐、紫玉兰);②基着药:基部着生在花丝上(樟、茄、小檗、莎草、唐菖蒲);③背着药:背部着生在花丝上(杜鹃、马鞭草);④丁字着药:背部中央一足着生在花丝顶端,二者成丁字形(茶、禾本科、百合、石蒜);⑤个字着药:花药上部连合,着生在花丝上,下部分离(泡桐、地黄);⑥广歧着药:药室完全分离,几成一直线着生在花丝顶上(益母草、薄荷)。

#### 2. 雄蕊的类型

不同植物类群,其雄蕊群有不同特点,根据花中雄蕊数目、花丝长短、花丝或花药的离合情况,雄蕊群常有如下几种典型类型(图4-47)。

(1)单体雄蕊　花中雄蕊的花丝连合成一束(呈筒状),花药分离,如木槿、棉花等锦葵科植物。

(2)二体雄蕊　花中雄蕊的花丝连合成两束,花药分离,如甘草、蚕豆等豆科植物(雄蕊10枚,9枚合生,1枚分离)和紫堇、延胡索等(雄蕊6枚,每3枚连合,成2束)。

(3)四强雄蕊　花中雄蕊6枚,分离,其中4枚长,2枚短,如油菜、萝卜等十字花科植物。

(4)二强雄蕊　花中雄蕊4枚,分离,其中2枚较长,2枚较短,如紫苏、益母草等唇形植物或泡桐等玄参科植物。

（5）多体雄蕊　花中雄蕊多数，花丝分别连合成数束，花药分离，如金丝桃、元宝草、酸橙等。

（6）聚药雄蕊　花中雄蕊的花药连合成筒状，花丝分离，如红花、蒲公英等菊科植物。

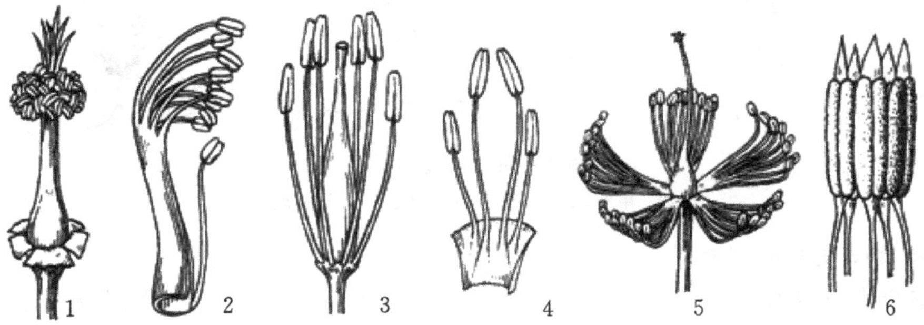


图 4－47　雄蕊群类型

1. 单体雄蕊　2. 二体雄蕊　3. 四强雄蕊　4. 二强雄蕊　5. 多体雄蕊　6. 聚药雄蕊

### （五）雌蕊群

雌蕊群是一朵花中所有雌蕊的总称。雌蕊群位于花的中心，与花托相连。雌蕊的数目通常为 1 枚，但也有超过 1 枚的。

#### 1. 雌蕊的形成

雌蕊是由心皮形成的（心皮是具有生殖作用的变态叶）。裸子植物的 1 枚雌蕊就是一个敞开的心皮，故胚珠裸生于心皮上。被子植物的雌蕊则由一至多个心皮形成。被子植物在形成雌蕊时，心皮边缘向内卷曲，相邻两个边缘相互愈合（此愈合线称腹缝线，而心皮上本身存在的中脉线称背缝线）。故胚珠被封闭在雌蕊的子房内。

#### 2. 雌蕊的组成

雌蕊由子房、花柱、柱头三部分组成。

（1）子房　子房为雌蕊基部膨大的囊状部分，常呈椭圆形、卵形或其他形状。子房的外壁为子房壁，子房壁内的空腔为子房室，子房室内着生胚珠。

（2）花柱　花柱为柱头和子房之间的细长部分，通常呈圆柱形，起支持柱头的作用，为花粉管进入子房的通道。花柱长短因植物不同而异，如玉米的花柱细长如丝，莲的花柱很短；罂粟、木通则无花柱，柱头直接着生于子房的顶端。

（3）柱头　柱头为花柱的顶端部分，是承受花粉的部位，常膨大呈头状、盘状、星状、羽毛状、分枝状等，也有的柱头不膨大而呈钝尖状，如木兰的柱头。

#### 3. 雌蕊的类型

雌蕊的类型见图 4－48。

（1）单雌蕊　花中仅有 1 枚由 1 个心皮构成的雌蕊，如桃、杏等。

（2）离生心皮雌蕊　花中有多个心皮，彼此分离，每个心皮形成 1 枚单雌蕊，如八角茴香和毛茛。

（3）复雌蕊　花中由 2 个以上心皮彼此连合构成雌蕊，如南瓜、百合。

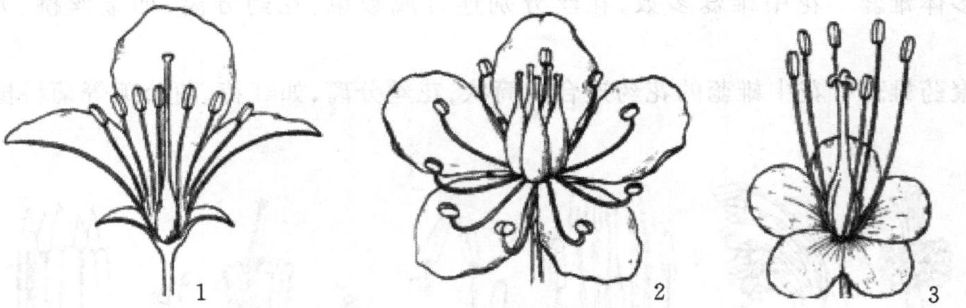


图 4-48　雌蕊的类型

1. 单雌蕊　2. 离生心皮雌蕊　3. 复雌蕊

**4. 复雌蕊心皮数的判断**

多心皮合生成复雌蕊时，其连合程度常有不同，有的仅子房部分连合，花柱、柱头分离；有的子房和花柱两部分连合，仅柱头分离，有的子房、花柱、柱头全部连合成一体，成 1 个子房、1 个花柱、1 个柱头。雌蕊的心皮数主要从腹缝线或背缝线的条数来判断（柱头数、花柱数、子房室数可作参考），因为形成雌蕊的心皮数与腹缝线或背缝线的条数是相同的（而柱头、花柱与子房室的数目则因心皮在形成雌蕊时愈合程度的不同不能严格反映心皮数）。

**5. 子房在花托上着生的位置**

子房的位置是根据子房与花托的位置关系及愈合程度来确定的，而花位则是指花被及雄蕊的着生位置，常以其着生点与子房的位置关系来确定。

（1）子房上位（下位花或周位花）　子房仅在底部与花托相连称子房上位。若花托突起或平坦，则花被和雄蕊群的着生点位于子房下方，这种花位为下位花，如油菜、百合等；若花托凹陷，子房位置下陷（但子房侧壁不与花托愈合），花被和雄蕊群着生于花托边缘，位于子房周围，则为周位花，如桃、杏。

（2）子房半下位（周位花）　子房的下半部与凹陷的花托愈合，上半部外露称子房半下位。因花被、雄蕊群的着生点位于子房周围，故花位为周位花，如桔梗、党参。

（3）子房下位（上位花）　子房全部生于凹陷的花托内，并与花托完全愈合称子房下位。花被与雄蕊群的着生点位于子房上方，故花位为上位花，如南瓜、梨（图 4-49）。

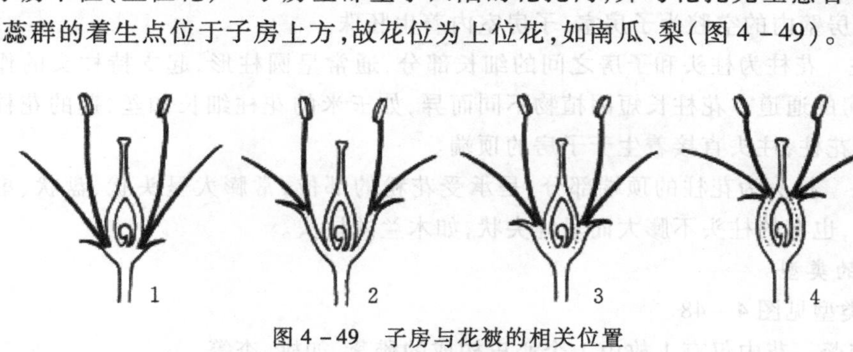


图 4-49　子房与花被的相关位置

1. 子房上位（下位花）　2. 子房上位（周位花）　3. 子房半下位（周位花）　4. 子房下位（上位花）

**6. 子房的室数**

子房室的数目由心皮数和结合状态而定。单雌蕊的子房只有 1 室。复雌蕊的子房可以是 1 室（各个心皮彼此在边缘连合而不向子房室内伸展），也可以是多室（各个心皮向内卷入，在中心连合形成了与心皮数相等的子房室），还可以是假多室的（有的子房室可能被假隔膜完全或不完全地分隔，如十字花科植物、唇形科植物等）。

**7. 胎座**

胚珠在子房内着生的部位称胎座。常见的胎座有如下几种类型。

（1）边缘胎座　单心皮构成的单室子房，胚珠沿腹缝线的边缘着生，如大豆、豌豆等豆科植物。

（2）侧膜胎座　合生心皮、子房 1 室，胚珠沿相邻两心皮腹缝线着生，如南瓜、栝楼等葫芦科植物。

（3）中轴胎座　合生心皮，各心皮边缘向内伸入，将子房分隔成二至多室，在中央汇集成中轴，胚珠着生于中轴上，如百合、桔梗等。

（4）特立中央胎座　合生心皮，但子房室隔膜和中轴上部均消失，形成一子房室，胚珠着生于残留的中轴周围，如石竹、马齿苋等。

（5）基生胎座　子房 1 室，胚珠着生于单雌蕊或单室复雌蕊的子房室底部，又称底生胎座，如大黄、向日葵。

（6）顶生胎座　子房 1 室，胚珠着生于单雌蕊或单室复雌蕊的子房室顶部，又称悬垂胎座，如桑、樟等（图 4－50）。

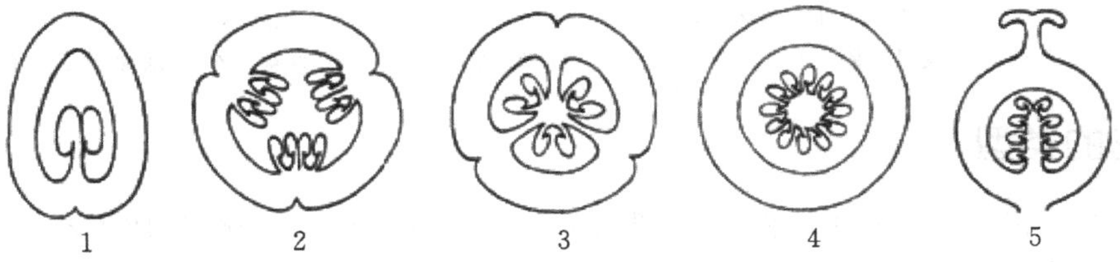


图 4－50　胎座的类型

1. 边缘胎座　2. 侧膜胎座　3. 中轴胎座　4. 特立中央胎座（横切）　5. 特立中央胎座（纵切）

**8. 胚珠**

胚珠是将来发育成种子的部分，常为椭圆状或近球状，着生在子房室内的胎座上，其数目与植物种类有关。

（1）胚珠的构造　胚珠通过一短柄（珠柄）与子房壁相连接，维管束即通过珠柄进入胚珠。胚珠最外面为珠被，多数被子植物的珠被分外珠被和内珠被两层，也有 1 层珠被或无珠被的（如禾本科植物的胚珠）。珠被在胚珠的顶端不完全连合而留下一小孔，称珠孔。珠被内方称珠心，由薄壁细胞组成，是胚珠的重要部分。珠心中央发育形成胚囊，被子植物的成熟胚囊一般有 8 个细胞，靠珠孔有 1 个卵细胞和 2 个助细胞，与珠孔相反的一端有 3 个反足细胞，中央有 2 个极核细胞（也称极核或原始胚乳细胞，或此二核融合而成中央细胞）。珠心基部、珠被和珠柄三者的汇合处称合点，是维管束进入胚囊的通道。

（2）胚珠的类型　胚珠在生长时，由于珠柄、珠被和珠心各部分生长速度不同，使珠孔、合点与珠柄的相对位置各异，常形成下列类型。①直生胚珠：胚珠各部分均匀生长，珠柄较短，位于下端，珠孔在上。珠柄、合点、珠孔三点一线，并与胎座呈垂直状态，如蓼科、胡椒科植物。②横生胚珠：胚珠生长时一侧快，一侧慢，珠柄在下，胚珠横列，合点与珠孔之间的直线约与珠柄垂直，如玄参科、茄科植物。③弯生胚珠：胚珠下半部的生长比较均匀，合点仍在下方，接近珠柄，胚珠上半部生长一侧快，一侧慢，快侧向慢侧弯曲，使珠心弯向珠柄，胚珠近肾形，珠柄、珠心、珠孔不在一条直线上，如十字花科、豆科中的某些植物。④倒生胚珠：胚珠一侧生长快，另一侧生长慢，使胚珠向生长慢的一侧弯转 180°，胚珠倒置，合点在上，珠孔靠近珠柄，珠孔与合点的连线与珠柄大致平行，如蓖麻、百合等多数被子植物（图 4－51）。

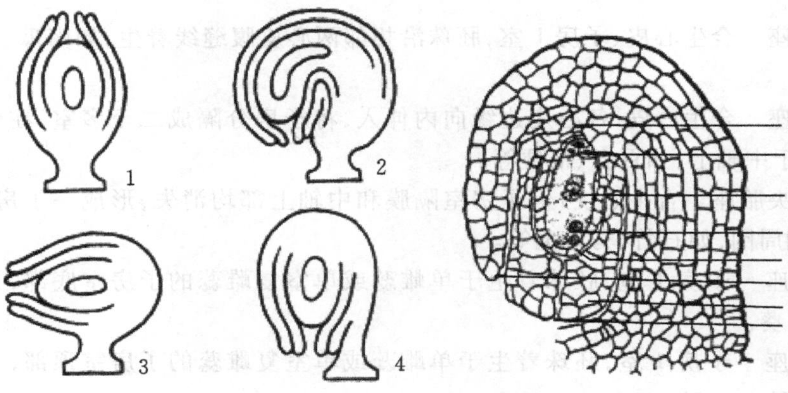


图 4－51　胚珠的类型（A）和结构（B）

A. 1. 直生胚珠　2. 弯生胚珠　3. 横生胚珠　4. 倒生胚珠

B. 1. 合点　2. 反足细胞　3. 极核　4. 卵　5. 胚囊　6. 珠心　7. 外珠被　8. 内珠被　9. 珠孔

## 二、花的类型

被子植物的花在长期演化过程中，各部分发生了不同程度的变化，形成了花的不同类型，一般可以按下述几方面来分类。

### （一）依花的组成是否完整分类

**1. 完全花**

花中同时具有花萼、花冠、雄蕊群和雌蕊群四大组成的花称完全花，如桃、桔梗等。

**2. 不完全花**

在花萼、花冠、雄蕊群、雌蕊群的四大组成中缺少任意一个或几个部分的花称不完全花，如桑、南瓜等。

### （二）依花中有无花萼与花冠分类

**1. 重被花**

重被花是花中同时具有花萼与花冠的花，如栝楼、党参。在重被花中，又可以区分为单瓣花（花冠只由一轮花瓣排列的花，如桃）和重瓣花（花冠由数轮花瓣形成，如月季等栽培植物）以及前述的离瓣花与合瓣花（图 4－52）。

**2. 单被花**

单被花是花中只有花萼而无花冠的花（此时的花萼片常称花被片）。单被花的花被可为一轮，也可为多轮，但其颜色、形态常无区别，一般呈鲜艳的颜色，如玉兰为白色，白头翁为紫色等（图 4－52）。

3. **无被花**

无被花是花被不存在的花，又称裸花。这种花常具苞片，如杜仲、杨等（图 4－52）。

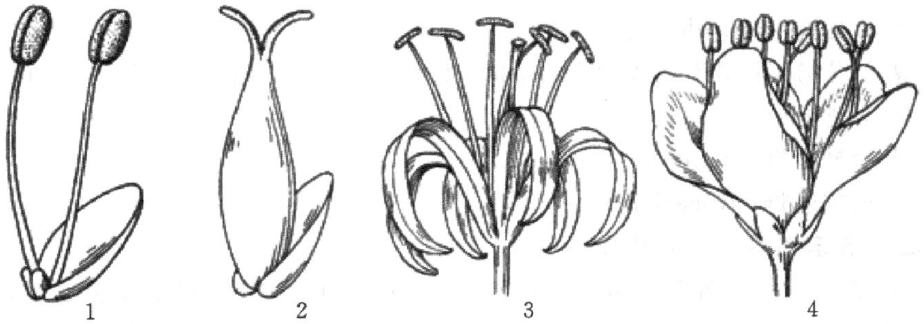

图 4－52　花的类型

1、2. 无被花（单性花）　3. 单被花（两性花）　4. 重被花（两性花）

### （三）依花中有无雄蕊群和雌蕊群分类

1. **两性花**

花中同时具有正常发育的雄蕊群和雌蕊群的花为两性花，如牡丹、桔梗等。

2. **单性花**

正常发育的雄蕊群和雌蕊群不能同时存在的花为单性花。其中只有雄蕊群而无雌蕊群或雌蕊群不育的花，称雄花；只有雌蕊群而无雄蕊群或雄蕊群不育的花，称雌花，如桑、南瓜。

在具有单性花的植物种中，若雄花和雌花生在同一植株上，称雌雄同株，如南瓜、玉米；若雄花和雌花分别生在不同植株上，则称雌雄异株，如桑、栝楼。

有些物种中，同时存在有两性花与单性花的现象，此现象称花杂性。在具有花杂性现象的植物中，若单性花和两性花存在于同株植物上，称杂性同株，如朴树；若单性花和两性花不能共存于同一植株上，称杂性异株，如臭椿、葡萄。

3. **无性花**

花中雄蕊群和雌蕊群均退化或发育不全称无性花，如绣球花序边缘的花。

### （四）依花冠的对称方式分类

1. **整齐花**

花被（主要指花冠）形状一致，大小相似，通过花的中心可做两个及两个以上对称面的花称整齐花，又称辐射对称花，如桃、桔梗等。

2. **不整齐花**

花被形态、大小有较大差异，通过花的中心只能做一个对称面的花称不整齐花，又称两侧对称花，如益母草等唇形科植物的唇形花、豆科植物的蝶形花等。

3. **不对称花**

通过花的中心不能做对称面的花称不对称花，如美人蕉、缬草。

## 三、花程式与花图式

### （一）花程式

用字母、符号和数字来表明花各部分的组成、排列、位置和彼此之间关系等所写成的程式称花程式。

**1. 花的各组成部分的字母表示法**

一般采用花的各组成部分的拉丁名词的第 1 个字母表示,其简写如下。

P——表示花被(perianthium);

K——表示花萼(来源于花萼德文 kelch 一词,因拉丁词中花萼与花冠首字母均为 C);

C——表示花冠(corolla);

A——表示雄蕊群(androecium);

G——表示雌蕊群(gynoecium)。

**2. 以数字表示花各部分的数目**

以阿拉伯数字表示花各部或每轮的数目,各个数字均写在字母的右下方。若数目在 10 个以上或数目不定以"∞"表示,若某部分不具备或退化则以"0"表示。雌蕊群"G"的右下方有 3 个数字,第 1 个数字表示花中雌蕊包含的心皮数,第 2 个数字表示每个雌蕊中的子房室数,第 3 个数字表示每个子房室中的胚珠数,各数字之间以":"隔开。

**3. 以符号表示花的其他特征**

"↑"表示两侧对称花,"*"表示辐射对称花;"♂"表示雄花;"♀"表示雌花;"⚥"表示两性花。括弧"(　)"表示连合;弯箭头"⤺"表示贴生,如雄蕊贴生在花冠上;加号"+"表示排列轮数的关系;短横线"—"表示子房的位置。如"$\underline{G}$"表示子房上位,"$\overline{G}$"表示子房下位,"$\overline{\underline{G}}$"表示子房半下位。

**4. 花程式举例**

(1)桃花⚥ * $K_5C_5A_\infty\underline{G}_{(1:1:1)}$　表示桃花为两性花;辐射对称;花萼由 5 片离生的萼片组成;花冠由 5 片离生的花瓣组成;雄蕊群由多数离生的雄蕊组成;雌蕊群具有 1 枚雌蕊,子房上位,1 心皮形成,1 子房室,1 个胚珠。

(2)桔梗花⚥ * $K_{(5)}C_{(5)}A_5\overline{\underline{G}}_{(5:5:\infty)}$　表示桔梗花为两性花;辐射对称;花萼由 5 片萼片合生而成;花冠由 5 片花瓣合生而成;雄蕊群由 5 枚离生的雄蕊组成,贴生在花冠上;雌蕊群具有 1 个 5 心皮结合而成的复雌蕊,子房半下位,5 子房室,每室有多数胚珠。

(3)柳花 ♂ $K_0C_0A_2$; ♀ $K_0C_0\underline{G}_{(2:1)}$　表示柳花为单性花。雄花:花萼、花冠均缺,雄蕊群由 2 枚离生的雄蕊组成;雌花:花萼、花冠均缺,雌蕊群由 1 个 2 心皮合生而成的雌蕊组成,1 子房室。

(4)百合花⚥ * $P_{3+3}A_{3+3}\underline{G}_{(3:3:\infty)}$　表示百合花为两性花;辐射对称;花被由 6 片离生的花被片组成,成两轮排列,每轮 3 片;雄蕊群由 6 枚离生的雄蕊组成,成两轮排列,每轮 3 枚;雌蕊群由 1 个 3 心皮合生而成的雌蕊组成,子房上位,3 子房室,每室有多数胚珠。

(5)木兰科植物的花⚥ * $P_{6-\infty}A_\infty\underline{G}_{\infty:1:1\sim2}$　表示木兰科植物的花为两性花;辐射对称;花被由 6 至多数离生的花被片组成;雄蕊群由多数离生的雄蕊组成;雌蕊群由多个 1 心皮形成的雌蕊组成,子房上位,子房 1 室,胚珠 1~2 个。

### (二)花图式

花图式是以花横切面的投影图为依据所绘制的图形,可以直观地表示花各部的形状、数目、排列方式及相互位置等情况。花图式的绘制规则:先在上方绘一小圆圈表示花序轴的位置

（如为单生花或顶生花可不绘出），在轴的下面自外向内按苞片、花萼、花冠、雄蕊、雌蕊的顺序依次绘出各部的图解，通常以外侧带棱的新月形符号表示苞片，由斜线组成带棱的新月形符号表示萼片，空白的新月形符号表示花瓣，雄蕊和雌蕊分别用花药和子房的横切面轮廓表示。花图式的绘制虽较烦琐，但可清楚地表示出花的组成、相互关系及排列情况，但花图式无法表示子房的位置、胚珠的数目等，需要结合花程式才能较全面反映出花的特征来（图 4－53）。

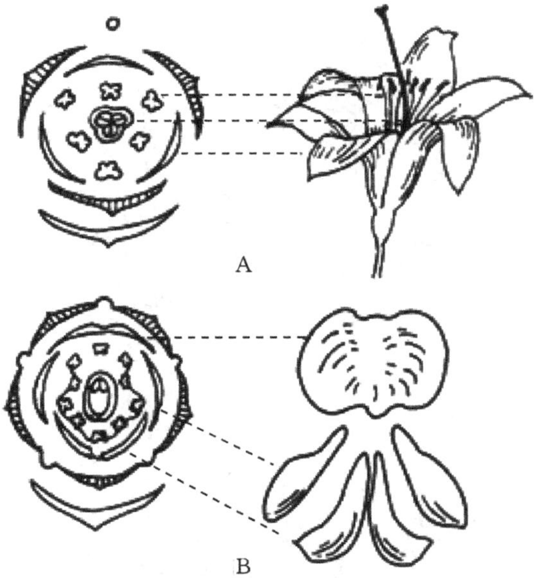

图 4－53　花图式

A. 百合的花图式　B. 蚕豆的花图式

## 四、花序

花在花轴上的排列方式称花序。有些植物的花单生于枝的顶端或叶腋，称单生花，如牡丹、桃。花序下部的梗称花序梗，又称总花梗，总花梗向上延伸成为花序轴，或称花轴，花序轴可以分枝（称分枝花序轴）或不分枝。花序上的花称小花，小花的梗称小花梗。在花序上没有典型的叶，只有苞片，有的植物苞片多个密集成为总苞，如向日葵、菊花等。

根据花在花序轴上的排列方式、小花开放顺序以及在开花期花序轴能否不断生长等，花序可以分为无限花序、有限花序和混合花序三大类。

### （一）无限花序（总状花序类）

在开花期内，花序轴顶端继续向上生长，产生新的花蕾，开花顺序是花序基部的花先开，然后向顶端依次开放，或由边缘向中心开放，这类花序称无限花序。根据花序轴有无分枝，无限花序又分为单花序和复花序。单花序花序轴不分枝，复花序花序轴有分枝（图 4－54）。

**1. 单花序**

（1）总状花序　花序轴细长，上面着生许多花柄近等长的小花，如油菜、荠菜。

（2）穗状花序　似总状花序，但小花具短柄或无柄，如车前、知母。

（3）伞房花序　似总状花序，但花梗不等长，下部的长，向上逐渐缩短，整个花序的小花朵几乎排在同一平面上，如苹果、山楂等。

（4）葇荑花序　似穗状花序，但花序轴下垂，其上着生许多无柄的单性小花，花开放后整个花序脱落，如杨、柳。

（5）肉穗花序　似穗状花序，但花序轴肉质肥大呈棒状，其上密生许多无柄的单性小花，在花序外面常具一大型苞片，称佛焰苞，故又称佛焰花序，是半夏、马蹄莲等天南星科植物的主要特征。

（6）伞形花序　花序轴缩短，在总花梗顶端着生许多花柄近等长的小花，小花朵排列似张开的伞，如五加、人参等五加科植物。

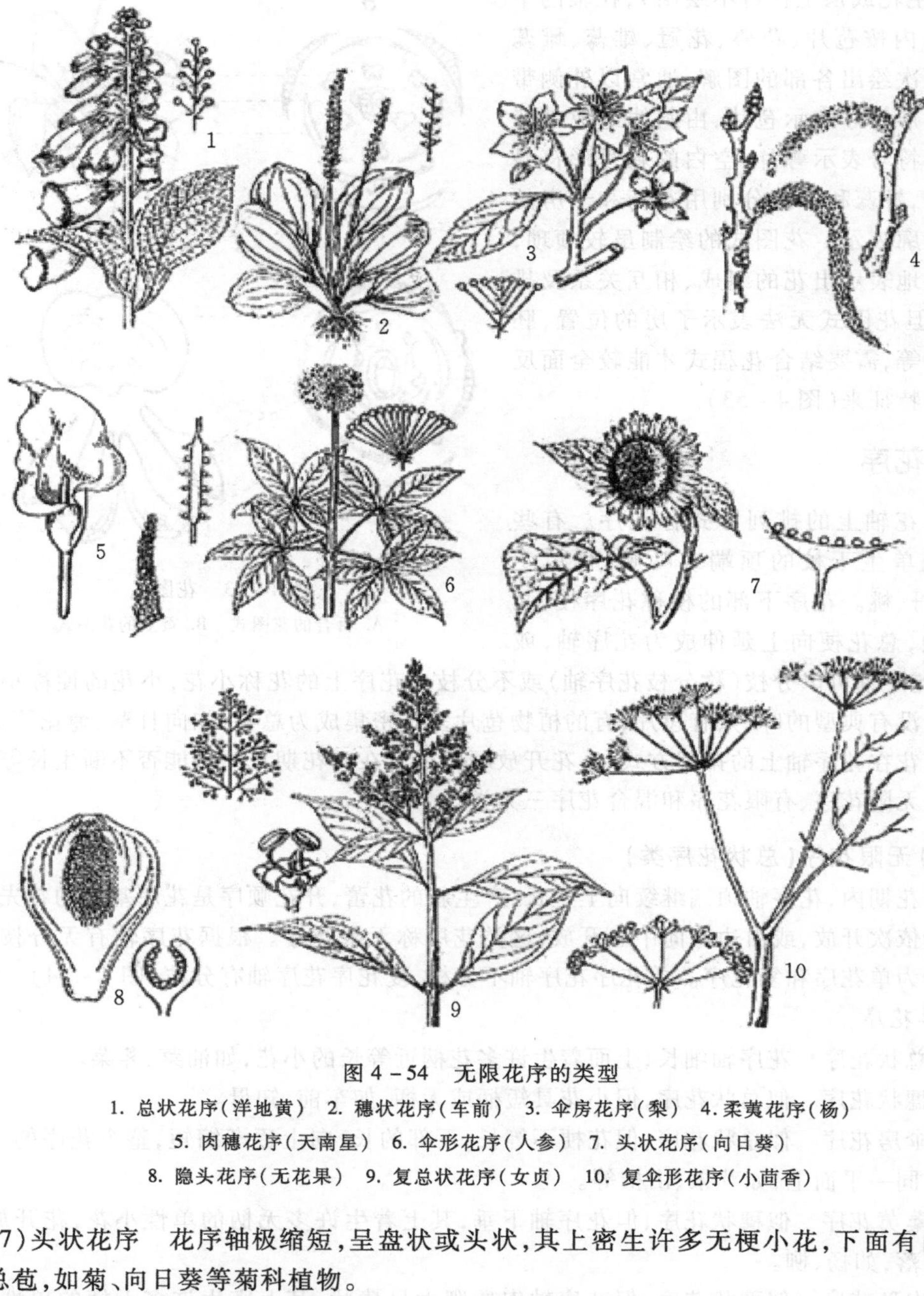


图 4－54　无限花序的类型

1. 总状花序(洋地黄)　2. 穗状花序(车前)　3. 伞房花序(梨)　4. 柔荑花序(杨)
5. 肉穗花序(天南星)　6. 伞形花序(人参)　7. 头状花序(向日葵)
8. 隐头花序(无花果)　9. 复总状花序(女贞)　10. 复伞形花序(小茴香)

(7)头状花序　花序轴极缩短，呈盘状或头状，其上密生许多无梗小花，下面有由苞片组成的总苞，如菊、向日葵等菊科植物。

(8)隐头花序　花序轴肉质膨大而下陷呈囊状，凹陷的内壁上着生许多无柄的单性小花，仅留一小孔与外方相通，为昆虫进出腔内传播花粉的通道，如薜荔、无花果等桑科植物。

2. 复花序

(1)复总状花序　在花的花序轴上分生许多小枝，每小枝各成一总状花序，整个花序呈圆锥状，故又称圆锥花序，如女贞、南天竹。

(2)复伞形花序　花序轴做伞状分枝，每分枝为一伞形花序，如柴胡、胡萝卜等伞形科植物。

此外，还有复穗状花序（如小麦、香附）、复伞房花序（如花楸属植物）、复头状花序（如合头菊、蓝刺头）等。

### （二）有限花序

有限花序（聚伞花序类）与无限花序相反，在开花期内花序轴顶端由于顶花先开放不能继续生长，只能在顶花下面产生侧轴，各花由上向下或由内向外依次开放，这样的花序称有限花序。根据在花序轴上的分枝情况，有限花序可分为如下四种（图 4－55）。

图 4－55　有限花序的类型

1. 螺旋状聚伞花序（琉璃草）　2. 蝎尾状聚伞花序（唐菖蒲）　3. 二歧聚伞花序（大叶黄杨）　4. 多歧聚伞花序（泽漆）　5. 轮伞花序（薄荷）

（1）单歧聚伞花序　花轴顶生一花，在它下面产生一侧轴，其长度超过主轴，顶端又生一花，侧轴再产生一轴一花，依此方式继续分枝开花便形成了单歧聚伞花序。由于侧轴产生的方向不同又分为如下两种类型。①螺旋状聚伞花序：单歧聚伞花序中，所有侧轴在同一侧生出，花序先端常呈螺旋状弯曲，如紫草、附地菜。②蝎尾状聚伞花序：单歧聚伞花序中，花序侧轴左右交叉生出，花序呈蝎尾状曲折，如菖蒲、姜。

(2)二歧聚伞花序　花轴顶生一花,在它下面同时产生两侧轴,长度超过主轴,顶端各生一花,每侧轴继续以同样方式分枝开花,称二歧聚伞花序,如石竹、王不留行等石竹科植物的花序。

(3)多歧聚伞花序　花轴顶生一花,在它下面同时产生数个侧轴,长度超过主轴,顶端各生一花,每侧轴继续以同样方式分枝开花,称多歧聚伞花序。若花序轴下生有杯状总苞,则称为杯状聚伞花序(大戟花序),是大戟科大戟属特有的花序类型,如泽漆、甘遂等。

(4)轮伞花序　轮伞花序生于对生叶的叶腋或花序轴上的总苞里,围绕茎或花序轴排列成轮状,如薄荷、益母草等唇形科植物。

### (三)混合花序

有的植物在花序轴上生有两种不同类型的花序称混合花序。如紫丁香、葡萄的花序,花序的主轴无限生长,但第二次分轴和末轴则呈聚伞花序式,故又称聚伞圆锥花序。

## 五、孢子和花粉粒的形态结构

孢子和花粉均为植物繁殖器官的组成部分。植物界通常分为孢子植物(藻类、菌类、地衣、苔藓和蕨类植物)和种子植物(裸子和被子植物)两大类。孢子由孢子植物的孢子母细胞形成;花粉则为种子植物的小孢子,由花粉母细胞形成。孢子和花粉的体积很小,通常要在显微镜下才能看清它们的形态结构。研究孢粉的形态结构,尤其是花粉学的研究,对于研究植物分类和植物系统学、考古学、古植物学、古地质学、石油勘探、养蜂业以及医药保健产品开发等,均有一定的意义。

### (一)蕨类植物孢子的形态结构

蕨类植物的孢子由孢子叶上的孢子囊所产生,孢子的形状常为两面型或四面型,两面型的孢子较进化,具两个对称面,左右对称,极面观为椭圆形,有时稍延长,赤道面观为肾形;四面型孢子具两个以上的对称面,辐射对称,极面观为圆形或钝三角形,赤道面观近椭圆形或扇形。孢壁通常分为内、外、周3层,内壁主要由纤维素组成,包于原生质的外面,柔软而透明。外壁含有孢粉素,能耐酸碱和高温高压,使孢子能很好地保存于地层中。周壁为孢子的最外层,质薄、柔软、透明,光滑或常形成各种突起、纹饰或弹丝。

蕨类植物的孢子大多具有裂缝,而孢子裂缝的长短除与植物的种类不同外,尚与孢子的成熟程度有关。孢子裂缝分为简单和复杂两类,裂缝本身不弯曲,也不加厚或变薄的称为简单裂缝;裂缝边缘有时有唇状加厚,或裂缝本身产生弯曲或末端分叉的称为复杂裂缝。蕨类植物孢子的萌发孔均位于近极,主要为单射线和三射线裂缝。蕨类植物孢子表面有纹饰,但比花粉的纹饰简单,纹饰常为颗粒状、刺状、瘤状、网状等。

### (二)种子植物花粉粒的发育和形态结构

雄蕊和雌蕊是直接与生殖有关的花的组成部分,雄蕊(小孢子叶)是由花丝和花药两部分组成的。花药(小孢子囊)是产生花粉的主要部分,多数被子植物的花药是由4个花粉囊组成,分为左右两半,中间由药隔相连;也有少数种类花药的花粉囊仅2个,同样分列于药隔的左右两侧。花粉囊外由囊壁包围,内生许多花粉粒。花药成熟后,药隔每一侧的两个花粉囊之间的壁破裂消失,两花粉囊相互沟通,犹如每侧仅含一个花粉囊。裂开的花粉囊散出花粉,为下一步进行传粉做好准备。

1. 花粉的发育

最初,在花托上产生雄蕊原基,从雄蕊原基进而形成的花药原始体在结构上十分简单,外面是一层表皮细胞,表皮之内是一群形状相似、分裂活跃的幼嫩细胞。以后由于原始体在四个角隅处细胞分裂较快,使原始体呈现出四棱的结构形状,并在每棱的表皮下出现一个或几个体积较大的细胞,这些细胞的细胞核大于周围其他细胞,细胞质也较浓,称为孢原细胞。孢原细胞的进一步发育是经过一次平周分裂,形成内、外两层细胞,外面的一层细胞称初生壁细胞,与表皮层贴近,以后经过一系列的变化,与表皮一起构成花粉囊的壁层;里面的一层细胞称造孢细胞,是花粉母细胞的前身,将由它发育成花粉粒。在花药中部的细胞进一步分裂、分化,以后构成花药的药隔和维管束初生壁细胞以后又进行一次或数次平周分裂(因植物种类而异),产生 3 ~5 层细胞。外层细胞紧接表皮,细胞体积较大,称为药室内壁。当花药成熟时这层细胞向半径方向伸展扩大,并在大多数植物种类里,细胞壁的内切向壁和横向壁上发生带状的加厚,而外切向壁仍是薄壁的。纤维层内的 1 ~3 层薄壁细胞称中层。在小孢子母细胞进行减数分裂时,中层细胞逐渐趋向解体,最终被吸收消失。最内的壁细胞层称为绒毡层,当小孢子母细胞减数分裂接近完成时,绒毡层细胞开始出现退化迹象;当花粉囊的壁组织逐步发育分化时,造孢组织的细胞也在不断分裂,形成大量花粉母细胞(小孢子母细胞),以后每个花粉母细胞经过两次连续的分裂,产生 4 个细胞,也就是小孢子。因为小孢子在形成时要经过细胞内染色体的减数,所以称这两次特殊的分裂方式为减数分裂,分裂后,细胞的染色体是单相的,这些单相染色体的小孢子再进一步形成花粉粒(图 4 –56)。

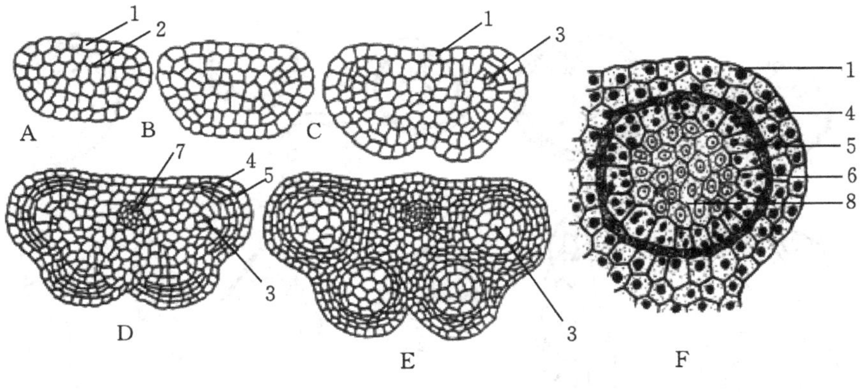


图 4 –56 花粉的发育

A ~E. 表示发育的顺序 F. 为一个花粉囊的放大

1. 表皮 2. 造孢细胞 3. 孢原细胞 4. 纤维层 5. 绒毡层 6. 中间层 7. 药隔中的纤维束 8. 花粉母细胞

2. 花粉粒的形态结构

各类植物的花粉各不相同。根据花粉形状大小,对称性和极性,萌发孔的数目、结构和位置,壁的结构以及表面雕纹等,往往可以鉴定到科和属,甚至可以鉴定到植物的种。花粉形态的研究可为分类鉴定和花粉分析中鉴定化石花粉提供依据,同时也为植物系统发育的研究提供有价值的资料。

成熟花粉粒的外壁表面或者光滑,或者产生各种形状的突起或花纹。不同外壁的结构常随植物种类而异,也与传粉的方式有关。此外,花粉粒的外壁上还有一定形状、一定数目和一定分布位置的孔和沟槽,它们是在花粉外壁形成时生成的,这些孔和沟槽处缺乏花粉的外壁,以后花粉粒在柱头上萌发时，花粉管就由孔、沟处向外突出生长，所以称这些为萌发孔、萌发沟。花粉粒外壁萌发沟的数量变化较少，但萌发孔可以从一个到多个，如水稻、小麦等禾本科植物只有一个萌发孔，油菜有3～4个萌发孔，棉花的萌发孔多到8～16个。萌发孔内方的内壁，一般有所增厚。就花粉粒的形状、大小而论，变化也较大，有为圆球形的（如水稻、小麦、玉米、棉等），有为椭圆形的（如油菜、蚕豆、桑、李等），也有略呈三角形的（如茶），以及其他形状。大多数植物的花粉粒直径在15～50μm，水稻为42～43μm，玉米77～89μm，棉花125～138μm，南瓜花粉粒较大，可超过20μm。外壁上的突起，棘刺和萌发孔的数目，沟槽的位置，常在不同植物种类里，表现为极为复杂的多样性（图4－57），而且一种植物的花粉粒又往往有一定的形态构造，可以用作鉴别植物种类的根据。

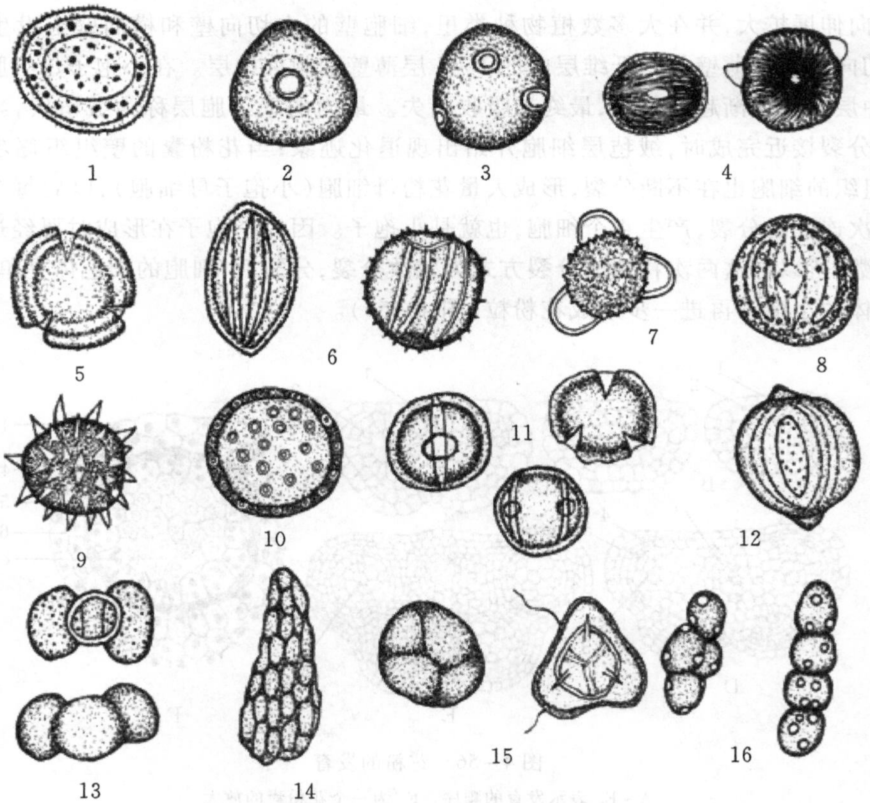


图4－57　花粉粒的各种形态

1. 刺状雕纹（番红花）　2. 单孔（水烛）　3. 三孔（大麻）　4. 三孔沟（曼陀罗）　5. 三沟（莲）　6. 螺旋孔（谷精草）　7. 三孔，齿状雕纹（红花）　8. 三孔沟（钩吻）　9. 散孔，刺状雕纹（木槿）　10. 散孔（芫花）　11. 三孔沟（密蒙花）　12. 三沟（乌头）　13. 具气囊（油松）　14. 花粉块（绿花阔叶兰）　15. 四合花粉，每粒花粉具三孔沟（羊踯躅）　16. 四合花粉（杠柳）

因花粉粒具有极性（其极性取决于其在四分体中所处的地位，由四分体中心的一点通过花粉粒中央向外引线为花粉极轴，分为近极和远极，与极轴垂直的线为赤道轴）。一般所称的孔或沟即为赤道面分布的孔和沟的简称。因为赤道面分布是双子叶植物花粉粒的主要类型；而对球面分布的称为散沟或散孔，前者见于马齿苋属植物的花粉，后者见于藜科植物的花粉。

如花粉的极性不易判明时，也可一律称为孔或沟。此外，在花粉粒的萌发沟内中央部位，具一圆形或椭圆形的内孔，称为具孔沟花粉。若萌发孔呈螺旋状，称为螺旋状萌发孔；如萌发孔呈环形，称为环形萌发孔（图 4－58）。

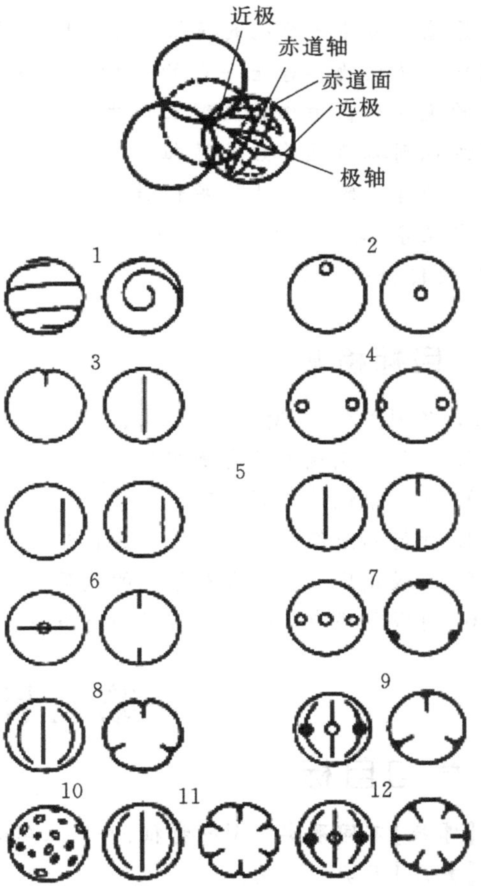


图 4－58　被子植物花粉类型图解

1. 具螺旋状萌发孔　2. 具单孔　3. 具单沟　4. 具二孔　5. 具二沟　6. 具二孔沟　7. 具三孔　8. 具三沟　9. 具三孔沟　10. 具散孔　11. 具多沟　12. 具多孔沟

（三）孢子和花粉粒的药用价值

花粉以营养全面著称，含有蛋白质、氨基酸、维生素、微量元素、活性酶、黄酮类化合物、脂类、核酸、有机酸等，对人体有良好的营养保健作用，并对某些疾病有一定的辅助治疗作用。常供药用的孢子和花粉有海金沙，为蕨类海金沙科植物海金沙孢子，含海金沙素、棕榈酸等成分，有清利湿热、通淋止痛的功能；石松子，为石松科植物石松的孢子，含石松酸、肉豆蔻酸等成分，可用于医药工业中的撒布剂和丸剂的包衣材料；蒲黄，为香蒲科植物水烛香蒲的花粉，含黄酮类、硬脂酸等成分，能止血、止痢、通淋；松花粉，为松科植物油松等的花粉，含脂肪、植物色素等成分，能燥湿、收敛、止血；油菜花粉，为滋补强壮剂，并可用于治疗多种老年性疾病。但也有些植物的花粉有毒，如钩吻、雷公藤、博落回、乌头、羊踯躅、藜芦等。一些花粉还易引起人体的变态反应，产生花粉病，如气喘、枯草热等。

## 知识拓展

### 传粉

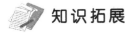

成熟花粉自花粉囊散出，并通过各种途径传送到雌蕊柱头上的过程，称为传粉。传粉是有性生殖不可缺少的环节，没有传粉，也就不可能完成受精作用。传粉一般分为自花传粉和异花传粉两种方式。

1. 自花传粉

自花传粉是花粉从花粉囊散出后，落到同一花的柱头上的传粉现象，如棉花、大豆、番茄等。自花传粉的花的特点是：两性花，雄蕊紧靠雌蕊且花药内向，雌、雄蕊常排列等高和同时成熟。有些植物的雌、雄蕊早熟，在花尚未开放或根本不开放就已完成传粉和受精作用，这种现象称为闭花传粉或闭花受精，如落花生、豌豆等。

2. 异花传粉

异花传粉是一朵花的花粉传送到同一植株或不同植株另一朵花的柱头上的传粉方式，异花传粉是植物界普遍存在的一种传粉方式，与自花传粉相比，是更为进化的方式。异花传粉的花往往在结构和生理上产生一些与异花传粉相适应的特性：花单性且雌雄异株，若为两性花则雌雄蕊异熟或雌雄蕊异长，自花不孕等。异花传粉的花在传粉过程中，其花粉需要借助外力的作用才能被传送到其他花的柱头上，一般传送花粉的媒介有风媒、虫媒、鸟媒和水媒等，其中最普遍的是风媒和虫媒，各种媒介传粉的花往往产生一些特殊的适应性结构，使传粉得到保证。

## 目标检测

1. 名词解释：合瓣花、离瓣花、两性花、距、蝶形花、花程式。
2. 常见的花冠类型有哪些？
3. 何谓单雌蕊与复雌蕊？
4. 如何判断组成雌蕊的心皮数目？
5. 无限花序有何特点？常见的无限花序有哪几种类型？
6. 有限花序有何特点？常见的有限花序有哪几种类型？

# 第五节　果　实

## 学习目标

【掌握】不同果实类型的特征，并能正确运用所学理论知识判断果实类型。

【熟悉】果实的结构。

【了解】果实的形成。

果实是花受精后由雌蕊的子房或连同花的其他部分（花托、花筒或花轴）发育形成的被子植物特有的繁殖器官。果实包括果皮和种子两部分。果实有保护种子和散布种子的作用。许多植物的果实，如枸杞、五味子、山楂、木瓜、连翘、马兜铃、栀子等均可供药用。

## 一、果实的形成

在果实发育过程中，花的各部分显著变化，花冠一般脱落，雄蕊和雌蕊的柱头、花柱先后枯萎脱落，花萼脱落或者宿存，花梗则变成果柄，胚珠发育成种子，子房逐渐膨大而发育成果实。果实是植物分类的重要依据。

因为果实发育过程中参与形成的部分不同，所以形成了真果和假果。

1. 真果

真果是完全由子房发育形成的果实，如桃、柑橘、杏、柿等。真果的果皮是由子房壁发育形成的，通常分为三层：外果皮、中果皮、内果皮。外果皮薄、坚韧，常被有角质层、蜡被、毛茸、刺、瘤突、翅等附属物，如桃的外果皮被有毛茸，柿果皮上有蜡被，鬼针草、曼陀罗的果实上有刺，荔枝的外果皮上具瘤突，榆树、槭树的果实具翅。中果皮由薄壁细胞组成，变化较大，有肉质、膜质、革质等，多为可食用部分，如桃、杏等。内果皮多为膜质或木质，如桃里面坚硬的核就是由石细胞构成的内果皮，核内的桃仁为种子。有些果实的内果皮上附生充满汁液的肉质囊状毛，如柑橘、橙子等果实的可食用部分（图 4－59）。

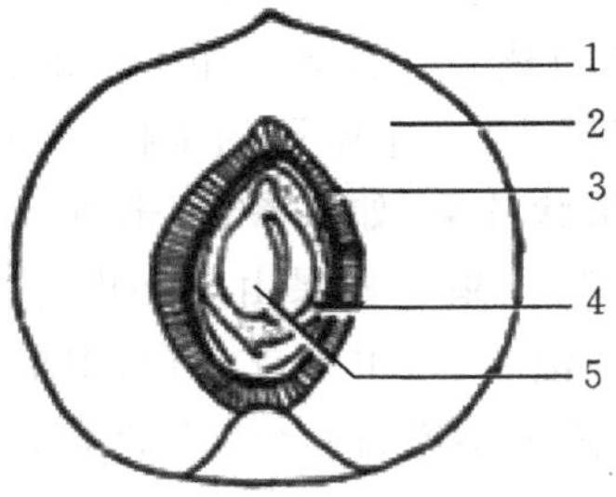


图 4－59　真果

1. 外果皮　2. 中果皮　3. 内果皮　4. 胚乳　5. 胚

2. 假果

假果是除子房外，花的其他部分如花萼、花托、花柱及花序轴等也参与发育而形成的果实，如梨、山楂、菠萝、无花果、苹果等。假果的结构比较复杂，如草莓的果实膨大部分是由肉质花托发育形成的；苹果、梨的主要食用部分是由花托和花被筒合生的部分发育形成的，只有果实中心的一小部分是由子房发育而成；而南瓜、冬瓜较硬的皮部是由花托和花萼发育成的；西瓜的食用部分则主要是胎座；无花果是多数小坚果包埋于肉质内陷的囊状花序轴内，花序轴肉质化变成主要的可食用部分（图 4－60）。

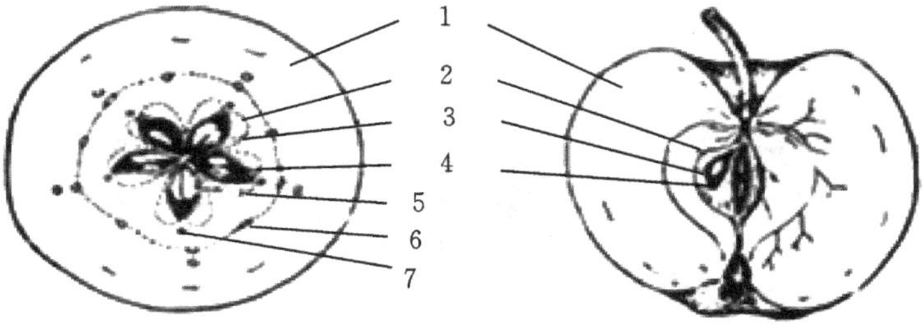


图 4－60　假果

1. 托杯　2. 外果皮　3. 中果皮　4. 内果皮　5. 种子　6. 萼筒维管束　7. 心皮维管束

一般来说，果实是需要经过传粉及受精作用而形成的，但有些植物只经过传粉而未经受精作用，也能发育成果实，这种果实没有种子，称为单性结实。单性结实有自发形成的称自发单性结实，如香蕉、无籽葡萄、无籽柑橘等。也有些植物的结实是通过某种诱导，形成具有食用价值的无籽果实，称诱导单性结实，如用马铃薯的花粉刺激番茄的柱头而形成无籽番茄；或用化学处理方法，如用某些生长素涂抹或喷洒在雌蕊柱头上，也可得到无籽果实。但有些无籽果实是由于四倍体和二倍体植株杂交，而产生不孕的三倍体植株形成的，如无籽西瓜。

## 二、果实的类型

根据果实的发育来源、结构和果皮性质的不同可分为单果、聚合果和聚花果三大类。

### （一）单果

一朵花中只有一个雌蕊（单雌蕊和复雌蕊），发育成一个果实，称单果。多数植物果实属于单果。依据单果成熟时果皮的质地不同，分为肉果和干果。

1. 肉果

果皮肉质多汁，成熟时不开裂，共分为如下五种类型。

（1）浆果　浆果由单心皮或合生心皮雌蕊发育形成。外果皮薄，中果皮和内果皮肉质多汁，内含一至多粒种子，如葡萄、枸杞、番茄、忍冬、柿等。

（2）核果　核果由单心皮雌蕊的上位子房发育而成。外果皮薄，中果皮肉质，内果皮木质化，坚硬（具一个坚硬的果核），每核内含有一粒种子，如桃、李、杏等。有的核果和浆果相似，称浆果状核果，如人参、三七等。

（3）柑果　柑果由多心皮合生雌蕊具中轴胎座的上位子房发育而成。外果皮革质，较厚，具多数油室，与中果皮愈合；中果皮疏松、呈白色海绵状，有分枝状的维管束（橘络）；内果皮膜质、分隔成多室，内壁生有许多肉质多汁囊状毛。柑果为芸香科植物特有，如橙子、柚子、柑橘等。

（4）梨果　梨果为假果，由2～5心皮合生的下位子房连同花托和萼筒肉质化形成的一类肉质果实，常分隔成5室，中轴胎座，每室2粒种子。外面肉质可食用的部分主要是来自花托和萼筒，外果皮和中果皮肉质，界线不明显，内果皮坚韧木质或革质，如蔷薇科梨亚科植物梨、苹果、山楂等。

（5）瓠果　瓠果为假果，由3心皮合生具侧膜胎座的下位子房连同花托发育而成的假果。外果皮和花托愈合，形成坚韧的果实外层（外果皮）；中果皮、内果皮及胎座肉质化，成为果实的食用部分。瓠果为葫芦科植物所特有，如葫芦、冬瓜、栝楼、西瓜、罗汉果等（图4－61）。

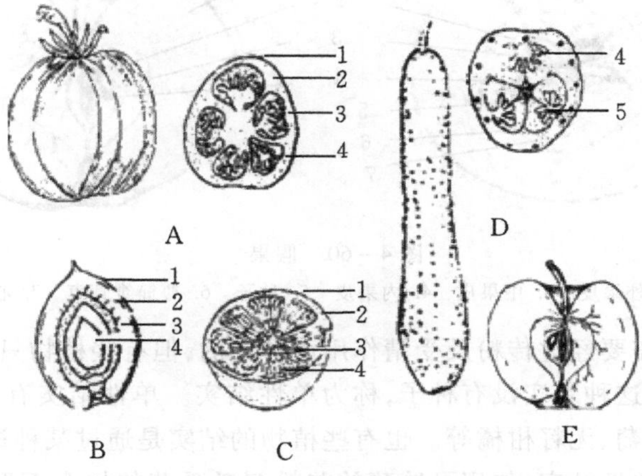


图4－61　单果类：肉果

A. 浆果　B. 核果　C. 柑果　D. 瓠果　E. 梨果　1. 外果皮　2. 中果皮　3. 内果皮　4. 种子　5. 胎座

2. 干果

果实成熟时果皮干燥，又根据干燥果皮是否开裂分为裂果和不裂果两类（图4－62）。

（1）裂果　果实成熟后自行开裂，依据心皮组成及开裂方式不同分为以下四种。

①蓇葖果：由单心皮或离生心皮雌蕊发育而成的果实，成熟后沿腹缝线或背缝线一侧开裂，如淫羊藿、萝藦、徐长卿等。

②荚果：豆科植物所特有。由单心皮发育而成，多数果实成熟时沿背、腹缝线同时开裂成两片，如赤小豆、黄豆、白扁豆、绿豆；但也有的荚果成熟时不开裂，如皂荚、紫荆、刺槐、落花生；有的荚果成熟时，节节断裂，但每节不开裂，内含一种子，如含羞草、山蚂蟥；有的荚果呈螺旋状，并具刺毛，如苜蓿；有的荚果肉质呈念珠状，如槐。

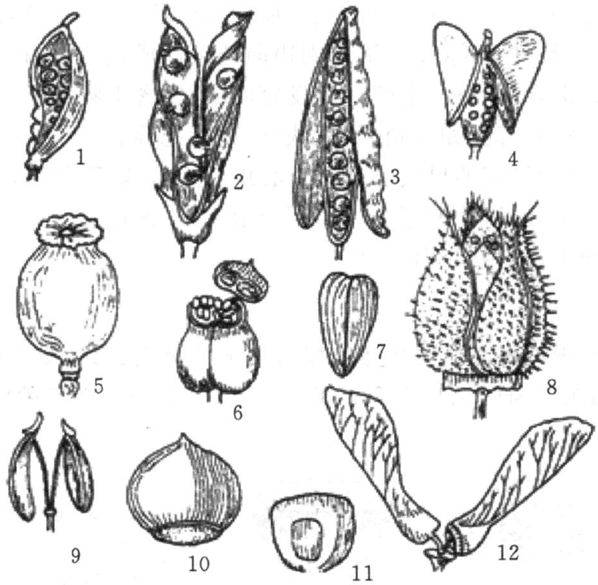


图 4－62 单果类：干果

1. 蓇葖果 2. 荚果 3. 长角果 4. 短角果 5. 蒴果(孔裂) 6. 蒴果(盖裂) 7. 瘦果 8. 蒴果(瓣裂) 9. 双悬果 10. 坚果 11. 颖果 12. 翅果

③角果：十字花科植物特有。由两心皮合生具侧膜胎座的上位子房发育而成。初为一室，后由两心皮边缘合生处生出假隔膜，将子房分隔为两室，种子着生在假隔膜两侧，果实成熟后，果皮沿两侧腹缝线自下而上开裂成两片脱落，假隔膜仍留在果柄上。角果分为长角果和短角果。长角果细长，长度是宽度的几倍，如萝卜、油菜、白菜等；短角果宽短，长宽接近相等，如菘蓝、独行菜、荠菜等。

④蒴果：由两个到多个心皮合生雌蕊发育而成的果实，子房一室或多室，每室含多枚种子，是裂果中最普遍、最多的一类果实，蒴果成熟时开裂方式较多，常见的有以下几种。

a. 纵裂(瓣裂)：果实成熟后果皮纵裂呈数个果瓣，有三种开裂方式：室间开裂(沿腹缝线开裂)，如蓖麻、马兜铃等；室背开裂(沿背缝线开裂)，如鸢尾、百合等；室轴开裂(沿背、腹缝线同时开裂)，如牵牛、曼陀罗等。

b. 盖裂：成熟后果实中部呈环状横裂，上部呈帽状脱落，如马齿苋、车前子、莨菪等。

c. 孔裂：成熟后在果实顶端呈小孔状开裂，如罂粟、虞美人、桔梗等。

d. 齿裂：果实顶部呈齿状开裂，如王不留行、瞿麦等。

(2)不裂果(闭果) 果实成熟后，果皮不开裂或分离成几个部分，但种子仍包埋于果实当中。常分为以下几种。

①瘦果：果皮较薄而坚韧，内含一粒种子，成熟时果皮与种皮容易分离，为闭果中最普遍的一种，如白头翁(1 个心皮)、向日葵(2 个心皮)、何首乌(3 个心皮)等。

②颖果：颖果是禾本科植物特有的果实。由 2～3 个心皮合生而成，果实内含 1 粒种子，果小，果皮薄与种皮愈合，不易分离，农业生产中常把颖果误称为“种子”，如小麦、玉米、薏米等。

③坚果：果皮非常坚硬，内含 1 粒种子，果皮与种皮分离。有的果实外面有花序的总苞发育成的壳斗，附着于基部，如壳斗科植物的果实，板栗、榛子、栎等。也有的果实成熟后，分离成

极小的分果,无壳斗包围称小坚果,如益母草、薄荷、紫草、紫苏、夏枯草等。

④翅果:果实内含1粒种子,果皮一端或周边向外延伸成翅状,如杜仲、榆、槭、白蜡树等。

⑤胞果:亦称囊果,由合生心皮,上位子房发育而成,内含1粒种子,果皮薄而膨胀,疏松地包围着种子,而与种子极易分离,如青葙子、地肤子、鸡冠花等。

⑥双悬果:伞形科植物特有的果实。由2个心皮合生雌蕊,下位子房发育形成的果实。果实成熟时心皮分离成2个分果(小坚果),双双悬挂在心皮柄上端,心皮柄的基部与果梗相连,每个分果内各含1粒种子,如当归、白芷、前胡、小茴香、蛇床子等。

### (二)聚合果

聚合果是由一朵花中许多离生心皮雌蕊发育形成的果实,每个雌蕊形成一个小的单果,聚生于同一花托上(有的花托肉质),根据单果类型不同,可分为如下五种(图4-63)。

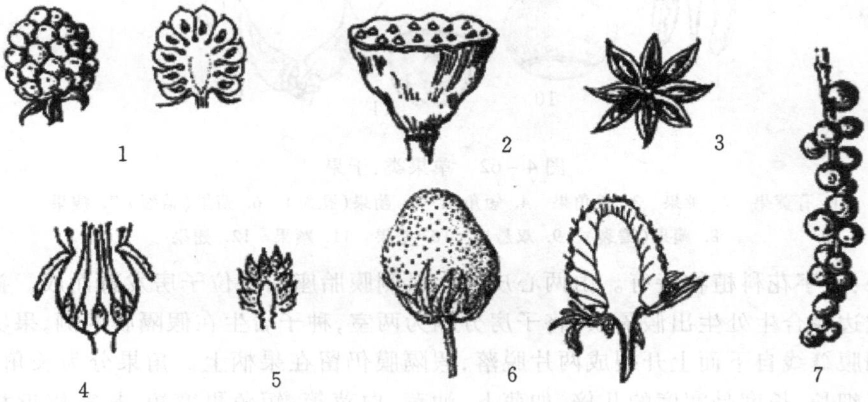


图4-63　聚合果

1. 聚合核果　2. 聚合坚果　3. 聚合蓇葖果　4~6. 聚合瘦果　7. 聚合浆果

#### 1. 聚合核果

许多小核果聚生于突起的花托上,如悬钩子、人参、三七等。

#### 2. 聚合坚果

许多小坚果嵌生于膨大、海绵状倒三角形的花托中,如莲。

#### 3. 聚合蓇葖果

许多蓇葖果聚生在同一花托上,如乌头、厚朴、八角茴香、芍药等。

#### 4. 聚合瘦果

许多瘦果聚生于突起的花托上,如草莓、白头翁、毛茛等。另外,蔷薇、金樱子这类聚合瘦果,为蔷薇科、蔷薇属特有,特称蔷薇果。

#### 5. 聚合浆果

许多浆果聚生在延长或不延长的花托上,如北五味子等。

### (三)聚花果

聚花果又称复果,是由整个花序发育形成的果实。有的是花序上的每一朵花发育成一小果,许多小果聚生在花轴上,类似一个果实。如无花果是由隐头花序形成,其花序轴肉质化并内陷成囊状，囊的内壁上着生许多小瘦果；也有的是花轴上的每朵花发育成小果，成熟时整个果序脱落，如桑葚，其雌花序每朵花的花被肥厚多汁，包被一个瘦果；还有的是整个花序发育成肉质果实，如凤梨（菠萝）是由多数不孕花着生在肥大肉质的花序轴上所形成的果实（图4－64）。

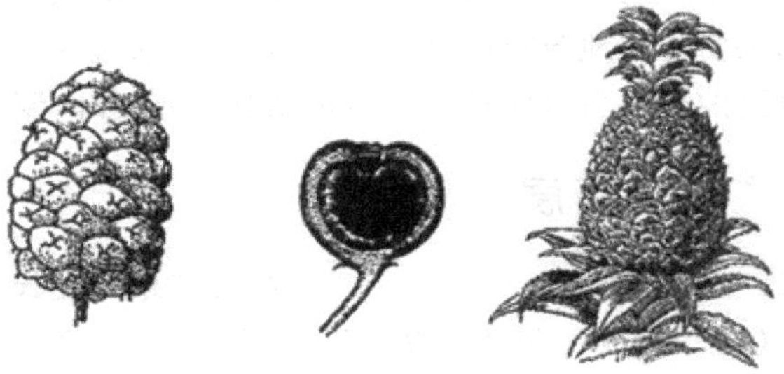


图4－64　聚花果

1. 桑葚果　2. 无花果　3. 菠萝

## 三、果实的结构

果实外为果皮，内包种子。果实的结构，一般是指果皮的结构，将果皮由外及内分为外果皮、中果皮、内果皮三层。果实类型不同，果皮分化程度不同。

### （一）外果皮

外果皮与叶的下表皮相当，是果实的最外层。外果皮通常为一列细胞，由子房外壁及下方的几层细胞形成，外被角质层或蜡被，偶有气孔存在，有的表皮中含有有色物质或色素，如花椒；有的表皮细胞间嵌有油细胞，如北五味子；表皮细胞有的具有毛茸，多数为非腺毛，少数具有腺毛，如山茱萸；也有具有腺鳞的，如蔓荆子。

### （二）中果皮

中果皮与叶肉组织相当，是果皮的中间组织，中果皮是由子房外壁以内的部分发育而来，通常较厚，大多由薄壁细胞组成，所占比例较大，在各类果实中有很大变化，有的肉质化，如桃；有的维管束明显，如橘；有的膜质化，如荚果、角果；有的有石细胞和油细胞，如荜澄茄；细胞中有时含淀粉粒，如五味子；在中部有细小的维管束散在，有的含石细胞、纤维，如马兜铃、连翘；有的含油细胞、油室及油管等，如荜澄茄的中果皮内部有石细胞和油细胞分布，茴香的中果皮内可见油管，橘子的外果皮和中果皮含有油室。

### （三）内果皮

内果皮与叶的上表皮相当，是果皮的最内层组织，是由子房外壁以内的部分发育而来的，通常为一列细胞组成。内果皮大多数膜质化，如荚果、角果；有的由石细胞形成坚硬的核，核果的内皮层（果核）就是由多层石细胞组成的，如杏、桃、梅；有的形成囊状，内有肉质表皮毛囊，如橘子、橙子、柚子等柑橘类果实；也有内果皮细胞全为石细胞，如胡椒；还有的内果皮由5～8个长短不等的扁平细胞镶嵌状排列，此种细胞称“镶嵌细胞”，为伞形科植物果实的共同特征，如小茴香、蛇床子等。

## 四、果实的生理功能

果实的生理功能主要体现为保护种子和对种子传播媒介的适应。有些为肉质可食的肉果，如桃、梨、柑橘等，这些果实被食后，由于种子有种皮或木质的内果皮保护不能被消化而随粪便排出或抛弃各地；还有的果实具有特殊的钩刺突起或有黏液分泌，能挂在或黏附于动物的毛、羽或人的衣服而散布到各地，如苍耳子、鬼针草、蒺藜等；而适应于风力传播种子的果实多质轻细小，常具有毛状、翅状等特殊结构，能随风漂移，如蒲公英、榆、槭等；适应于水力传播种子的果实常质地疏松而有一定浮力，可随水流到各处，如莲蓬、椰子等；还有一些植物的果实可靠自己的机械力量使种子弹出帮助其散布，如酢浆草、喷瓜、凤仙花等。

## 知识拓展

**激素在果实生长中的作用**

(1)生长素　调运养分；促进维管束发育；调节细胞生长，使细胞胞壁伸展，增强果胶酸活性，引起果胶物质合成增多，阻止胞间隙内果胶钙崩解。

(2)赤霉素　促进生长素合成；与生长素共同促进维管发育和调运养分；促进果肉细胞膨大。

(3)细胞分裂素　促进细胞分裂；与生长素、赤霉素协同调运养分进入果实。

(4)脱落酸　抑制细胞的分裂和伸长，促进脱落和休眠。

(5)乙烯　催熟；调运营养和细胞生长。

## 目标检测

1. 名词解释：单果、聚合果、聚花果、真果、假果。
2. 肉质果有哪些类型？各具什么特点？
3. 裂果与不裂果有哪些类型？如何区分？
4. 如何区分荚果和角果？

# 第六节　种　子

## 学习目标

【掌握】种子的组成。

【熟悉】种子的形态。

【了解】种子的类型。

种子是由胚珠受精后发育而成的繁殖器官，是种子植物所特有的。许多种子可供药用，如苦杏仁、桃仁、薏苡仁、菟丝子、马钱子、车前子、牵牛子等。

## 一、种子的形态

种子的胚是新一代植物的雏体，种子在一定的条件下萌发，发育成长为新的植株。种子由种皮、胚和胚乳三部分组成。种子的形状、大小、色泽、表面纹理等随植物种类不同而异。种子常呈圆形、椭圆形、肾形、卵形、圆锥形、多角形等。大小差异悬殊，较大种子如椰子、槟榔、银杏、桃等；较小的种子如菟丝子、葶苈子等；极小的种子如白及、天麻等植物的种子。种子颜色亦各种各样，比如绿豆为绿色，荔枝为红褐色，扁豆为白色，赤小豆为红紫色，薏苡为红棕色，相思子一端为红色、另一端为黑色。有的种子表面平滑，具光泽，如红蓼、北五味子；有的种子表面粗糙，如长春花、天南星；有的种子表面不光滑而具皱褶，如乌头、车前；有的种子表面密生瘤刺状突起，如太子参；有的种子顶端具毛茸，称为种缨，如白前、络石等。

### (一)种皮

种皮由胚珠的珠被发育而成,起保护胚的作用。种皮一般有内、外两层,外种皮(外珠被发育形成)坚韧,内种皮(内珠被发育形成)薄膜状。种皮也有一层的。在种皮上通常可以看到下列结构。

**1. 种脐**

种脐是种子成熟后从种柄(来源于珠柄)或胎座上脱落后留下的疤痕,即种柄和珠柄相脱离的地方,常呈类圆形或椭圆形。

**2. 种孔**

种孔是由胚珠上的珠孔发育形成的,是胚珠的珠孔留下的小孔,是种子萌发时吸收水分和胚根伸出的部位。

**3. 合点**

合点是种皮上维管束汇合之处,来源于胚珠的合点,是珠心和珠被结合的地方。

**4. 种脊**

种脊是珠脊发育形成的,是种脐与合点之间隆起的脊棱线,内含维管束。倒生胚珠发育成的种子种脊明显,呈一条狭长的突起,如杏、蓖麻;弯生胚珠或横生胚珠发育成的种子种脊短;直生胚珠发育成的种子,因种脐和合点位于同一位置,故无种脊。

**5. 种阜**

有些植物外种皮在珠孔处发育形成的海绵状突起物称为种阜,有吸收水分,帮助种子萌发的作用,如蓖麻、远志、扁豆。

此外,有的种子外部可由珠柄或胎座发育形成假种皮。假种皮有肉质化的,如龙眼、荔枝;有膜质化的,如砂仁、肉豆蔻、白豆蔻等。

### (二)胚

胚是由受精后的卵细胞发育而成,包括胚根、胚轴(胚茎)、胚芽和子叶四部分。胚根正对着种孔,将来发育成主根。胚轴向上伸长,成为根与茎的连接部分,可分为上胚轴(子叶着生处至第一片真叶之间的一段)和下胚轴(子叶着生处至胚根之间的一段)两部分。胚芽发育成植株地上的茎和叶。子叶为种子萌发提供养料,通常在真叶长出后枯萎。双子叶植物两枚子叶,如大豆、向日葵、花生等;单子叶植物一枚子叶,如小麦、百合、薤白等;裸子植物二至数枚子叶,如侧柏、银杏、金钱松、三尖杉等。

### (三)胚乳

胚乳是受精后的极核细胞发育形成的,是种子内的营养组织,当种子萌发时供给胚发育所需要的养料。胚乳位于胚的周围,呈白色,含丰富的淀粉、蛋白质、脂肪等。根据贮藏物质的主要成分种子可分为淀粉类种子,如水稻、小麦、玉米和高粱等;脂肪类种子,如花生、油菜、芝麻和油茶等;蛋白质类种子,如大豆等。

## 二、种子的类型

被子植物的种子可分为有胚乳种子和无胚乳种子。

### (一)有胚乳种子

有胚乳种子由种皮、胚和胚乳组成。胚相对较小,子叶很薄,有发达的胚乳,内含丰富的淀粉、蛋白质、脂肪等物质。如双子叶植物蓖麻、茄子、辣椒、烟草、番茄的种子,单子叶植物水稻、小麦、玉米、高粱、洋葱的种子。一般种子在胚和胚乳发育过程中,将胚囊四周的珠心组织吸收之后,使珠心消失。也有少数种子的珠心发育成类似胚乳的组织包围在胚和胚乳外部,称为外胚乳,如槟榔、肉豆蔻、胡椒、姜、甜菜、石竹等(图4-65)。

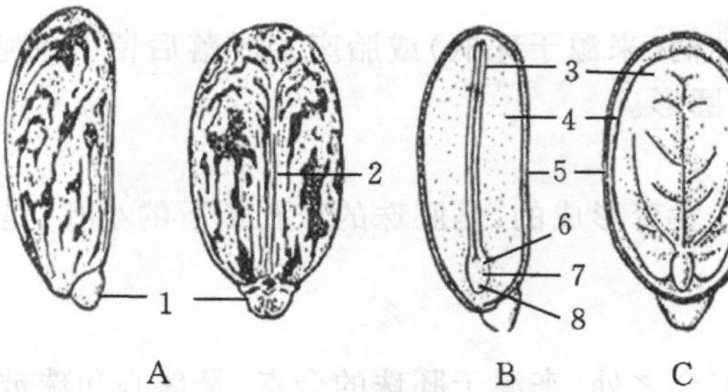

图4-65　有胚乳种子(蓖麻)

A. 种子外观　B. 与子叶垂直的正中纵切　C. 与子叶平行正中纵切

1. 种阜　2. 种脊　3. 子叶　4. 胚乳　5. 种皮　6. 胚芽　7. 胚轴　8. 胚根

(二)无胚乳种子

无胚乳种子由种皮和胚组成。胚的子叶肥厚、发达,贮藏了胚乳转移来的大量营养物质,从而致使胚乳颓废并消失。如双子叶植物菜豆、豌豆、花生、棉花、茶、大豆、杏仁、瓜类及柑橘类的种子;单子叶植物慈姑的种子等。(图4-66)。

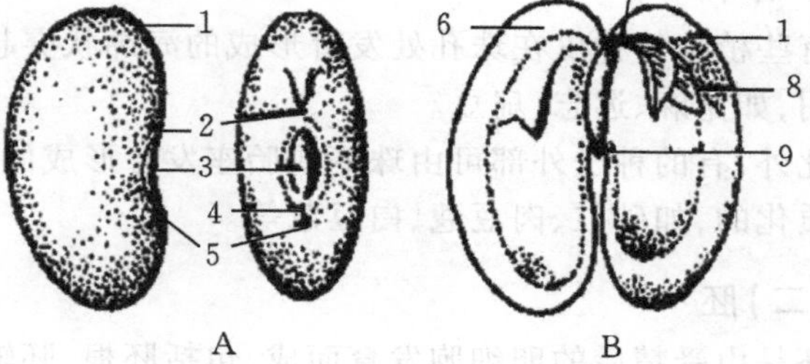

图4-66　无胚乳种子(菜豆)

A. 种子外观　B. 菜豆剖面

1. 种皮　2. 种孔　3. 种脐　4. 种脊　5. 合点

6. 子叶　7. 胚轴　8. 胚芽　9. 胚根

## 三、种子的结构特征

种子的组织结构特征主要在种皮,因为种皮的结构常因植物的种类不同而异。

(一)种皮

1. **表皮层**

表皮层位于种皮最外层,多数种子的种皮表皮由一列薄壁细胞组成。有的表皮细胞充满黏液质,如白芥子、车前子;有的部分或全部分化为非腺毛,如牵牛子、马钱子等;有的表皮细胞中单独或成群地散列着石细胞,如杏仁、桃仁等;也有全部为石细胞的,如五味子、天仙子等。种皮的显微特征在种子类药材鉴别上特别重要。

2. **栅状细胞层**

栅状细胞层在表皮内侧,有栅栏状细胞层,由1列或2~3列狭长细胞组成。

3. **油细胞层**

有的种子表皮层下方,有数列内贮挥发油的细胞组成,有时常与色素细胞相间排列在一起。

4. **色素层**

有的种皮表皮层含色素物质，有的在表皮层下方，具有一至数列内含色素的细胞层。

5. **厚壁细胞层**

有的种子表皮内层几乎全为石细胞组成（如栝楼属植物），或内种皮为石细胞层（如姜科植物的白豆蔻、阳春砂、草果等）。

### （二）胚乳

胚乳由薄壁细胞或厚壁细胞组成。胚乳细胞常含大量的淀粉粒、糊粉粒、油脂等营养物质。

### （三）胚

子叶细胞为类圆形或多面体，常具有细胞间隙，外层表皮细胞具一层极薄的角质层，通常无气孔分布，有的植物在子叶的组织中还含有分泌腔和草酸钙簇晶。

## 知识拓展

**种子的用途**

（1）种植、繁殖后代。

（2）作为粮食，有些种子胚乳很发达，含丰富淀粉，可作为人类主食，如稻、麦、玉米、高粱等。

（3）提炼油，种子的蛋白质、油质含量高，可提炼植物油，如油菜、花生、芝麻、大豆等。

（4）制成饮料，如咖啡与可可粉是种子做成的。

（5）制造油漆及颜料，如亚麻种子。

（6）作为药用，比如薏苡种子（薏苡仁）、银杏种子（白果）、侧柏种子（柏子仁）、桃种子（桃仁）、杏种子（苦杏仁）、郁李种子（郁李仁）等。

## 目标检测

1. 名词解释：有胚乳种子、无胚乳种子。
2. 种皮上有哪些结构？
3. 胚由哪几部分组成？
4. 种皮的内部构造有何特点？
5. 你知道哪些植物的种子可以入药？

# 第五章　植物分类概述

## 学习目标

【掌握】植物分类的等级、命名原则、植物分类相关的基本概念。

【熟悉】被子植物分类检索表的应用、植物分类系统。

【了解】分类检索表的编制。

植物分类学是研究整个植物界不同类群的起源、亲缘关系以及进化发展规律的一门基础学科，是把极其繁杂的各种各样植物进行鉴定、分群归类、命名并按系统排列起来，以便于认识、研究和利用的科学。

## 第一节　植物分类的目的

植物分类学是一门历史较长的学科，在人类识别和利用植物的实践中逐渐发展和完善。早期的植物分类学只是根据植物的用途、习性、生境进行分类。到中世纪还仅根据植物的外部形态差异区分种、属、科及科以上大单位的分类。随着科学的发展，人们对植物种、属、科之间的亲缘关系也逐渐有了较清晰的认识。

药用植物分类学是采用植物分类学的原理和方法，对具有药用价值的植物进行分类鉴定、研究的科学。主要目的就是利用这门学科的科学知识和方法来识别药用植物，准确区分近似种类和科学描述其特征，分清真伪，解决同名异物和同物异名的混乱问题，从而保证临床用药的安全有效。只有掌握植物分类学的知识和方法，才能根据植物的亲缘关系，有目的地深入发掘和扩大中药资源，不断提高中草药的利用价值。

## 第二节　植物分类的等级

植物分类的等级就是植物的分类单位。分类等级的高低通常是依植物之间形态类似性和构造的简繁程度划分的。植物分类的主要等级有界、门、纲、目、科、属、种。种是分类的基本单位，同种植物的个体起源于共同的祖先，有极其近似的形态特征，且能进行自然交配，产生正常的后代，有相对稳定的形态特征，又在不断地发展演化。不同种的个体在形态上具有差异性，不同的遗传特性，一般不能进行杂交，即使杂交，所产生的杂交种后代也多为不孕性，或产生不能正常生育的后代，因此，不同的种具有不同的本质特性。

将具有相近亲缘关系的一些种集合为一属，相近的属又聚为科，以此类推，分别组合为目、纲、门和界。如果在各等级之间，因范围过大，不能完全包括其特征或系统关系，可根据需要在该等级下增设一个亚级，如亚门、亚纲、亚目、亚科、亚属等。

种是分类的基本单位或基本等级，具有一定的自然分布区和一定的生理、形态特征的生物群，种内个体间具有相同的遗传性状并可彼此交配产生后代，种间存在生殖隔离。

随着环境因素和遗传基因的变化，以及分布的地域不同，造成了种内植物个体形态构造上的差异，各居群产生了比较大的变异，为了能准确表达出各个植物的性状，在进行分类时人们又进行一些种下等级的划分。

亚种（缩写为 subsp. 或 ssp.）是一个种内的居群在形态上多少有变异，并具有地理分布、生态或季节上的隔离，这样的居群即是亚种。

变种（缩写为 var.）是一个种内的居群在形态上多少有变异，变异比较稳定，它的分布范围或地区比亚种小，并与种内其他变种有共同的分布区，即变种在地理分布上没有明显的地带性区域。

变型（缩写为 f.）是一个种内有细小变异，但无一定分布区的居群，如毛的有无、花的颜色等，变型是植物最小的分类单位。

品种是人工栽培植物的种内变异居群，通常在形态或经济价值上有差异，如大小、颜色或口感等。如药用菊花的栽培品种有亳菊、滁菊、贡菊、湖菊（杭白菊之一）等。人工栽培形成的品种，当其失去经济价值，就没有了品种的实际意义，它将被淘汰。

现以黄连为例示其分类等级。

界　　植物界 Regnum vegetabile
门　　被子植物门 Angiospermae
纲　　双子叶植物纲 Dicotyledoneae
目　　毛茛目 Ranales
科　　毛茛科 Ranunculaceae
属　　黄连属 *Coptis*
种　　黄连 *chinensis* Franch.

# 第三节　植物的命名

植物种类繁多，由于各国文字、语言和生活习惯的不同，同一种植物在不同的国家、地区、民族往往有不同的名称，因而造成了同物异名、同名异物现象。这些现象给科学研究、开发利用和学术交流带来诸多不便。为了便于交流、识别和利用植物，《国际植物命名法规》规定植物的种名采用统一的科学名称，简称“学名”。

## 一、植物种名的组成

《国际植物命名法规》规定植物学名必须用拉丁文或者其他文字加以拉丁化来书写，植物种的名称采用了瑞典植物学家林奈所提倡使用的“双名法”。规定每种植物的名称由两个拉丁词组成，第一个词为该植物所隶属的属名，第二词是种加词，属名和种加词均为斜体，学名后还须附定名人的姓名或其缩写，且第一个字母必须大写。

1. **属名**

植物的属名是各级各分类群中最重要的名称,既是科级名称构成的基础,也是种加词依附的支柱。如蔷薇属的学名为 *Rosa*,蔷薇科的学名 Rosaceae 是由蔷薇属 *Rosa* 加上科的拉丁词尾 -*aceae* 组合而成;植物玫瑰的学名 *Rosa rugosa* Thunb. 是由属名 *Rosa* 加上种加词 *rugosa* 和命名人 Thunb. 组成。

属名使用拉丁名词的单数主格,首字母必须大写。如人参属 *Panax*、芍药属 *Paeonia*、黄连属 *Coptis*、桔梗属 *Platycodon* 等。

2. **种加词**

植物的种加词用于区别同属不同种,往往具有一定的含义,如 *alba*(白色的)、*lactiflora*(大花的)、*officinalis*(药用的)、*chinensis*(中国的)等。多数为形容词,也有的是名词。种加词的字母全部小写。

形容词作为种加词时,性、数、格应与属名一致,如掌叶大黄 *Rheum palmatum* L.、当归 *Angelica sinensis* (Oliv.) Diels 等。

名词作为种加词时,有同格名词和属格名词两类,同格名词如薄荷 *Mentha haplocalyx* Briq.,种加词为名词,与属名同为单数主格。属格名词如掌叶覆盆子 *Rubus chingii* Hu,种加词是纪念蕨类植物学家秦仁昌的,为属格。

3. **命名人**

在植物学名中,命名者的引证一般只用其姓。如果是同姓者研究同一类植物,则加注名字的缩写词以示区别。引证的命名人的姓名要用拉丁字母拼写,且每个词首字母大写。我国的人名姓氏现统一用汉语拼音拼写。命名人姓氏较长可用缩写,缩写之后加缩略点“.”。共同命名的植物,用连词 et 连接不同作者。如果某植物是由某研究者定名,但未正式发表,后来的特征描述者在发表该名称时,双方名字则用前置词 ex 连接,后来的特征描述者的名字放在后面,如虎杖 *Polygonum cuspidatum* Sieb. et Zucc. 由德国 P. F. von Siebold 和 J. G. Zuccarini 两位植物学家共同命名。延胡索 *Corydalis yanhusuo* W. T. Wang ex Z. Y. Su et C. Y. Wu,该植物名称由我国植物分类学家王文采创建,后苏志云和吴征镒在整理罂粟科紫堇属(Corydalis)植物时,描记了特征并合格发表,所以在 W. T. Wang 之后用 ex 相连。

## 二、植物种下等级名称

植物种下分类群有亚种、变种和变型。

1. **亚种学名命名方法**

一个完整的亚种学名应包括:属名 + 种加词 + 命名人 + 亚种缩写 ssp. + 亚种加词 + 亚种命名人。如紫花地丁:

| | | | | | |
|---|---|---|---|---|---|
| *Viola* | *philippica* | Cav. | ssp. | *munda* | W. Beck. |
| 属名 | 种加词 | 命名人 | 亚种缩写 | 亚种加词 | 亚种命名人 |

2. **变种学名命名方法**

一个完整的变种学名应包括:属名 + 种加词 + 命名人 + 变种缩写 var. + 变种加词 + 变种命名人。如山里红:

| | | | | | |
|---|---|---|---|---|---|
| *Crataegus* | *pinnatifida* | Bge. | var. | *major* | N. E. Br. |
| 属名 | 种加词 | 命名人 | 变种缩写 | 变种加词 | 变种命名人 |

3. **变型学名命名方法**

一个完整的变型学名应包括:属名 + 种加词 + 命名人 + 变型的缩写 f. + 变型加词 + 变型命名人。如重齿毛当归:

| *Angelica* | *pubescens* | Maxin. | f. | *biserrata* | Shan et Yuan |
|---|---|---|---|---|---|
| 属名 | 种加词 | 命名人 | 变种缩写 | 变种加词 | 变种命名人 |

# 第四节　植物界的分类系统

人类识别、命名植物是从利用植物开始的,人们通过观察植物的生活习性、形态和构造对它们进行研究比较,把许多具有共同点的植物种类归并为一个类群,再根据差异分成许多不同的小类,并按照植物结构的复杂程度进行排列,从而形成了植物分类系统。

植物的分类系统有人为分类系统和自然分类系统两类。人为分类系统仅就形态、习性、用途上的不同进行分类,往往用一个或少数几个性状作为分类依据,而不考虑亲缘关系和演化关系。如我国明朝的李时珍(1518—1593)所著的《本草纲目》,就依据植物的外形及用途分为草部、木部、谷菽部、果部、蔬菜部等 5 个部。瑞典的林奈根据雄蕊的有无、数目及着生等情况分为 24 纲,其中 1 ~ 23 纲为显花植物(如一雄蕊纲、二雄蕊纲等)、第 24 纲为隐花植物,这种分类系统称为生殖器官分类系统。上述两个系统,都是人为的分类系统。

自然分类系统或称系统发育分类系统,它力求客观地反映出自然界生物的亲缘关系和演化发展。现代被子植物的自然分类系统常用的有两大体系。一个是以德国植物学家恩格勒(A. Engler)和勃兰特(K. Prantl)为代表的系统,另一个是英国植物学家哈钦松(J. Hutchinson)为代表的系统。本书根据修订的恩格勒系统对植物界的分门及排列顺序展示见表 5 – 1。

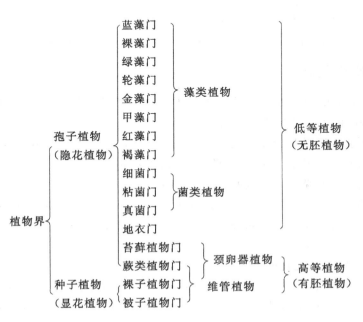

**表 5 – 1　植物界分类表**

| | | | | |
|---|---|---|---|---|
| 植物界 | 孢子植物(隐花植物) | 蓝藻门 | 藻类植物 | 低等植物(无胚植物) |
| | | 裸藻门 | 藻类植物 | 低等植物(无胚植物) |
| | | 绿藻门 | 藻类植物 | 低等植物(无胚植物) |
| | | 轮藻门 | 藻类植物 | 低等植物(无胚植物) |
| | | 金藻门 | 藻类植物 | 低等植物(无胚植物) |
| | | 甲藻门 | 藻类植物 | 低等植物(无胚植物) |
| | | 红藻门 | 藻类植物 | 低等植物(无胚植物) |
| | | 褐藻门 | 藻类植物 | 低等植物(无胚植物) |
| | | 细菌门 | 菌类植物 | 低等植物(无胚植物) |
| | | 粘菌门 | 菌类植物 | 低等植物(无胚植物) |
| | | 真菌门 | 菌类植物 | 低等植物(无胚植物) |
| | | 地衣门 | | 低等植物(无胚植物) |
| | | 苔藓植物门 | 颈卵器植物 | 高等植物(有胚植物) |
| | | 蕨类植物门 | 颈卵器植物;维管植物 | 高等植物(有胚植物) |
| | 种子植物(显花植物) | 裸子植物门 | 维管植物 | 高等植物(有胚植物) |
| | | 被子植物门 | 维管植物 | 高等植物(有胚植物) |

# 第五节　植物分类检索表

植物分类检索表采用二歧归类的方法编制，即根据植物形态特征（以花和果实的特征为主）进行比较，抓住重要的相同点和不同点对比排列而成。

应用检索表鉴定植物时，首先要全面而仔细地观察标本，要清楚地了解花的各部分构造等主要特征，然后用分门、分纲、分目、分科、分属、分种依次顺序进行检索，直到正确鉴定出来为止。

常见的检索表有分门、分科、分属和分种检索表，某些植物种类较多的科，在科以下还有分亚科和分族检索表，如菊科、兰科。

检索表的编排形式有定距式、平行式和连续平行式三种，现以植物分门的分类为例，介绍定距式和平行式两种。

## 一、定距式检索表

将每一对相对立的特征标以相同的符号，间隔一定距离分开排列，依次逐项列出，每低一项向右缩一字。例：

1. 植物体无根、茎、叶的分化，无胚 ………………………………………… 低等植物
　2. 植物体不为藻类和菌类所组成的共生体。
　　3. 植物体内有叶绿素或其他光合色素，自养 ………………………………… 藻类植物
　　3. 植物体内无叶绿素或其他光合色素，异养 ………………………………… 菌类植物
　2. 植物体为藻类和菌类所组成的共生体 ……………………………………… 地衣植物
1. 植物体有根、茎、叶的分化，有胚 ………………………………………… 高等植物
　4. 植物体有茎、叶而无真根 ………………………………………………… 苔藓植物
　4. 植物体有茎、叶也有真根。
　　5. 不产生种子，用孢子繁殖 ……………………………………………… 蕨类植物
　　5. 产生种子，用种子繁殖 ………………………………………………… 种子植物

## 二、平行式检索表

将每一对相对立的特征编以相同的项号，并列在相邻的两行，项号改变但不退格，每一项的后面注明应查阅的下一项号或分类结果。例：

1. 植物体无根、茎、叶的分化，没有胚胎（低等植物） ……………………………… 2.
1. 植物体有根、茎、叶的分化，有胚胎（高等植物） ……………………………… 4.
2. 植物体为藻类和菌类所组成的共生体 ……………………………………… 地衣植物
2. 植物体不为藻类和菌类所组成的共生体 ……………………………………… 3.
3. 植物体内有叶绿素或其他光合色素，为自养生活方式 ………………… 藻类植物
3. 植物体内无叶绿素或其他光合色素，为异养生活方式 ………………… 菌类植物
4. 植物体有茎、叶而无真根 ………………………………………………… 苔藓植物
4. 植物体有茎、叶也有真根 ………………………………………………… 5.
5. 不产生种子，用孢子繁殖 ………………………………………………… 蕨类植物
5. 产生种子，用种子繁殖 …………………………………………………… 种子植物

## 知识拓展

### 植物分类学发展概况

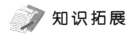

近几十年来,现代科技的运用促进了植物分类学的发展,使单纯的经典分类学(停留在描述阶段)向客观的实验科学发展。

(1)形态分类学　在形态基础上建立的分类系统。

(2)超微结构分类学　利用电子显微镜研究植物的细微结构,为植物分类学提供证据的方法。主要包括孢粉学和各种表皮的微形态学。

(3)实验分类学　利用异地栽培或观察环境因子和植物形态的关系研究物种起源、形成和演化的学科。

(4)细胞分类学　利用染色体资料探讨分类学问题的学科,主要包括染色体的结构特征和数量特征。

(5)化学分类学　利用化学特征来研究植物各类群间的亲缘关系,探讨植物界的演化规律。

(6)数值分类学　利用数量方法评价有机体类群之间的相似性,并根据这些相似性把类群归成更高阶层的分类群的科学。主要方法包括主成分分析、聚类分析和分支分类分析。

(7)分子系统学　利用生物大分子数据,借助统计学方法进行生物体间以及基因间进化关系的系统研究学科。主要方法包括同工酶标记和DNA分子标记。

## 目标检测

1. 名词解释:种、人为分类系统、自然分类系统。
2. 药用植物分类学的研究目的是什么?
3. 植物分类的等级主要有哪些?
4. 什么是双名法、定距式检索表、平行式检索表?
5. 什么是同名异物和同物异名现象? 造成这种现象的原因是什么?

# 第六章　藻类植物

## 学习目标

【掌握】藻类植物主要特征和分门。

【熟悉】常见药用藻类。

【了解】药用藻类研究进展。

## 一、藻类植物概述

藻类是最原始、最古老的一类植物类群，其主要特征：植物体构造简单，没有根、茎、叶的分化；含有光合色素，能够进行光合作用，是一类自养型生物。藻体形状和类型多样，大小差异很大，单细胞的如小球藻、衣藻等，多细胞呈丝状的如水绵、刚毛藻等，多细胞呈叶状的如海带、甘紫菜等，多细胞呈树枝状的如海蒿子、石花菜等。

藻类是一群自养植物，体内含有各种光合色素。不同的藻类体内所含的光合色素种类和比例不同，如藻蓝素、藻红素、藻褐素等，因此，不同种类的藻体呈现不同的颜色。各种藻类通过光合作用制造的养分，以及所贮藏的营养物质是不同的，如蓝藻贮存的是蓝藻淀粉、蛋白质颗粒；绿藻贮存的是淀粉、脂肪；褐藻贮存的是褐藻淀粉、甘露醇；红藻贮存的是红藻淀粉等。

藻类的繁殖方式有营养繁殖、无性生殖和有性生殖等。营养繁殖是细胞分裂或植物体断裂等。无性生殖是在孢子囊内产生孢子，由孢子直接长成一个新个体。有性生殖是在配子囊内产生配子，一般情况下，配子必须结合成为合子，由合子萌发长成新个体，或由合子产生孢子再长成新个体。

藻类植物约有 3 万种，广布于全世界。大多数藻类生活在水中，少数生活于潮湿的土壤、树皮、石头上。藻类对温度适应幅度较宽，有些藻类能在零下数十度的南、北极或终年积雪的高山上生活，也有些蓝藻能在高达 85℃ 的温泉中生活，还有的藻类能与真菌共生，形成共生复合体——地衣。

## 二、常用药用藻类植物

根据藻类细胞所含色素、贮藏物以及植物体的形态构造、繁殖方式、鞭毛的有无、数目及着生位置等方面的差异，一般将藻类分为八个门：蓝藻门、裸藻门、绿藻门、轮藻门、金藻门、甲藻门、红藻门、褐藻门。现将与药用以及在分类系统上关系较大的四个门简述如下。

### （一）蓝藻门

蓝藻门的藻体为单细胞、多细胞群体或丝状体，细胞内无真正的细胞核，在原生质中央有一核质，其中含有 DNA，但核质无核膜包被，因此称为原核细胞。蓝藻细胞无质体，色素分散在原生质中，光合色素主要是叶绿素、胡萝卜素和藻蓝素，还含有藻黄素和藻红素，因此藻体多呈蓝绿色，稀少呈红色。贮藏的营养物质是蓝藻淀粉和蓝藻颗粒体。蓝藻主要进行营养繁殖，少数蓝藻可产生孢子进行无性繁殖。

蓝藻门约有 150 属 1500 种，分布很广，海水、淡水、土壤表层、岩石、树干或温泉中均可生长，还有的与真菌共生形成地衣。

**【药用植物】**

**葛仙米** *Nostoc commune* Vauch. 念珠藻科。藻体黄褐色，块状，由许多球形细胞组成不分枝的丝状体，形如念珠状。丝状体外面有一个共同的胶质鞘，形成片状或团块状的胶质体。在丝状体上有异形胞，异形胞壁厚。在两个异形胞之间，由于丝状体中某些细胞的死亡，将丝状体分成许多小段，每小段形成藻殖段。分布于全国各地，生于潮湿土壤或地下水位较高的草地上。民间习称“地木耳”，可供食用和药用。以藻体入药，有清热、收敛、明目的功效（图 6－1）。

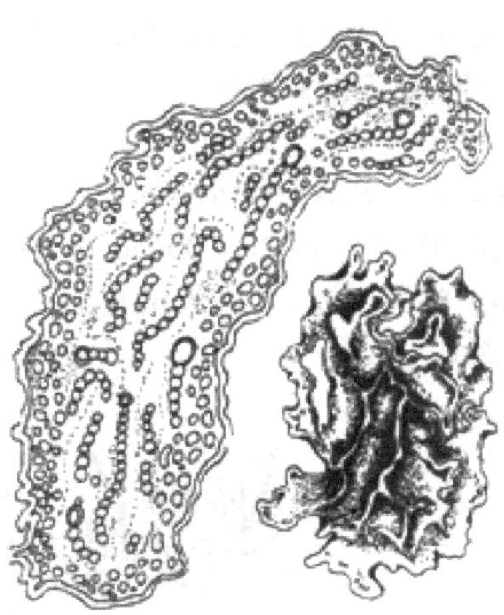

图 6－1 葛仙米

### （二）绿藻门

绿藻门藻体多样，有单细胞体、群体、多细胞丝状体、多细胞叶状体等类型。细胞内具有真核，有核膜、核仁。有叶绿体，形状多样，有的呈杯状，有的为环带状、螺旋带状、星状、网状等，叶绿体中所含的光合色素有叶绿素、胡萝卜素、叶黄素等。贮藏营养物质是淀粉，多贮存于蛋白核的周围。繁殖方式有营养繁殖、无性生殖和有性生殖。

绿藻门是藻类植物中最大的一门，约有 350 属，5000～8000 种。多分布于淡水中，有些分布于陆地阴湿处，有些生于海水中，有的与真菌共生形成地衣。

**【药用植物】**

**石莼** *Ulva lactuca* L. 石莼科。藻体黄绿色，由两层细胞构成的膜状体，边缘波状，基部有多细胞的固着器。无性生殖产生具有 4 条鞭毛的游动孢子；有性生殖产生具有 2 条鞭毛的配子，配子结合成合子，合子直接萌发成新个体。由合子萌发的植物体，只产生孢子，称孢子体。由孢子萌发的植物体，只产生配子，称配子体。两者在形态构造上基本相同，染色体数目不同。分布于我国沿海各地。供食用，称“海白菜”。以藻体入药，有软坚散结、清热祛痰、利水解毒的功效（图 6－2）。

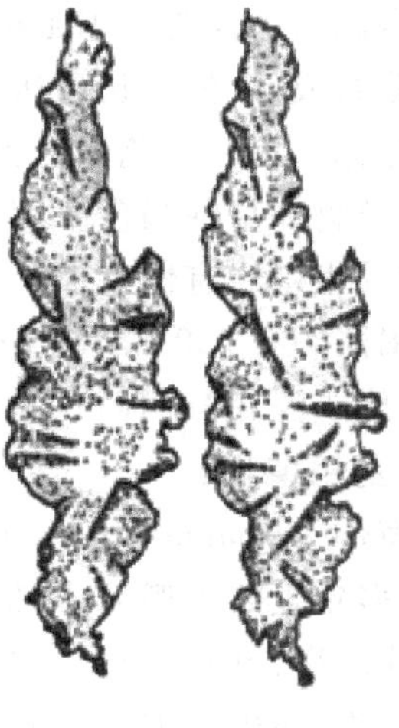

图 6－2 石莼

### （三）红藻门

红藻门藻体绝大多数是多细胞的丝状体、叶状体、树枝状等，少数为单细胞或群体。光合色素有藻红素、叶绿素、叶黄素和藻蓝素等,一般藻红素占优势,故藻体呈紫色或玫瑰红色。贮藏营养物质为红藻淀粉和红藻糖。红藻繁殖有营养繁殖、无性生殖和有性生殖。营养繁殖在单细胞种类以细胞分裂方式进行;无性生殖产生不动孢子;有性生殖是卵式生殖。

红藻约有558属3740余种,绝大多数分布于海水中,固着于岩石等物体上。

【药用植物】

**石花菜** *Gelidium amansii* Lamouroux 石花菜科。藻体紫红色或棕红色,软骨质,扁平直立,丛生,4~5次羽状分枝,小枝对生或互生。分布于我国沿海地区。可供提取琼胶(琼脂),用于医药、食品和制作细菌培养基。石花菜亦可食用。以藻体入药,有清热解毒、缓泻的功效(图6-3)。

**甘紫菜** *Porphyra tenera* Kjellm 红毛菜科。藻体紫红色或微带蓝色,薄叶片状,卵形或不规则圆形,通常高20~30cm,宽10~18cm,基部楔形、圆形或心形,边缘具皱褶。分布于辽东半岛至福建沿海,并可大量栽培。全藻供食用。以藻体入药,有清热利尿、软坚散结、消痰的功效(图6-3)。

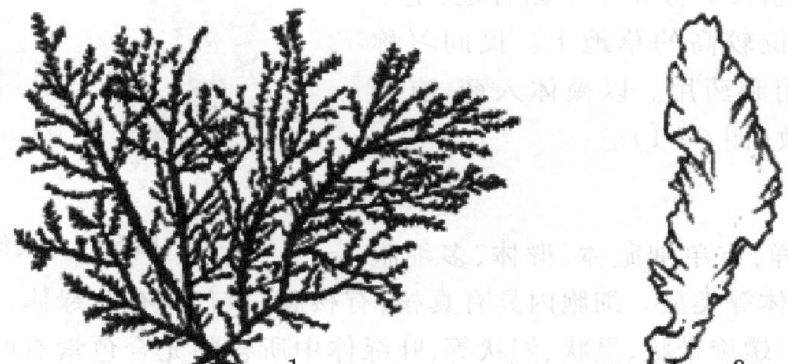

1 2

图6-3 常见药用红藻

1. 石花菜 2. 甘紫菜

(四)褐藻门

褐藻门藻体为多细胞植物体,是藻类植物中最高级的一类。藻体有大小差异,小的仅由几个细胞组成,大的体长可达数十米至数百米。植物体呈丝状、叶状或树枝状,有表皮、皮层和髓部的分化。褐藻载色体内含有叶绿素、胡萝卜素和多种叶黄素。由于胡萝卜素和叶黄素含量大,使植物体呈绿褐色至深褐色。贮藏营养物质为褐藻淀粉、甘露糖等。繁殖方式有营养繁殖、无性生殖和有性生殖。

褐藻约有250属1500种,绝大部分生活在海水中。从潮间带一直分布到低潮线下约30m处,是构成海底"森林"的主要类群。

【药用植物】

**海带** *Laminaria japonica* Aresch. 海带科。藻体橄榄黑色,干后暗褐色,成熟后革质,带状,为多年生的大型褐藻,整个植物体分为三个部分:根状分枝的固着器、基部细长的带柄和叶状带片。海带的孢子体一般长到第二年的夏末秋初,带片两面的一些细胞发展成为棒状的单室孢子囊,囊内的孢子母细胞经过减数分裂和有丝分裂,产生孢子,孢子成熟后散出,附在岩石上萌发成极小的丝状体——雌雄配子体。雄配子体细胞较小,数目较多,多分枝,分枝顶端的细胞发育成精子囊,每囊产生一个游动精子。雌配子体细胞较大,数目较少,不分枝,顶端细胞膨大成为卵囊,每囊产生一卵,留在卵囊顶端。游动精子与卵结合成合子,合子逐渐发育成新的孢子体,几个月内即长成大型的海带。海带的孢子体和配子体是异型的,其世代交替称异型世代交替。分布于辽宁、河北、山东沿海。现人工养殖已扩展到广东沿海。海带除食用外,藻体作昆布入药,有消痰、软坚散结、利水消肿的功效(图 6 – 4)。

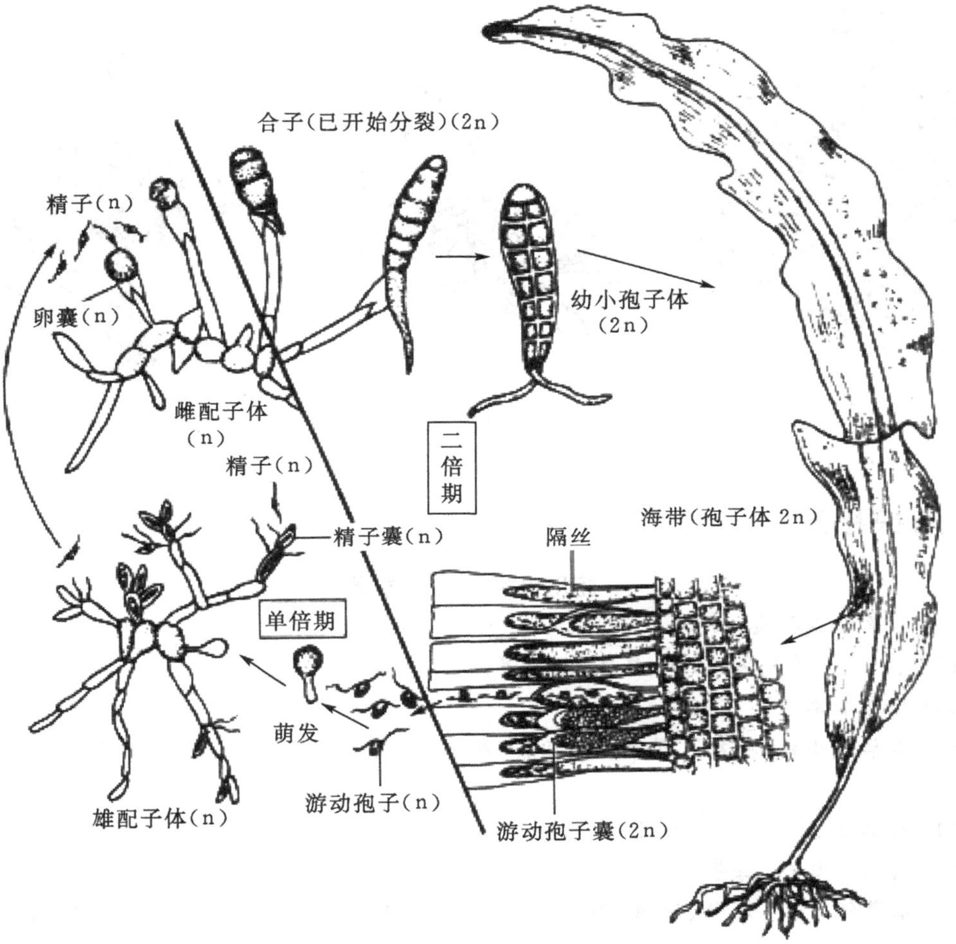


图 6 – 4　海带孢子体全形

**昆布**　*Ecklonia kurome* Okam.　翅藻科。藻体暗褐色,革质。叶状体扁平宽大,两侧一至二回羽状深裂,裂片长舌状,边缘具粗锯齿,柄圆柱形或略扁。固着器由二叉式分枝的假根组成。孢子秋季成熟。分布于浙江、福建沿海地区。药用同海带。

**海蒿子**　*Sargassum pallidum* (Turn.) C. Ag.　马尾藻科。藻体黄褐色,主干直立,圆柱形,羽状分枝,幼枝生有短小刺状突起。初生叶为披针形、倒披针形或倒卵形,生长不久即脱落;次生叶为线形、倒披针形、倒卵形或羽状分裂。气囊生于末枝腋间,纺锤形或球形。雌雄异株。固着器扁盘状或短圆锥状。分布于我国黄海、渤海沿岸。藻体作海藻(大叶海藻)入药,有消痰、软坚散结、利水消肿的功效。

**羊栖菜** *Sargassum fusiforme* (Harv.) Setch. 马尾藻科。藻体黄褐色，主干直立，分枝，圆柱形。叶呈线形、细匙形、卵形或棍棒状。其腋部有球形或纺锤形气囊和圆柱形的生殖托，生殖托内分别形成卵囊和精子囊。雌雄异株。固着器呈圆柱形假根状。分布于我国沿海。藻体亦作海藻（小叶海藻）药用（图6-5）。

图6-5 常见药用褐藻

1. 昆布 2. 海蒿子 3. 羊栖菜

## 知识拓展

### 药用藻类的研究进展

1. 古本草记载种类

(1)《尔雅》 羊栖菜、石莼、昆布、海萝等。

(2)《神农本草经》 海藻。

(3)《本草经集注》《名医别录》 海藻、昆布、纶布（石莼）、干苔（条浒苔）、柔苔（浒苔属）。

(4)《本草拾遗》 水松、海蕴、马尾藻。

(5)《嘉祐本草》 海带。

(6)《本草纲目》 海藻、海蕴、海带、昆布、水松、干苔、石发、柔苔、紫菜、石莼、石花菜、鹿角菜、龙须菜。

(7)《本草纲目拾遗》 麒麟菜、鹧鸪菜。

(8)《植物名实图考》 记载18种，新增凤尾菜。

2. 藻类经济价值

(1)药用 42科54属100余种。

(2)食用 紫菜属、浒苔属、石莼属及海带、裙带菜均是我国人们喜爱的食用藻类。

(3)琼脂原料 石花菜、麒麟菜属（生物培养基和纺织工业上的浆料）。

(4)固氮酶 许多蓝藻、新型的肥源。

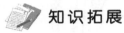

## 目标检测

1. 名词解释：自养、无性生殖、有性生殖、孢子、配子、孢子体、配子体。
2. 藻类植物有哪些特征？
3. 试比较各门藻类植物光合色素、贮藏营养物质的异同。

# 第七章　菌类植物

## 学习目标

【掌握】菌类植物的主要特征和分门。

【熟悉】常见药用真菌。

【了解】药用真菌研究进展。

菌类植物没有根、茎、叶的分化，一般不含叶绿素，也没有质体，营养方式为异养。异养方式多样，凡从动植物体吸收养分的称寄生；从动植物尸体或无生命的有机物中吸取养分的称腐生；从活的有机体吸取养分，同时又为该活体提供有利的生活条件，从而彼此间互相受益、互相依赖的称共生。菌类在分类上常分为三个门：细菌门、黏菌门和真菌门。本章着重介绍与药用关系最为密切的真菌门。

### 一、真菌的特征

真菌有细胞壁、细胞核，没有质体，不含叶绿素，因而不能进行光合作用制造养料，营养方式是异养的。真菌的细胞壁主要由几丁质和纤维素组成。

真菌除少数种类是单细胞外，绝大多数是由纤细、管状的菌丝构成的。菌丝分枝或不分枝，组成一个菌体的全部菌丝称为菌丝体。真菌的菌丝在正常生长时一般是很疏松的，但在环境条件恶劣或繁殖的时候，菌丝相互紧密交织在一起形成各种不同的菌丝组织体。常见的有根状菌索、菌核、子实体和子座等。

高等真菌的菌丝密结成绳索状，外形似根，如引起木材腐烂的担子菌的菌丝纠结成绳索状，称根状菌索，如蜜环菌。在环境恶劣时，它会停止生长。有些真菌的菌丝密集成颜色深、质地坚硬的核状体称为菌核，是度过不良环境的休眠体，在条件适宜时，再萌发为菌丝体或产生子实体，如茯苓、猪苓等。某些高等真菌在生殖时期形成有一定形状和结构、能产生孢子的菌丝组织体称为子实体。子实体的形态多样，如蘑菇的子实体呈伞状，马勃的子实体近球形。容纳子实体的菌丝褥座状结构称为子座。子座是从营养阶段到繁殖阶段的一种过渡形式，如冬虫夏草菌从昆虫蝙蝠蛾的幼虫尸体上长出的棒状物就是子座，子座形成以后，其上产生许多子囊壳即子实体，子囊壳中产生子囊和子囊孢子。

真菌的繁殖方式有营养繁殖、无性生殖和有性生殖三种。营养繁殖有菌丝断裂繁殖、分裂繁殖和芽生孢子繁殖。无性生殖产生各种类型的孢子，如孢囊孢子、分生孢子等，孢囊孢子是在孢子囊内形成的不动孢子，分生孢子是由分生孢子梗的顶端或侧面产生的一种不动孢子。有性生殖方式复杂多样，有同配生殖、异配生殖、接合生殖、卵式生殖。通过有性生殖也产生各种类型的孢子，如子囊孢子、担孢子等。

## 二、常用药用真菌

根据真菌生殖方式的不同，将真菌分为5个亚门，即鞭毛菌亚门、接合菌亚门、子囊菌亚门、担子菌亚门、半知菌亚门。本章只介绍药用较广的子囊菌亚门和担子菌亚门。

### （一）子囊菌亚门

子囊菌亚门是真菌中种类最多的一个亚门，除少数低等子囊菌为单细胞外，绝大多数有发达的菌丝，菌丝具有横隔，并且紧密结合成一定的形状。

子囊菌亚门最主要的特征就是有性生殖产生子囊，内生子囊孢子。绝大多数子囊菌都产生子实体，子囊包于子实体内，具有子囊的子实体称为子囊果。子囊在子囊果中通常排列成为一层，中间往往杂生不产生孢子的菌丝，称隔丝。子囊果内排列的子囊层，称为子实层。子囊果的形态是子囊菌分类的重要依据，常见以下3种类型。①子囊盘：子囊果呈盘状、杯状或碗状，子实层常裸露在外。②子囊壳：子囊果呈瓶状或囊状，先端有一细小开口，常埋于子座中，如冬虫夏草的子囊壳。③闭囊壳，子囊果完全闭合成球形，无开口。

**【药用植物】**

**冬虫夏草** *Cordyceps sinensis* (Berk.) Sacc.　为麦角菌科真菌。冬虫夏草菌寄生于蝙蝠蛾科昆虫幼体上的子座及幼虫尸体的复合体。夏秋季节，冬虫夏草菌的子囊孢子由子囊散出后分裂成小段，侵入寄主幼虫体内，并发育成菌丝体。染菌幼虫钻入土中越冬，菌在虫体内继续发展和蔓延，破坏虫体内部的结构，仅残留外壳，把虫体变成充满菌丝的僵虫，此时虫体内的菌丝变成坚硬的菌核，并以菌核的形式过冬。翌年夏季自幼虫体的头部长出棍棒状的子座，并伸出土层外。子座上端膨大，在表层下面埋有一层子囊壳，壳内生有许多长形的子囊，每个子囊又具有子囊孢子，子囊孢子细长、有多数横隔，它从子囊壳孔口散射出去，又继续侵染新的寄主幼虫。冬虫夏草主产于我国西南、西北，分布在海拔3000m以上的高山草甸上。子座及寄主的复合体作冬虫夏草入药，有补肾益肺、止血化痰的功效（图7－1）。

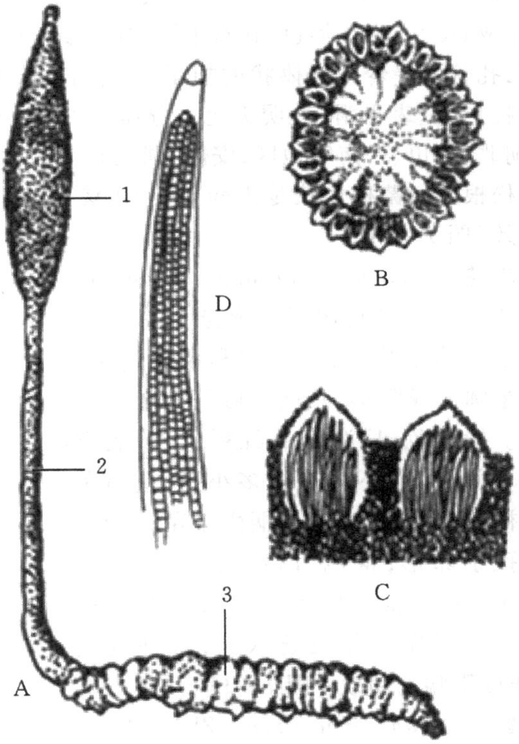


图7－1　冬虫夏草

A. 冬虫夏草全形　B. 子座上部横切面

C. 子囊壳　D. 子囊及子囊孢子

1. 子座上部　2. 子座柄　3. 已死的幼虫

### （二）担子菌亚门

担子菌亚门是一群寄生或腐生的陆生高等真菌，全世界有1100属、22000余种，其中有许多种类可供食用或药用，也有一些是植物的病原菌或有剧毒的真菌。担子菌是由具有横隔并且具有分枝的菌丝组成。在整个发育过程中，产生两种形式不同的菌丝：一种是由担孢子萌发形成具有单核的菌丝，称为初生菌丝；另一种是通过单核菌丝的质配接合（细胞质结合而细胞核不结合），而保持双核状态的菌丝，称为次生菌丝。次生菌丝双核时期相当长，这是担子菌的特点之一。担子菌最大特点是形成担子、担孢子。在形成担子和担孢子的过程中，菌丝顶端细胞壁上生出一个喙状突起向下弯曲，形成一种特殊的结构称锁状联合。在锁状联合的过程中，细胞内二核经过一系列的变化由分裂到融合，形成一个二倍体（2n）的核，此核经二次分裂，其中一次为减数分裂，产生4个单倍体（n）子核。这时顶端细胞膨大成为担子，担子上生出4个小梗，4个小核分别各移入小梗内，发育成4个孢子——担孢子。产生担孢子的结构复杂的菌丝体称担子果，为担子菌的子实体。其形态、大小，颜色各不相同，有伞状、扇状、球状、头状、笔状等。其中最常见的一类是伞菌类，蘑菇、香菇即属此类。

**【药用植物】**

**茯苓** *Poria cocos* (Schw.) Wolf. 多孔菌科。菌核近球形、椭圆形或不规则块状，大小不一；小者如拳，大者可达数千克；表面粗糙，呈瘤状皱缩，灰棕色或黑褐色；内部白色或略带粉红色，由无数菌丝及贮藏物质聚集而成。子实体无柄，平伏于菌核表面，呈蜂窝状，幼时白色，成熟后变为浅褐色，孔管单层，管口多角形或不规则形，孔管内壁着生棍棒状的担子，担孢子长椭圆形到近圆柱形，壁表平滑，透明无色。分布于安徽、浙江、福建、湖北、四川、云南等地区，安徽、湖北有大量栽培。寄生于松根上。菌核作茯苓入药，有利水渗湿、健脾宁心的功效（图7－2）。

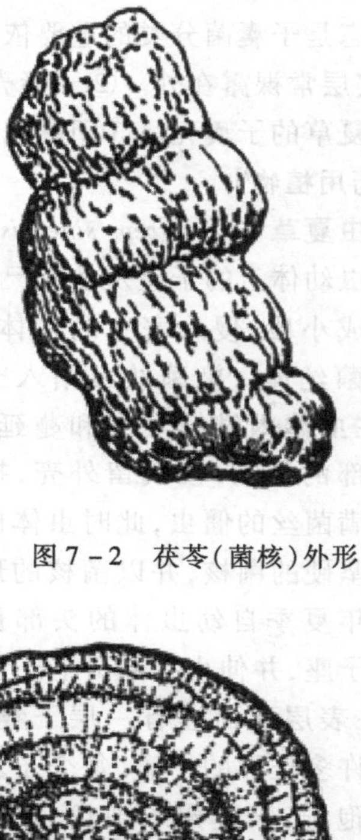

图7－2 茯苓（菌核）外形

**赤芝** *Ganoderma lucidum* (Leyss. ex Fr.) Karst. 多孔菌科。赤芝为腐生真菌。子实体木栓质，由菌盖和菌柄组成。菌盖半圆形或肾形，具同心圆环和辐射状皱纹。初黄色，后渐变成红褐色，外表有漆样光泽，菌盖下面有许多小孔，呈白色或淡褐色，为孔管口。菌柄生于菌盖的侧方。孢子卵形，褐色，内壁有无数小疣。分布于全国大部分地区，生于阔叶树的腐木桩上。子实体作灵芝入药，有补气安神，止咳平喘的功效（图7－3）。

**紫芝** *Ganoderma sinense* Zhao, Xu et Zhang 多孔菌科。菌盖及菌柄黑色，表面光泽如漆。孢子内壁有显著的小疣。分布于浙江、江西、福建、湖南、广东、广西等地区，生于腐木桩上。子实体作灵芝入药。

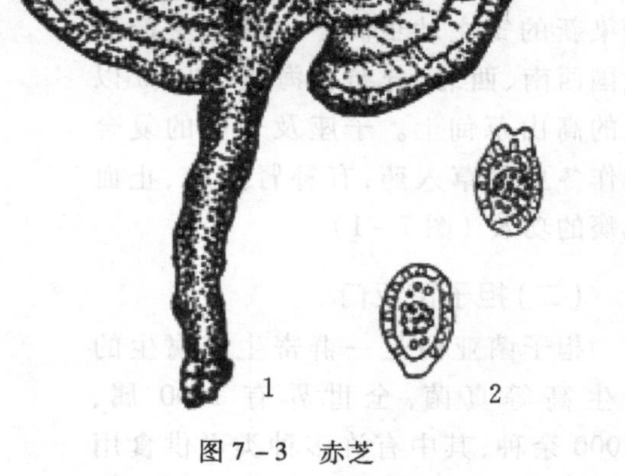


图7－3 赤芝

1. 子实体 2. 孢子

**猪苓** *Polyporus umbellatus* (Pers.) Fries.　多孔菌科。菌核呈不规则的块状或球形,表面凹凸不平,有皱纹及瘤状突起,表面棕黑色至灰黑色,内面白色。子实体由菌核上生长,伸出地面,菌柄基部相连,上部多分枝,形成一丛菌盖。菌盖肉质,伞形或伞状半圆形。生于林中树根或腐木旁。分布于东北、华北及陕西、甘肃、河南、湖北、四川、贵州、云南等地区。菌核入药,有利水渗湿的功效(图7-4)。

图7-4　猪苓

**云芝** *Coriolus versicolor* (L. ex Fr.) Quel.　多孔菌科。子实体革质至半纤维质,侧生无柄,覆瓦状叠生。菌盖半圆形至贝壳形,直径1~8cm,盖面幼时白色,渐变为深色,有密生的细绒毛,长短不等,呈灰、白、褐、蓝、紫、黑等多种颜色,并构成云纹状的同心环纹;盖缘薄,波状,淡色。生于多种阔叶树的木桩、倒木或枯枝上。分布于全国各地。子实体入药,有健脾利湿,止咳平喘,清热解毒的功效(图7-5)。

**雷丸** *Omphalia lapidescens* Schroet.　白蘑科。腐生菌类,菌核为不规则球形,卵形或块状,表面褐色、黑褐色至黑色,具细密皱纹,内部白色至蜡白色,略带黏性。此菌很少形成子实体。生于竹林中竹根上。分布于河南、安徽、浙江、福建、四川、湖南、湖北、广西、陕西、甘肃、云南等地区。以菌核入药,有杀虫,消积的功效(图7-6)。

图7-5　云芝

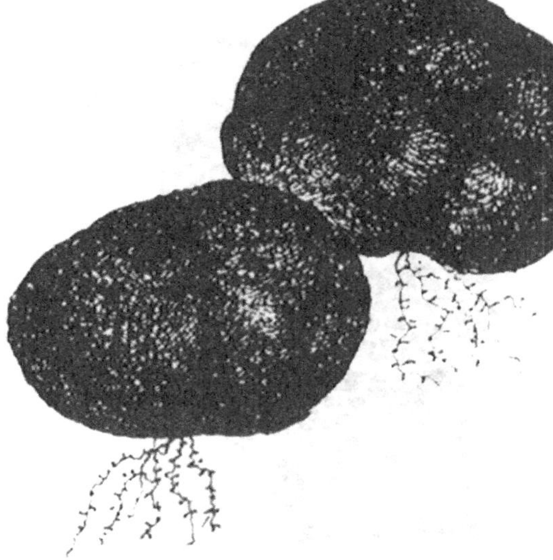

图7-6　雷丸

**脱皮马勃** *Lasiosphaera fenzlii* Reich. 灰包科。子实体近球形，直径 15 ~ 20cm；包被两层，薄而易于消失，外包被成熟后易与内包被分离。外包被乳白色，渐转灰褐色；内包被纸质，浅灰色，成熟后与外包被逐渐剥落，仅余一团孢体，孢体灰褐色至烟褐色。生于腐殖质丰富的草地上。分布于黑龙江、内蒙古、河北、甘肃、新疆、江苏、安徽、江西、湖北、湖南、贵州。子实体作马勃入药，有清肺利咽，止血的功效（图 7 - 7）。

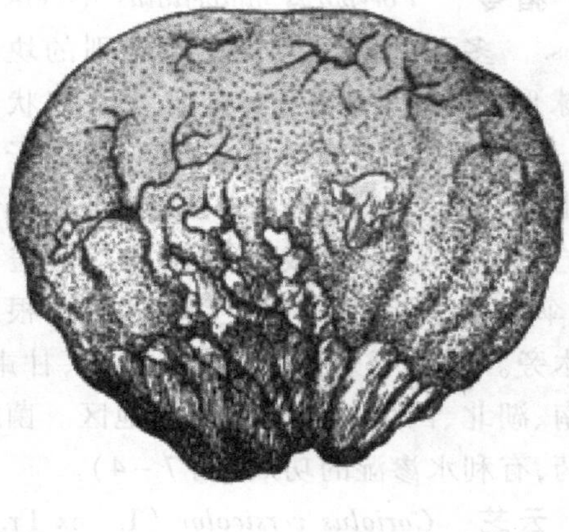

图 7 - 7 脱皮马勃

**香菇** *Lentinus edodes* (Berk.) Sing. 伞菌科。菌盖半肉质，宽 5 ~ 12cm，扁半球形，后渐平展。浅褐色至深褐色，上有淡色鳞片，菌肉厚，白色，味美。菌褶白色，稠密，弯生。柄中生至偏生，白色，内实，常弯曲，菌球以下部分往往覆有鳞片，菌环窄而易消失。生于阔叶树倒木上，多人工栽培。分布于长江以南地区。子实体入药，有健脾开胃，祛风透疹，化痰理气，解毒的功效（图 7 - 8）。

**木耳** *Auricularia auricula* (L. ex Hook.) Underw. 木耳科。子实体胶质。浅圆盘形，耳形或不规则形，宽 2 ~ 12cm，新鲜时软，干后收缩。子实层生里面，光滑或略有皱纹，红褐色或棕褐色，干后变褐色或黑褐色。外面有短毛，青褐色。担子细长，柱形，有 3 个横隔。生于阔叶树的朽木上。分布于全国大多数地区。子实体入药，有补气养血、润肺止咳、止血、降压的功效（图 7 - 9）。

图 7 - 8 香菇

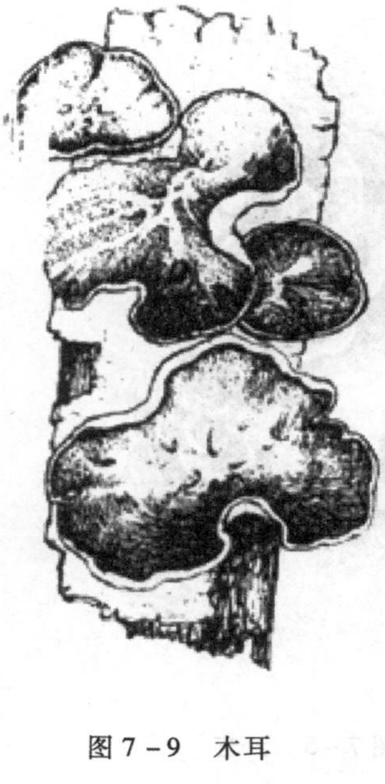

图 7 - 9 木耳

## 知识拓展

### 药用真菌的研究进展

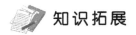

中国以真菌作为药材治疗人类疾病有着悠久的历史。早在2550年前，我们的祖先就会用豆腐上生长的霉治疗疮痈。《神农本草经》中记载的药用真菌有茯苓、灵芝、虫草、木耳等。在《本草拾遗》和《本草纲目》中也都有药用真菌的记载。真菌用作现代药物始于20世纪40年代，1940年青霉素提纯作为抗生素首次用于临床试验，从而开创了用抗生素治疗传染病的先例。1956年第二种真菌抗生素——头孢霉素试制成功。这种抗生素不仅具有青霉素的优点，且不易引起过敏反应。甾族化合物的转化是真菌带给医药界的又一类珍贵新药。近年来发现平菇、草菇、金针菇、蘑菇等均含有抗癌成分，对肿瘤有防治作用。从真菌中寻找抗癌药物已为世界瞩目。猴头菇有抗癌，治胃溃疡和十二指肠溃疡作用。用猴头菌制成的猴菇菌片可用来治疗消化道肿瘤。猪苓用于治疗肺癌，可以减缓症状。银耳多糖、灵芝多糖等均为药用真菌制成的新药。

## 目标检测

1. 名词解释：异养、寄生、腐生、共生、根状菌索、菌核、子实体、子座。
2. 真菌有哪些基本特征？
3. 简述冬虫夏草的形成过程。
4. 指出茯苓、灵芝植物形态特征。

# 第八章　地衣植物门

## 学习目标

【掌握】地衣植物的构造特征。

【了解】常见药用地衣。

地衣是一类特殊的生物有机体，它是由一种真菌和一种藻类高度结合的共生复合体。组成地衣的真菌绝大多数为子囊菌，少数为担子菌。与其共生的藻类是蓝藻和绿藻。蓝藻中常见如念珠藻属，绿藻有共球藻属、橘色藻属等。真菌是地衣体的主导部分。地衣复合体大部分由菌丝交织而成，中间疏松，表层紧密，藻类细胞在复合体的内部，进行光合作用，为整个地衣植物体制造有机养分。菌类则吸收水分和无机盐，为藻类植物进行光合作用提供原料，使植物体保持一定的湿度，不至于干死。

根据地衣的形态，可分为三种类型。

1. **壳状地衣**

植物体为具有各种颜色的壳状物，与树干或石壁紧贴，不易分离，如茶渍衣、文字衣。

2. **叶状地衣**

植物体扁平叶片状，有背腹性，以假根或脐固着在基物上，易分离，如石耳、梅衣。

3. **枝状地衣**

植物体树枝状、丝状，直立或悬垂，仅基部附着在基物上，如石蕊、松萝等。

地衣的耐旱性和耐寒性很强。干旱时休眠，雨后即恢复生长。全世界地衣植物约有 500 属，26000 余种，分布极为广泛，从南北两极到赤道，从高山到平原，从森林到荒漠，都有分布。地衣是喜光植物，要求空气新鲜，在人口稠密、污染严重的地方，往往见不到地衣，因此，地衣是检测环境污染程度的指示植物。

地衣对岩石的分化和土壤的形成具有一定的作用，是自然界的先锋植物之一。地衣含有地衣淀粉、地衣酸及其他多种独特的化学成分，有的可以食用或作为饲料，有的可供药用或作为试剂、香精的原料。

**【药用植物】**

**节松萝**　*Usnca diffracta* Vain.　松萝科。植物体丝状，长 15 ~ 30cm，二叉分枝，基部较粗，分枝少，先端分枝多。表面灰黄绿色，具光泽，有明显的环状裂沟，横断面中央有韧性丝状的中轴，具弹性，由菌丝组成，其外为藻环，常由环状沟纹分离或呈短筒状。菌层产生少数子囊果，子囊果盘状，褐色，子囊棒状，内生 8 个椭圆形子囊孢子。生于深山老林树干上或岩壁上。分布于全国大部分地区。地衣体入药，有止咳平喘，活血通络，清热解毒的功效(图 8 – 1)。

**长松萝**　*Usnca longissima* Ach.　松萝科。全株细长不分枝,体长 20 ~ 100cm,两侧密生细而短的侧枝,形似蜈蚣。分布于全国大部分地区。功用同节松萝(图 8 - 2)。

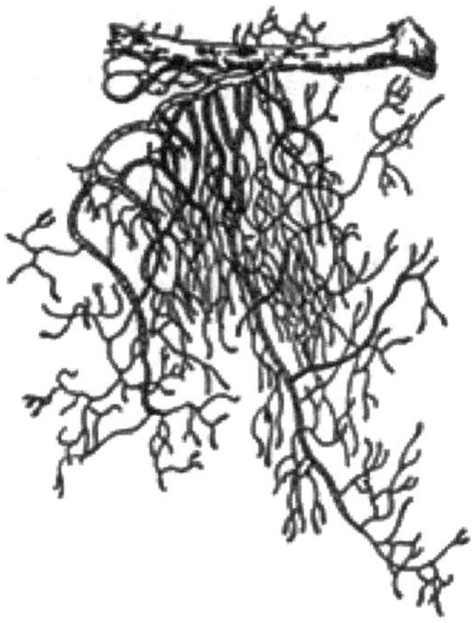

图 8 - 1　节松萝

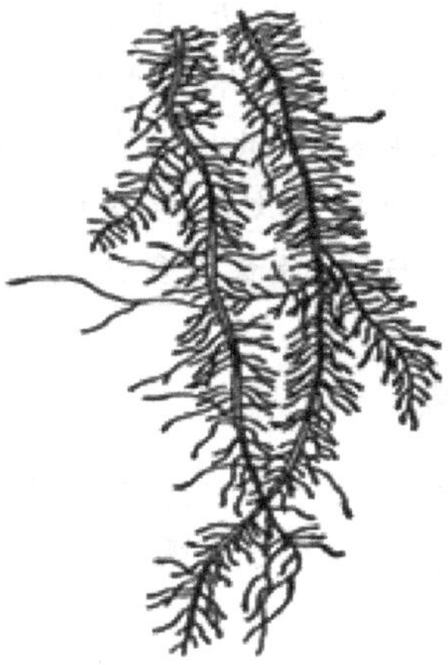

图 8 - 2　长松萝

**石耳**　*Umbilicaria esculenta* (Miyoshi.) Minks.　石耳科。地衣体单片型,幼小时正圆形,长大后为椭圆形或稍不规则,直径 2 ~ 12cm,革质。裂片边缘浅撕裂状,上表面褐色,近光滑,局部粗糙无光泽,或局部斑点状脱落而露生白色髓层;下表面棕黑色至黑色,具细颗粒状突起,密生黑色粗短而具分叉的假根,中央脐部青灰色至黑色,直径 5 ~ 12cm,有时可见自脐部向四周的放射纹理。生于裸露的硅质岩石上。分布于黑龙江、吉林、浙江、安徽、江西、湖北、西藏等地。地衣体入药,有养阴润肺,凉血止血,清热解毒,利尿的功效(图 8 - 3)。

**雪茶(地茶)**　*Thamnolia vermicularis* (Sw.) Ach. ex Schae.　地茶科。地衣体枝状,细弱,高 3 ~ 6cm,白色或灰白色,久置变橘黄色,单一或顶端有二至三叉,先端渐尖,伸直或微弯曲。生于高寒山地。分布于黑龙江、吉林、内蒙古、陕西、新疆、湖北、四川、云南、西藏等地。地衣体入药,有清热生津、平肝降压、醒脑安神的功效(图 8 - 4)。

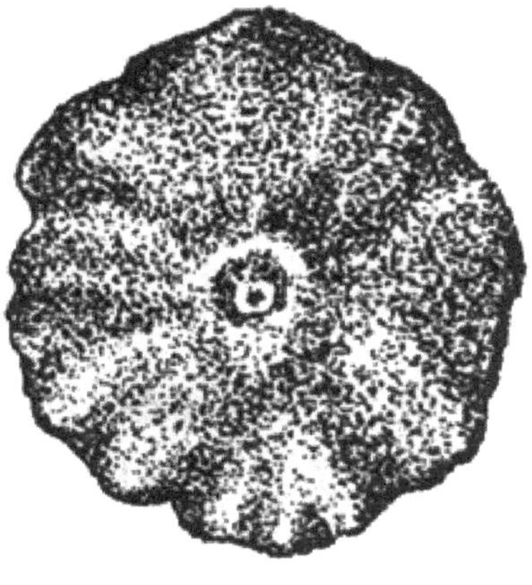

图 8 - 3　石耳

图 8 - 4　雪茶

## 知识拓展

### 地衣的价值

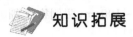

地衣有其特殊的生存能力，生长在阴暗潮湿峭壁和裸石上，利用它特有的地衣酸腐蚀和溶解岩石。地衣死亡之后的遗体经过腐化并和被它分解的岩石颗粒混合在一起，逐渐形成土壤，其他植物就可随之生长，因此地衣在土壤的形成过程中起到很大的作用。

地衣对空气污染非常敏感，在含极少的 $SO_2$ 及 HF 等的空气中，它们也会逐渐死亡。因此，可以从地衣的存在与否、数量的多少，来检测空气污染的程度。

## 目标检测

1. 为什么说地衣是一类特殊的有机体？
2. 地衣类植物按形态分为哪几类？

# 第九章　苔藓植物门

## 学习目标

【熟悉】苔藓植物门主要特征和生活史。

【了解】苔纲与藓纲的区别。

## 第一节　苔藓植物概述

苔藓植物门植物是一类小型多细胞的绿色自养性植物，是高等植物中最原始的陆生类群。苔藓植物有假根、似茎叶的分化和类似输导组织的细胞群，但没有真根、中柱和真正的维管束。

生活史有配子体、孢子体和原丝体三种植物体，形成明显的世代交替。配子体生活周期长，我们习见的苔藓植物即是它们的配子体；孢子体生活周期短；孢子萌发成原丝体，原丝体生长一段时期后，再进一步萌发成配子体。配子体在世代交替中占优势，能独立生活，孢子体占劣势，且寄生在配子体上，是苔藓植物与其他陆生高等植物的最大区别。

苔藓植物的配子体在有性生殖时形成多细胞的生殖器官。雌、雄生殖器官分别称为颈卵器和精子器。雌性器官的颈卵器外形如瓶状，上部细狭为颈部，下部膨大为腹部，腹部中央有一个大型的卵细胞。雄性器官的精子器一般呈棒状、卵状或球状，内具有多数的精子。精子长而卷曲，先端有两根鞭毛。精子借水游到颈卵器内与卵结合，卵细胞受精后形成合子（2n），合子不需经过休眠即开始分裂而形成胚。苔藓植物的胚在颈卵器中进一步发育成孢子体(2n)。孢子体通常由基足、蒴柄和孢蒴三部分组成，上端为孢子囊，成熟时称孢蒴；孢蒴下端的柄为蒴柄；蒴柄最下端为基足。孢子体通过基足吸取配子体的营养，孢蒴中的孢子成熟后散布于体外，在适宜的环境中萌发形成丝状的原丝体。原丝体是一种特殊的植物体，能独立生活。原丝体生长一段时期后，在原丝体上萌发形成配子体。因此，苔藓植物具有明显的世代交替，从孢子萌发形成配子体，到配子体形成雌、雄配子（即卵细胞和精子）的阶段为有性世代；从合子发育成胚，再发育形成孢子体的阶段为无性世代。有性世代和无性世代互相交替完成世代交替（图 9－1）。

胚的形成是植物界系统演化中的一个重要阶段，从苔藓植物始出现胚的构造，至蕨类和种子植物均为有胚植物，又称为高等植物。

苔藓植物脱离了水生环境进入陆地生活，但大多数仍需生活在潮湿的环境中，是从水生到陆生的过渡类型。苔藓植物大多数生于阴湿的土壤，林中的树皮、树枝、朽木上；极少数生活在干燥地区或急流中的岩石上。苔藓植物分布于全世界,热带雨林、亚热带常绿阔叶林、温带落叶林、草原、沼泽、荒漠等均可见苔藓植物。

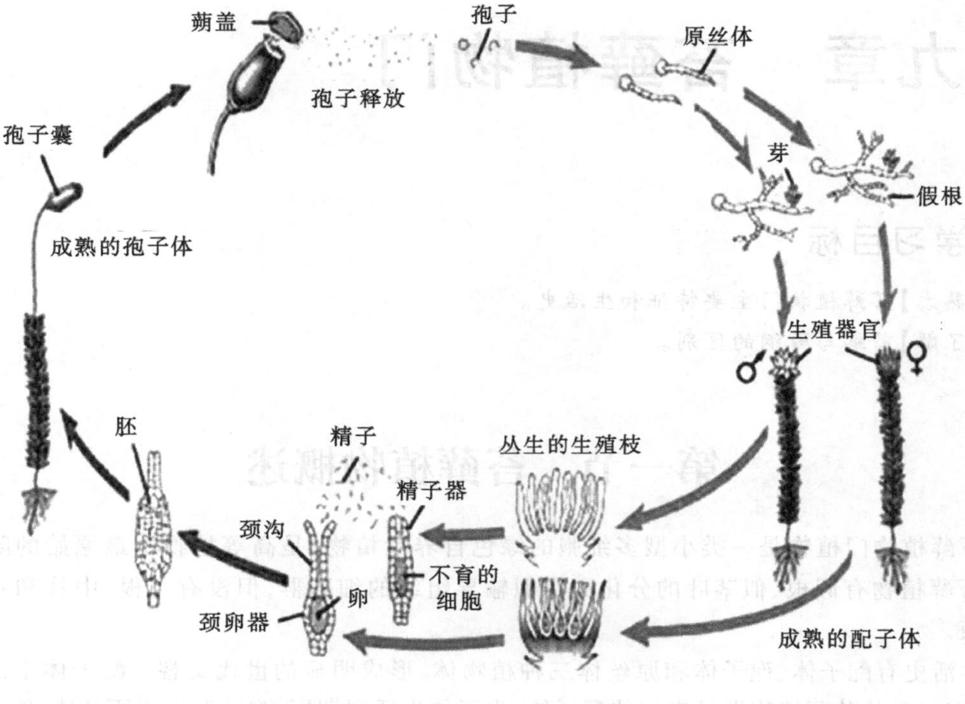


图 9－1　苔藓类植物生活史

苔藓植物含有多种化合物,如脂类、烃类、脂肪酸、萜类、黄酮类等。

## 第二节　常用药用苔藓植物

苔藓植物有 23000 多种,现已知我国约 2800 种,50 多种可供药用。根据植物体形态构造不同,分为苔纲和藓纲。苔纲植物的配子体有背腹之分的叶状体、拟茎叶体等形态;假根由单细胞构成;茎没有中轴分化,常由同形细胞构成;叶多为一层细胞,无中肋;孢子体构造简单,蒴柄柔弱,蒴柄延伸在孢蒴成熟之后,孢蒴内多无蒴轴,每一孢子萌发的原丝体仅产生一个配子体。藓纲植物的配子体为有茎、叶分化的拟茎叶体,多无背腹之分;假根由单列细胞构成,常有分枝;有些种类的茎具有中轴分化,植物体呈辐射对称;孢子体构造比苔类复杂,蒴柄延伸常在孢蒴成熟之前,每一孢子萌发的原丝体常产生多数植株。藓纲植物比苔纲植物耐低温。

**【药用植物】**

**地钱**　*Marchantia polymorpha* L.　苔纲地钱科(Marchantincene)。植物体为绿色扁平、二分叉、有背腹之分的叶状体,在背面可见表皮上有气室和气孔,腹面具紫色鳞片及假根,假根平滑或带花纹。雌雄异株。在雌配子体上产生伞状的雌器托,雌器托边缘 9～11 个指状深裂,在裂片间倒悬着颈卵器。雄配子体上产生盘状的雄器托,7～8 波状浅裂,上面有许多小孔腔,每一小孔腔内生一个精子器,精子器内产生螺旋状具两根鞭毛的精子。叶状体上面前端常生有杯状无性芽孢杯，杯中的芽孢成熟落地，能萌发成新的叶状体，为地钱的无性生殖。生于阴湿土地和岩石上。分布于全国各地。全草入药，有清热解毒、祛瘀生肌的功效，可治黄疸性肝炎（图 9－2）。

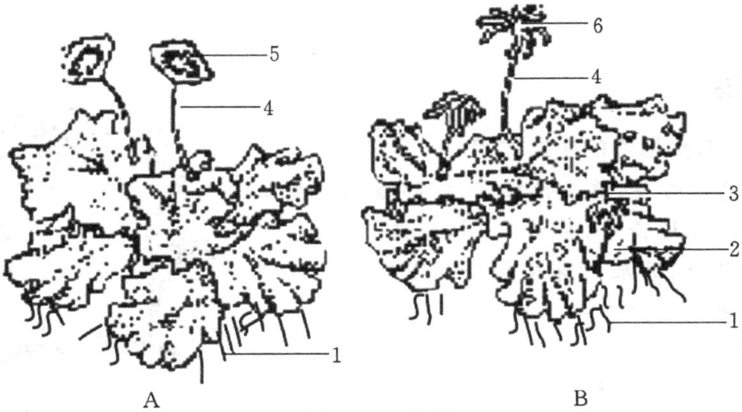


图 9－2　地钱

A. 雄株　B. 雌株

1. 假根　2. 鳞片　3. 孢芽环　4. 托柄　5. 雄器托　6. 雌器托

**蛇苔** *Conocephalum conicum* (L.) Dum.　苔纲蛇苔科（Conocephalaceae）。叶状体宽带状，革质，深绿，略具光泽，花纹像蛇皮。全草作蛇地钱入药，有清热解毒、消肿止痛的功效（图 9－3）。

**大金发藓** *Polytrichum commune* L. ex Hedw.　藓纲金发藓科（Polytrichaceae）。植物体（配子体）常丛集成大片群落。幼时深绿色，老时呈黄褐色。有茎、叶分化；茎直立，下部有多数假根；鳞片状叶丛生于茎上部，中肋突出，叶基部鞘状。雌雄异株。颈卵器和精子器分别生于雌雄配子体茎顶。孢子体生于雌株顶端，蒴柄长；孢蒴四棱柱形，孢蒴帽覆盖全蒴，孢蒴帽上密被红棕色毛（图 9－4）。生于阴湿的山地及平原。全国均有分布。全草作土马骔入药，有清热解毒、凉血止血的功效。

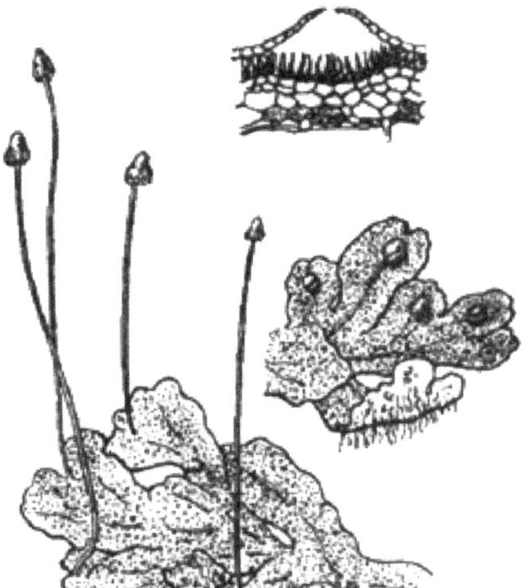

图 9－3　蛇苔

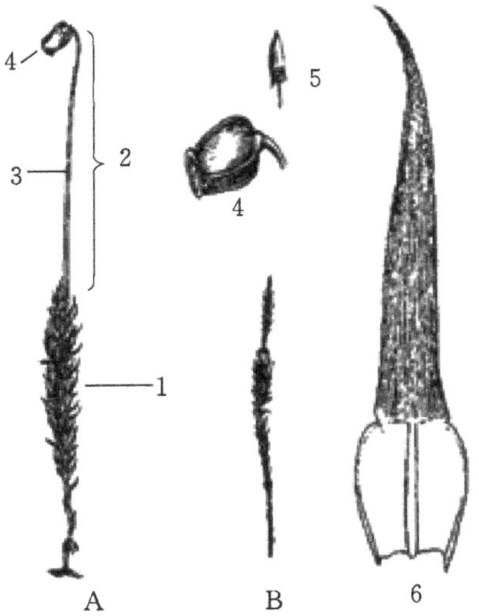


图 9－4　大金发藓

A. 带孢子体的雌株　B. 雄株　1. 雌配子体　2. 孢子体

3. 蒴柄　4. 孢蒴　5. 具蒴帽的孢蒴　6. 叶腹面

**暖地大叶藓** *Rhodobryum giganteum* Par. 藓纲真藓科(Bryaceae)。根状茎横生,暗红色;茎直立;叶丛生茎顶,成莲座状。全草作回心草入药,有养心安神、清肝明目的功效(图 9-5)。

图 9-5 暖地大叶藓

## 知识拓展

### 苔藓植物的生态作用

苔藓植物有许多种类,适应性极强,能够适应多数高等植物不能忍受的环境条件,被称为"拓荒植物"。利用苔藓植物的这一特点,开展特殊生境条件下的生态恢复是近年来苔藓植物研究的热点。采集野生苔藓植物进行人工培养,与真菌、藻类等共生形成一层致密的壳状结构,以阻止沙尘的流动和水土的流失。

## 目标检测

1. 名词解释:颈卵器、精子器、高等植物。
2. 为什么说苔藓植物是高等植物?
3. 苔纲和藓纲有哪些区别?
4. 苔藓植物为什么只能生长在潮湿的地方?

# 第十章　蕨类植物门

## 学习目标

【掌握】海金沙、金毛狗脊、粗茎鳞毛蕨、槲蕨等的鉴别特征。

【熟悉】蕨类植物门主要特征;木贼、紫萁的主要特征。

【了解】蕨类植物门分类及化学成分。

## 第一节　蕨类植物概述

蕨类植物是介于苔藓植物和种子植物之间的一群植物,是具有维管组织的最低等的高等植物。蕨类植物曾在地球上盛极一时,古生代后期,石炭纪和二叠纪为蕨类植物时代,当时的大型种类,今已绝迹,是构成化石植物和煤层的重要组成部分。

现存的蕨类植物约有12000种,广泛分布于世界各地,尤其是热带和亚热带最为丰富。我国蕨类植物有2600多种,主要分布在华南及西南地区,仅云南就有1000多种,我国有“蕨类王国”之称。已知可供药用的蕨类植物有50科,约500种。

### 一、蕨类植物的特征

**1. 蕨类植物的孢子体**

蕨类植物是最高等最复杂的孢子植物。孢子体发达,有根、茎、叶的分化,大多数的蕨类植物为多年生草本,仅少数为一年生。

(1)根　通常为不定根,呈须根状,吸收能力强。

(2)茎　多数为根状茎,匍匐生长或横走,少数种类具有地上茎。茎上通常被有膜质鳞片或毛茸,鳞片上常有粗或细的筛孔,毛茸有单细胞毛、腺毛、节状毛、星状毛等。茎内的维管系统形成各种类型中柱,如原生中柱、管状中柱、网状中柱和散状中柱等,在木质部中主要为管胞和薄壁组织,韧皮部中主要是筛胞及韧皮薄壁组织,一般无形成层。

(3)叶　蕨类植物的叶多从根状茎上长出,有簇生、近生或远生的,幼时大多数呈拳曲状,是原始的性状。

根据叶的起源及形态特征,可分为小型叶和大型叶两种。小型叶没有叶隙和叶柄,仅具一条不分枝的叶脉,如石松科、卷柏科、木贼科等植物的叶。大型叶具叶柄,有或无叶隙,有多分枝的叶脉,是进化类型的叶,如真蕨类植物的叶,有单叶和复叶两类。

根据叶的功能,可分成孢子叶和营养叶两种。孢子叶是指能产生孢子囊和孢子的叶,又称能育叶;营养叶仅能进行光合作用,不能产生孢子囊和孢子,又称不育叶。有些蕨类植物的孢子叶和营养叶不分,既能进行光合作用,制造有机物,又能产生孢子囊和孢子,并且叶的形状也相同,称为同型叶,如常见的贯众、鳞毛蕨、石韦等;另外,在同一植物体上,具有两种不同形状和功能的叶,即营养叶和孢子叶,称为异型叶,如槲蕨、紫萁等。

(4)孢子囊　在小型叶蕨类植物中,孢子囊单生于孢子叶的近轴面叶腋或叶的基部,孢子叶通常集生于枝的顶端形成球状或穗状,称孢子叶球或孢子叶穗,如石松的孢子叶穗和木贼的孢子叶球等。大型叶的蕨类植物,许多孢子囊聚集成不同形状的孢子囊群或孢子囊堆,生于孢子叶的背面或边缘。孢子囊群有圆形、长圆形、肾形、线形等形状,孢子囊群有的裸露,有的具有各种形状的膜质盖,称为囊群盖。孢子囊的细胞壁由单层或多层细胞组成,在细胞壁上有一行不均匀的增厚形成环带。环带的着生位置有多种形式,如顶生环带、横行环带、斜行环带、纵行环带等,这些环带对于孢子的散布有重要作用。

(5)孢子　孢子在大小上是相同的,称为孢子同型;孢子大小不同,即有大孢子和小孢子的区别,称为孢子异型。产生大孢子的囊状结构称大孢子囊,产生小孢子的称小孢子囊,大孢子萌发后形成雌配子体,小孢子萌发后形成雄配子体。无论是同型孢子还是异型孢子,其形状有两种类型,一类是肾形的二面型孢子,另一类是圆形或三角形的四面型孢子。

**2. 蕨类植物的配子体**

蕨类植物的孢子成熟后散落在适宜的环境里萌发出配子体,又称为原叶体。大多数蕨类植物配子体呈各种形状的绿色叶状体,具背腹性,能独立生活。当配子体成熟时大多数在同一配子体的腹面产生精子器和颈卵器。精子器内生具鞭毛的精子,颈卵器内有一个卵细胞,精卵成熟后,精子由精子器逸出,以水为媒介进入颈卵器内与卵结合,受精卵发育成胚,由胚发育成孢子体,幼时胚暂时寄生在配子体上。

**3. 蕨类植物的生活史**

蕨类植物具有明显的世代交替。从单倍体的孢子开始,到配子体上产生精子和卵,这一阶段为配子体世代(有性世代),其染色体数目是单倍的。从受精卵开始,到孢子体上产生的孢子囊中孢子母细胞在减数分裂之前,这一阶段为孢子体世代(无性世代),其染色体数目是双倍的。这两个世代有规律地交替完成其生活史。

蕨类和苔藓植物生活史最大不同有两点,一为孢子体和配子体都能独立生活;二为孢子体发达,配子体弱小,蕨类植物的生活史是孢子体占优势的世代交替。

## 二、蕨类植物的化学成分

蕨类植物的化学成分复杂,研究和应用越来越广,主要包括有生物碱类、酚类化合物、黄酮类、甾体及三萜类化合物和其他成分。

# 第二节　常用药用蕨类植物

通常将蕨类植物门下分为5个纲:松叶蕨纲、石松纲、水韭纲、木贼纲、真蕨纲。1978年我国著名植物学者秦仁昌先生把5个纲提升为5个亚门,即松叶蕨亚门、石松亚门、水韭亚门、楔叶亚门和真蕨亚门,前4个亚门通常被称为拟蕨类植物,真蕨亚门被称为真蕨植物。

1. *石松科*

**【形态特征】**属于石松亚门。陆生或附生草本。根不发达；茎二叉分枝；叶小型，单叶，有中脉，螺旋状或轮状排列；孢子叶穗顶生于茎端。孢子同型。

**【分布】**7 属，60 余种；我国有 5 属，14 种；药用的有 4 属，9 种。

**【药用植物】**

**石松**　*Lycopodium japonicum* Thunb.　多年生草本，匍匐茎蔓生，直立茎高 15～30cm，二叉分枝。叶小，线状披针形，螺旋状排列；孢子叶聚生枝顶，形成孢子叶穗，孢子叶穗长 2～5cm，孢子囊肾形。孢子为三棱状锥形。生于林下阴坡的酸性土壤上。分布于东北、内蒙古、河南及长江流域以南地区。全草作伸筋草入药，有祛风散寒、舒筋活血、利尿通经的功效；孢子可作丸药包衣（图 10－1）。

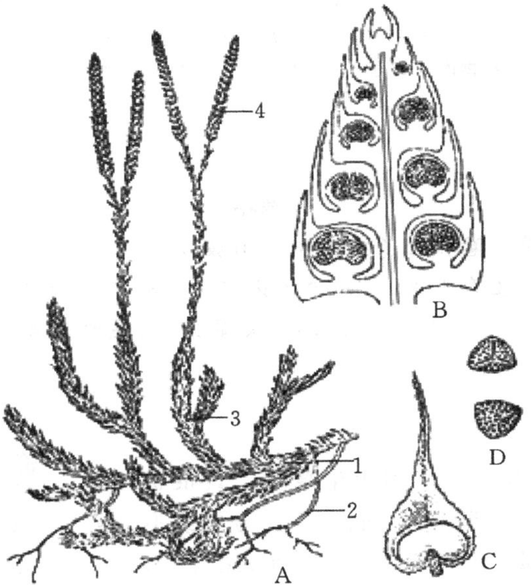


图 10－1　石松

A. 植株　B. 孢子叶（纵切）　C. 孢子叶及孢子囊　D. 孢子

1. 匍匐茎　2. 不定根　3. 直立茎　4. 孢子叶穗

2. *卷柏科*

**【形态特征】**属于石松亚门。小型草本，茎通常背腹扁平。叶小型，有中脉，腹面基部有一叶舌，通常在成熟时脱落；孢子叶穗四棱柱形或扁圆形，生于枝顶，孢子囊单生于叶腋基部。孢子异型，大孢子囊内含大孢子 1～4 枚，小孢子囊内含小孢子多数，均为球状四面形。

**【分布】**1 属，700 余种，分布于全世界；我国约 50 余种，已知药用的 25 种。

**【药用植物】**

**卷柏（还魂草）**　*Selaginella tamariscina*（Beauv.）Spring.　多年生直立草本，上部分枝多而丛生，呈莲座状。干燥时枝叶向内卷缩，遇雨舒展。叶鳞片状，覆瓦状排成 4 列，中央 2 列较小为中叶（腹叶），左右 2 列较大为侧叶（背叶）；孢子叶穗着生枝顶，四棱形，孢子囊圆肾形，孢子异型。生于向阳山坡或岩石上。分布于全国各地。全草入药，生用有活血通经的功效；炒炭用有化瘀止血的功效（图 10－2）。

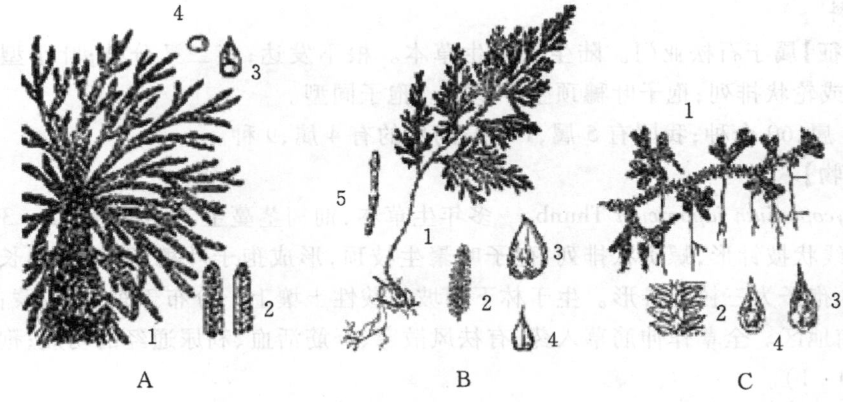


图 10－2　卷柏

A. 卷柏　B. 江南卷柏　C. 中华卷柏

1. 植物体　2. 分枝　3. 侧叶　4. 中叶　5. 主茎的一部分

## 知识拓展

### 卷柏

卷柏又称九死还魂草。卷柏生长在向阳的山坡或岩石缝中，土壤贫瘠、蓄水能力很差，为了能在久旱不雨的情况下生存下来，它被迫练出这身“本领”。干旱时，枝叶卷缩起来，植物体变得焦干，进入了“假死”状态；当得到雨水时，大量吸水，枝叶舒展，又“苏醒”过来，所以被称为“九死还魂草”。

3. 木贼科

**【形态特征】**属于楔叶亚门。多年生草本。具根状茎及地上茎，地上茎直立，节明显，节间常中空，分枝或不分枝，表面粗糙，富含硅质，有多条纵脊。叶小，鳞片状，轮生，基部连合成鞘状，边缘齿状。孢子叶盾形，在小枝顶端排成穗状。

**【分布】**2 属，30 余种，分布于热、温、寒三带。我国有 2 属，10 余种，已知药用的 8 种。

**【药用植物】**

**木贼**　*Hippochaete hiemaie* L.　草本。茎直立，单一不分枝、中空，有纵棱脊 20～30 条，棱脊上有疣状突起，极粗糙。叶鞘基部和鞘齿成黑色两圈；孢子叶穗生于茎顶，长圆形。孢子同型。生于山坡湿地或疏林下。分布于东北、华北、西北、四川等地。全草入药，有疏散风热、明目退翳、止血的功效(图 10－3)。

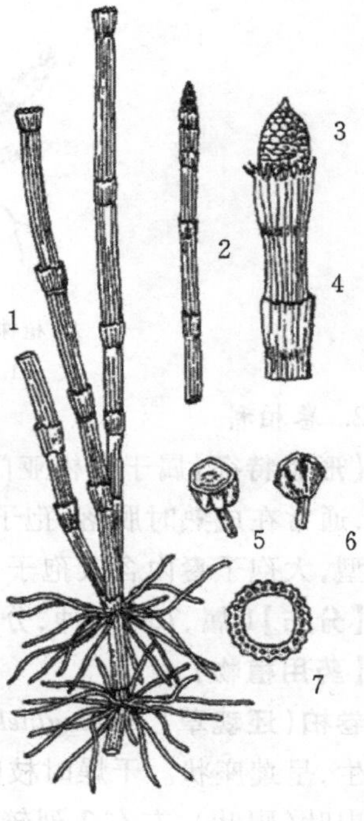


图 10－3　木贼

1. 植物体　2～4. 孢子叶穗　5. 孢子囊正面

6. 孢子囊背面　7. 茎的横切

4. 紫萁科

**【形态特征】**属于真蕨亚门。草本。根状茎粗短直立，无鳞片。幼时叶片被有棕色腺状绒毛，老时脱落，一至二回羽状复叶，叶脉分离，二叉分枝；孢子囊生于极度收缩变形的孢子叶羽片边缘，孢子囊顶端有几个增厚的细胞，常被看作未发育的环带，纵裂。孢子为球状四面形。

【分布】3 属，22 种，分布于温、热带。我国有 1 属，9 种，已知药用的 6 种。

【药用植物】

**紫萁** *Osmunda japonica* Thunb.　多年生草本。根状茎短块状，有残存叶柄，无鳞片。叶丛生，二型，营养叶三角状阔卵形，顶部以下二回羽状，小羽片披针形至三角状披针形，叶脉叉状分离；孢子叶小羽片狭窄，卷缩成线形，沿主脉两侧密生孢子囊，成熟后枯死。生于山坡林下、溪边、山脚酸性土壤中。分布于秦岭以南地区。根状茎及叶柄残基作紫萁贯众入药，有清热解毒、止血杀虫的功效；有小毒(图 10－4)。

图 10－4　紫萁

5. 海金沙科

【形态特征】属于真蕨亚门。陆生缠绕植物。根状茎长而横走，有毛，无鳞片。叶轴细长，缠绕着生，叶近二型，羽片一至二回，不育叶羽片通常生于叶轴下部，能育叶羽片生于上部；孢子囊生于能育叶羽片边缘的小脉顶端，排成两行流苏状；环带顶生。孢子四面形。

【分布】1 属，45 种，分布于热带和亚热带。我国有 1 属，10 种，已知药用的 5 种。

【药用植物】

**海金沙** *Lygodium japonicum* (Thunb.) Sw.　缠绕草质藤本。根状茎横走。叶二型，能育叶羽片卵状三角形，不育叶羽片三角形，二至三回羽状，小羽片 2～3 对；孢子囊穗生于能育叶羽片的边缘，排列成流苏状。孢子表面有疣状突起。多生于山坡林边、灌木丛、草地中。分布于长江流域及南方各省区。孢子入药，有清利湿热、通淋止痛的功效(图 10－5)。

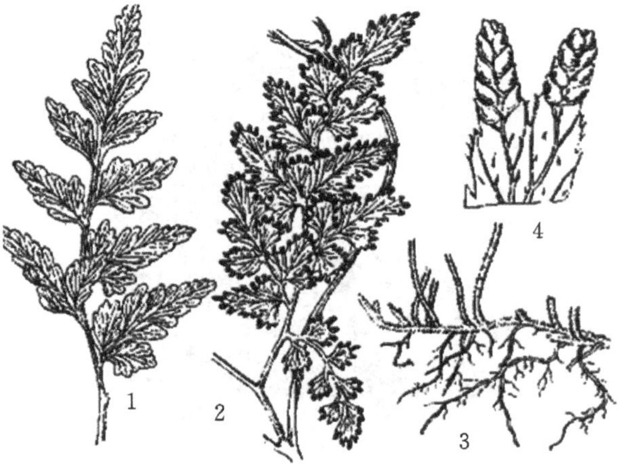


图 10－5　海金沙

1. 小羽片　2. 植物体　3. 根状茎　4. 营养叶一部分

6. 蚌壳蕨科

【形态特征】属于真蕨亚门。大型蕨类。主干粗大，或短而平卧，具复杂的网状中柱，密被金黄色长柔毛，无鳞片。叶片大形，三至四回羽状，革质；孢子囊群生于叶背边缘，囊群盖两瓣开裂，形似蚌壳状，革质；孢子囊梨形，环带稍斜生，有柄。孢子四面形。

【分布】5 属，40 种，分布于热带地区及南半球。我国有 1 属，1 种。

【药用植物】

**金毛狗脊** *Cibotium barometz* (L.) J. Sm. 植株树状，高 2～3m，根状茎粗壮，木质，密生金黄色有光泽的长柔毛，状如金毛狗。叶片三回羽状分裂，末回小羽片狭披针形；孢子囊群生于小脉顶端。生于山脚沟边及林下阴湿处酸性土中。分布于我国南部及西南部。根状茎作狗脊入药，有补肝肾、强腰脊、祛风湿的功效（图 10－6）。

7. 凤尾蕨科

【形态特征】属于真蕨亚门。陆生草本。根状茎直立或横走，外被有鳞片。叶同型或近二型，叶片一至二回羽状分裂，叶脉分离；孢子囊群生于叶背边缘，囊群盖膜质，由变形的叶缘反卷而成，线形，向内开口；孢子囊有长柄。孢子四面形或两面形。

【分布】13 属，约 300 种，分布于全世界。我国有 3 属，100 种，分布于全国各地。已知药用的 1 属，21 种。

【药用植物】

**井栏边草** *Pteris multifida* Poir. 多年生草本。根状茎直立，顶端有钻形黑色鳞片。叶二型，簇生，草质；能育叶羽状分裂，中轴具宽翅，羽片对生或近对生，上部的羽片无柄，下部的羽片有柄；不育叶羽片较宽，边缘均有锯齿；孢子囊群线形，沿能育叶羽片下面边缘着生，孢子囊群盖稍超出叶缘，膜质。分布于我国华东、中南、西南等地。全草作凤尾草入药，有清热利湿、凉血止痢的功效（图 10－7）。

图 10－6 金毛狗脊

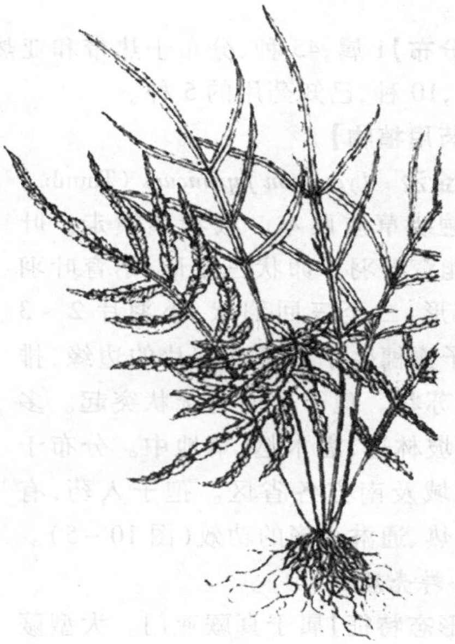

图 10－7 井栏边草

8. 鳞毛蕨科

【形态特征】属于真蕨亚门。陆生草本植物。根状茎直立或短而斜生，稀横走，连同叶柄多被鳞片，具网状中柱。叶一型，叶轴上有纵沟，叶片一至多回羽状；孢子囊群背生或顶生于小脉，囊群盖盾形或圆形，有时无盖。孢子两面形，表面有疣状突起或有翅。

【分布】20 属,1700 余种,主要分布于温带、亚热带地区。我国有 13 属,约 700 种,分布于全国各地。已知药用的 5 属,60 种。

【药用植物】

**粗茎鳞毛蕨**　*Dryopteris crassirhizoma* Nakai　多年生草本。根状茎粗壮,直立,连同叶柄密生棕褐色鳞片。叶簇生,二回羽裂,裂片紧密,叶轴被有黄褐色鳞片;孢子囊群分布于叶片中部以上的羽片下面,囊群盖肾圆形,棕色。生于林下阴湿处。分布于东北及河北等地。根状茎及叶柄残基作绵马贯众入药,有驱虫、止血、清热解毒的功效(图 10－8)。

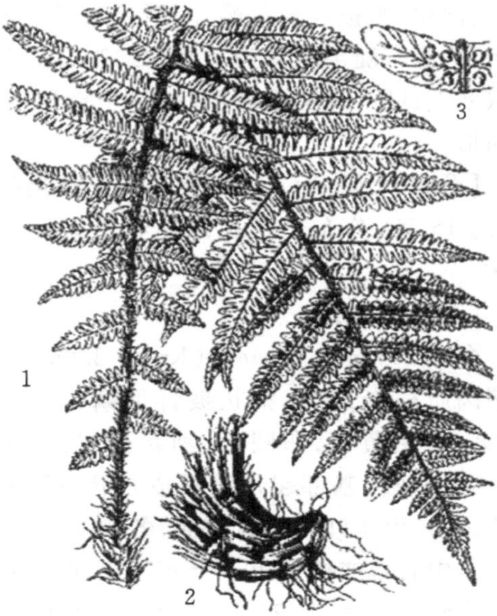


图 10－8　粗茎鳞毛蕨

1. 叶　2. 根状茎　3. 孢子囊群(在叶的一部分)

**贯众**　*Cyrtomium fortunei* J. Sm.　多年生草本。根状茎短,连同叶柄基部密被黑褐色阔卵状披针形鳞片。叶簇生,一回羽状,羽片镰状披针形;孢子囊群圆形,在羽片上散生。生于山坡林下、溪沟边、石缝中以及墙脚边等阴湿处。分布于华北、西北、长江以南各地。根状茎及叶柄残基入药,有清热解毒、止血、杀虫的功效。

**9. 水龙骨科**

【形态特征】属于真蕨亚门。陆生或附生。根状茎横走,被鳞片,具网状中柱。叶同型或二型;叶柄与根状茎有关节相连;单叶全缘或羽状分裂;网状脉;孢子囊群圆形或线形,有时布满叶背,无囊群盖。孢子两面形。

【分布】50 属,600 种,主要分布于热带和亚热带。我国有 27 属,150 种,分布于全国各地。已知药用的 18 属,86 种。

【药用植物】

**石韦**　*Pyrrosia lingua* (Thunb.) Farw.　多年生草本,高 10～30cm。根状茎细长横走,密生褐色披针形鳞片。叶远生,披针形,下面密被灰棕色星状毛;叶柄基部具关节;孢子囊群在侧脉间紧密而整齐地排列,初为星状毛包被,成熟时露出,无囊群盖。生于岩石或树干上。分布于长江以南各地区。全草入药,有清热止血、利尿通淋的功效(图 10－9)。

图 10－9　石韦

作药材石韦入药的还有:**庐山石韦**　*Pyrrosia sheareri* (Bak.) Ching. 和**有柄石韦**　*Pyrrosia petiolosa* (Christ) Ching.,前者分布于长江以南各地区,后者分布于东北、华北、西南、长江中下游地区。

10. 槲蕨科

【形态特征】属于真蕨亚门。陆生植物。根状茎横走，粗壮，肉质，密被棕褐色鳞片，鳞片通常大而狭长，基部盾状着生，边缘有睫毛状锯齿。叶常二型，基部不以关节着生于根状茎上；叶片深羽裂或羽状；孢子囊群不具囊群盖。孢子两面形。

【分布】8 属，近 30 种，分布于亚洲热带地区。我国有 3 属，约 15 种，分布于长江以南各地区。已知药用的 2 属，7 种。

【药用植物】

槲蕨 *Drynaria fortunei* (Kze.) J. Sm.　多年生草本。根状茎肉质横走，密生钻状披针形鳞片。叶二型；营养叶短小，无柄，枯黄色，卵圆形，羽状浅裂；孢子叶绿色，长椭圆形，羽状深裂，基部裂片缩短成耳状；叶柄短，有狭翅；孢子囊群圆形，生于叶背主脉两侧，各成 2～3 行，无囊群盖。附生于林中岩石或树干上。分布于长江以南及西南地区。根状茎作骨碎补入药，有补肾坚骨、活血止痛的功效（图 10－10）。

图 10－10　槲蕨

## 知识拓展

**蕨类植物**

蕨类植物是高等植物中比种子植物较低级的一个类群，旧称"羊齿植物"，志留纪晚期开始出现，在古生代泥盆纪、石炭纪繁盛，多为高大乔木。二叠纪以后至三叠纪时，大都灭绝，大量遗体埋入地下形成煤层。现代生存的大部分为草本，少数为木本，主要生活在热带、亚热带湿热多雨的地区。

## 目标检测

1. 名词解释：孢子叶、营养叶、同型叶、异型叶。
2. 为什么说蕨类植物属于孢子植物和高等植物？
3. 石松、海金沙、紫萁、槲蕨等蕨类植物的入药部位，有何功效？

# 第十一章　裸子植物门

## 学习目标

【掌握】裸子植物的主要特征；裸子植物的分类。

【熟悉】常用药用裸子植物形态特征、药用部位及功效。

## 第一节　裸子植物概述

裸子植物是一类保留着颈卵器的植物，又是能产生种子，并具维管束的植物，是介于蕨类植物和被子植物之间的一类维管植物。裸子植物具胚珠，形成种子，与被子植物特点一致。与被子植物不同的是，胚珠和种子是裸露的，没有心皮包被，不形成子房，因此称为裸子植物。

现今裸子植物广布于全世界，主要在北半球，常组成大面积森林。大多数是林业生产的主要用材树种，也有很多可以入药和食用。苏铁叶和种子、银杏种子和叶、松花粉、松针、松油、麻黄茎和根、侧柏种仁等均可入药。落叶松、云杉等多种树皮、树干可提取鞣质、挥发油、树脂和松香等。银杏、华山松、红松和榧树的种子是可以食用的干果。

裸子植物出现于三亿年前的古生代，最盛时期是两亿年前的中生代，由于地史、气候经过多次重大变化，古老的种类相继绝迹。现存的裸子植物种类已为数不多。裸子植物在植物分类系统中，通常作为一个自然类群，称为裸子植物门。分属于 5 纲，12 科，71 属，近 800 种。我国有 5 纲，11 科，41 属，近 300 种，其中有一些是中国的特产种和第三纪孑遗植物，或称“活化石”植物，如银杏、银杉、水杉、榧树、红豆杉等。已知药用植物有 10 科，25 属，100 余种。

### 一、裸子植物的形态特征

裸子植物体（孢子体）多为乔木、灌木，少为亚灌木（麻黄）或藤本（倪藤）。大多为常绿植物，极少为落叶性（银杏）；茎内维管束环状排列，有形成层和次生生长；木质部大多为管胞，极少有导管（麻黄科、买麻藤科除外），韧皮部中有筛胞而无伴胞。叶针形、条形或鳞片形，极少为扁平的阔叶，无托叶。花单性，同株或异株；无花被或仅具原始的花被，雄蕊（小孢子叶）多数，聚生成雄球花（小孢子叶球）；雌蕊的心皮（大孢子叶）不形成密闭的子房，丛生或聚生成雌球花（大孢子叶球）；胚珠裸生在心皮上，传粉受精后发育成种子，种子裸露于心皮上，成熟后无果皮包被，所以称为裸子植物。这是与被子植物的重要区别点。

裸子植物的生殖器官在生活史的各个阶段与蕨类植物基本上是同源的，但所用的形态术语各不一样（表 11 - 1）。

表 11-1　裸子植物与蕨类植物生殖器官所用的形态术语

| 裸子植物 | 蕨类植物 |
|---|---|
| 雌(雄)球花 | 大(小)孢子叶球 |
| 雄蕊 | 小孢子叶 |
| 花粉囊 | 小孢子囊 |
| 花粉粒(单核期) | 小孢子 |
| 雌蕊(珠鳞或心皮) | 大孢子叶 |
| 珠心 | 大孢子囊 |
| 胚囊(单细胞期) | 大孢子 |

裸子植物门通常分为苏铁纲 Cycadopsida、银杏纲 Ginkgopsida、松柏纲(球果纲)Coniferopsida、红豆杉纲(紫杉纲)Taxopsida 及买麻藤纲(倪藤纲)Gnetopsida 5 纲。

裸子植物门分纲检索表

1. 花无假花被;茎的次生木质部无导管;乔木或灌木。
　2. 叶大型,羽状复叶,聚生于茎顶端,茎不分枝 …………………………………… 苏铁纲
　2. 叶为单叶,不聚生于茎顶端,茎有分枝。
　　3. 叶扇形,有二叉状脉序;花粉萌发时产生两个有纤毛的游动精子 ………… 银杏纲
　　3. 叶针形或鳞片形,无二叉状脉序;花粉萌发时不产生游动精子。
　　　4. 大孢子叶两侧对称,常集成球果状;种子有翅或无 ……………………… 松柏纲
　　　4. 大孢子叶特化为鳞片状的珠托或套被,不形成球果;种子有肉质的假种皮 ……
　　　……………………………………………………………………………… 红豆杉纲
1. 花有假花被;茎的次生木质部有导管;亚灌木或木质藤本 …………………… 买麻藤纲

## 二、裸子植物的化学成分

裸子植物的化学成分类型较多,主要有黄酮类、生物碱类、萜类、树脂及挥发油等。

(1)黄酮类　黄酮类及双黄酮类化合物在裸子植物中普遍存在,双黄酮除少数蕨类植物外很少发现,是裸子植物的特征性成分,也是活性成分。常见的黄酮类有槲皮素、山柰酚、芸香苷、杨梅树皮素等。双黄酮类多分布在银杏科、苏铁科、柏科、杉科,如柏科植物含柏双黄酮,苏铁科、杉科和柏科含扁柏双黄酮、桧黄素,特别是穗花杉双黄酮在裸子植物中分布最普遍。银杏叶中含银杏双黄酮、异银杏双黄酮、去甲银杏双黄酮。银杏叶总黄酮制剂用于治疗冠心病。

(2)生物碱类　生物碱在裸子植物中分布不普遍,主要发现于三尖杉科、红豆杉科、罗汉松科、麻黄科及买麻藤科。三尖杉属植物含多种生物碱,其中酯型生物碱有抗癌活性,如三尖杉酯碱、高三尖杉酯碱,临床上用于治疗白血病。红豆杉科等植物中含有的紫杉醇对卵巢癌、乳腺癌、子宫颈癌等有抑制作用。麻黄属植物多含有麻黄碱类生物碱,如左旋麻黄碱、右旋伪麻黄碱。麻黄碱用于治疗支气管哮喘、鼻黏膜充血引起的鼻塞。伪麻黄碱对平滑肌的解痉作用和麻黄碱相似。

(3)树脂、挥发油、有机酸等　如松香、松节油。金钱松根皮含有土荆甲酸、土荆乙酸、土荆丙酸等有抗真菌作用,用于治疗脚癣、湿疹、神经性皮炎。

# 第二节　常用药用裸子植物

1. **苏铁科**

**【形态特征】**常绿木本植物，茎干粗壮常不分枝，呈棕榈状。叶大，革质，羽状复叶，螺旋状排列于树干上部。雌雄异株。雄球花木质，单生于树干顶端，雄蕊扁平鳞片状或盾形，下面生有无数小孢子囊（花粉囊），小孢子（花粉粒）发育所产生的精子细胞有多数鞭毛。雌蕊叶状或盾状，丛生于枝顶，上部多羽状分裂，密生褐色绒毛，中下部狭窄成柄状，两侧生有 2～10 个胚珠。种子核果状，具三层种皮：外层肉质，中层木质，内层薄纸质。胚乳丰富，子叶 2 枚。

**【分布】**9 属，约 110 余种。我国有 1 属，8 种，分布于华东、西南、华南等地区。药用 1 属，4 种。

**【化学成分】**含有氰苷类、生物碱等成分，有毒。

**【药用植物】**

**苏铁（铁树）**　*Cycas revolute* Thunb. 常绿乔木。树干圆柱形。羽状复叶小叶片 100 对左右，羽状叶集生树干顶呈棕榈状。雌雄异株；雄球花圆柱形，上面生有许多鳞片状雄蕊，常 3～4 枚聚生；雌蕊密被褐色绒毛，顶部羽状分裂，下端两侧各生 1～5 枚近球形的胚珠。种子核果状，成熟时橙红色。分布于我国南方各地区，全国各地常有栽培。种子（苏铁种子）入药，有理气止痛、益肾固精的功效，有小毒；叶（苏铁叶）入药，有收敛止痛、止血止痢的功效；根（苏铁根）入药，有祛风活络、补肾的功效（图 11－1）。

图 11－1　苏铁

1. 小孢子叶　2. 植株　3. 聚生小孢子囊　4. 大孢子囊及种子

## 知识拓展

**铁树开花**

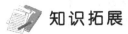

“千年铁树开了花”人们往往用这句话形容事物的稀罕难逢。铁树适于生活在温暖湿润的环境，不耐严寒，在我国绝大部分比较寒冷，对苏铁的正常生长发育带来了不利的影响，铁树开花较为少见。而在我国南方十年生以上的苏铁，只要气候适宜，管理得当，几乎会年年开花，并正常结实。

2. **银杏科**

**【形态特征】**落叶乔木，树干高大。枝有长枝和短枝之分。叶在长枝上螺旋状散生，在短枝上簇生，叶片扇形，顶端常有二浅裂，叶脉二叉状分枝。雌雄异株。雄球花葇荑花序状，雄蕊多数，螺旋状着生；雌球花有长柄，柄端二叉，生 2 个杯状心皮，每心皮上裸生 1 个胚珠，常只有 1 个发育。种子核果状；外层肉质，成熟时橙黄色；中层骨质，白色；内层膜质，淡红色。子叶 2 枚，胚乳丰富。

**【分布】**仅有 1 属，1 种。为我国特产，现普遍栽培，主产于辽宁、山东、河南、江苏、四川等地。

**【化学成分】**含有黄酮、苦味质、银杏内酯、酸性化合物等成分。

**【药用植物】**

**银杏（白果树、公孙树）** *Ginkgo biloba* L. 形态特征与科相同。去肉质外种皮的种子（白果）能敛肺，定喘，止带，止尿；亦可食用。外种皮有毒。叶（银杏叶）入药，有敛肺、平喘、止痛的功效。叶中含多种黄酮及双黄酮，有扩张动脉血管作用，用于治疗冠心病、脉管炎、高血压等（图 11－2）。

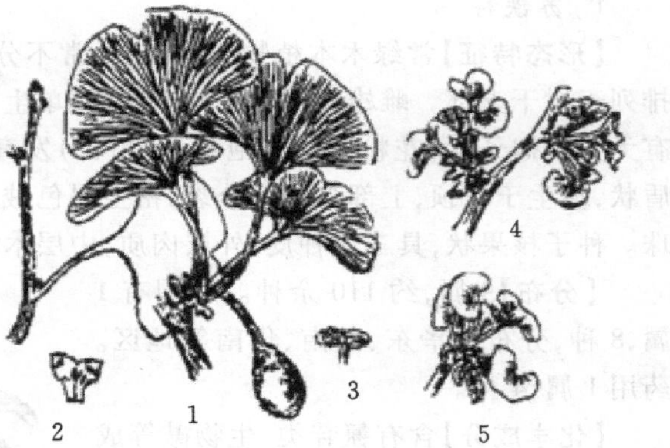


图 11－2 银杏

1. 果枝 2. 雌球花 3. 雄球花 4. 雌球花枝 5. 雄株分枝

## 知识拓展

### 活化石银杏

银杏最早出现于 3.45 亿年前的石炭纪，曾广泛分布于北半球的欧、亚、美洲，与动物界的恐龙一样称王称霸于世，至 50 万年前，发生了第四纪冰川运动，地球突然变冷，绝大多数银杏类植物濒于绝种，唯有我国自然条件优越，才奇迹般地保存下来。所以，科学家称它为“活化石”“植物界的熊猫”。目前，国外的银杏都是直接或间接从我国传入的。我国是银杏的故乡，是世界银杏的分布中心。银杏叶形常被作为中国植物的标志图案。

3. 松科

**【形态特征】**常绿乔木，少灌木，稀落叶性，多含树脂。叶针形或条形，在长枝上螺旋散生，在短枝上簇生。花单性同株。雄球花穗状，雄蕊多数，花粉粒外壁两侧有突出成气囊的翼；雌球花球状，有多数螺旋状排列的珠鳞（心皮），每珠鳞腹面具 2 个胚珠，在珠鳞背面有一苞片称苞鳞，珠鳞与苞鳞分离，花后珠鳞增大成为种鳞，多数种鳞聚生成木质状球果（松球果），熟时张开，种子多具单翅。子叶 2～15 枚。

**【分布】**10 属，约 230 种。我国有 10 属，113 种，分布于全国各地。药用 8 属，48 种。

**【化学成分】**含有树脂、挥发油等芳香性成分。

**【药用植物】**

**马尾松** *Pinus masoniana* Lamb. 常绿乔木。针叶细长而柔软，两针一束，稀 3 针，细软。球果卵圆形，成熟后栗褐色；种鳞的鳞盾平或微隆起；鳞脐微凹，无刺（种鳞顶端加厚膨大呈盾状部分为鳞盾，鳞盾的中心凸出部分为鳞脐）。每种鳞具 2 粒种子，种子具单翅。生于阳光充足的丘陵山地酸性土壤。分布于我国淮河和汉水流域以南各地，西至四川、贵州和云南。分枝节或瘤状节（松节）入药，有祛风除湿、活络止痛功效；树皮（松树皮）入药，有收敛生肌功效；叶

（松针）入药，有祛风活血、明目安神、解毒止痒功效；花粉（松花粉）入药，有燥湿收敛、止血功效；树干的树脂除去挥发油的遗留物（松香）入药，有燥湿祛风、生肌止痛功效（图 11－3）。

**油松**　*P. tabulaeformis* Carr.　与上种主要区别为针叶粗硬。球果熟后淡黄色；种鳞的鳞脐凸起，有短刺。为我国特有树种。生于干燥的山坡上。分布于东北、华北、西北等地。富含树脂。药用功效与马尾松相似。

**金钱松（金松）**　*Pseudolarix kaempferi* Gord.　落叶乔木。叶条形扁平，柔软，在短枝上簇生，轮状平展，其状如铜钱，秋后叶呈金黄色，故有"金钱松"之称。雌球花单生于短枝顶端，雄球花簇生于短枝顶端；球果当年成熟。生于温暖、土层深厚的酸性土。分布于长江中下游各地温暖地带。根皮及近根树皮（土荆皮）入药，有杀虫、止痒的功效。

图 11－3　马尾松

1. 雄球花　2. 球果枝　3. 种子　4. 种鳞腹面　5. 种鳞背面

**4. 柏科**

**【形态特征】**常绿乔木或灌木。叶交互对生或轮生，鳞片形或针形，有时在同一树上具二型叶。雌雄同株或异株；雄球花顶生，每雄蕊具 2～6 个花药；雌球花由 3～16 枚交互对生或 3～4 枚轮生的珠鳞组成，珠鳞与下面的苞鳞合生，每珠鳞有一至数个胚珠。球果木质开裂或肉质合生。种子具翅或无。子叶 2 枚。

**【分布】**22 属，约 150 种。我国有 8 属，近 30 种，分布于全国。药用 6 属，20 种。

**【化学成分】**多含有挥发油，黄酮类化合物及蜡质等。

**【药用植物】**

**侧柏（扁柏）**　*Platycladus orientalis* (L.) Franco.　常绿乔木。具叶的小枝扁平，排成一平面，直展。叶鳞片状，交互对生，贴于小枝上。球果卵圆形，幼时肉质，蓝绿色，被白粉，熟时木质，红褐色，顶端开裂。种鳞 4 对，扁平，仅中间 2 对各生 1～2 枚种子，种子无翅。为我国特有树种。分布几遍全国，各地常有栽培。具叶小枝（侧柏叶）入药，有凉血、止血功效；种仁（柏子仁）入药，有养心、安神、润肠功效（图 11－4）。

图 11－4　侧柏

1. 着花枝　2. 着果枝　3. 小枝节　4. 雄球花　5. 雄蕊内面及外面　6. 雌球花　7. 雌蕊内面　8. 球果　9. 种子

5. 红豆杉科(紫杉科)

【形态特征】常绿乔木或灌木。叶螺旋状排列或交互对生,基部常扭转排成2列,披针形或条形,上面中脉明显,下面沿中脉两侧各具1条气孔带。球花单性异株,稀同株;雄球花单生叶腋或苞腋,或组成穗状花序集生枝顶,雄蕊多枚,各具3~9个花药,花粉粒球形,无气囊;雌球花单生或成对着生于叶腋或苞腋,基部具盘状或漏斗状珠托。种子浆果状或核果状,全部或部分包被于肉质的假种皮中。子叶2枚。

【分布】5属,23种。我国有4属,12种,分布于西北部、西南部、中部及东部。药用3属,10种。

【化学成分】多含有紫杉醇、金松双黄酮、紫杉宁、紫杉素等,另外还含甾醇、草酸、挥发油、鞣质等。

【药用植物】

**红豆杉** *Taxus chinensis* (Pilger) Rehd. 常绿乔木。叶条形排成不规则2列,叶微呈镰状,基部两侧微歪斜,叶背有两条气孔带。雌雄异株,雄球花单生于叶腋;雌球花的胚珠单生于花轴上部侧生短轴的顶端。种子扁卵圆形,围有杯状假种皮,假种皮成熟时肉质,鲜红色。生于湿润、疏松、肥沃、排水良好的地方。分布于陕西、福建、浙江、安徽、江西、湖南、湖北、广东、广西、四川、贵州、云南等地。枝、叶入药,有利尿、通经的功效;茎皮、根皮、枝叶含紫杉醇具抗癌作用,亦可治疗糖尿病(图11-5)。

图11-5 红豆杉

1. 枝条 2. 叶 3. 种子及假种皮 4. 种子 5. 种子基部

**榧树** *Torreya grandis* Fort. 常绿乔木。小枝近对生或轮生。叶螺旋状着生,扭曲成2列、坚硬,先端有突尖,上面深绿色,无明显中脉,下面有2条气孔带。雌雄异株;雄球花圆柱形,单生叶腋,雄蕊多数,各有4个药室;雌球花2个,成对生于叶腋。种子椭圆形,熟时由珠托发育成的假种皮包被,淡紫褐色,有白粉。为我国特有树种,分布于江苏、浙江、安徽、江西、湖南等地区。种子(香榧子)入药,有杀虫、消积、润燥的功效。

6. 麻黄科

【形态特征】小灌木或亚灌木。小枝对生或轮生,节明显,节间有细纵槽。叶小,鳞片形,基部鞘状。雌雄异株,稀同株;雄球花由数对苞片组成,每苞中有雄花1朵,每花有雄蕊2~8枚,每雄蕊具2花药,花丝合成一束,雄花外有膜质假花被;雌球花由多数苞片组成,仅顶端1~3枚苞片生有雌花,雌花由顶端开口的囊状假花被包围。胚珠1个,具一层珠被,上部延长成珠被(孔)管,由假花被开口处伸出。种子浆果状,由假花被发育成的假种皮所包围,其外有红色肉质苞片，多汁可食，俗称“麻黄果”。子叶2枚。

【分布】1属，约40种。1属，约40种。我国有12种、4变种；分布于东北、华北、西北及西南等地；药用15种。

【化学成分】含多种生物碱，主要含麻黄碱，其次含伪麻黄碱、挥发油等。

【药用植物】

**草麻黄** *Ephedra sinica* Stapf. 亚灌木，高30～40cm。木质茎短而横卧。小枝丛生于基部，草质，节间长3～6cm。叶鳞片形，膜质，基部鞘状，上部2裂。雌雄异株；雄球花有5～8枚雄蕊，花丝合生；雌球花单生枝顶，有苞片4对，仅先端1对苞片有2～3朵雌花，成熟时苞片增厚成肉质，红色，内含种子1～2粒。生于干燥荒地及草原。分布于东北、华北、西北等地。草质茎作麻黄入药，有发汗、平喘、利尿功效，为提取麻黄碱的主要原料；根（麻黄根）入药，有止汗的功效（图11－6）。

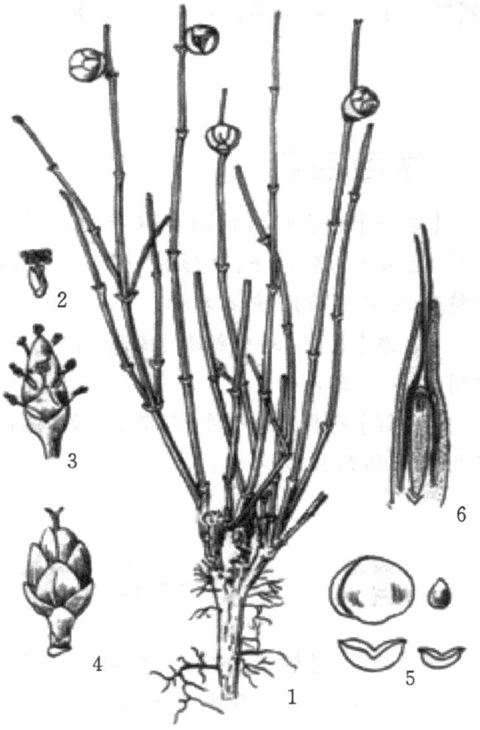

图11－6 草麻黄

1. 雌株 2. 雄花 3. 雄球花 4. 雌球花 5. 种子及苞片 6. 胚珠纵切

**木贼麻黄** *E. equisetina* Bge. 与上种主要区别为直立小灌木，高达1m以上，节间细而较短，长1～2.5cm。种子常1粒。其麻黄碱含量最高，分布于西北、华北各地区。

**中麻黄** *E. intermedia* Schr. et Mey. 与上种主要区别为节间长3～6cm，叶裂片通常3片。种子常3粒。其麻碱含量较低前两种低，为我国分布最广的麻黄。分布于东北、华北、西北大部分地区。

## 目标检测

1. 名词解释：种鳞、活化石、珠鳞、苞鳞。
2. 比较松科、柏科植物的异同点。
3. 简述裸子植物的主要特征。
4. 松科、柏科、麻黄科的主要特征是什么，常用的药用植物有哪些？

# 第十二章　被子植物门

## 学习目标

【掌握】单子叶植物纲和双子叶植物纲的区别；蓼科、毛茛科、木兰科、十字花科、蔷薇科、豆科、芸香科、五加科、伞形科、唇形科、茄科、葫芦科、桔梗科、菊科、天南星科、百合科、兰科主要特征及常用药用植物名称。

【熟悉】桑科、马兜铃科、樟科、大戟科、木犀科、玄参科、茜草科、禾本科、姜科主要特征及常用药用植物名称。

【了解】苋科、石竹科、小檗科、罂粟科、锦葵科、龙胆科、萝藦科、马鞭草科、薯蓣科主要特征及常用药用植物名称。

## 第一节　被子植物的主要特征

被子植物是植物界最进化、种类最多、分布最广的类群。现知被子植物有 20 多万种，占植物界的一半以上。我国被子植物已知 3 万余种，具有药用价值的有 213 科，1957 属，10027 种，占全国药用植物总数的 90%。被子植物适应性强，结构复杂、功能完善，特别是繁殖器官的结构和生殖过程的特点，使它能适应、抵御各种不良环境，在生存竞争、自然选择的矛盾斗争中不断产生新的变异，产生新的物种，而在地球上占了绝对优势。

被子植物具有由花萼、花冠、雄蕊群、雌蕊群组成的真正的花，故又叫有花植物。胚珠包藏在子房内，得到良好的保护，子房在受精后形成的果实既能保护种子又能以各种方式帮助种子散布。被子植物特有双受精现象，胚珠在受精过程中，一个精子与卵细胞结合形成受精卵，另一个精子与两个极核细胞融合，形成受精的极核，最后发育成三倍体胚乳，此种胚乳具有双亲的特性，使新植物体有更强的生命力。孢子体高度发达和进一步分化，木质部有导管，韧皮部有筛管和伴胞，使输导组织结构和生理功能更加完善。在化学成分上，被子植物包含了所有天然化合物的各种类型，具有多种生理活性。

## 第二节　被子植物门分类系统简介

被子植物种类繁多，人们根据植物的系统发育理论，提出了数十个被子植物分类系统，但目前世界上运用比较广泛的是恩格勒系统、哈钦松系统、克朗奎斯特系统以及塔赫他间系统。

**1. 恩格勒系统**

1897 年，德国植物学家恩格勒（A. Engler）和勃兰特（K. Prantl）在其《植物自然分科志》巨著中使用恩格勒系统，在分类学史上第一个提出了比较完整的系统。该系统将被子植物作为种子植物门下的一个亚门，包括单子叶植物和双子叶植物两个纲，共45目，280科。后经多次修改，至1964年将被子植物列为门，又将双子叶植物纲移到单子叶植物纲之前，共62目，344科。恩格勒系统以假花学说为基础，认为无花瓣、单性花、风媒花、木本植物等为原始特征，有花瓣、两性花、虫媒花、草本植物为进化特征。该系统将葇荑植物作为最原始类群排列在前；木兰目和毛茛目为较进化类群，排列在后。双子叶植物纲木麻黄科在最前，菊科在最后；单子叶植物纲泽泻科在最前，兰科在最后。本教材被子植物分类使用了该系统。

**2. 哈钦松系统**

英国植物学家哈钦松（J. Hutchinson）于1926年和1934年在其《有花植物科志》第一版、第二版中使用该系统。1973年进行修改，共111目，411科，其中双子叶植物82目，342科，单子叶植物29目，69科。哈钦松系统以真花学说为基础，认为木兰目、毛茛目是被子植物中最原始类群，并且分为草本植物和木本植物两支平行发展类群。在双子叶植物纲木本类型中，木兰科最原始，透骨草科最进化；草本类型中芍药科最原始，唇形科最进化；单子叶植物纲中，花蔺科最原始，禾本科最进化。

**3. 克朗奎斯特系统**

克朗奎斯特系统是1968年美国植物学家克朗奎斯特（A. Cronquist）在其《有花植物的分类和演化》一书中发表的系统。在1981年修订版中，该系统将被子植物门称为木兰植物门，分木兰纲和百合纲，共83目，383科。该系统认为木兰纲中八角科最原始，菊科最进化；百合纲中花蔺科最原始，兰科最进化。

**4. 塔赫他间系统**

苏联植物学家塔赫他间（A. Takhtajan）于1954年在其《被子植物起源》一书中公布了该系统，该系统首先打破了传统把双子叶植物分为离瓣花亚纲和合瓣花亚纲的分类；在分类等级上增设了“超目”一级分类阶元。该系统将原属毛茛科的芍药属独立成芍药科等，都与当今植物解剖学、孢粉学、植物细胞分类学和化学分类学的发展相吻合，在国际上得到共识。

### 知识拓展

**吴征镒系统和张宏达系统**

近年来我国的被子植物分类系统又有吴征镒系统和张宏达系统问世。吴征镒系统是2003年我国植物学家吴征镒先生在《中国被子植物科属综论》中发表了被子植物的八纲分类系统，该系统共202目，572科，认为木兰纲的木兰科最原始，蔷薇纲的杉叶藻科最进化。张宏达系统是2004年我国植物学家张宏达先生在《种子植物系统学》中发表的新系统，该系统将现存被子植物归属于有花植物亚门的后生有花植物，其下列双子叶植物纲和单子叶植物纲，最原始的科为昆栏树目的昆栏树科，最进化的科为兰目的兰科。

## 第三节　被子植物的分类及主要药用植物

被子植物分为两个纲，即双子叶植物纲和单子叶植物纲，它们区别如下（表12－1）。

表 12-1 双子叶植物纲和单子叶植物纲的区别

| 植物部位 | 双子叶植物纲 | 单子叶植物纲 |
| --- | --- | --- |
| 根 | 直根系 | 须根系 |
| 茎 | 维管束环状排列,有形成层 | 维管束星散排列,无有形成层 |
| 叶 | 网状脉 | 平行脉或弧行脉 |
| 花 | 各部分基数为 4 或 5 | 各部分基数为 3 |
| | 花粉粒具 3 个萌发孔 | 花粉粒具单个萌发孔 |
| 胚 | 具 2 枚子叶 | 具 1 枚子叶 |

在表中所列的主要区别中,另有少数例外。例如,双子叶植物纲的毛茛科、车前科、菊科等有的植物具须根系;胡椒科、毛茛科、睡莲科、石竹科等具有散生维管束;樟科、小檗科、木兰科、毛茛科有的具 3 基数花;毛茛科、小檗科、睡莲科、伞形科等有 1 片子叶的植物。又如,单子叶植物纲中的天南星科、百合科、薯蓣科等有的具网状脉;百合科、百部科、眼子菜科等有的具 4 基数花等。

## 一、双子叶植物纲

### (一)离瓣花亚纲

离瓣花亚纲又称原始花被亚纲,是比较原始的被子植物。花无花被、具单被或重被,花瓣通常分离。

1. **桑科** ♂ $*P_{4\sim6}A_{4\sim6}$;♀ $*P_{4\sim6}\underline{G}_{(2:1:1)}$

桑科多为木本,稀草本和藤本,具乳汁。叶多互生,具托叶,常早落。花小,单性,雌雄同株或异株,集成葇荑、穗状、头状、隐头等花序;单被花,花被片常 4~5 片,雄蕊与花被同数且对生;子房上位,雌蕊由 2 个心皮合生,通常 1 室。果为小瘦果、小坚果、聚花果。

该科约有 53 属,1400 多种,主要分布于热带及亚热带。我国有 18 属,约 170 种,分布于全国各地,以长江以南最多;已知药用 15 属,约 80 种。

**【药用植物】**

**桑** *Morus alba* L. 为落叶小乔木,有乳汁。单叶互生,卵形,有时分裂。花单性,雌雄异株,成葇荑花序;雄花花被片 4;雄蕊 4 枚,与花被片对生;中央有退化雌蕊;雌花花被 4 片,子房上位,由 2 个合生心皮组成,1 室,1 个胚珠。聚花果熟时为紫红色或紫色(图 12-1)。全国各地均有栽培。根皮(桑白皮)能泻肺平喘,利水消肿。桑枝能祛风通络。桑叶能疏散风热,清肝明目。聚花果(桑葚)能补血滋阴、生津润燥。

**无花果** *Ficus carica* L. 为落叶灌木,具乳汁。叶互生,广卵圆形,3~5 裂;托叶卵状披针形。雌雄异株。隐头果梨形(图 12-2)。中药无花果为其隐头果,有润肺止咳、清热润肠、健脾开胃之功效。

**大麻** *Cannabis sativa* L. 原产亚洲西部,我国各地均有栽培。种仁(火麻仁)能润肠通便。雌花能止咳定喘、解痉止痛。雌株的幼嫩果穗有致幻作用,为毒品。

该科药用植物尚有:**构树** *Broussonetia papyrifera* (L.) Vent. 果(楮实子)能补肾、利水、清肝明目。**啤酒花** *Humulus lupulus* L.(忽布)未熟果穗能健胃消食、安神、止咳化痰。

图 12－1　桑

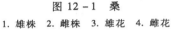

1. 雄株　2. 雌株　3. 雄花　4. 雌花

图 12－2　无花果

1. 果枝　2. 果实纵切面

**2. 马兜铃科**⚥ $* \uparrow P_{(3)} A_{6\sim12} \overline{G}_{(4\sim6:6:\infty)} \underline{\overline{G}}_{(4\sim6:4\sim6)}$

马兜铃科多为草本或藤状灌木。单叶互生、基部心形，全缘或 3～5 裂，常有油点。花两性；花被单层，稀二层，辐射对称或左右对称，花被基部合生成管状，顶端 3 裂或向一侧扩大；雄蕊 6 枚至多枚；雌蕊心皮 4～6 个，合生，子房下位或半下位，4～6 室；胚珠多数生于中轴胎座上。蒴果，背缝开裂或腹缝开裂，少数不开裂。种子略扁，胚乳丰富，胚小。

该科植物多生于山地阔叶林下阴湿地或坡地灌丛中，共 8 属，400 多种，主产于除澳大利亚以外的热带和亚热带地区，南美洲尤盛，温带少数。中国有 4 属，70 余种，其中药用植物 65 种，分布于全国，以西南及南部为主。本科植物含有挥发油、异喹啉类生物碱及硝基菲类化合物，马兜铃酸是马兜铃科植物的特有成分。

**【药用植物】**

**北细辛**　*Asarum heterotropoides* Fr. Schmidt var. *mandshuricum*（Maxim.）Kitag.　多年生草本植物，为常用中药。叶片呈肾状心形，根部纤细、气味辛香，味道辛辣、舌头有麻痹感（图 12－3）。生于山坡林下、灌丛阴湿处。能耐严寒，主要分布于辽宁省、吉林省、黑龙江省；陕西省、山西省、河北省、山东省亦有少量分布。带根全草入药，有祛风散寒、通窍止痛之功效。

**马兜铃**　*Aristolochia debilis* Sieb. st Zucc.　多年生的缠绕性草本植物。叶互生，呈卵状三角形、长圆状卵形或戟形，基部心形，两侧裂片圆形，下垂或稍扩展；花左右对称，花被管呈喇叭状，暗紫色（图 12－4）。生于阴湿处及山坡灌丛。分布于黄河以南各地区。其根称青木香，能理气止痛、解毒消肿；茎藤称天仙藤，能疏风活络；果实称马兜铃，有清肺降气、止咳平喘、清肠消痔的功效。

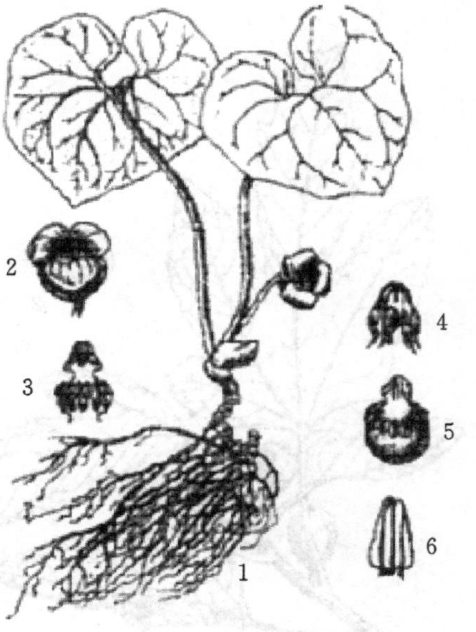


图 12－3　北细辛

1. 全株　2. 花　3. 雄蕊与雌蕊

4. 柱头　5. 去花被的花　6. 雄蕊

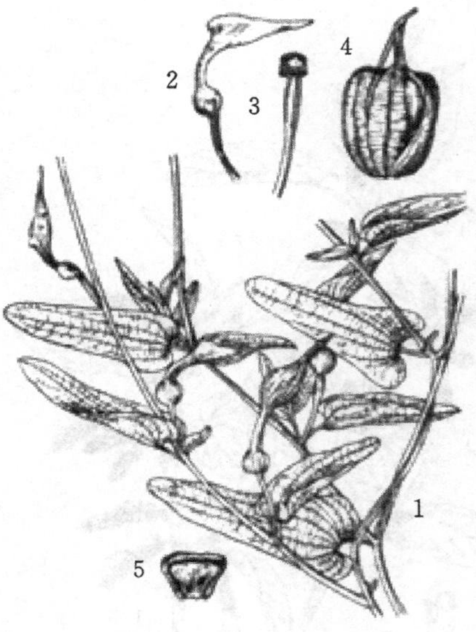


图 12－4　马兜铃

1. 花枝　2. 花　3. 雌蕊

4. 果实　5. 种子

**3. 蓼科**⚥ $* P_{3\sim6,(3\sim6)} A_{3\sim9} \underline{G}_{(2\sim3:1:1)}$

蓼科为一年生或多年生草本，稀为灌木或小乔木。茎通常具膨大的节。单叶互生，有托叶鞘，多呈膜质。花两性，稀为单性，辐射对称；花序由若干小聚伞花序排成总状、穗状或圆锥状，花有时单生；花被片 3～6，常排列成两轮；雄蕊多 6～9 枚；雌蕊 2～3 枚，心皮合生，子房上位，1 室，1 个胚珠，基生胎座。瘦果三棱形或双凸镜状，全部或部分包于宿存的花被内；胚弯生或直立，胚乳丰富。

该科约有 30 属，1200 种，主要分布于北温带，少数在热带。我国产 15 属，230 余种，其中药用植物约 120 种。本科植物含有蒽醌类、黄酮类和鞣质。该科植物细胞中常含有草酸钙晶体。

**【药用植物】**

**掌叶大黄**　*Rheum palmatum* L.　为多年生高大草本。根及根状茎粗壮，肥厚，肉质，外皮暗褐色，断面深黄色，根状茎横切面外围有排列紧密的环星点。叶片宽卵形或近圆形，掌状浅裂至半裂，基部浅心形，裂片呈狭三角形，先端尖锐。花序圆锥状，顶生。花小，淡红紫色；花被片 6，排成 2 轮；雄蕊 9 枚；小坚果长方状椭圆形（图 12－5）。生于高山寒地，多有栽培。分布于甘肃、陕西、青海、四川西部及西藏等地区。根及根茎能泄热通便、凉血解毒、逐瘀通经。

**何首乌**　*Polygonum multiflorum* Thunb.　多年生草质藤本。块根肥厚，长椭圆形，外表暗褐色，断面具“云锦花纹”。叶卵形或长卵形。花序圆锥状，顶生或腋生。瘦果卵形，具 3 棱（图 12－6）。生于灌丛或石隙中。分布于全国各地。块根入药，临床应用有生首乌和制首乌之别。生首乌能解毒、消痈、润肠通便；制首乌能补肝肾、益精血、乌须发，强筋骨。茎（夜交藤）能养血安神、祛风通络。

图 12－5 掌叶大黄

1. 花枝 2. 根

图 12－6 何首乌

1. 块根 2. 花枝 3. 花被展开示雄蕊

4. 花 5. 雌蕊 6. 果实包于花被内 7. 果实

**虎杖** *Polygonum cuspidatum* Sieb. et Zucc. 多年生灌木状草本，茎直立，丛生，中空，表面散生红色或紫红色斑点；叶片宽卵状椭圆形或卵形，雌雄异株，圆锥花序腋生；瘦果椭圆形，有3棱，包于宿存花被内。生于山谷溪边。分布于除东北以外的各地区。根及根状茎有活血散瘀、祛风解毒、消炎止痛、去湿热黄疸等功效。

该科药用植物尚有：**酸模** *Rumex acetosa* L. 根能清热利水、凉血、杀虫。**萹蓄** *Polygonum aviculare* L. 全草能利水通淋、杀虫止痒。

**4. 苋科** ⚥ $* P_{3\sim5} A_{1\sim5} \underline{G}_{(2\sim3:1:1\sim\infty)}$

苋科为一年生或多年生草本。单叶互生或对生，无托叶。花两性，排成穗状、圆锥状或头状聚伞花序；花单被，花被片 3～5，常干膜质；雄蕊常和花被片同数且对生，子房上位，心皮2～3 个，合生，1 室，1 个胚珠，具基生胎座。果为胞果、稀为小坚果或浆果。种子有胚乳。

该科包括 65 属，大约 850 种，分布于热带和温带。我国约有 10 属，50 种，其中药用植物 28 种，分布于全国。该科植物常含花色素、甜菜黄素和甜菜碱。有些植物含皂苷和昆虫变态激素，如牛膝中含三萜皂苷、蜕皮甾酮、牛膝甾酮等。

**【药用植物】**

**牛膝** *Achyranthes bidentata* Bl. 为多年生草本，根呈长圆柱形，肉质。茎四棱，节膨大。叶对生，椭圆形。穗状花序。胞果包于宿存花萼内（图 12－7）。生于山林中和路旁，多栽培。除东北外，全国均有分布。根（怀牛膝）生用能活血散瘀、消痛肿；酒炙后能补肝肾、强筋骨等。

**川牛膝** *Cyathula officinalia* Kuan. 为多年生草本，根呈长圆柱形，近白色。茎多分枝。叶对生，叶片椭圆形或长椭圆形。花小，绿白色，密集成圆头状，花杂性（图 12－8）。生于山坡草丛中，多为栽培。分布于云南、四川、贵州、重庆等省区。根能祛风湿、逐瘀通经、利水通淋。

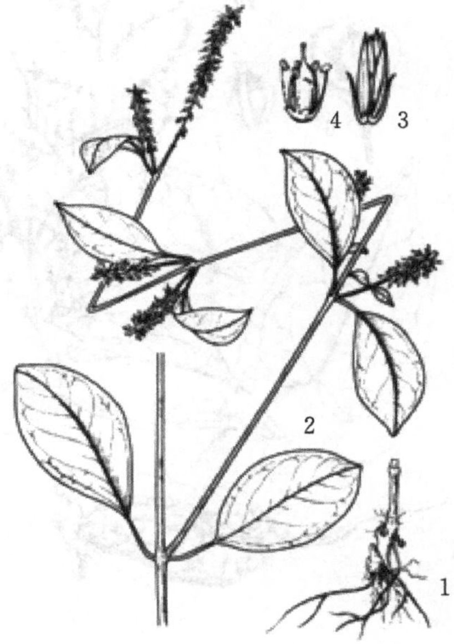


图 12－7 牛膝

1. 根 2. 花枝 3. 花 4. 去花被的花

图 12－8 川牛膝

1. 花枝 2. 花 3. 苞片 4. 根

**青葙** *Celosia argentea* L. 为一年生草本。叶互生，叶片呈长圆状披针形或披针形。穗状花序排成圆柱状或塔状。苞片及花被片均干膜质，白色或粉红色。种子呈扁圆形，黑色，有光泽。全国各地均有野生或栽培。种子（青葙子）能清肝火、祛风热、明目降压。

该科药用植物尚有：**土牛膝** *A. aspera* L. 根能清热解毒、利水通淋。**鸡冠花** *C. cristata* L. 花序能凉血止血。

5. ***石竹科*** ⚥ $* K_{4\sim5,(4\sim5)} C_{4\sim5} A_{8\sim10} \underline{G}_{(2\sim5:1:\infty)}$

石竹科为一二年生或多年生草本，茎通常节部膨大。单叶对生，有时具膜质托叶。花两性，辐射对称，多排成聚伞花序；萼片 4～5 片，离生或合生；花瓣 4～5 片，稀无，离生，具爪或否；雄蕊 8～10 枚；子房上位，心皮 2～5 个，合生，1 室，胚珠 1 个至多个，特立中央胎座。果实通常为蒴果，齿裂或瓣裂。种子多数，有胚乳。

该科约 80 属，2100 余种，以温带和寒带最多。我国有 32 属，约 400 种，其中药用植物 100 余种，广泛分布在全国。该科植物普遍含有皂苷，如三萜皂苷类的石竹皂苷元、麦先翁毒苷、肥草皂苷等。另含黄酮类化合物及花色苷。

**【药用植物】**

**瞿麦** *Dianthus superbus* L. 为多年生草本。叶对生，呈线形或披针形。顶生聚伞花序。花萼下有小苞片 4～6 片，卵形。萼筒 5 裂，花瓣 5 片，淡红色，顶端深裂成丝状（流苏状），基部具长爪。雄蕊 10 枚。蒴果（图 12－9）。生于山野草丛中。全国各地均有分布，野生或栽培。全草能清热利尿。

**石竹**　*D. chinensis* L. 多年生草本；茎细，平滑无毛，上部多分枝节部膨大。叶对生，线形或线状披针形，两叶基部连合成鞘状。花 2～3 朵聚生，红色，淡紫色或粉红色。蒴果长圆形，顶端 2 裂。生于山坡草丛中。我国大部分地区多有分布。石竹能清热利水、破血通经。

**孩儿参**　*Pseudostellaria heterophylla* (Miq.)　多年生草本，块根纺锤形，外皮黄白色。叶对生。靠地面的花小，绿色，不开放，茎顶花较大，白色。蒴果近球形，黄白色（图 12－10）。生于林下肥沃阴湿地。分布于华北、东北、西北、华中等地。块根（太子参）益气健脾、生津润肺。

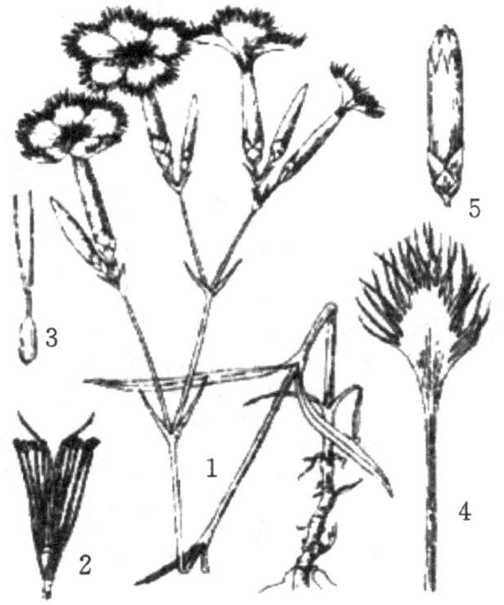


图 12－9　瞿麦

1. 全株　2. 雄蕊、雌蕊　3. 雌蕊
4. 花瓣　5. 蒴果及宿存萼片和苞片

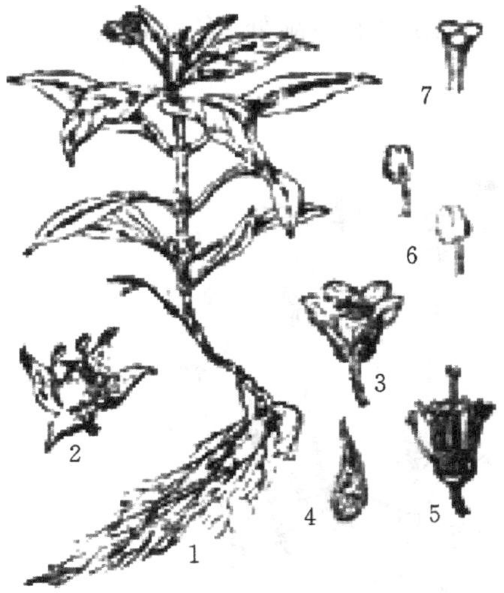


图 12－10　孩儿参

1. 全株　2. 茎下部的花　3. 茎顶的花
4. 萼片　5. 雄蕊、雌蕊　6. 花药　7. 柱头

**麦蓝菜**　*Vaccaria segetalis* (Neck.) Garcke　（王不留行）为一年生草本。叶对生。花瓣淡红色。主产于华北、西北。种子（王不留行）呈球形，黑色，能活血通经、下乳消肿。

**银柴胡**　*Stellaria dichotoma* L. var. lanceolata Bange　生长于干燥草原、石缝中。分布于甘肃、陕西和内蒙古等地区。根能清虚热、除疳热。

6. **毛茛科** ⚥ $* \uparrow K_{3\sim\infty} C_{3\sim\infty,0} A_{\infty} \underline{G}_{1\sim\infty:1:1\sim\infty}$

毛茛科为草本，稀灌木或藤本。单叶或复叶，多互生或基生，少对生；叶片多缺刻或分裂，稀全缘；常无托叶。花多两性；辐射对称或两侧对称；重被或单被；萼片 3 片至多片，呈花瓣状；花瓣 3 片至多片或缺；雄蕊和心皮多数，分离，常螺旋状排列在隆起的花托上，子房上位，1 室。聚合瘦果或聚合蓇葖果，稀为浆果。种子具胚乳。

该科约 50 属，2000 种，广布世界各地，主产于北半球温带及寒温带。我国有 43 属，约 750 种，已知药用植物 400 余种，分布于全国。该科植物多含生物碱和苷类，如乌头属含有乌头碱，黄连属含有小檗碱，唐松草属含有唐松草碱等。毛茛苷是一种仅存于毛茛科植物中的特殊成分，分布在毛茛属、银莲花属和铁线莲属中。此外，侧金盏花属和铁筷子属含有强心苷。芍药属植物普遍含有芍药苷、牡丹酚、牡丹酚苷及微量生物碱，但不含毛茛科的两种特有成分毛茛苷、木兰花碱，加上形态学上存在较大差异，亦有人将其另立为芍药科（牡丹科）。

【药用植物】

**毛茛** *Ranunculus japonicus* Thunb. 为多年生草本,全株有粗毛。叶片呈五角形,3深裂,裂片再3裂。聚伞花序顶生,花瓣黄色,基部有蜜槽;雄蕊和雌蕊均多数,离生。聚合瘦果近球形(图12-11)。生于田地或沟边。全国各地均有分布。全草有毒,一般外用作发泡药。

**黄连** *Coptis chinensis* Franch. 为多年生草本。根状茎黄色,味苦。叶基生,3全裂。聚伞花序,黄绿色;萼片5片,花瓣线形;雄蕊多数;心皮8~12个,离生;蓇葖果(图12-12)。生于高山林下阴湿处,多有栽培。分布于西南、华南、华中地区。根茎能泻火解毒、清热燥湿。

图12-11 毛茛(全株)

图12-12 黄连
1. 全株 2. 萼片 3. 花瓣

**乌头(川乌)** *Aconitum carmichaeli* Debx. 为多年生草本。块根呈倒圆锥形,棕黑色,有母根、子根之分。叶互生,3深裂。总状花序;萼片5片,蓝紫色,上萼片盔状;花瓣2片,有长爪;雄蕊多数;心皮3~5个,离生。聚合蓇葖果(图12-13)。生于山坡、灌丛中。分布于长江中下游、华北、西南等地区。根有大毒,一般经炮制后入药。栽培种母根入药称"川乌",能祛风燥湿,散寒止痛。子根入药称"附子",能回阳救逆,温中散寒,止痛。野生种块根作"草乌"入药,能祛风除湿、温经散寒、消肿止痛。

该科药用植物尚有:**白头翁** *Pulsatilla chinensis* (Bunge) Debx. 多年生草本,全株密生白色绒毛。叶丛生,柄长,三出复叶,小叶2~3深裂。早春开花,紫色或蓝紫色,外密被灰白色毛。瘦果,聚成头状,上有白色长毛,好像白发老人,故称"白头翁"。生于干山坡、路旁、砂质地。分布于东北、华北及陕西、四川等地区。能清热解毒、凉血止痢。**威灵仙** *Clematis chinensis* Osbeck 多年生草本,茎蔓生,须根黑色,全株尝之很辣,所以叫山辣椒秧子。叶对生,羽状复叶,小叶多为3~5片,全缘。花白色,圆锥花序。瘦果扁圆形,几个聚在一起，先端有一鞭状白毛（花柱）。生于山坡林边或草丛中。分布于我国南北各地。根入药能祛风活络、活血止痛。**升麻** *Cimicifuga foetida* L. 多年生草本，根茎粗而弯曲，黑色，叶大型，互生，二至三回三出复叶，小叶卵形，有羽状缺裂，花小，雪白色，有香气，呈单穗状或复总状花序，蓇葖果5枚，聚在一块，向上生长。主要分布于四川、青海等地区。根茎能发表透疹、清热解毒、升举阳气。

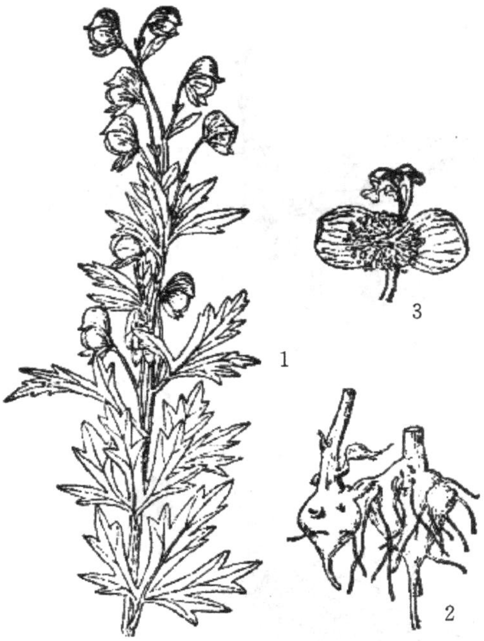

图 12－13　乌头

1. 花枝　2. 块根　3. 花

## 知识拓展

乌头毒性大，故必须经过炮制才可内服，内服处方上也应写明制乌头或制川乌、制草乌，未经炮制服用，很少量即可引起中毒。长期服用乌头，可蓄积体内引起中毒，特别是肝肾功能不全的患者更易发生此类中毒。如病情需要久服含乌头的制剂，可用间断服药法。服用数日或数周后，间断1周。另外，每日服药可采取少量多次的方法，将每日总量分几次服用，有利于毒素的排泄。

7. 小檗科 ⚥ $* K_{3+3}C_{3+3}A_{3\sim9}\underline{G}_{1:1:1\sim\infty}$

小檗科为多年生草本或小灌木。常具根状茎或块茎。单叶或复叶，互生。花两性，辐射对称，单生或排成总状、穗状及圆锥花序；萼片2～4轮，每轮常3片；雄蕊3～9枚，与花瓣对生；子房上位，1个心皮，1室，胚珠1个至多个。浆果或蒴果。种子具胚乳。

该科约有14属，650种，多分布于北温带。我国有11属，280多种，其中药用植物140余种，全国各地均有分布。该科植物多含有异喹啉类生物碱及苷类，如小檗属、十大功劳属、鲜黄连属等均含小檗碱。此外，八角莲属植物含木脂素类成分——鬼臼毒素，其具有抗癌活性。

**【药用植物】**

**箭叶淫羊藿** *Epimedium sagittatum*（Sieb. et Zucc.）Maxim　为多年生常绿草本。根茎结节状，质硬。茎生叶1～3片，三出复叶，小叶长卵形，两侧小叶基部呈显著不对称的箭状心形；圆锥花序或总状花序；萼片8片，2轮；花瓣4片，黄色；雄蕊4枚，心皮1个；蓇葖果有喙（图12－14）。生于林下。分布于长江以南地区。全草（淫羊藿）能补肾壮阳、强筋骨、祛风湿。

**阔叶十大功劳** *Mahonia bealei*（Fort.）Carr.　为常绿灌木。奇数羽状复叶，小叶7～15片。总状花序顶生；花黄褐色。浆果熟时暗蓝色，有白粉（图12－15）。生于山坡及灌丛中。分布于陕西、河南、四川、湖北、湖南、贵州、甘肃及华东等地区。根、茎及叶能清热解毒、燥湿消肿。根、茎可用作提取小檗碱的原料。

图 12－14 箭叶淫羊藿

1. 全株 2. 花 3. 果实

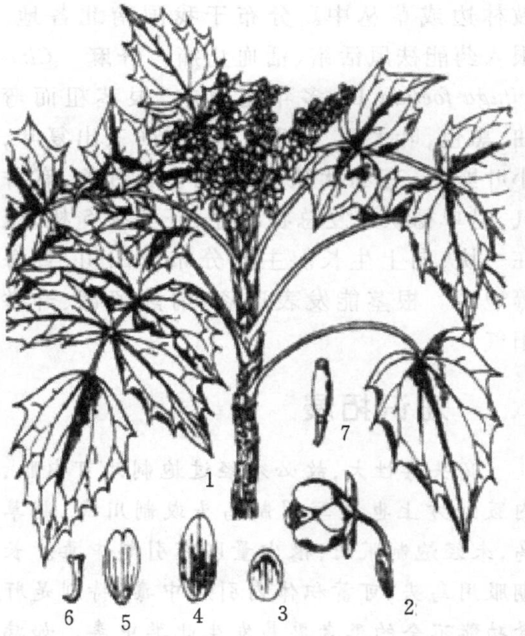


图 12－15 阔叶十大功劳

1. 花枝 2. 花 3. 中萼片 4. 内萼片 5. 花瓣 6. 雄蕊 7. 雌蕊

8. **木兰科** ⚥ $\ast P_{6\sim12}\,A_{\infty}\,\underline{G}_{\infty:1:1\sim2}$

木兰科为木本，稀藤本，体内常具油细胞，有香气。单叶互生，常全缘，托叶大而早落，托叶环（痕）明显。花单生，多两性，稀单性，辐射对称；花被常 6～12 片，排成数轮，每轮 3 片；雄蕊和雌蕊多数，分离，螺旋状排列在延长的花托上；子房上位。聚合蓇葖果或聚合浆果。种子具胚乳。

该科约 20 属，300 种，主要分布在亚洲和北美洲热带、亚热带或温带地区。我国有 14 属，160 余种，已知药用植物约 90 种，主要分布于长江流域及以南地区。该科植物均含挥发油，据此可与毛茛科植物相区别。此外尚含异喹啉类生物碱，如木兰箭毒碱、木兰花碱等。五味子属含木脂素类成分五味子素；八角属含有毒的倍半萜内酯。

**【药用植物】**

**北五味子** *Schisandra chinensis* (Turcz.) Baill. 多年生缠绕性藤本。皮捻之有花椒气味。叶互生或簇生，叶片薄而带膜质，呈椭圆形或倒卵形。花单性，黄白色，有香气。聚合浆果排成穗状，熟时红色，嚼之酸甜苦辣咸五味俱全，故叫“五味子”（图 12－16）。生于溪沟边的林间、林边、灌木丛中。分布于东北、华北等地。果实（五味子）能补肺补肾、涩精止汗，并可用于治疗肝炎。

**厚朴** *Magnolia officinalos* Rehd. et Wils. 为落叶乔木。叶呈倒卵形，革质。花大，白色。聚合蓇葖果（图 12－17）。分布于长江流域各省区山地。树皮和根皮能燥湿健脾、温中下气、化食消积；花有宽中理气、开郁化湿的功能。

图 12－16 五味子

1. 花枝 2. 果枝 3. 叶缘 4. 花

5. 雌蕊 6. 果实 7. 种子

图 12－17 厚朴

1. 花枝 2. 茎皮

3. 雄蕊、雌蕊 4. 果实

**望春花** *Magnolia biondii* Pamp. 为落叶乔木。单叶互生，叶片呈长圆状或卵状披针形，全缘。花先叶开放，单生枝顶；萼片 3 片，近线形；花瓣 6 片，2 轮，白色；雄蕊、心皮均多数，离生。聚合果圆柱形。种子深红色。主要为栽培品。分布于安徽、甘肃、河南、陕西、四川等地区。花蕾（辛夷）能散风寒、通鼻窍。

**八角茴香** *Illicium verum* Hook. f. 为常绿乔木。叶呈椭圆形或长椭圆状披针形，有透明油点。花单生于叶腋；花被片 7～12 片；雄蕊 10～12 枚；心皮 8～9 个。聚合果由 8～9 个蓇葖果组成。生长于温暖湿润的山区。分布于台湾、福建、广东、广西、云南、贵州等地区。果实能温中理气、健胃止呕。

**9. 樟科**⚥ $* P_{(6\sim9)} A_{3\sim12} \underline{G}_{(3\sim4:1:1)}$

樟科为木本，常具油细胞或黏液细胞，具芳香气。单叶，多互生，叶片多革质，全缘；无托叶；叶背面常被白色蜡粉。花小，多两性，稀单性，花单被，通常 6 深裂，2 轮；雄蕊 3～12 枚，排列成 3～4 轮，花药 2～4 室，瓣裂；子房上位，1 室，1 个胚珠。核果或呈浆果状，种子 1 粒。

该科约有 45 属，2000 多种，分布在热带和亚热带地区。我国有 20 属，400 多种，已知药用植物 13 属，110 余种，主要分布在长江流域以南各地区。樟科植物多含有挥发油、生物碱，油中常含有樟脑、桂皮醛等成分，为我国常见的重要经济林木，在医药、轻工、林业方面均占有重要地位。

**【药用植物】**

**肉桂** *Cinnamomum cassia* Presl. 常绿乔木。树皮灰褐色，芳香，幼枝略呈四棱形。叶互生，革质；长椭圆形至近披针形，先端尖，基部钝，全缘，上面绿色，有光泽，下面灰绿色，被细柔毛；具离基 3 出脉，于下面明显隆起，细脉横向平行；圆锥花序腋生或近顶生；花小，雄蕊 9 枚，3 轮，雌蕊稍短于雄蕊，子房椭圆形，1 室，1 个胚珠。浆果椭圆形或倒卵形，暗紫色。种子长卵形，紫色（图12－18）。全株具有芳香气，茎、枝皮（肉桂）能补火助阳、散寒止痛、活血通经；嫩枝（桂枝）能发汗解肌、温通经脉；幼嫩果实（桂子）能散寒止痛。

**乌药** *Lindera aggregate*（Sims）Kosterm. 常绿灌木或小乔木。树皮灰褐色，根有纺锤状或结节状膨胀，外面棕黄色至棕黑色，表面有细皱纹。叶互生，卵形、椭圆形至近圆形，先端长渐尖或尾尖，基部圆形，革质，上面绿色，有光泽，下面苍白色，幼时密被棕褐色柔毛，后渐脱落。花小，单性异株，黄绿色，聚伞花序，腋生；花被6片，雄蕊9枚。核果椭圆形，熟时黑色。生于向阳丘陵及山地灌丛中。主要分布于长江以南和西南各地区。根（乌药）能顺气止痛、温肾散寒。

**樟树** *Cinnamomum camphora*（L.）Presl. 常绿乔木。树皮幼时绿色，平滑，老时渐变为黄褐色或灰褐色纵裂，全株具樟脑芳香气。单叶互生，薄革质，卵形或椭圆状卵形，顶端短尖或近尾尖，基部圆形，离基3出脉，背面微被白粉，脉腋有腺点。花黄绿色，两性，圆锥花序腋出，花被6片，雄蕊12枚，子房上位。浆果状核果，呈球形，紫黑色。种子1粒（图12－19）。主要为栽培品。主要分布于长江以南和西南各地区。全株能祛风散寒、镇痉止痛、杀虫；经蒸馏得到挥发油（桉油），主含樟脑和樟脑油，可作为中枢神经兴奋剂和皮肤刺激药。

图12－18　肉桂（果枝）

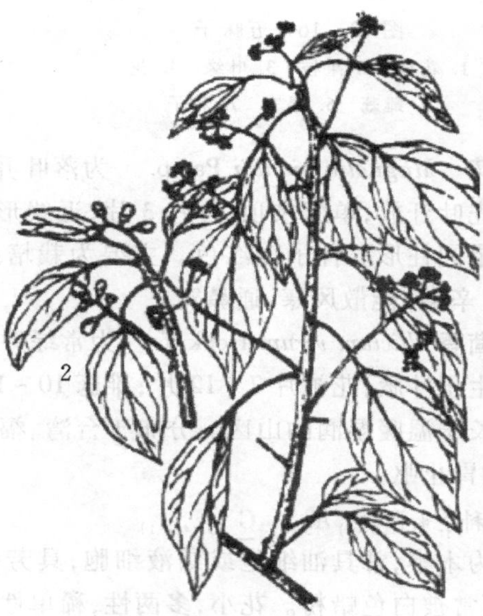


图12－19　樟树

1. 花枝　2. 果枝

**10. 罂粟科** ⚥ $* \uparrow K_2\ C_{4\sim6,\infty}\ A_{\infty,4\sim6}\ \underline{G}_{(2\sim\infty:1:\infty)}$

罂粟科为草本，常具有乳汁或有色汁液。叶基生或互生，常分裂，无托叶。花单生或总状、聚伞、圆锥花序；花两性，辐射对称或两侧对称；萼片2片，早落；花瓣4～6片，常有皱纹；雄蕊多数，离生，或4～6枚合生成2束，花药2室，纵裂；雌蕊由二至数心皮组成，子房上位，1室，侧膜胎座，胚珠多个。蒴果孔裂或瓣裂，种子细小。

该科约有42属，700种，分布于北温带。我国有19属，约300种，南北各地均产。该科植物大多含有多种生物碱，如罂粟碱、吗啡、延胡索甲素、延胡索乙素等，多具有麻醉止痛作用。

【药用植物】

**罂粟**　*Papaver somniferum* L.　为一年生或两年生草本。有白色乳汁。茎直立,少分枝。叶互生,无托叶;叶片呈长卵圆形或近心形,边缘多缺刻状浅裂,有钝锯齿,两面均被白粉。花大,单生于枝顶,白色、粉红色、红色或紫红色,具有长梗;花蕾常下垂;萼片 2 片,呈长椭圆形,早落;花瓣 4 片,有时为重瓣,呈圆形或广卵形;雄蕊多数,2 室纵裂;雌蕊 1 枚,子房上位,1 室,胚珠多个,着生于侧膜胎座上;蒴果呈卵状球形或长椭圆形,熟时外皮黄褐色或淡褐色,孔裂。种子多数,肾形(图 12 – 20)。果壳(罂粟壳)敛肺止咳、涩肠止泻、止痛;从未成熟果实割取的乳汁(鸦片)为镇痛、催眠、止咳、止泻药,并可作为提取吗啡的原料。

**延胡索**　*Corydalis yanhusuo* W. T. Wang　为多年生草本。地下有球状块茎,断面黄色,味稍苦。叶互生,有柄,叶为三出复叶,小叶一至二回深裂或全裂,末回裂片呈披针形、长圆状披针形或椭圆形,先端钝或锐尖,全缘。总状花序顶生,萼片小,早落;花瓣 4 片,紫色或紫红色;雄蕊 6 枚,合生成 2 束;子房上位,2 个心皮;蒴果细长,线形(图 12 – 21)。生于丘陵、草地的近中性或微酸性的沙质土壤中。主要分布于浙江、江苏等地。块茎(元胡)有行气止痛、活血散瘀的功效。

图 12 – 20　罂粟(着生花和果的植株)

图 12 – 21　延胡索

1. 全株　2. 花　3. 雄蕊、雌蕊

**白屈菜**　*Chelidonium majus* L.　多年生草本,全株有白毛,折断有黄色汁液。单叶互生,叶片一至二回羽状分裂,表面绿色,背面绿白色,有白色细长柔毛。花黄色,花瓣 4 片,萼片 2 片早脱落,雄蕊多枚,花序伞形;蒴果线状长圆形,成熟时裂成 2 瓣。分布于四川、新疆、华北、东北等。全草有毒,能镇痛、止咳、消肿毒;外用治稻田皮炎、虫伤等。

11. **十字花科** ⚥ $* K_{2+2} C_4 A_{2+4} \underline{G}_{(2:1\sim2:1\sim\infty)}$

十字花科为草本,植物体有时含辛辣汁液。单叶互生,无托叶。花两性,辐射对称,多排成总状花序;萼片 4 片,2 轮;花瓣 4 片,十字形排列;雄蕊 6 枚,4 长 2 短,四强雄蕊,在花丝基部常具蜜腺；子房上位，由 2 个心皮合生而成，侧膜胎座，常具 1 个次生的假隔膜，分成 2 室，胚珠 1 个至多个。长角果或短角果，多 2 瓣开裂。种子无胚乳。

该科植物约 350 属，3200 种，广布世界各地，主产北温带。我国有 96 属，425 种，已知药用 30 属，103 种，分布于全国各地。该科植物多含硫苷类化合物，有些植物含有吲哚苷和强心苷。种子多含丰富的油脂。

**【药用植物】**

**菘蓝** *Isatis indigotica* Fort.　二年生草本。植株光滑无毛，带白粉霜。主根圆柱状。叶互生，基生叶有柄，长圆状椭圆形；茎生叶长圆状披针形，基部垂耳圆形，半抱茎。圆锥花序；花黄色。短角果扁平，边缘有翅，紫色，不开裂，1 室。种子 1 粒（图 12－22）。各地均有栽培。根（板蓝根）和叶（大青叶）均能清热解毒、凉血。叶可加工制成青黛，功效同大青叶。

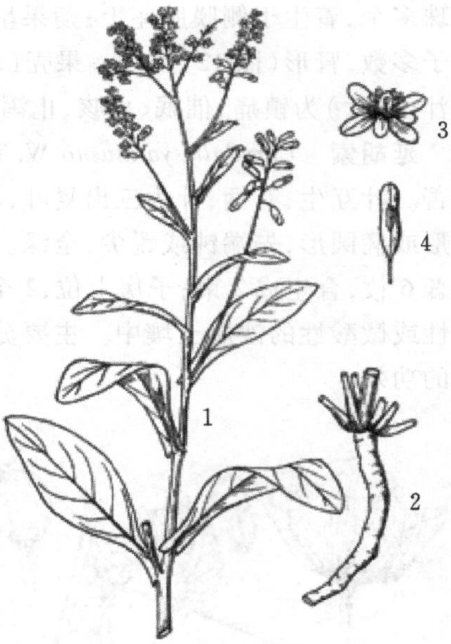

图 12－22　菘蓝

1. 花果枝　2. 根　3. 花　4. 果实

**独行菜** *Lepidium apetalum* Willd.　一年生或二年生草本。茎直立，多分枝。基生叶有长柄，叶片狭匙形或倒披针形，一回羽状浅裂或深裂，茎生叶披针形或长圆形，边缘有疏齿。总状花序顶生；花小，萼片 4 片，花瓣缺或退化成丝状；雄蕊 2 枚或 4 枚。短角果近圆形，上部具极窄翅。多生于田野、路旁，分布于东北、华北、西北及西南地区。种子（葶苈子，习称北葶苈子）能祛痰定喘、行水消肿。**播娘篙** *Descurainia sophia*（L.）Webb ex Prantl 种子亦作“葶苈子”入药，习称南葶苈子。

**白芥** *Sinapis alba* L.　草本。全株被白色粗毛。茎基部叶具长柄，羽状分裂或全裂。总状花序顶生，花黄色。长角果圆柱形，密被白色长毛，先端具扁长的喙。种子近球形。我国有栽培。种子（芥子，习称白芥子）能利气、祛痰、散结通络止痛。另外，**芥** *Brassica juncea*（L.）Czem. et Coss. 种子亦作“芥子”入药，习称黄芥子。

该科药用植物尚有：**萝卜** *Raphanus sativus* L. 鲜根（莱菔）能消食、下气、化痰、止血、解渴、利尿。其种子（莱菔子）能下气定喘、化痰消食。**遏蓝菜** *Thlaspi arvense* L. 全草（菥蓂）能清热解毒、利水消肿。**荠菜** *Capsella bursa－pastoris*（L.）Medic. 全草能活血散瘀、凉血止血。**蔊菜** *Rorippa indica*（L.）Hiern 全草能祛痰止咳、解表散寒、活血解毒、利湿退黄。

**12. 蔷薇科** ⚥ $* K_{(5)} C_5 A_{4\sim\infty} \underline{G}_{1\sim\infty:1:1\sim\infty} \overline{G}_{(2\sim5:2\sim5:2)}$

蔷薇科为草本、灌木或乔木，常有刺。单叶或复叶，多互生，常具托叶。花两性，辐射对称，花托凸起、平展或凹陷；花被与花托愈合成一碟状、杯状、坛状或壶状的托杯（又称萼筒、花托筒）；花萼、花瓣和雄蕊均着生于托杯的边缘，形成周位花；花萼、花瓣多为 5 片，雄蕊常多数，花丝分离；子房上位或下位，心皮 1 个至多个，分离或合生，每室胚珠 1 个至多个。蓇葖果、瘦果、核果或梨果。种子无胚乳。

该科约 124 属，3300 多种，广布于全球，主产于北温带。我国产 51 属，1100 余种，已知药用 48 属，400 余种，全国各地均有分布。该科植物主要含有多种活性成分：氰苷，如苦杏仁苷有止咳祛痰作用，含于枇杷属、梅属、梨属等植物中；多元酚类，如仙鹤草酚有驱绦虫作用，分布于龙芽草属中；黄酮类化合物，如山楂属含有槲皮素、金丝桃苷。其他尚含有皂苷、有机酸等，但很少含生物碱。

该科根据托杯的形状、心皮数目、子房位置和果实类型可分为四个亚科：绣线菊亚科、蔷薇亚科、苹果亚科（梨亚科）和梅亚科（桃亚科）。它们之间的主要区别见下列检索表及图12－23。

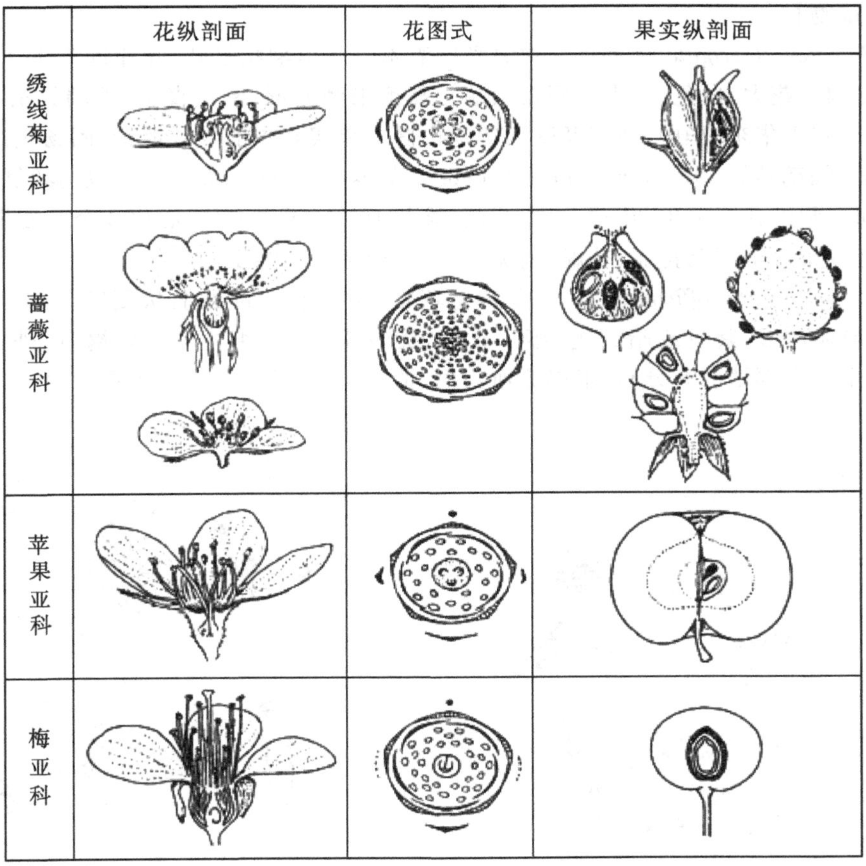


图12－23　蔷薇科四亚科比较图

**蔷薇科四亚科检索表**

1. 果实开裂；多无托叶 ………………………………………… 绣线菊亚科
1. 果实不开裂；具托叶。
    2. 子房上位。
        3. 心皮通常多数，分离；聚合瘦果或聚合小核果；萼宿存；多为复叶 ……… 蔷薇亚科
        3. 心皮1，稀2或5；核果；萼不宿存；单叶 ……………………………… 梅亚科
    2. 子房下位或半下位 ……………………………………………… 苹果亚科

**绣线菊亚科**

绣线菊亚科为灌木。单叶稀复叶；多无托叶。心皮常5个，分离，子房上位；蓇葖骨，稀蒴果。

【药用植物】

**绣线菊** *Spiraea salicifolia* L. 叶互生，长圆状披针形至披针形，边缘有锯齿。圆锥花序长圆形或金字塔形；花粉红色。蓇葖果直立，常具反折裂片。分布于东北、华北；生于河流沿岸，湿草原或山沟。全株能通经活血、通便利水。

## 蔷薇亚科

蔷薇亚科为草本或灌木。多为羽状复叶，托叶发达。子房上位，周位花，心皮多数，分离，着生于凹陷或突出的花托上；聚合瘦果或聚合小核果。萼片多宿存。

【药用植物】

**金樱子** *Rosa laevigata* Michx. 常绿攀援灌木。三出羽状复叶，叶片近革质。茎、叶柄和叶轴均具皮刺。花大，白色，单生于侧枝顶端。蔷薇果倒卵形，密生直刺，顶端具宿存萼片（图12－24）。分布于华东、华中、西南及陕西等地山区。果实和根能收敛涩精、固肠止泻。

**龙牙草（仙鹤草）** *Agrimonia pilosa* Ledeb. 草本，全株密被柔毛。奇数羽状复叶，小叶大小不等相间。圆锥花序顶生；花瓣5片，黄色；雄蕊10枚；子房上位，心皮2个。瘦果。全国大部分地区有分布。全草能止血、补虚、消炎、止痛。根芽能驱绦虫。

**地榆** *Sanguisorba officinalis* L. 多年生草本，根粗壮。奇数羽状复叶。穗状花序椭圆形、圆柱形或卵球形，紫色或暗紫色；萼片4片，无花瓣，雄蕊4枚。瘦果褐色，外有4棱（图12－25）。全国大部分地区有分布，根能凉血止血、清热解毒、消肿敛疮。外用治烫伤。

图12－24　金樱子

1. 花枝　2. 果枝　3. 果实

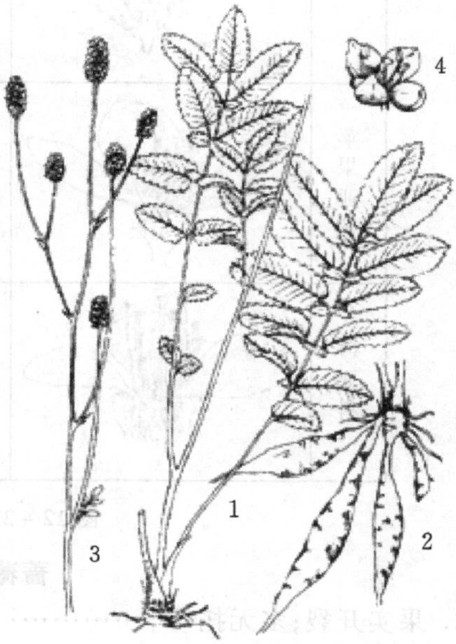


图12－25　地榆

1. 植株一部分　2. 根　3. 花枝　4. 花

该亚科常用药用植物尚有：**掌叶覆盆子** *Rubus chingii* Hu 果实（覆盆子）能补肝益肾、固精缩尿、明目。根能止咳、活血消肿。**委陵菜** *Potentilla chinensis* Ser. 带根全草能凉血止痢、清热解毒。**月季** *Rosa chinensis* Jacq. 花能活血调经。**玫瑰** *R. rugosa* Thunb. 花能行气解郁、和血、止痛。

## 梅亚科（李亚科）

梅亚科为木本。单叶，具托叶，叶基常有腺体。子房上位，心皮1，1室，2胚珠。核果。萼片常脱落。

【药用植物】

**杏** *Prunus armeniaca* L. 落叶乔木。单叶互生，叶片卵圆形或宽卵形，叶柄近顶端有2腺体；花单生，先叶开放，花萼5裂，花瓣5片，白色或浅粉红色；雄蕊多枚；雌蕊单心皮，核果球形，一侧有纵沟。种子1粒，扁心形（图12－26）。分布于全国，多为栽培。种子（苦杏仁）能祛痰止咳平喘、润肠通便。同属植物山杏 *P. armeniaca* L. var. *ansu* Maxim.、西伯利亚杏 *P. sibirica* L. 和东北杏 *P. mandshurica*（Maxim.）Koehne 的种子亦作"苦杏仁"入药。

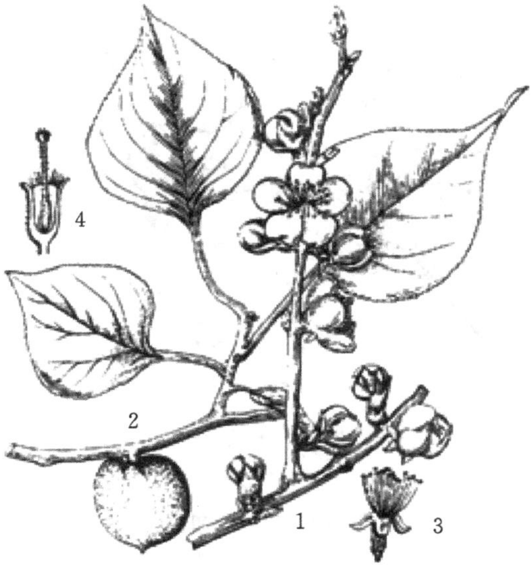

图 12－26 杏

1. 花枝 2. 果实 3. 花 4. 花部纵切，示杯状花托

**梅** *Prunus mume*（Sieb.）Sieb. et Zucc. 落叶乔木。小枝细长，先端刺状。单叶互生，叶片椭圆状宽卵形。花先叶开放，13朵簇生；花萼红褐色；花瓣5片，白色或淡红色。核果近球形，黄色或绿白色，密生短绒毛。近成熟果实（乌梅）能敛肺、涩肠、生津、安蛔。

该亚科常用药用植物尚有：**桃** *Amygdalus persica* L.［*Prunus persica*（L.）Batsch.］种子（桃仁）能活血祛瘀、润肠通便。**郁李** *Cerasus japonica*（Thunb.）Lois.［*Prunus japonica* Thunb.］种子（郁李仁）能润燥滑肠、下气利水。同属植物**欧李** *C. humilis*（Bunge）Sok.［*Prunus humilis* Bunge］、**长柄扁桃** *Amygdalus* pedunculata Pall.［*Prunus* pedunculata（Pall.）Maxim.］的成熟种子也作"郁李仁"入药。

## 苹果亚科（梨亚科）

苹果亚科为木本。单叶或复叶，具托叶。心皮2～5个，常与杯状花托内壁结合成子房下位或半下位，2个胚珠。梨果。

【药用植物】

**山里红** *Crataegus pinnatifida* Bge. var. *major* N. E. Br. 落叶乔木，小枝通常有刺。叶羽状深裂，裂片3～9对，边缘有重锯齿；托叶镰形。伞房花序，花白色。梨果熟时深红色，直径2～2.5cm（图12－27）。华北各地有栽培。果实（山楂）能消食健胃、行气散瘀、化浊降脂。同属植物**山楂** *C. pinnatifida* Bunge 的果较小，直径1～1.5cm，表面深红色而带灰白色斑点。也作"山楂"入药。**野山楂** *C. cuneata* Sieb. et Zucc. 为落叶灌木。枝多刺。果实直径1～1.2cm，熟时黄色或红色，入药称"南山楂"。

**贴梗海棠** *Chaenomeles speciosa*（Sweet）Nakai 落叶灌木，枝有刺。叶卵形至长椭圆形，叶缘有尖锐锯齿；托叶大，肾形或半圆形。花先叶开放，3～5朵簇生。梨果木质，干后表皮皱缩，称皱皮木瓜（图12－28）。多为栽培，分布于华东、华中、西北、西南等地区。果实（木瓜）能舒筋活络、和胃化湿。同属植物 **木瓜** *C. sinensis*（Thouin）Koehne 为落叶小乔木，枝无刺。托叶小。梨果较大，干后表皮不皱缩。果实（光皮木瓜）功效同"木瓜"。

图 12－27 山里红

1. 果枝 2. 花

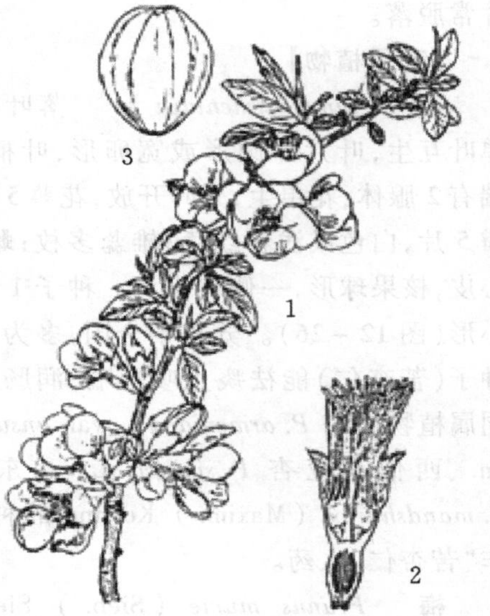


图 12－28 贴梗海棠

1. 花枝 2. 花纵切 3. 果实

该亚科常用药用植物尚有：**枇杷** *Eriobotrya japonica*（Thunb.）Lindl. 叶（枇杷叶）能清肺止咳，降逆止呕。**白梨** *Pyrus bretschneideri* Rehd.、**沙梨** *P. pyrifolia*（Burm. f.）Nakai 和**秋子梨** *P. ussuriensis* Maxim. 果实均能清肺化痰、生津止渴。

13. **豆科**⚥ * ↑ $K_{5,(5)}C_5A_{(9)+1,10,\infty}\underline{G}_{(1:1:1\sim\infty)}$

豆科为草本、灌木、乔木或藤本。茎直立或蔓生，根部常有根瘤。叶互生，多为羽状或掌状复叶，少为单叶；多具托叶和叶枕（叶柄基部膨大的部分）。花两性，花萼5裂，花瓣5片，通常分离；雄蕊多为10枚，常成二体雄蕊［（9）+1，稀（5）+（5）］，稀多数；心皮1个，子房上位，1室，边缘胎座，胚珠1个至多个。荚果。种子无胚乳。

该科为种子植物第三大科，仅次于菊科和兰科，700余属，18000余种，全球分布。我国有160属，1550种和变种，已知药用约600种。该科植物化学成分复杂，类型多样，但药用成分以黄酮类及生物碱最为主要。此外还含有三萜皂苷（如甘草酸和甘草次酸）、蒽醌类（如决明属植物中的番泻苷）、香豆素、鞣质等。

根据花的对称、花瓣排列、雄蕊数目及合生等，本科可分为三个亚科：含羞草亚科、云实（苏木）亚科和蝶形花亚科。在哈钦松和克朗奎斯特等分类系统中将本科分立为三个科：含羞草科、云实（苏木）科和蝶形花科。

**豆科三亚科检索表**

1. 花辐射对称，花瓣镊合状排列，通常在基部以上合生；雄蕊多数，稀与花瓣同数 ………………………………………………………………………………… 含羞草亚科

1. 花两侧对称；花瓣覆瓦状排列；雄蕊定数，通常为10枚。

　2. 花冠假蝶形；花瓣上升覆瓦状排列，即最上面的一片花瓣（旗瓣）位于最内方；雄蕊分离 ……………………………………………………………………… 云实亚科

　2. 花冠蝶形；花瓣下降覆瓦状排列，即最上面的一片花瓣（旗瓣）位于最外方；雄蕊10枚，多合生为二体雄蕊 ……………………………………………… 蝶形花亚科

### 含羞草亚科

含羞草亚科为木本、藤本、稀草本。二回羽状复叶。花辐射对称；穗状花序或头状花序；萼片下部多少合生；花瓣镊合状排列，基部常合生；雄蕊多数，稀与花瓣同数。荚果，有的具次生横隔膜。

**【药用植物】**

**合欢** *Albizia julibrissin* Durazz.　落叶乔木。二回偶数羽状复叶。头状花序呈伞房状排列。花淡红色，萼片、花瓣基部合生；雄蕊多枚，花丝细长。荚果扁条形（图 12－29）。多为栽培。全国均有分布。树皮（合欢皮）有解郁安神、活血、消肿止痛的作用；花能解郁安神、理气开胃、活血止痛。

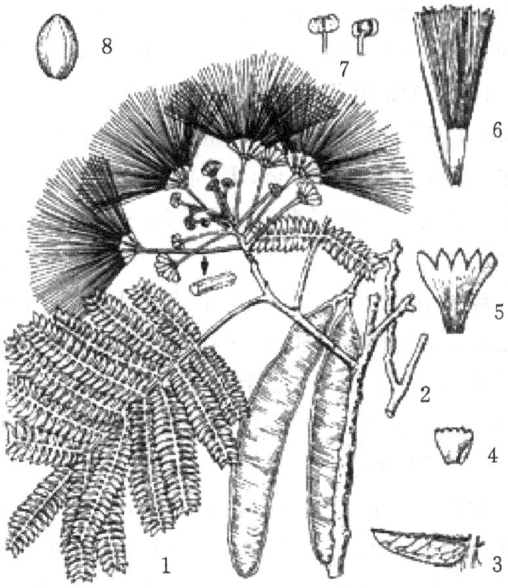


图 12－29　合欢

1. 花枝　2. 果枝　3. 小叶放大　4. 花萼　5. 花冠　6. 雄蕊与雌蕊　7. 花药　8. 种子

该亚科常用药用植物尚有：**含羞草** *Mimosa pudica* L. 全草能散瘀止痛、安神。**儿茶** *Acacia catechu*（L. f.）Willd. 心材或去皮枝干煎制的浸膏（孩儿茶）能收湿敛疮、止血定痛、清热化痰。

### 云实亚科

云实亚科为木本、藤本、稀草本。通常为偶数羽状复叶。花两侧对称；萼片 5 片，通常分离，有时上方二枚合生；花冠假蝶形，花瓣多 5 片，上升覆瓦状排列（即最上面的 1 片花瓣位于最内方）；雄蕊 10 枚或较少，多分离。荚果，常有隔膜。

**【药用植物】**

**决明** *Cassia obtusifolia* L.　一年生半灌木状草本。叶互生，偶数羽状复叶，小叶 3 对。叶轴上第一对小叶间或在第一对和第二对小叶间各有一长约 2mm 的针刺状腺体。花黄色，成对腋生；雄蕊 10 枚，发育雄蕊 7 枚。荚果细长，近四棱形。种子多数，菱柱形（图 12－30）。野生或栽培。分布于全国。种子（决明子）能清肝明目、利水通便、降压、降血脂。同属植物**小决明** *C. tora* L. 种子亦作“决明子”入药。

图 12－30　决明

1. 果枝　2. 复叶的一部分，示二小叶间的腺体　3. 花　4. 雄蕊和雌蕊　5. 种子

**皂荚** *Gleditsia sinensis* Lam.　落叶乔木，枝有分枝棘刺。偶数羽状复叶。花杂性，总状花序腋生，花萼钟状，裂片 4；花瓣 4 片，白色；

雄蕊6~8枚。荚果条形,黑棕色,被白色粉霜。多栽培。分布南北各地。果实(皂荚)能祛痰止咳,开窍通闭、杀虫散结。皂荚树因衰老或受外伤等影响而结出的畸形小荚果(猪牙皂)功用同皂荚。皂荚树上的棘刺(皂荚刺)能消肿、排脓、杀虫。

该亚科常用药用植物尚有:**狭叶番泻** *Cassia angustifolia* Vahl. 和**尖叶番泻** *C. acutifolia* Delile 主产于印度、埃及和苏丹等地,我国南方有引种。番泻叶小叶能泻热通便、消积导滞。**苏木** *Caesalpinia sappan* L. 心材能活血祛瘀,消肿止痛。**紫荆** *Cercis chinensis* Bunge 多作观赏花木栽培。树皮(紫荆皮)能活血通经、消肿止痛、祛瘀解毒。

### 蝶形花亚科

蝶形花亚科为草本、灌木或乔木。三出复叶或羽状复叶,稀单叶;有时有卷须;常有托叶和小托叶。花两侧对称;蝶形花冠,下降覆瓦状排列(最上面1瓣为旗瓣,位于最外方)侧面2片为翼瓣,被旗瓣覆盖;位于最下的2片其下缘稍合生而成龙骨瓣。雄蕊10枚,常为二体雄蕊,成(9)+1,或(5)+(5)两组,也有10枚全部联合成单体雄蕊,或全部分离。荚果。

**【药用植物】**

**甘草** *Glycyrrhiza uralensis* Fisch. 多年生草本。根状茎圆柱形,多横走;主根粗长,外皮红棕色或暗棕色。根与根茎味甜。全株被白色短毛及刺毛状腺体。羽状复叶,小叶卵形或宽卵形。总状花序腋生;花冠蓝紫色;雄蕊10枚,二体。花蓝紫色。荚果镰刀状或环状弯曲,密被刺状腺毛及短毛(图12-31)。分布于华北、西北、东北地区。根及根茎(甘草)能补脾益气、清热解毒、祛痰止咳、调和诸药。同属植物**光果甘草** *G. glabra* L. 和**胀果甘草** *G. inflata* Bat. 根及根茎亦作药材甘草用。

**膜荚黄芪** *Astragalus membranaceus* (Fisch.) Bunge 多年生草本。主根粗长,圆柱形。奇数羽状复叶,小叶6~13对,两面被白色长柔毛。总状花序腋生;蝶形花冠,黄色;雄蕊10,二体。荚果膜质,膨胀,被黑色短柔毛(图12-32)。分布于东北、华北、西北、西南等地区。根(黄芪)能补气固表、利水排脓。同属植物**蒙古黄芪** *A. membranaceus* (Fisch.) Bunge var. *mongholicus* (Bunge.) Hsiao 根亦作药材黄芪用。药材红芪为**多序岩黄芪** *Hedysarum polybotrys* Hand. - Mazz. 主产甘肃,根的功效似"黄芪"。

**槐** *Sophora japonica* L. 落叶乔木。奇数羽状复叶,小叶7~15片,托叶镰刀状,早落。圆锥花序顶生;花乳白色;雄蕊10枚,分离;子房筒状,有细长毛,花柱弯曲。荚果肉质,串珠状,种子间极细缩。种子1~6粒,肾形,深棕色。我国大部分地区有栽培。花蕾(槐米)、花(槐花)、果实(槐角)均能凉血止血、清肝明目,花蕾和花还可提取芦丁(rutin)。

**苦参** *S. flavescens* Ait. 落叶半灌木。根圆柱形,外皮黄白色。奇数羽状复叶,小叶披针形至线状披针形,托叶线形。总状花序顶生;花冠淡黄白色;雄蕊10枚,花丝分离。荚果条形,略呈串珠状。全国各地均有分布。根(苦参)能清热燥湿、杀虫、利尿。

**补骨脂** *Psoralea corylifolia* L. 一年生草本。全株被白色柔毛和黑色腺点。单叶互生,叶片边缘有粗锯齿,两面有黑色腺点。花多数密集成穗状的总状花序。荚果扁肾形,不开裂,具种子1粒。多栽培。主产于四川、河南、陕西、安徽等地。果实(补骨脂)能补肾壮阳、纳气平喘、温脾止泻。

**密花豆** *Spatholobus suberectus* Dunn 本质大藤本,长达数十米。老茎砍断后可见数圈偏心环,有鲜红色汁液流出。三出复叶互生,小托叶针状。圆锥花序大型,腋生,花多而密;花萼肉质,筒状,二唇形,有淡黄色柔毛;花冠白色,肉质;雄蕊10枚,二体;子房具白色硬毛。荚果舌形，具黄色柔毛，种子 1 粒，生荚果先端。分布于福建、广东、广西、云南。茎藤（鸡血藤）能补血活血、舒筋通络。

该亚科常用药用植物尚有：**野葛** *Pueraria lobata* (Willd.) Ohwi 根（葛根）能解表清热、透疹止泻、生津止渴，并有增加脑冠状动脉血流量的作用；未完全开放的花（葛花）能解酒毒、止渴。同属植物**甘葛藤** *P. thomsonii* Benth. 根习称粉葛，也作药材葛根入药。**金钱草** *Desmodium styracifolium* (Osbeck) Merr. 枝叶（广金钱草）能清热利湿、通淋排石。**扁豆** *Dolichos lablab* L. 白色种子（白扁豆）能健脾、化湿消暑。**赤小豆** *Vigna umbellata* (Thunb.) Ohwi et Ohashi 和**赤豆** *V. angularis* (Willd.) Ohwi et Ohashi 种子（赤小豆）能利水消肿、解毒排脓。

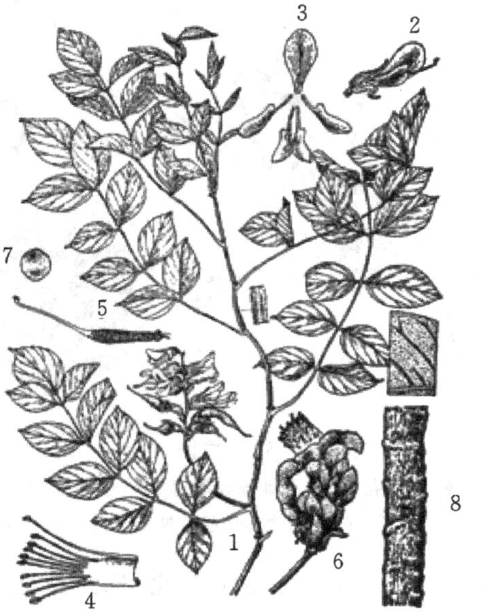


图 12－31　甘草

1. 花枝　2. 花的侧面观　3. 旗瓣、翼瓣和龙骨瓣　4. 雄蕊　5. 雌蕊　6. 果序　7. 种子　8. 根的一段

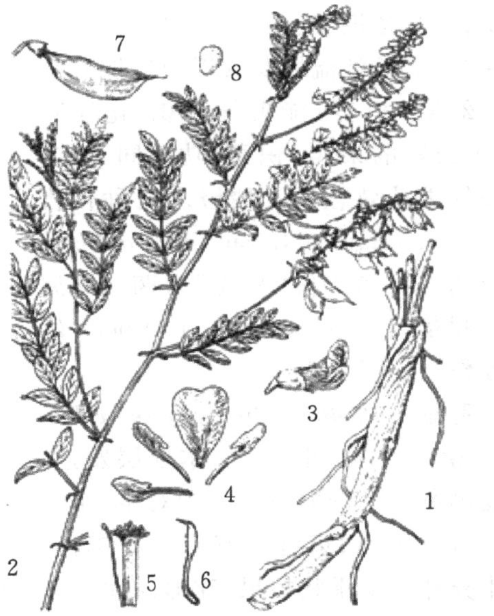


图 12－32　黄芪

1. 根　2. 花、果枝　3. 花　4. 旗瓣、翼瓣和龙骨瓣　5. 雄蕊　6. 雌蕊　7. 果实　8. 种子

14. 芸香科 $⚥ * K_{3\sim5}C_{3\sim5}A_{3\sim\infty}\underline{G}_{(2\sim\infty:2\sim\infty:1\sim2)}$

芸香科为乔木、灌木、木质藤本，稀草本。叶、花、果常有透明油点（腺点），多含挥发油。叶互生，偶对生，羽状复叶或单身复叶，少单叶，无托叶。花多两性，辐射对称，单生或簇生，或排成总状花序、聚伞花序、圆锥花序；萼片 3～5 片，花瓣 3～5 片，雄蕊与花瓣同数或为其倍数，外轮雄蕊常与花瓣对生；花盘发达；子房上位，心皮 2～5 个或更多，多合生；每室胚珠 1～2 个，稀更多。柑果、蒴果、核果或蓇葖果，稀翅果。

该科约 150 属，1700 余种，分布于热带、亚热带和温带。我国有 29 属，150 余种，已知药用 23 属，100 余种，主产南方。该科植物化学成分多样，主要含挥发油、生物碱、黄酮类、香豆素及木脂体类。不少成分具强烈活性，或有分类学意义。生物碱在芸香科中普遍存在，一些呋喃喹啉类、吡喃喹啉类和吖啶酮类的生物碱几乎只限存于该科植物。此外，黄酮类化合物在该科中也有广泛分布，柑橘属中的橙皮苷能降低血管脆性，防止微血管出血，并能降低血中胆固醇。

【药用植物】

**橘** *Citrus reticulata* Blanco 常绿小乔木或灌木,多有刺。单身复叶,叶柄有窄翼,顶端有关节,叶片上有半透明油点。柑果扁球形,果皮密布油点,易剥离。长江以南地区广泛栽培,品种甚多。成熟果皮(陈皮)能理气健脾、燥湿化痰、和胃降逆;幼果或未成熟果皮(青皮)能疏肝破气、消积化滞;外层果皮(橘红)能散寒燥湿、理气化痰、宽中健胃;中果皮内侧维管束群(橘络)能通络化痰;种子(橘核)能理气、止痛、散结。

**酸橙** *C. aurantium* L. 常绿小乔木。枝三棱形,有长刺。单生复叶,叶柄有狭长形或狭长倒心形的叶翼,叶片革质,有半透明油点。柑果近球形(图12-33)。长江流域及其以南各地有栽培。幼果(枳实)能破气消积、化痰除痞;未成熟的果实(枳壳)功效同枳实,但破气之功效较弱。酸橙之变种**代代花** *C. aurantium* L. var. *amara* Engl. 未成熟的果实亦作"枳壳"入药。同属植物**甜橙** *C. sinensis* (L.) Osbeck 幼果亦作"枳实"入药。

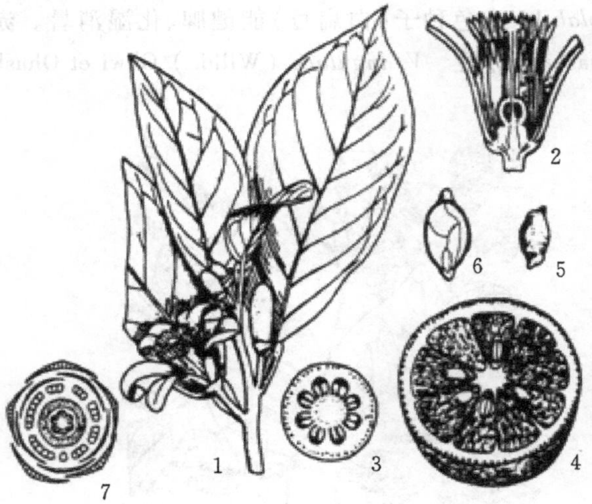

图 12-33 酸橙

1. 花枝 2. 花纵剖,示雄蕊和雌蕊 3. 子房横切 4. 果横切 5. 种子 6. 种子纵切,示折迭的子叶 7. 花图式

**黄檗** *Phellodendron amurense* Rupr. 落叶乔木。树皮厚,木栓层发达,内皮鲜黄色。奇数羽状复叶对生,小叶边缘有细钝齿,齿缝有腺点。花单性,雌雄异株。浆果状核果,球形,熟时紫黑色,内有种子2~5粒。分布于东北、华北地区及宁夏等地有栽培。树皮(关黄柏)能清热泻火、燥湿解毒。同属植物**黄皮树** *P. chinense* Schneid. 分布于四川、贵州、云南、湖北、陕西等地。其树皮(黄柏,习称川黄柏)功效同关黄柏。

**吴茱萸** *Evodia rutaecarpa* (Juss.) Benth. 常绿灌木或小乔木。幼枝、叶轴及花序均被黄褐色长柔毛。有特殊气味。奇数羽状复叶对生,小叶背面密被白色柔毛,并有粗大透明腺点。圆锥状聚伞花序顶生,萼片5片,花瓣5片,白色。蓇果扁球形,成熟时开裂成5个果瓣,紫红色,表面有粗大腺点。分布于中南、华东、西南及陕西、甘肃等地区。未成熟果实(吴茱萸)能散寒止痛、降逆止呕、杀虫。同属植物**疏毛吴茱萸** *E. rutaecarpa* (Juss.) Benth. var. *bodinieri*(Dode) Huang.、**石虎** *E. rutaecarpa* (Juss.) Benth. var. *officinalis* (Dode) Huang 果实亦可作"吴茱萸"入药。

该亚科常用药用植物尚有:**白鲜** *Dictamnus dasycarpus* Turcz. 根皮(白鲜皮)能清热燥湿、祛风解毒。**花椒** *Zanthoxylum bungeanum* Maxim. 果皮(花椒)能温中止痛、除湿止泻、杀虫止痒;种子(椒目)能利水消肿、祛痰平喘。**两面针** *Z. nitidum* (Roxb.) DC. 根(两面针)能行气止痛、活血化瘀、祛风通络。**枸橼** *Citrus medica* L. 和**香圆** *C. willsonii* Tanaka 成熟果实(香橼)能理气降逆、宽胸化痰。**九里香** *Murraya exotical* L. 和**千里香** *M. paniculata* (L.) Jack 叶和带叶嫩枝(九里香)能行气止痛,活血散瘀。

**15. 大戟科** $♂ * K_{0\sim5}C_{0\sim5}A_{1\sim\infty,(\infty)}$；$♀ * K_{0\sim5}C_{0\sim5}\underline{G}_{(3:3:1\sim2)}$

大戟科为木本或草本，常含有乳汁。多单叶互生，叶基部常有腺体；托叶早落或缺。花单性。雌雄同株或异株；排成穗状、总状、聚伞或杯状聚伞花序；花被常为单层，萼状，有时缺或花萼与花瓣具存，有花盘或腺体；雄蕊 1 枚至多枚，花丝分离或合生；子房上位，心皮 3 个，组成 3 室，中轴胎座，每室胚珠 1 ~2 个。蒴果，稀浆果或核果。种子具胚乳。

该科约 300 属，8000 余种，广布于全世界，主产于热带。我国有 66 属，364 种，已知药用 39 属，160 余种。该科植物多有不同程度的毒性，化学成分复杂，主要有生物碱、氰苷、硫苷、二萜、三萜类化合物、油脂和蛋白质。生物碱中的一叶萩碱能兴奋中枢神经，美登木素类生物碱有抗癌活性。二萜类成分多有强烈的生理活性或刺激性作用，并有较重要的分类学意义。

**【药用植物】**

**大戟** *Euphorbia pekinensis* Rupr. 多年生草本，有白色乳汁。根圆锥形。茎直立，上部分枝被短柔毛。叶互生，长圆形至披针形。花序特异，是由多数杯状聚伞花序排列而成的多歧聚伞花序：总花序通常 5 歧聚伞状，有 5 伞梗，基部各生一叶状苞片，轮生；每伞梗又作一至多回二歧聚伞状分枝，分枝基部有小叶状苞 1 对，分枝顶端着生杯状聚伞花序；杯状聚伞花序外围有杯状总苞，总苞 4 ~5 浅裂，有 4 枚肥厚肾形腺体；总苞内有多朵雄花和 1 朵雌花，雄花集成蝎尾状聚伞花序，无花被，仅具 1 枚雄蕊，花丝和花柄间有关节；雌花仅有雌蕊 1 枚，单生于杯状总苞的中央，具长柄，无花被，子房上位，3 个心皮合生成 3 室，每室 1 个胚珠。蒴果三棱状球形，表面具疣状突起（图 12 – 34）。我国各地多有分布。根（京大戟）有毒，能消肿散结、泻水逐饮。

**巴豆** *Croton tiglium* L. 常绿灌木或小乔木。幼枝、叶有星状毛。叶互生，卵形至长圆卵形，两面疏生星状毛，叶基两侧近叶柄处各有一无柄腺体。花小，单性，雌雄同株。总状花序顶生，雄花在上，雌花在下；萼片 5 片，花瓣 5 片，反卷，雄蕊多数，雌花常无花瓣，子房上位，3 室，每室 1 个胚珠。蒴果卵形，有 3 钝棱（图 12 – 35）。分布于长江以南各地，野生或栽培。种子（巴豆）有大毒，能峻下积滞、逐水消肿。根可治风湿性腰腿痛和跌打损伤。叶可治蛇咬伤或作杀虫剂。

该科常见药用植物尚有：**蓖麻** *Ricinus communis* L. 种子（蓖麻子）经冷榨所得的油为蓖麻油，内服有泻下通便作用；种仁捣烂外用，能消肿拔毒、泻下通滞。**甘遂** *Euphorbia kansui* T. N. Liou ex S. H. Ho 根（甘遂）有毒，功效同大戟。**一叶萩** *Securinega suffruticosa*（Pall.）Rehd. 枝、叶、花能活血通络，并可提取一叶荻碱，用治小儿麻痹后遗症和面神经麻痹。**乌桕** *Sapium sebiferum*（L.）Roxb. 根皮、叶有小毒，能清热解毒、止血止痢，种仁油脂可作软膏基质及可可脂代用品。**叶下珠** *Phyllanthus urinaria* L. 全草能清肝明目、渗湿利水。

**16. 锦葵科** $⚥ * K_{5,(5)}C_5A_{(\infty)}\underline{G}_{(3\sim\infty:3\sim\infty:1\sim\infty)}$

锦葵科为草本或木本，具黏液细胞，韧皮纤维发达。幼枝、叶常有星状毛。单叶互生，常具掌状脉，有托叶，早落。花两性，辐射对称，单生或成聚伞花序；萼片通常 5 片，离生或合生，镊合状排列，其外常有 3 至多数小苞片（副萼），萼宿存；花瓣 5 片，旋转状排列；雄蕊多数，花丝下部连合成管状（单体雄蕊），花药 1 室，花粉具刺；子房上位，心皮 3 个至多个组成 3 室至多室，中轴胎座。蒴果或分果。

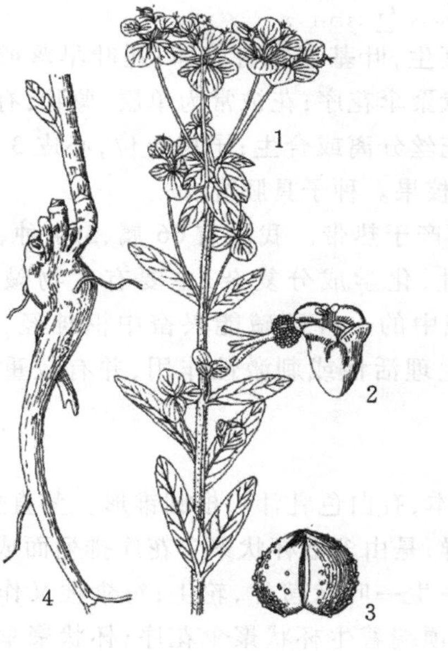

图 12－34　大戟

1. 花枝　2. 花

3. 果实　4. 根

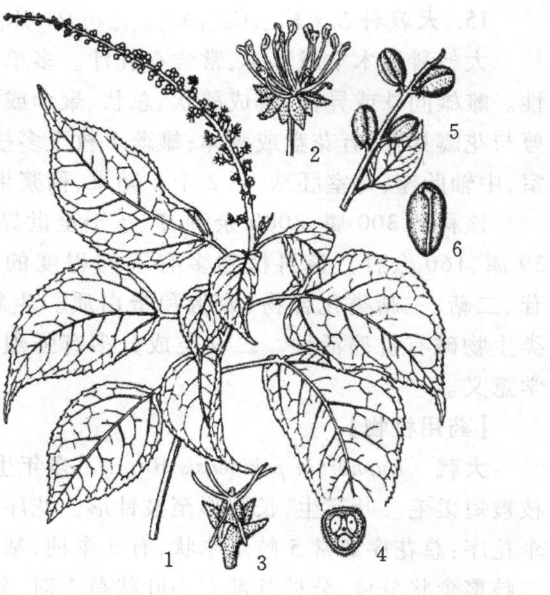

图 12－35　巴豆

1. 花枝　2. 雄花　3. 雌花

4. 子房横切面　5. 果枝　6. 种子

该科有 75 属，1500 种，广布于世界各地。我国有 16 属，约 80 种，已知药用 12 属，约 60 种，分布于南北各地。该科植物的主要活性成分有黄酮苷、生物碱、酚类等。不少植物的叶、根和种子中含有黏液和多糖。

【药用植物】

**苘麻** *Abutilon theophrasti* Medic.　一年生大草本，全株有星状毛。叶互生，圆心形。花单生叶腋，花萼 5 裂，无副萼；花瓣 5 片，黄色；单体雄蕊；心皮15～20 个，轮状排列。蒴果半球形，分果瓣 15～20 瓣，每果瓣顶端有 2 长芒。种子肾形，黑色（图 12－36）。全国多数省区有分布。种子（苘麻子）能清热利湿、解毒、退翳，部分地区作冬葵子药材用。

**木芙蓉** *Hibiscus mutabilis* L.　落叶灌木，全株有灰色星状毛。叶互生，卵圆状心形，通常 5～7 掌状分裂。花大，秋季开放，白色或粉红色，单生于枝端叶腋；具副萼；花萼 5 裂；花瓣 5 片或重瓣；子房 5 室。蒴果扁球形。我国多数地区有栽培。叶、花和根皮能清热解毒、散瘀止血、消肿排脓，外用治痈疮。

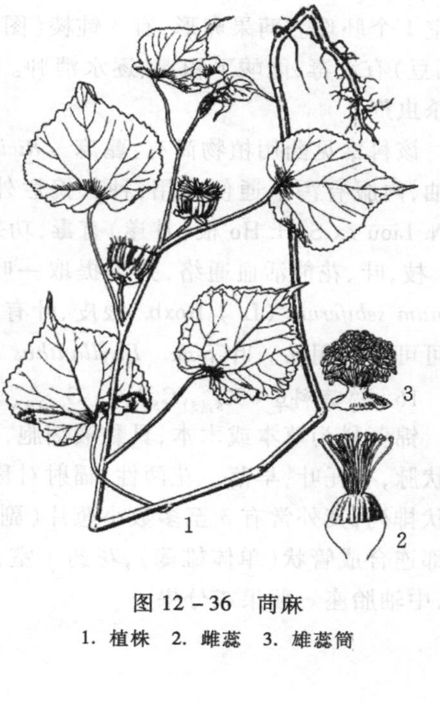

图 12－36　苘麻

1. 植株　2. 雌蕊　3. 雄蕊筒

该科常见的药用植物尚有：**木槿** *Hibiscus syriacus* L. 茎皮和根皮（木槿皮）有清热利湿、杀虫、止痒作用。花能清热解毒、止痢。果实（朝天子）

能清肺化痰、解毒止痛。**冬葵(冬苋菜)** *Malva verticillata L.* 果实(冬葵子)能清热利尿、消肿。**草棉** *Gossypium herbaceum* L. 根能补气、止咳、平喘;种子(棉籽)能补肝肾、强腰膝,有毒慎用。

17. **五加科** ⚥ $* K_5 C_{5\sim10} A_{5\sim10} \overline{G}_{(2\sim15:2\sim15:1)}$

五加科为木本,稀多年生草本。叶多互生,掌状复叶、羽状复叶或单叶(多掌状分裂)。花小,两性,稀单性或杂性,辐射对称;由伞形花序、头状花序或总状花序再组成圆锥状复花序;小形萼齿5裂;花瓣5片,偶10片,分离;雄蕊常与花瓣同数而互生,生于花盘边缘,花盘位于子房顶部;子房下位,心皮2~15个,合生,常2~5室,每室有1个倒生胚珠。浆果或核果;种子有丰富的胚乳。

该科约80属,900余种,分布于热带和温带。我国有23属,160余种,已知药用19属,112种,除新疆外,全国均有分布。该科植物大多含皂苷、黄酮类及香豆精,其中以富含三萜皂苷为其特点。达玛烷型四环三萜皂苷主要存在于人参、三七、西洋参中;齐墩果烷型五环三萜皂苷主要分布在楤木属、刺楸属、五加属及人参属等植物中,具有兴奋中枢神经、抗炎症和抗溃疡等作用。

**【药用植物】**

**人参** *Panax ginseng* C. A. Mey. 多年生草本。主根粗壮,圆柱形,肉质。根状茎(芦头)结节状,上有茎痕(芦碗)及不定根(艼)。掌状复叶轮生茎顶,一年生者具1片三出复叶,二年生者具1片掌状五出复叶,三年生者具2片掌状五出复叶,以后每年递增1片复叶,最多可达6片复叶;小叶椭圆形或卵形,上面脉上疏生刚毛,下面无毛。伞形花序单个顶生,总花梗比叶柄长;花小,淡黄绿色。浆果状核果,扁球形,成熟时鲜红色(图12-37)。现多栽培。分布于东北地区。根、茎、叶、花和果实含多种人参皂苷。根(人参)能大补元气、复脉固脱、生津安神。

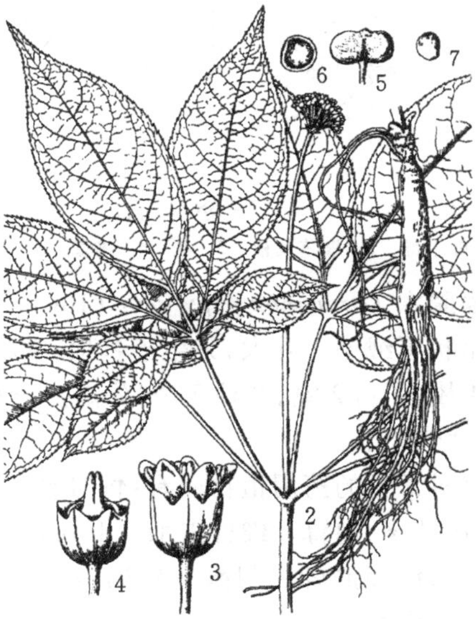

图12-37 人参

1. 根 2. 花枝 3. 花 4. 花柱及花盘 5. 果实 6. 种子 7. 胚体

**西洋参** *P. quinquefolium* L. 形态与人参近似,区别在于本种的总花梗与叶柄近等长或稍长,小叶片倒卵形,脉上无刚毛,边缘锯齿不规则且较粗大而易区分。原产北美,现我国北京、黑龙江、吉林、陕西等地有引种栽培。根(西洋参)能补气养阴、清热生津。

**三七** *P. notoginseng* (Burk.) F. H. Chen 多年生草本。主根粗壮,倒圆锥状或短柱形,常有瘤状突起的分枝。掌状复叶,小叶3~7片,形态变化较大,中央一片最大,两面脉上密生刚毛(图12-38)。主要栽培于云南、广西。现四川、江西、湖北,广东、福建等地也有栽培。根(三七)能散瘀止血、消肿止痛。

**刺五加** *Acanthopanax senticosus* (Rupr. et Maxim.) Harms. 落叶灌木,茎枝直立,密生细

针状刺。掌状复叶,小叶5片,叶背面沿脉密生黄褐色毛。伞形花序单生或2~4个丛生于茎顶,花瓣黄绿色,花柱5个,合生成柱状,子房5室。浆果状核果,球形,有5棱,黑色(图12-39)。分布于东北、华北。根及根状茎或茎(刺五加)有人参样作用,能益气健脾、补肾安神。

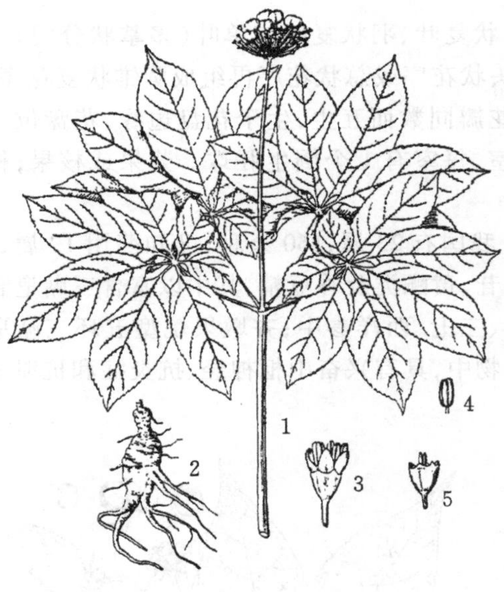


图12-38 三七

1. 植株上部 2. 根茎及根 3. 花 4. 雄蕊 5. 花萼及花柱

图12-39 刺五加

1. 花枝 2. 果序

**通脱木** *Tetrapanax papyrifera* (Hook.) K. Koch. 落叶灌木,茎干粗壮。小枝、花序均密生黄色星状厚绒毛。叶大,集生于茎顶,掌状5~11裂。伞形花序集成圆锥状;花瓣4片,白色;雄蕊4枚;子房2室,花柱2个,分离。分布于长江流域及以南各省。茎髓(通草)白色,能清热利尿、通气下乳。

该科常见的药用植物尚有:**竹节参** *Panax japonicus* C. A. Mey. 根茎能滋补强壮、散瘀止痛、止血祛痰、健胃。**细柱五加** *Acanthopanax gracilistylus* W. W. Smith. 根皮(五加皮)能祛风湿、补肝肾、强筋骨。**刺楸** *Kalopanax septemlobus* (Thunb.) Koidz. 根皮及枝能祛风除湿、解毒杀虫。**楤木** *Aralia chinensis* L. 根及树皮能祛风除湿、活血;叶能提取齐墩果酸。

18. **伞形科** ⚥ $* K_{(5),0} C_5 A_5 \overline{G}_{(2:2:1)}$

伞形科为草本,常含挥发油而有香气。茎中空,表面常有纵棱。叶互生,叶片一至多回羽状分裂或为复叶,叶柄基部扩大成鞘状。花小,两性,辐射对称,复伞形花序,稀为单伞形花序;萼齿5裂或不明显;花瓣5片;雄蕊5枚,与花瓣互生;子房下位,2个心皮合生,2室,每室1个胚珠,花柱2个,基部往往膨大成盘状或短圆锥状的花柱基,或称上位花盘。双悬果,成熟时分离成二分果。每个分果常有5条主棱(1条背棱、2条中棱、2条侧棱),有时在主棱之间还有4条次棱;外果皮表面平滑或有毛、皮刺、瘤状突起,棱和棱之间有沟槽,沟槽内及合生面通常有纵走的油管一至多条。种子胚小,胚乳丰富(图12-40)。

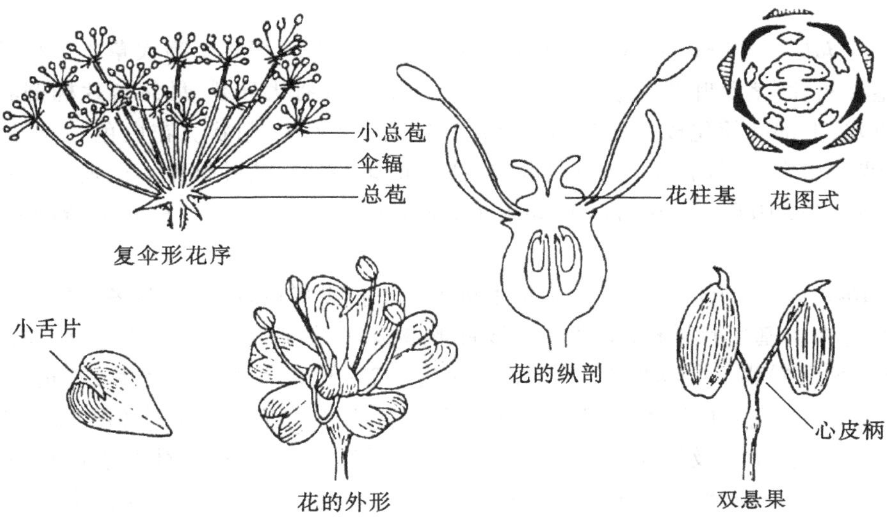


图 12-40　伞形科花果模式图

该科约 300 属,3000 余种,广布于热带、亚热带和温带地区。我国约 95 属,600 余种,已知药用 55 属,234 种,全国均有分布。该科植物含有多类化学成分,主要有挥发油、香豆素、三萜皂苷、生物碱及黄酮类等。所含的挥发油常与树脂伴生而贮于油管中。香豆素是该科的特征性成分,类型较多。主要为香豆素衍生物及呋喃骈香豆素衍生物,存在于当归属、前胡属、藁本属、独活属等 20 多个属中。

该科植物含有毒的聚炔类化合物也是其另一化学特征,如毒芹属植物含有的毒芹毒素。该科的特征虽易掌握,但在属和种的鉴定上比较困难,鉴别属、种时应注意下列形态特征:叶和叶柄基部的形状;花序为复伞形还是单伞形,总苞片及小苞片存在与否,其形状和数目;花的颜色,萼片的情况,花柱的长短,花柱基的形态特征;双悬果的形状,有无刺毛,分果是背腹压扁或两侧压扁,主棱和次棱的情况,油管的分布和数目等。

**【药用植物】**

**当归** *Angelica sinensis* (Oliv.) Diels　多年生草本。主根粗短,有数条支根,具特异香气。茎带紫红色。叶二至三回三出复叶或羽状全裂,最终裂片卵形或狭卵形,3 浅裂,有尖齿。复伞形花序,总苞片无或有 2 片,伞辐(小伞形花序的柄)10～14 个,不等长,小总苞片 2～4 片;花瓣 5 片,绿白色;雄蕊 5 枚;子房下位。双悬果椭圆形,背向压扁,每分果有 5 条果棱,侧棱延展成宽翅(图 12-41)。分布于陕西、甘肃、湖北、四川、云南、贵州等地,多为栽培。根(当归)能补血、活血、调经、

图 12-41　当归
1. 果枝　2. 根　3. 叶

润肠。

**白芷** *A. dahurica*（Fisch. ex Hoffm.）Benth. et Hook. f. 多年生高大草本。根长圆锥形，黄褐色。茎极粗壮，茎及叶鞘暗紫色。茎中部叶二至三回羽状分裂，最终裂片椭圆状披针形，基部下延成翅；上部叶简化成囊状叶鞘。总苞片缺或1～2片，鞘状。花白色。双悬果椭圆形或近圆形，背向压扁。根（白芷）能解表散寒、祛风止痛、通窍、消肿排脓。同属植物**杭白芷** *A. dahurica*（Fisch. ex Hoffm.）Benth. et Hook. f. var. *formosana*（Boiss.）Shan et Yuan 的根亦作"白芷"入药。

**柴胡** *Bupleurum chinense* DC. 多年生草本。主根黑褐色，质硬。茎多丛生，上部分枝梢成"之"字形弯曲。基生叶早枯，中部叶倒披针形或披针形，长4～7cm，宽6～8mm，其平行脉7～9条，叶下面具粉霜。复伞形花序，无总苞片或有2～3片，小总苞片5片，花黄色。双悬果宽椭圆形，两侧略扁，棱狭翅状，棱槽中常有油管3个，接合面有油管4个（图12－42）。分布于东北、华北、西北、华东及湖北、四川等地区。根（柴胡，习称北柴胡）能解表退热、疏肝解郁、升阳。同属植物**狭叶柴胡** *B. scorzonerifolium* Willd. 根习称南柴胡或红柴胡，功效同柴胡。注意**大叶柴胡** *B. longiradiatum* Turcz. 的根有毒，不可当柴胡用。

**川芎** *Ligusticum chuanxiong* Hort. 多年生草本，高40～70cm。根茎呈不整齐结节状拳形团块，有浓香气。地上茎枝丛生，茎基部的节膨大成盘状，生有芽（称苓子，供繁殖用）。叶为二至三回羽状复叶，小叶3～5对，边缘不整齐羽状分裂。复伞形花序，花白色。双悬果卵形（图12－43）。分布于四川、云南、贵州。根状茎（川芎）能活血行气、祛风止痛。

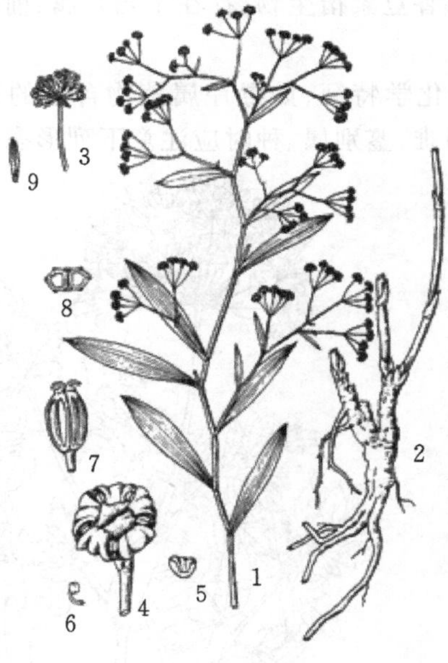


图12－42 柴胡

1. 花枝 2. 根 3. 小伞形花序 4. 花 5. 花瓣 6. 雄蕊 7. 果实 8. 果实横切面 9. 小总苞

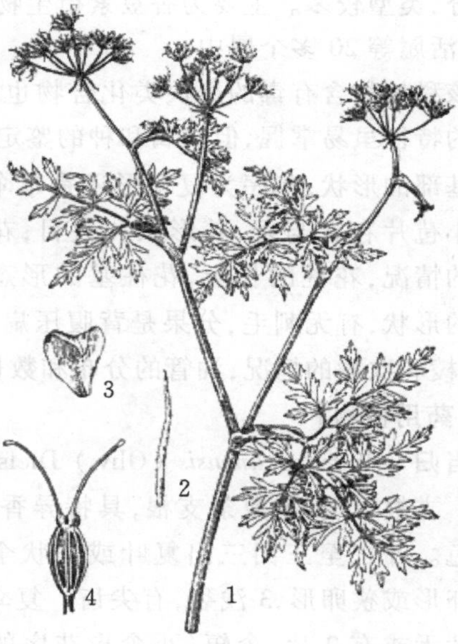


图12－43 川芎

1. 花枝 2. 总苞片 3. 花瓣 4. 未成熟果实

**防风** *Saposhnikovia divaricata*（Turcz.）Schischk. 多年生草本。根长圆柱形，有特异香气。根头处密生纤维状叶柄残基和环纹。茎二歧分枝，有细棱。基生叶丛生，二至三回羽状分裂，最终裂片条形至倒披针形，顶生叶仅具叶鞘。复伞形花序，伞辐5～9个；无总苞或仅1片，小总苞片4～5片；花白色。双悬果矩圆状宽卵形，幼时具瘤状凸起（图12－44）。主产黑龙江、吉林、辽宁、内蒙古、山西、河北等地。根（防风）能祛风解表、除湿止痛、止痉。

**珊瑚菜** *Glehnia littoralis* Fr. Schmidt. ex Miq.　多年生草本，高5～20cm。全株被灰褐色绒毛。主根细长，圆柱形。茎短。基生叶三出或羽状分裂或二至三回羽状深裂。复伞形花序顶生，伞辐10～14个；总苞有或无，小总苞片8～12片；花白色。双悬果椭圆形，果棱具木栓质翅，有棕色绒毛。多生于海岸沙滩或栽培于沙质土壤。分布于山东、河北、辽宁、江苏、浙江、福建、台湾。根（北沙参）能养阴清肺、益胃生津。

图12－44　防风
1. 根及茎下部茎叶　2. 叶　3. 果枝

**白花前胡** *Peucedanum praeruptorum* Dunn.　多年生草本，高1m左右。主根粗壮，圆锥形。茎直立，上部叉状分枝，基部有多数褐色叶鞘纤维。基生叶二至三回羽状分裂，最终裂片菱状倒卵形，不规则羽状分裂，边缘有圆锯齿，叶柄长，基部有宽鞘；茎生叶较小，有短柄。复伞形花序，无总苞片，伞辐12～18个；小总苞片7片，线状披针形；花白色。双悬果椭圆形或卵形，侧棱有窄而厚的翅。分布于华东、华中、西南等地。根（前胡）能疏散风热、降气化痰。

该科药用植物很多，常见的尚有：**重齿毛当归** *Angelica pubescens* Maxim. f. *biserrata* Shan et Yuan 根（独活）能祛风除湿、通痹止痛。**藁本** *Ligusticum sinense* Oliv. 及**辽藁本** *L. jeholense* Nakai et Kitag. 根茎及根（藁本）能祛风散寒、除湿止痛。**羌活** *Notopterygium incisum* Ting ex H. T. Chang. 根茎及根（羌活）能解表散寒、除湿止痛。**蛇床** *Cnidium monnieri*（L.）Cuss. 果实（蛇床子）能温肾壮阳、燥湿祛风、杀虫止痒。**茴香** *Foeniculum vulgare* Mill. 果实（小茴香）能理气开胃、祛寒疗疝。**野胡萝卜** *Daucus carota* L. 果实（南鹤虱）有小毒，能消炎、驱虫。

## （二）合瓣花亚纲

合瓣花亚纲（Sympetalae）又称后生花被亚纲（Metachlamydeae）。本亚纲的主要特征是：花瓣多少连合成合瓣花冠。花冠的连合，增强了对昆虫传粉的适应及对雄蕊和雌蕊的保护。花冠的形状常见的有钟状、漏斗状、管状、唇形、舌状等。花的轮数趋于减少，由5轮（花萼、花冠、雌蕊的心皮各1轮，雄蕊2轮）到4轮（花萼、花冠、雄蕊、雌蕊的心皮均为1轮），各轮的数目也逐步减少。通常无托叶。胚珠只有一层珠被。

### 1. 木犀科 Oleaceae ⚥ $* K_{(4)} C_{(4),0} A_2 \underline{G}_{(2:2:2)}$

木犀科木本或藤本。叶常对生，单叶、三出复叶或羽状复叶，无托叶。花两性，稀单性，辐射对称；常排成圆锥花序、聚伞花序或簇生；花萼通常4裂；花冠合瓣，常4裂，有时缺失；雄蕊常2枚；子房上位，由2个心皮组成2室，每室2个胚珠。核果、蒴果、浆果或翅果。

该科显微结构叶上有盾状毛茸，叶肉中常含有草酸钙针晶和柱晶。

该科约29属，600余种，广布于温带至亚热带地区。我国有12属，200余种，分布于全国各地区。该科植物含酚类、苦味素类、香豆素类、挥发油、苷类、树脂等。

【药用植物】

**连翘** *Forsythia suspensa* (Thunb.) Vahl. 落叶小乔木或灌木。高2～5m，枝条下垂，中空。卵形单叶或羽状三出复叶，对生。早春开花，花先叶开放，花1朵至数朵腋生；花冠黄色，4裂；雄蕊2枚，着生在花冠管基部；子房上位，2室。蒴果卵形，成熟时裂为2瓣。种子多数，有翅（图12－45）。生于山野荒坡或栽培。分布于东北、华北等地区。果实（连翘）能清热解毒、消肿散结。

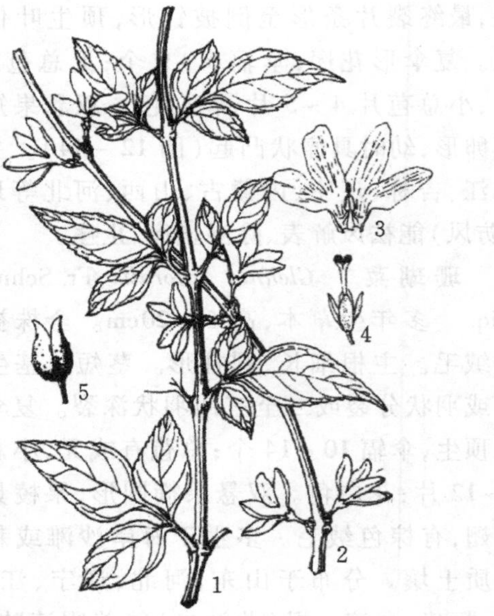


图12－45 连翘

1. 叶枝 2. 花枝 3. 花冠展开，示雄蕊及雌蕊 4. 花萼及雌蕊 5. 果实

## 知识拓展

### 连翘的商品规格

连翘分为黄翘和青翘两种规格。

黄翘：呈长卵形或卵形，两端狭长，多分裂为两瓣。表面有一条明显的纵沟和不规则的纵皱纹及凸起小斑点，间有残留果柄。表面棕黄色，内面浅黄棕色，平滑，内有纵隔。质坚脆，种子已脱落。气微香，味苦。

青翘：呈狭卵形，两端狭长，多不开裂。表面青绿色，绿褐色，有两条纵沟和凸起小斑点，内有纵隔。质坚硬。气芳香，味苦。

**女贞** *Ligustrum lucidum* Ait. 常绿乔木。单叶对生，革质，卵形或椭圆形。花小，两性，密生成顶生圆锥花序；花冠白色，漏斗状，4裂；雄蕊2枚；子房上位。核果矩圆形，稍弯曲，熟时紫黑色，被白粉（图12－46）。生于混交林或林缘、谷地。分布于长江以南各地区，各地多有栽培。果实（女贞子）能滋补肝肾、明目乌发。

**苦枥白蜡树** *Fraxinus rhynchophylla* Hance 落叶乔木。叶对生，单数羽状复叶，小叶5～7片，常为5片，广卵形或椭圆状倒卵形，顶生小叶最大，最下面的小叶较小，叶背中脉及小叶柄有棕色柔毛。圆锥花序顶生或腋生，雌雄异株或混生有两性花；花萼小不规则分裂，无花冠。翅果倒披针形（图12－47）。生于阔叶林中及向阳山坡、路旁或栽培。分布于我国东北、华北、华中等地区。茎皮（秦皮）能清热燥湿、清肝明目、止痢。

图 12－46　女贞

1. 花枝　2. 花

图 12－47　苦枥白蜡树

1. 果枝　2. 雄花　3. 两性花　4. 雌花

该科药用植物尚有：**暴马丁香**　*Syringa reticulata*（Bl.）Hara var. *mandshurica*（Maxim.）Hara. 树皮和茎枝能清肺、祛痰、止咳平喘。**木犀（桂花）**　*Osmanthus fragrans* Lour. 花可作香料和食用。**油橄榄**　*Olea europaea* L.　果皮榨油可供食用或药用。

2. **龙胆科** ⚥ $* K_{(4\sim5)} C_{(4\sim5)} A_{4\sim5} \underline{G}_{(2:1:\infty)}$

龙胆科为草本。茎直立或攀援。单叶对生，全缘，少轮生，无托叶。花常两性，辐射对称；多聚集成聚伞花序，稀单生；花萼常 4～5 裂；花冠漏斗状、辐射状或管状，常 4～5 裂，多旋转状排列，有时有距；雄蕊与花冠裂片同数而互生，着生于花冠管上；子房上位，常 2 个心皮合生成 1 室，侧膜胎座，胚珠多数。蒴果 2 瓣裂。

该科显微结构内皮层由多层细胞组成，茎内多具双韧维管束，常具草酸钙针晶、砂晶。

该科约 80 属，900 余种，广布于全球，主产于温带。我国 20 属，350 余种，各地均有分布。该科植物常含苷类、生物碱、三萜类等成分。

**【药用植物】**

**龙胆**　*Gentiana scabra* Bge.　多年生草本。根细长，簇生，味苦。叶对生，无柄，卵形或卵状披针形，全缘，有主脉 3～5 条。花簇生于茎顶或叶腋；花冠蓝紫色，管状钟形，5 浅裂，裂片间有褶，短三角形；雄蕊 5 枚，花丝基部有翅；子房上位，1 室。蒴果长圆形。种子有翅（图 12－48）。生于草地、灌丛及林缘。分布于东北及华北等地。根

图 12－48　龙胆

1. 根　2. 花枝

及根茎能清肝胆实火,除下焦湿热。作龙胆药用的同属植物还有:**条叶龙胆** *G. manshurica* Kitag. 分布于江苏、浙江、黑龙江及中南地区。与龙胆的区别是:叶披针形或条状披针形,脉1~3条;花1~2朵顶生。花冠裂片三角形,裂片先端尖。**三花龙胆** *G. triflora* Pall. 分布于吉林、内蒙古、黑龙江。与条叶龙胆相似。不同点是:叶较长,先端钝,苞片较花长;花冠裂片先端钝圆。**坚龙胆** *G. rigescens* Franch. 分布于四川、云南、广西、贵州、湖南。与上述品种不同点是:叶近革质,卵形或卵状矩圆形,顶端钝尖;花冠裂片卵状椭圆形,顶端急尖。

**秦艽** *Gentiana macrophylla* Pall. 多年生草本。主根粗大。基生叶簇生,叶鞘纤维状,常宿存;茎生叶对生,常为矩圆状披针形,5条脉明显。聚伞花序簇生茎顶;花萼膜质,一侧开裂;花冠蓝紫色。果实无柄(图12-49)。生于高山草地或林缘。分布于西北、华北、东北及四川等地。根能祛风湿、清湿热、止痹痛。同属植物**麻花秦艽** *G. straminea* Maxim.、**粗茎秦艽** *G. crassicaulis* Duthie ex Burk. 和**小秦艽** *G. duhurica* Fisch. 的根均作秦艽药用。

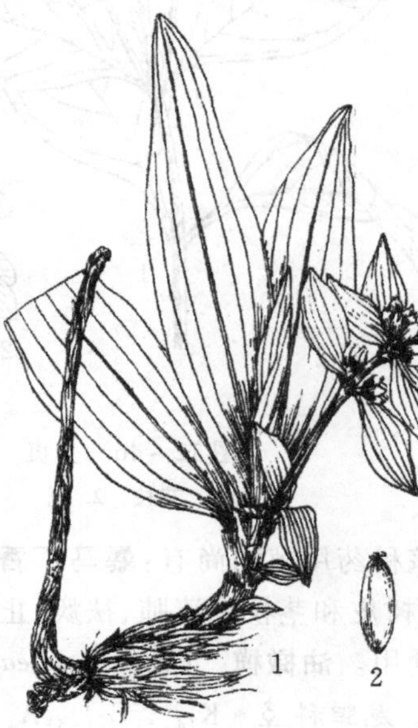

图12-49 秦艽
1. 植株 2. 果实

该科药用植物尚有:**双蝴蝶(肺形草)** *Tripterospermum affine* (Wall.) H. Sm. 全草能清热解毒、止血止咳。**紫花当药(瘤毛獐牙菜)** *Swertia pseudochinensis* Hara 全草能清热利湿、健脾。**青叶胆** *Swertia mileensis* T. N. Ho et W. L. Shi. 全草能清肝胆湿热、治疗病毒性肝炎。

3. **萝摩科** ♂ $*K_{(5)}C_{(5)}A_{(5)}\underline{G}_{(2:2:\infty)}$

萝摩科为草本、藤本或灌木。具有乳汁。单叶对生,稀轮生,全缘,无托叶;叶柄顶端常有腺体。花两性,辐射对称;聚伞花序成伞状、伞房状或总状花序排列;萼筒短,5裂,基部内面常有腺体;花冠5裂;常具副花萼,由5枚离生或基部合生的裂片或鳞片组成,生于花冠筒上;雄蕊5枚,花丝常合成筒围住雌蕊,花药与柱头粘合成合蕊柱;花粉粒常聚合成花粉块;子房上位,由2个离生心皮组成,花柱2个,合生。蓇葖果双生,或有1个不发育。种子顶端有毛。

该科显微结构茎具双韧维管束。

该科约180属,2200余种,主要分布于热带和亚热带。我国44属,240余种,主要分布于西南及东南亚。该科植物常含强心苷、$C_{21}$甾体苷、生物碱等成分。

**【药用植物】**

**杠柳** *Periploca sepium* Bge. 落叶蔓生灌木。有白色乳汁。叶对生,披针形。聚伞花序腋生;花萼5深裂;花冠紫红色,裂片5枚,向外反折,内面被柔毛;副花冠环状,顶端10裂,其中5裂延伸成丝状而顶部内弯;花粉颗粒状。蓇葖果双生,圆柱状。种子顶部有白色长柔毛(图12-50)。生于平原及低山丘的林缘。分布于长江以北及西南各地区。根皮(香五加皮)有毒,能祛风除湿、强壮筋骨、利水消肿。

**徐长卿** *Cynanchum paniculatum* (Bge.) Kitag. 多年生直立草本。根为须状,有香气。叶对生,披针形至条形,有疏毛。圆锥状聚伞花序生顶端叶腋内;花冠黄绿色,近辐状,副花冠裂片5枚,基部厚,顶端钝;每室有花粉块1个。蓇葖果单生。种子一端具绢毛(图12-51)。

生山地阳坡草丛中。分布于全国大多数地区。根及根茎能消肿止痛、通经活络。

图 12－50 杠柳

1. 花枝 2. 花萼裂片内面 3. 花冠裂片内面 4. 副花冠及雄蕊合体的侧面观 5. 果实 6. 种子 7. 根皮

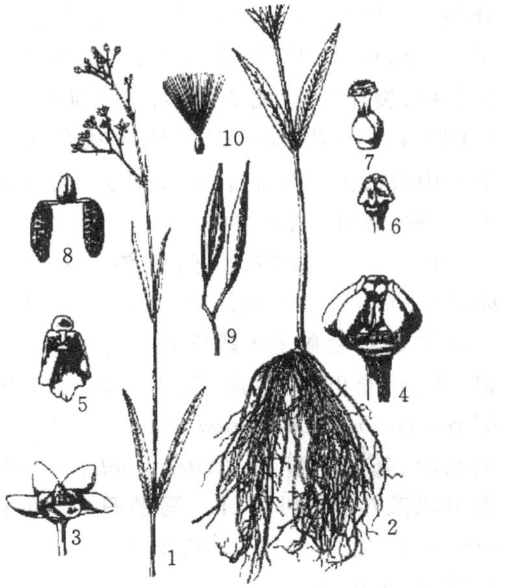


图 12－51 徐长卿

1、2. 植株 3. 花 4. 合蕊柱和副花冠 5. 雄蕊腹面观 6. 合蕊柱 7. 雌蕊 8. 花粉器 9. 蓇葖果 10. 种子

该科药用植物尚有：**白薇** *Cynanchum atratum* Bge. 根及根茎能清热凉血、利尿通淋、解毒疗疮。**白首乌** *Cynanchum auriculatum* Royle ex Wight. 块根入药，有强壮、健胃作用。**柳叶白前** *C. stauntonii*（Decne.）Schltr. ex Levl. 根及根茎能泻肺降气、化痰止咳。

4. **马鞭草科** ⚥ ↑ $K_{(5\sim4)}C_{(5\sim4)}A_4\underline{G}_{(2:4:1\sim2)}$

马鞭草科为多为木本，稀草本，常具特殊气味。单叶或复叶，多对生。花两性，常两侧对称；穗状或聚伞花序，或再由聚伞花序组成圆锥状、头状或伞房状花序；花萼 4 ~ 5 裂，宿存；花冠常裂为 2 唇形或略不等的 4 ~ 5 裂；雄蕊常为 4 枚；子房上位，全缘或稍 4 裂；每室 1 ~ 2 个胚珠；花柱顶生；核果或呈蒴果状而裂为 4 个小坚果。

该科显微结构具各种腺毛、非腺毛及钟乳体。

该科约 80 属，3000 余种，主要分布于热带和亚热带。我国 21 属，170 余种，主要分布于长江以南各地区。该科植物常含黄酮类，另含环烯醚萜类、挥发油和三萜类成分。

**【药用植物】**

**蔓荆** *Vitex trifolia* L. 落叶灌木，全株有香气。小枝四方形。掌状三出复叶对生，有时在侧枝上部也有单叶；小叶片卵形或长倒卵形，下面密生灰白色绒毛。圆锥花序顶生；花冠二唇形，淡紫色；雄蕊 4 枚。核果熟时黑色。生于海边沙滩地。分布于浙江、山东、江西、福建等地。果实（蔓荆子）能疏散风热，清理头目。同属植物**单叶蔓荆** *Vitex trifolia* L. var. *simplicifolia* Cham. 生于海边沙滩地。分布于华东、华南及辽宁、河北。果实（蔓荆子）功效同蔓荆，主治风热头痛、目赤肿痛。

**马鞭草** *Verbena officinalis* L. 多年生草本。茎四方形。叶对生,卵圆形至矩圆形,基生叶边缘常有粗锯齿及缺刻,茎生叶通常3深裂,裂片作不规则的羽状分裂或具锯齿,两面均被粗毛。穗状花序细长如马鞭;花小,有苞片1片;花萼筒状,先端5齿,被粗毛;花冠淡紫色,裂片5枚,略2唇形;二强雄蕊;子房4室,每室1个胚珠。蒴果,成熟时分成4枚分果(图12-52)。生于山坡路旁。分布于全国各地。地上部分能活血散瘀、截疟、解毒、利水消肿。

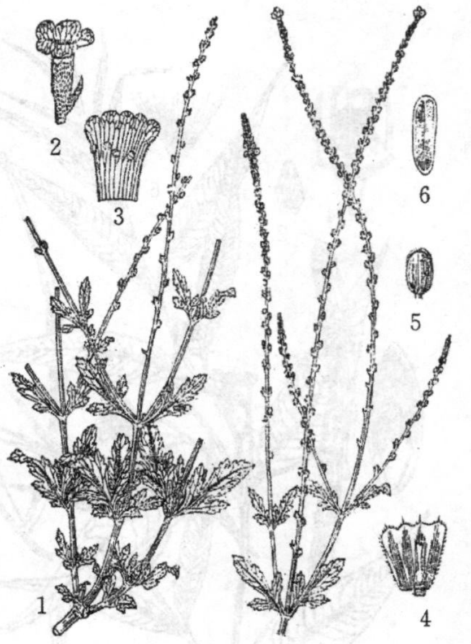

图12-52 马鞭草

1. 开花的植株 2. 花 3. 花冠剖开,示雄蕊 4. 花萼剖开,示雌蕊 5. 果实 6. 种子

该科药用植物尚有:**大青** *Clerodendrum cyrtophyllum* Turcz. 根(板蓝根)、叶(大青叶)能清热利湿、凉血解毒。**杜虹花(紫珠草)** *C. formosana* Rolf. 根、茎、叶能止血、散瘀,消肿。**海州常山(臭梧桐)** *Clerodendrum trichotomum* Thunb. 叶(臭梧桐)能祛风除湿、降压。**蔓荆** *Vitex trifolia* L. 果实(蔓荆子)能疏风散热、清利头目。**马樱丹(五色梅)** *Lantana camara* L. 根能解毒、散结止痛,枝、叶有小毒,能祛风止痒、解毒消肿。

5. *唇形科* ⚥ ↑ $K_{(5)}C_{(5)}A_{4,2}\underline{G}_{(2:4:1)}$

唇形科多为草本。常含挥发油有香气。茎四棱形。叶常对生。花两性,两侧对生;轮伞花序,或聚集于枝的顶端成假的穗状花序或总状花序;花萼5裂,宿存;花冠5裂,稀4裂,二唇形;雄蕊4枚,2强或仅有2枚发育,着生于花冠筒上;雌蕊子房上位,2个心皮组成,常4裂成假4室,每室1个胚珠,花柱着生于子房裂隙的基部,柱头2裂。果为4个小坚果。

该科显微结构茎叶具多种类型的毛茸,直轴式气孔;茎的角隅处具有发达的厚角组织。

该科220属,3500种,全球广布。我国99属,800余种,全国均有分布。该科植物富含挥发油,另含萜类、黄酮及酚类等。

【药用植物】

**薄荷** *Mentha canadaensis* L. 多年生草本。有清凉香气。茎四棱形。单叶对生,叶片卵形至长圆形,两面均有腺鳞及长柔毛。轮伞花序腋生;花冠紫色或白色,4裂,上唇较大,顶端2裂,下唇3裂近等长;雄蕊4枚。小坚果椭圆形(图12-53)。生于潮湿的地方。全国各地均有分布及栽培。全草能宣散风热、清利头目、透疹。

**丹参** *Salvia miltiorrhiza* Bunge 多年生草本,全株密被长柔毛及腺毛,触手有黏性。根肥大,外皮砖红色。茎四棱形。羽状复叶对生,小叶3~5片,卵圆形或狭卵形。轮伞花序组成假总状花序;花萼钟状,紫色;花冠蓝紫色,二唇形;雄蕊2枚;子房4深裂,花柱着生子房底。小坚果长椭圆形(图12-54)。生于向阳山坡草丛、林缘、沟边。全国各地均有分布。根能活血通经、祛瘀止痛、清心除烦。

图 12-53 薄荷

1. 茎基及根 2. 茎上部 3. 花 4. 花萼展开 5. 花冠展开示雄蕊 6. 果实及种子

图 12-54 丹参

1. 花枝 2. 根 3. 花冠展开示雄蕊和雌蕊 4. 部分展开的花萼

**黄芩** *Scutellaria baicalensis* Georgi 多年生草本。主根肥大。茎基部伏地。单叶对生,具短柄,披针形至条状披针形。总状花序顶生,花偏于一侧;花冠唇形,蓝紫色;雄蕊 4 枚,2 强。小坚果卵球形(图 12-55)。生于向阳山坡、草原。分布于华北、东北及四川等地区。根能清热燥湿、泻火解毒、止血、安胎。

**益母草** *Leonurus heterophyllus* Sweet [*L. artemisia* (Lour.) S. Y. Hu] 一年或二年生草本。茎四棱形。基生叶有长柄,叶片近圆形,边缘 5~9 裂;中部叶菱形,掌状 3 深裂,顶部叶近于无柄,线性或线状披针形。轮伞花序腋生;萼 5 裂;花冠唇形,淡红紫色。小坚果长圆状三角形(图 12-56)。生于向阳处,海拔可高达 3400m。分布于全国各地。地上部分能活血调经、利尿消肿。果实(茺蔚子)能清肝明目、活血调经。

该科药用植物尚有:**荆芥** *Schizonepeta tenuifolia* (Benth.) Briq. 地上部分能解表散风、透疹;炒炭能止血。**广藿香** *Pogostemon cablin* (Blanco) Benth. 茎叶能芳香化浊、健胃止呕、发表解暑。**夏枯草** *Prunella vulgaris* L. 全草或果穗能清肝火、散瘀结、降压。**紫苏** *Perlla frutescens* (Linn.) Britt. 叶(苏叶)、茎(苏梗)、果(苏子)均药用。茎叶能发表散寒、行气宽中、解鱼蟹毒;果能降气平喘、止咳化痰。**半枝莲(并头草)** *Scutellaria barbata* D. Don 全草能清热解毒、活血消肿。

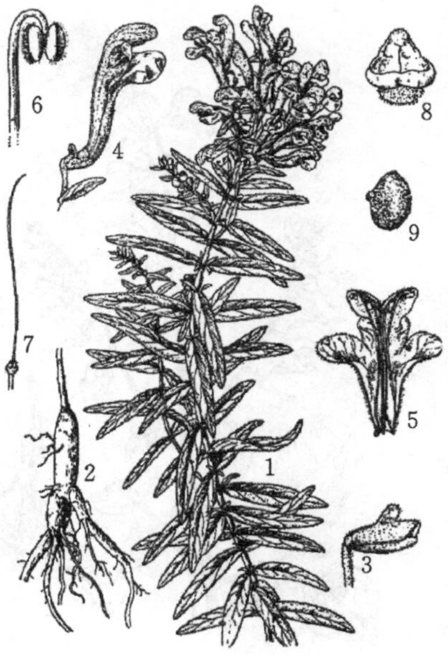

图 12－55　黄芩

1. 花枝　2. 根　3. 花萼侧面观　4. 花冠侧面观和苞片
5. 花冠展开示雄蕊　6. 雄蕊　7. 雌蕊　8. 果实花萼　9. 果实

图 12－56　益母草

1. 植物下部示基叶　2. 花枝　3. 花
4. 花冠展开示雄蕊　5. 雄蕊　6. 雌蕊

**6. 茄科** ⚥ $* K_{(5)} C_{(5)} A_{5,4} \underline{G}_{(2:2:\infty)}$

茄科为草本或灌木。单叶互生，无托叶，有时呈大小叶对生状。花两性，辐射对称，单生、簇生或成聚伞花序；花萼常5裂，宿存，果时常增大；花冠呈漏斗状、辐射状或钟状，常5裂；雄蕊5枚，稀4枚，着生于花冠上；子房上位，2个心皮，2室，中轴胎座，胚珠多个。浆果或蒴果。

该科显微结构茎具双韧维管束。

该科约80属，3000余种，广布于温带及热带。我国26属，115种，各地均有分布。该科植物常含生物碱，主要为莨菪烷类、甾体类和吡啶类生物碱。

**【药用植物】**

**宁夏枸杞**　*Lycium barbarum* L.　粗壮灌木，具枝刺。叶互生或丛生于短枝上，长椭圆状披针形或卵状矩形。花腋生，常2～6朵簇生于短枝上；花萼杯状，常2～3裂；花冠粉红色或紫色，漏斗状，花冠管长于裂片；雄蕊5枚。浆果，红色或橘红色（图12－57）。分布于西北和华北地区。主产于宁夏、甘肃。果实（枸杞子）能滋补肝肾、益精明目。根皮（地骨皮）能清虚热、凉血、生津。

**白花曼陀罗**　*Datura metel* L.　一年生粗壮草本。全体近无毛。单叶互生，卵形或宽卵形，基部不对称，全缘或具波状齿。花单生枝杈间或叶腋；花萼筒状，先端5裂，果时宿存；花冠白色，漏斗状，大形，具5棱，上部5浅裂，每裂有短尖；雄蕊5枚。蒴果近球形，疏生短刺，成熟后4瓣开裂（图12－58）。主产华南和浙江、江苏等地。花（洋金花，南洋金花）能平喘止咳、镇痛、解痉。

该科药用植物尚有：**颠茄**　*Atropa belladonna* L. 叶及根含阿托品类生物碱，为抗胆碱药，有解痉、镇痛、抑制腺体分泌及扩瞳作用，并作提取阿托品的原料。**莨菪**　*Hyoscyamus niger* L. 种子（天仙子）有毒，能解痉镇痛。叶为提取莨菪碱的原料。**龙葵**　*Solanum nigrum* L. 全草有小毒，能清热解毒、活血消肿。**酸浆**　*Physalis alkekengi* L. var. *franchetii*（Mast.）Makino 带萼果实（锦灯笼）、根及全草能清热、利咽、化痰、利尿。

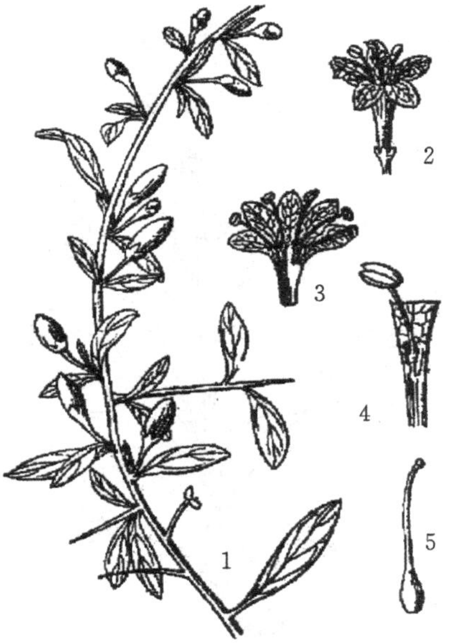

图 12－57　宁夏枸杞

1. 果枝　2. 花　3. 花冠展开示雄蕊着生　4. 雄蕊　5. 雌蕊

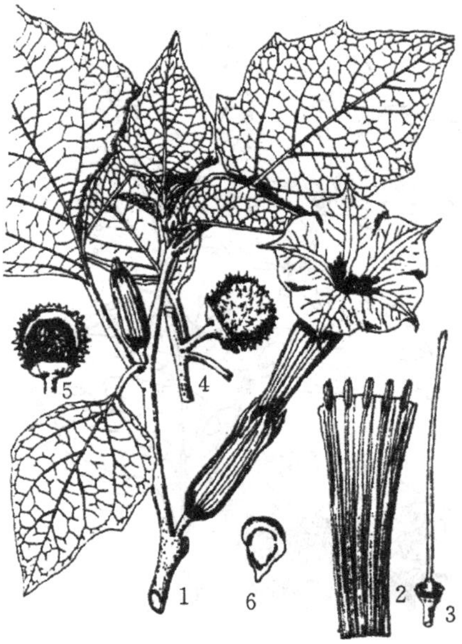

图 12－58　白花曼陀罗

1. 花枝　2. 去部分花冠示雄蕊　3. 雌蕊　4. 果枝　5. 果实纵剖　6. 种子

7. **玄参科**⚥ ↑ $K_{(4\sim5)}C_{(4\sim5)}A_{4:2:5}\underline{G}_{(2:2:\infty)}$

玄参科为草本，稀木本。叶多对生，少轮生或互生，无托叶。花两性，常两侧对称；排成总状或聚伞花序；花萼 4～5 裂，宿存；花冠 4～5 裂，多少呈二唇形；多为二强雄蕊，稀 2 枚或 5 枚；子房上位，2 个心皮，2 室，每室胚珠多个，中轴胎座；花柱顶生。蒴果。

该科显微结构具双韧维管束。

该科约 200 属，3000 余种，广布于全世界。我国约 60 属，640 余种，各地均有分布。该科植物常含环烯醚萜苷类、黄酮类、蒽醌类及生物碱类。

**【药用植物】**

**玄参**　*Scrophularia ningpoensis* Hemsl.　多年生大草本。根数条，圆锥形或纺锤形，外皮灰黄褐色，干后变黑色。茎四棱形。茎下部的叶对生，上部叶有时互生；叶片卵形至卵状披针形。聚伞花序合成大而疏散的圆锥花序；花萼 5 裂几达基部；花冠褐紫色；二强雄蕊，退化雄蕊近于圆形。蒴果卵形（图 12－59）。生溪边、丛林中。分布于华东、中南、西南等地区。根能凉血滋阴、泻火解毒。

**地黄**　*Rehmannia glutinosa* Libosch.　多年生草本，全株密被灰白色长柔毛及腺毛。根状茎肥大呈块状，鲜时黄色。叶多基生，成丛，叶片倒卵形或长椭圆形。总状花序顶生；花冠管稍弯曲，外面紫红色，里面常有黄色带紫的条纹，略呈二唇形；二强雄蕊；子房上位，2 室。蒴果卵形（图 12－60）。分布于辽宁和华北、西北、华中、华东等地区，各地多栽培。以块根入药。生地黄（鲜地黄烘焙至 8 成干）清热凉血、养阴、生津；熟地黄（生地黄蒸制品）滋阴补血、益精填髓。

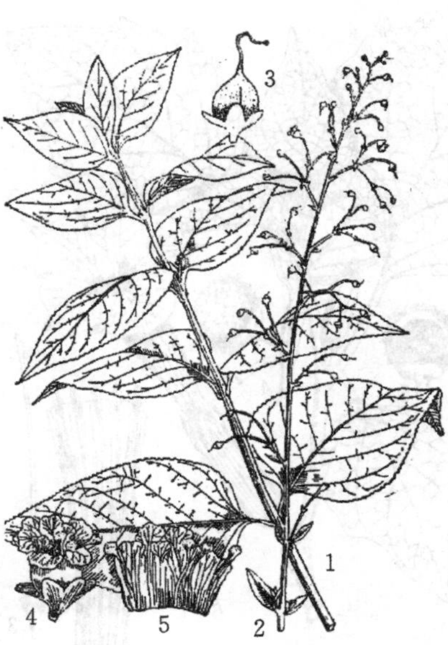


图 12－59　玄参

1. 叶枝　2. 果枝　3. 蒴果

4. 花　5. 花冠展开示雄蕊

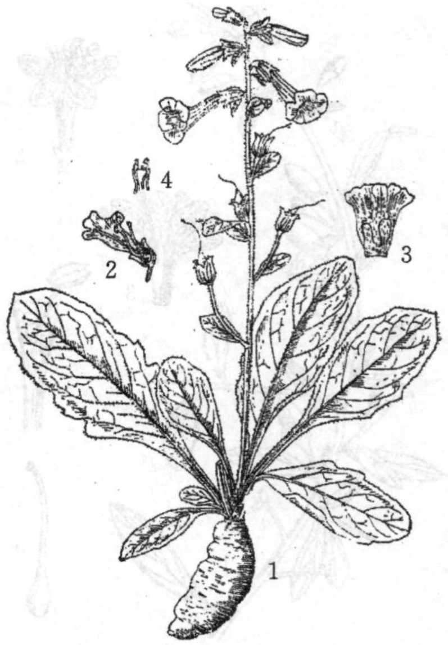


图 12－60　地黄

1. 植株全形　2. 花的纵剖面

3. 花冠纵剖面，示雄蕊着生位置　4. 雄蕊

**胡黄连**　*Picrorhiza scrophulariifiora* Pennell　多年生矮小草本。根状茎粗壮而伸长。叶基生，边缘具锯齿，有时为重锯齿。总状花序；花冠深紫色，上唇 1 片，最长，下唇 3 裂；雄蕊略 2 强。蒴果 4 瓣裂。生于高山草地及石滩中。分布于云南西北、四川西部，西藏东部。根茎能清湿热、除骨蒸、消疳积。

该科药用植物尚有：**紫花洋地黄**　*Digitalis purpurea* L. 叶含强心苷，为提取强心苷的重要原料。**阴形草**　*Siphonostegia chinensis* Bebth. 全草（北刘寄奴）能活血通经、利尿消肿。

8. **茜草科** ⚥ $* K_{(4\sim5)} C_{(4\sim5)} A_{4\sim5} \overline{G}_{(2:2:1\sim\infty)}$

茜草科为木本或草本。单叶对生或轮生，具各式托叶。花两性，辐射对称；单生或为聚伞花序再排成圆锥状或头状；花萼和花冠常 4～5 裂；雄蕊与花冠裂片同数而互生，着生于花冠筒上；子房下位，由 2 个心皮合生成 2 室，每室胚珠 1 个至多个，中轴胎座。蒴果，浆果或核果。

该科显微结构具有分泌组织，细胞中常含有砂晶、簇晶、针晶等草酸钙晶体。

该科约 500 属，6000 余种，主要分布于热带及亚热带。我国约 75 属，450 余种，主要分布于西南、东南及西北地区。该科植物常含生物碱、蒽醌类和苷类等成分。

**【药用植物】**

**茜草**　*Rubia cordifolia* L.　多年生攀援草本。根丛生，红褐色。茎四棱形，棱上具倒生刺。叶常 4 片轮生，具长柄；叶片卵状心形，上面粗糙，下面中脉及叶柄上有倒生刺，基出脉 3 或 5 条。聚伞花序圆锥状；花小，花冠黄白色，5 裂；雄蕊 5 枚。浆果近球形，紫红色，熟时黑色（图12－61）。生于灌丛中。全国大部分地区有分布。根及根茎凉血、止血、祛瘀、通经。

**栀子**　*Gardenia jasminoides* Ellis.　常绿灌木。叶革质，对生或三叶轮生，有短柄；上面光亮，下面脉腋内簇生短毛；托叶在叶柄内合生成鞘状。花大，白色，芳香，单生枝顶；花部常 5～8 数，萼筒倒圆锥形，有纵棱；花冠高脚碟状，初为白色，后变为乳黄色；子房下位，1 室，胚珠多数。果实卵形至长椭圆形，具 5～8 条翅状纵棱，熟时黄色（图 12－62）。生于山坡杂林中，各地有栽培。分布于我国的南部和中部地区。果实能泻火除烦、清热利尿、凉血解毒。

图 12－61　茜草

1. 果枝　2. 根　3. 花　4. 花萼及雄蕊　5. 浆果

图 12－62　栀子

1. 花枝　2. 果枝　3. 花纵剖开，内面观

**钩藤** *Uncaria rhynchophylla* (Miq.) Jackson.　常绿木质藤本。小枝四棱形，叶腋内有钩状变态枝。叶对生，椭圆形或卵状披针形，上面光亮，背面脉腋内常有束毛；托叶 2 深裂，裂片条状钻形。头状花序单生叶腋或枝顶；花冠黄色；子房下位。蒴果（图 12－63）。分布于广东、广西、福建。作钩藤正品入药的还有同属植物：**毛钩藤** *U. hirsuta* Havil. 小枝、幼钩、叶背面、花萼、花冠及果实均被粗毛；花冠淡黄色或粉红色；蒴果纺锤形。**华钩藤** *U. sinensis* (Oliv.) Havil. 托叶膜质，圆形，叶较大；蒴果棒状。**大叶钩藤** *U. macrophylla* Wall. 幼枝、钩及花均有褐色粗毛，花有香气；蒴果纺锤形。**白钩藤** *U. sessilifructus* Roxb. 花白色或淡黄色。生于林谷、溪边。分布于湖南、江西及西南地区。带钩茎枝（钩藤）能清热平肝、息风定惊。

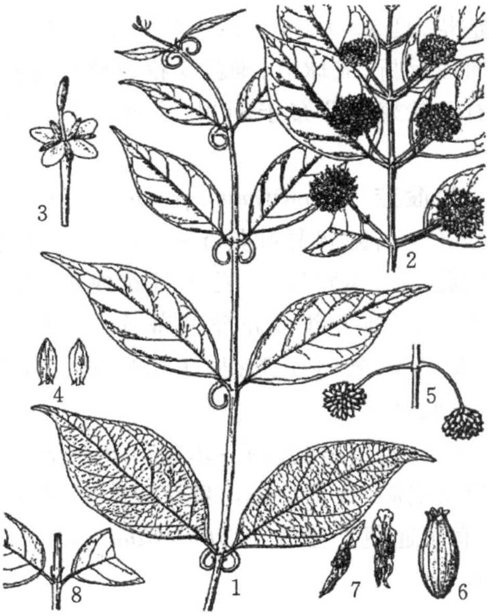


图 12－63　钩藤

1. 带钩茎枝　2. 花枝　3. 花　4. 雄蕊　5. 果序
6. 果实　7. 种子　8. 枝的节，示托叶

该科药用植物尚有：**巴戟天** *Morinda officinalis* How 根（巴戟天）能补肾阳、强筋骨、祛风

湿。**白花蛇舌草** *Hedyotis diffusa* Willd. 全草能清热解毒、活血散瘀。**红大戟(红芽大戟)** *Knoxia valerianoides* Thorel ex Pitard. 块根能泻水逐饮、攻毒消肿散结。**鸡矢藤** *Paederia scandens* (Lour.) Merr. 全草能消食化积、祛风利湿、止咳、止痛。

9. **葫芦科** $♂ * K_{(5)} C_{(5)} A_{5,1+(2)+(2)}$; $♀ * K_{(5)} C_{(5)} \overline{G}_{(3:1:\infty)}$

葫芦科为草质藤本,具卷须。叶互生,常为掌状分裂的单叶,有时为鸟趾状复叶。花单性,雌雄同株或异株,辐射对称;花萼及花冠5裂;雄花有雄蕊5枚,分离或各式合生,花药直或折曲;雌花的雌蕊由3个心皮合生成1室,子房下位,侧膜胎座,每室胚珠多数;花柱通常1个,柱头膨大而3裂。瓠果,少为蒴果。

该科显微结构茎中具双韧维管束、草酸钙针晶、石细胞等。

该科约113属,800余种,主要分布于热带及亚热带。我国约32属,150余种,各地均有分布。该科植物常含三萜皂苷、甾类成分,尤其是抗癌物质三萜苦味素。

**【药用植物】**

**栝楼** *Trichosanthes kirilowii* Maxim. 多年生草质藤本。块根肥厚,圆柱形,外皮淡棕褐色。叶掌状浅至中裂,裂片菱状倒卵形,边缘有疏齿;卷须细长,有2~3分枝。雌雄异株,雄花组成总状花序,雌花单生;花萼、花冠均5裂,花冠白色,中部以下细裂成流苏状;雄花有雄蕊3枚。瓠果近球形,熟时黄褐色。种子浅棕色,扁平,近边缘处有一圈棱线(图12-64)。分布于长江以北地区,浙江、江苏亦产。果实(瓜蒌)能清热涤痰、宽胸散结、润燥滑肠。成熟种子(瓜蒌子)能润肺化痰、滑肠通便。果皮(瓜蒌皮)能清化热痰、利气宽胸。同属植物**双边栝楼** *T. rosthornii* Harms 入药部位与功效同栝楼。

**雪胆** *Hemsleya chinensis* Cogn. 多年生草质藤本。块根肥厚。卷须常2叉分枝。复叶鸟趾状,具5~7片小叶;小叶片阔披针形。雌雄异株;雌、雄花排成圆锥花序;花冠橙黄色,裂片向后反折,成球形;雄蕊5枚,分离;花柱3个,柱头2裂。蒴果倒卵形(图12-65)。种子四边有膜状翅。分布于四川、广西、湖南、湖北、浙江等地区。块根有小毒,能清热解毒、消肿止痛。

**绞股蓝** *Gynostemma pentaphyllum* (Thunb.) Makino 多年生草质藤本。卷须2分叉或不分叉。鸟趾状复叶具5~7片小叶,中间者较大而长;叶脉背面疏被短刚毛。雌雄异株;雌雄花序均为圆锥状,花小且花梗短,基部具钻形苞片;萼筒极短,裂片三角形;花冠裂片线状披针形;雄花雄蕊花丝基部连合;雌花子房球形,2~3室,花柱3个,柱头2裂。瓠果球形,大如豆,熟时变黑;种子宽卵形。分布于长江以南各地区及陕西南部。全草能清热解毒、止咳祛痰。

该科药用植物尚有:**木鳖** *Momordica cochinchensis* (Lour.) Spreng. 种子(木鳖子)有毒,能散结消肿、攻毒疗疮。**罗汉果** *Siraitia grosvenorii* (Swingle) C. Jeffrey 果实味极甜,能清肺镇咳、润肠通便。**丝瓜** *Luffa cylindrical* (L.) Roem. 成熟果实的维管束(丝瓜络)能祛风、通络、活血。

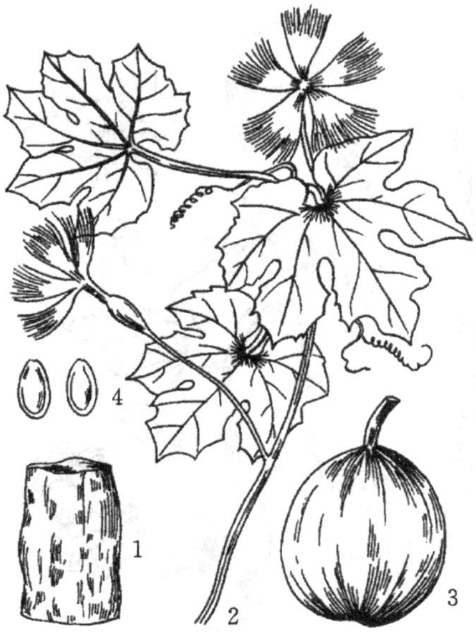

图 12－64　栝楼

1. 根　2. 花枝

3. 果实　4. 种子

图 12－65　雪胆

1. 花被　2. 块根　3. 雄花花萼

4. 雌蕊　5. 花药　6. 雌花

10. **桔梗科**⚥ $* \uparrow K_{(5)} C_{(5)} A_5 \overline{G}_{(2\sim5:2\sim5:\infty)} \overline{\underline{G}}_{(2\sim5:2\sim5:\infty)}$

桔梗科为草本。常具白色乳汁。单叶互生,少为对生或轮生,无托叶。花两性,辐射对称或两侧对称;花单生或成二岐聚伞花序,有时呈总状或圆锥状;萼常 5 裂,宿存;花冠常呈钟状或管状,5 裂;雄蕊 5 枚,分离或合生,着生于花冠基部或花盘上;雌蕊由 2～5 个心皮合生成 2～5 室,子房下位或半下位,中轴胎座,每室胚珠多数;花柱 1 个,柱头裂数与子房室数同数。蒴果,稀浆果。

该科显微结构常具有菊糖、乳汁管等。

该科约 60 属,2000 余种,分布于温带及亚热带。我国有 17 属,约 170 余种,各地均有分布。该科植物常含皂苷和多糖等成分。

**【药用植物】**

**桔梗** *Platycodon grandiflorum* (Jacq.) A. DC.　多年生草本,有白色乳汁。根长圆锥形,肉质。下部叶对生或轮生,上部叶有时互生,近无柄;叶片卵形至卵状披针形,叶缘有齿。花单生或集成疏散总状花序;花萼 5 裂,被白粉,宿存;花冠阔钟状,蓝紫色,5 裂;雄蕊 5 枚,花丝基部极扩大;子房半下位,5 个心皮合生成 5 室,中轴胎座,柱头 5 裂。蒴果倒卵形,自顶端 5 瓣裂(图12－66)。分布于南北各地。根能宣肺、利咽、祛痰、排脓。

**党参** *Codonopsis pilosula* (Franch.) Nannf.　多年生草质缠绕藤本,具白色乳汁。根圆柱状,顶端具多数瘤状根状茎。幼茎有毛。叶互生,卵形,两面有短伏毛。花单生,或 1～3 朵生于分枝的顶端;花 5 数,花冠阔钟形,淡黄色,内面具明显紫斑;子房半下位,3 室。蒴果 3 瓣裂(图 12－67)。生于林边或灌木丛中,全国各地有栽培。分布于华北、西北及东北等地。根(党参)能补中益气、健脾益肺。

该科药用植物尚有:**轮叶沙参** *Adenophora tetraphylla* (Thunb.) Fisch. 根(南沙参)能养阴清肺、化痰、益气。**四叶参(羊乳)** *Codonopsis Lanceolata* Benth. et Hook. f. 根能补虚通乳、排脓解毒。**半边莲** *Lobelia chinensis* Lour. 全草能清热解毒、消瘀排脓、利尿及治蛇咬伤。

图 12－66　桔梗
1. 植株　2. 果枝　3. 花药　4. 雄蕊和雌蕊

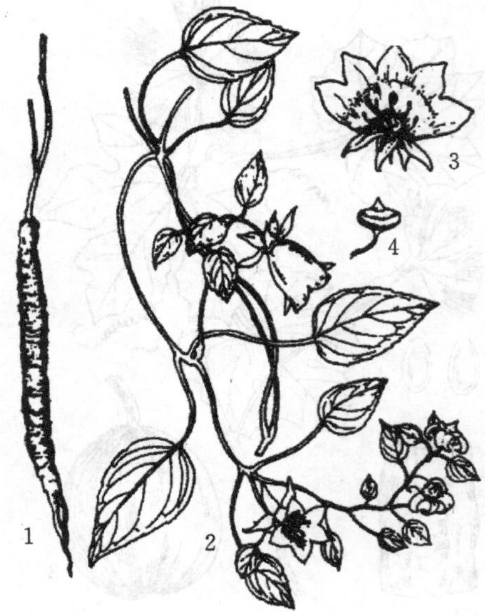


图 12－67　党参
1. 根　2. 花枝　3. 花冠展开，示雄蕊和雌蕊　4. 雌蕊

**11. 菊科**$⚥ * \uparrow K_{0\sim\infty} C_{(3\sim5)} A_{(4\sim5)} \overline{G}_{(2:1:1)}$

菊科为草本，稀木本。有的种类具乳汁或树脂道。叶互生，少对生或轮生。头状花序，外被一至多层总苞片；单生或再集成总状、聚伞状、伞房状或圆锥状；花序柄扩大的顶部平坦或隆起称为花序托，有的花具有小苞片称为托片；花小，两性，稀单性或无性；花萼退化成冠毛状、鳞片状、刺状或缺；花冠管状、舌状。头状花序中小花有异型（外围舌状花，中央为管状花）或同型（全为管状花或舌状花）。雄蕊5枚，稀4枚，聚药雄蕊；雌蕊由2个心皮合生成1室，子房下位，柱头2裂，每室1个胚珠。瘦果，顶端常有刺状、羽状冠毛或鳞片。

该科显微结构多含菊糖，常具各种腺毛、分泌道、油室、草酸钙晶体等。

该科约1000属，25000～30000种，广布于全世界。我国230属，2300余种，各地均有分布。该科植物常含环烯醚萜苷类苦味素、生物碱、三萜类成分。

根据头状花序花冠的类型和乳汁的有无，本科可分为管状花亚科和舌状花亚科两个亚科。

**菊科二亚科检索表**

1. 头状花序全为管状花或中央为管状花，边缘为舌状花；植物体不含乳汁 …… 管状花亚科
1. 头状花序全为舌状花；植物体有乳汁 ………………………………………… 舌状花亚科

**管状花亚科**

**【药用植物】**

**红花**　*Carthamus tinctorius* L.　一年生草本。叶互生，近无柄而稍抱茎，长椭圆形或卵状披针形，叶缘齿端有尖刺。头状花序外侧具总苞2～3层，绿色，卵状披针形，上部边缘有锐刺，内侧数层白膜质，无刺；花序全由管状花组成，初开时黄色，后变为红色。瘦果无冠毛（图12－68）。分布于全国各地。头状花序的花能活血通络、散瘀止痛。

**黄花蒿**　*Artemisia annua* L.　一年生草本，全株有强烈气味。基生叶有长柄，叶片卵圆

形，多三至四回羽状深裂，花期枯萎；中部叶近卵形，二至三回羽状深裂；上部叶小，常一回羽裂，裂片及小裂片倒卵形。头状花序，多数，细小，长与宽约 1.5cm，排成圆锥状；小花黄色，全为管状花；外层雌性，内层两性。瘦果近椭圆形（图 12－69）。生于山坡、荒地。全国各地有分布。地上部分（青蒿）能清热解暑、除蒸、截疟。茎叶是提取青蒿素的原料。

图 12－68　红花

1. 根　2. 花枝　3. 花

4. 雄蕊和雌蕊　5. 瘦果

图 12－69　黄花蒿

1. 花期植株上部　2. 叶　3. 头状花序　4. 雌花

5. 两性花　6. 展开的两性花示雄蕊　7. 两性花的雌蕊

**木香（云木香、广木香）** *Aucklandia lappa* Decne　多年生高大的草本。主根粗壮，干后芳香。基生叶片大，三角状卵形，边缘具不规则浅裂或波状，疏生短齿，叶片基部下延成翅；茎生叶互生。头状花序具总苞约 10 层；托片刚毛状；全为管状花，暗紫色。瘦果具肋，上端有 1 轮淡褐色羽状冠毛（图 12－70）。分布于四川、西藏、云南等地。根能行气止痛、健脾消食。同属植物**川木香** *Vladimiria souliei*（Franch.）Ling 与木香的区别是：茎缩短；叶呈莲座状丛生；叶片矩圆状披针形，羽状分裂。头状花序 6～8 个密集生长；花冠紫色。瘦果具棱，冠毛刚毛状，棕黄色。分布于四川西部、西北部和西藏东部。

图 12－70　木香（云木香）

1. 根　2. 花枝　3. 基生叶

**菊花**　*Dendranthema mordifolium*（Ramat.）Tzvel.　多年生草本，基部木质，全体被白色绒毛。叶互生；叶片卵圆形至披针形，叶缘有粗大锯齿或成羽状分裂。头状花序直径 2.5～15cm，总苞片多层，外层绿色，边缘膜质;外围舌状花雌性,形态及颜色多样;中央管状花两性,黄色,基部常具膜质托片。瘦果无冠毛(图12-71)。分布于全国各地。头状花序(菊花)能散风清热、平肝明目。

**茅苍术** *Atractylodes lancea* (Thunb.) DC. 多年生草本。根状茎结节状。叶互生,革质;基部叶有柄或无柄,不裂或3裂;上部叶渐小,不裂,无炳。头状花序顶生,下有1轮羽裂的叶状总苞,苞片5~7层;花两性或单性异株;全为管状花,白色。瘦果有羽状冠毛(图12-72)。生于山坡较干燥处及草丛中。分布于华北、四川及湖北等地区。根茎(苍术)能燥湿健脾、祛风除湿、明目。同属植物**北苍术** *A. chinensis* (DC) Koidz. 的根茎也作"苍术"用。

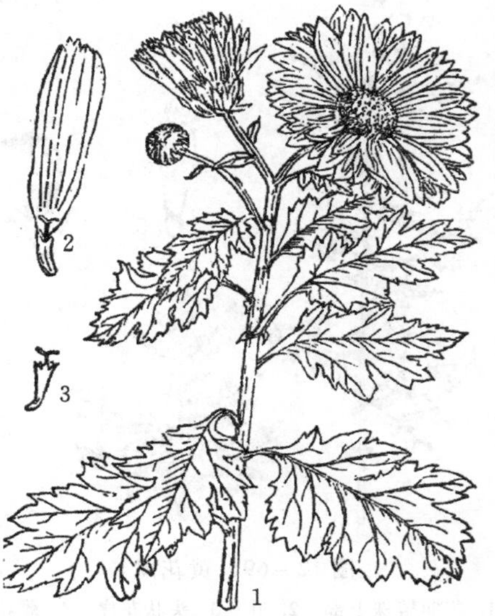


图12-71 菊花

1. 花枝 2. 舌状花 3. 管状花

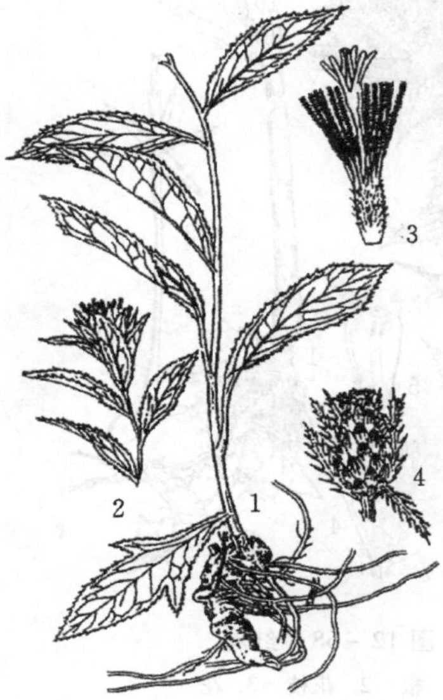


图12-72 茅苍术

1. 根茎 2. 花枝 3. 管状花 4. 头状花序

该亚科药用植物尚有:**白术** *Atractylodes macrocephalla* Koidz. 根茎(白术)能健脾益气,燥湿利水,止汗、安胎。**茵陈蒿** *Artemisia capillaris* Thunb. 幼苗(茵陈)能清湿热、退黄疸。**牛蒡** *Arctium lappa* L. 果实(牛蒡子)能疏散风热、宣肺透疹、解毒利咽。**野菊** *Dendranthema indicum* (L.) Des Moul. 头状花序(野菊花)及全草能清热解毒。**艾蒿** *A. argyi* Levl. et Vant 叶(艾叶)散寒止痛、温经止血。**苍耳** *Xanthium sibiricum* Patr. ex Widder 果实(苍耳子)有毒,能祛风湿、止痛、通鼻窍。**旋覆花(金佛草)** *Inula japonica* Thunb. 幼苗(金佛草)及头状花序(旋覆花)功效相似,能化痰降气、软坚行水。**祁州漏芦** *Rhaponticum uniflorum* (L.) DC. 根(漏芦)能清热解毒、消痈、下乳、舒经通脉。**祁木香(土木香)** *Inula helenium* L. 根(土木香)能健脾和胃、调气解郁、止痛安胎。**紫菀** *Aster tataricus* L. 根状茎及根(紫菀)为止咳平喘药,能润肺、祛痰、止咳。**蓟** *Cirsium japonicum* Fisch. ex DC. 全草(大蓟)能凉血止血、祛瘀消肿。

### 舌状花亚科

**【药用植物】**

**蒲公英** *Taraxacum mongolicum* Hand. - Mzaa. 多年生草本,有乳汁。根圆锥形。叶基生,莲座状平展;叶片倒披针形,不规则羽状深裂,顶端裂片较大。花葶中空,顶生一头状花序;外层总苞片先端常有小角状突起,内层总苞片长于外层;全为舌状花,黄色。瘦果先端具长喙,冠毛白色。全国各地均有分布。全草能清热解毒、消肿散结、利尿通淋。

**苣荬菜**　*Sonchus brachyotus* DC.　多年生草本，具乳汁。地下根状茎匍匐生，叶无柄，倒披针形，边缘波状尖齿或具缺刻。头状花序排成聚伞或伞房状；花鲜黄色，全部为舌状花；花柱及柱头被腺毛。分布于东北、华北、西北地区。全草称“北败酱”，能清热解毒、消肿排脓、祛瘀止痛。

该亚科药用植物尚有：**苦苣菜**　*Sonchus oleraceus* L. 全草能清热解毒、凉血。**黄鹌菜** *Youngia japonica* (L.) DC. 根或全草能清热解毒、利尿消肿、止痛。

## 二、单子叶植物纲

### 1. 禾本科⚥ $* P_{2\sim3}A_{3,1\sim6}\underline{G}_{(2\sim3:1:1)}$

禾本科为草本或木本（竹类）。常具根状茎或须状根；地上茎通常圆筒形，特称为秆，秆有明显的节和节间，节间常中空。单叶互生，排成2列；叶由叶片、叶鞘和叶舌组成；叶片狭长，具明显中脉及平行脉；叶鞘抱秆，通常一侧开裂，顶端两侧常各有1耳状突起，称叶耳；叶片与叶鞘连接处的内侧有叶舌，呈膜质或纤毛状。叶舌和叶耳的形状常用作区别禾草的重要特征。花序以小穗为基本单位，在穗轴上再排成穗状、总状或圆锥状（图12－73）。小穗的主干称小穗轴，基部有外颖和内颖（总苞片），小穗轴上着生1至数朵花，每花外包有处稃和内稃（小苞片）；外稃厚硬，顶端或背部常具有芒，内稃膜质；子房基部，内外稃间有2或3枚透明肉质的退化花被，称为鳞被（浆片）；花小，常两性，雄蕊通常3枚，少为1～6枚，花丝细长，花药丁字着生；雌蕊子房上位，2～3个心皮合生，1室，1个胚珠；花柱2～3个，柱头常羽毛状。颖果。种子富含淀粉质胚乳。

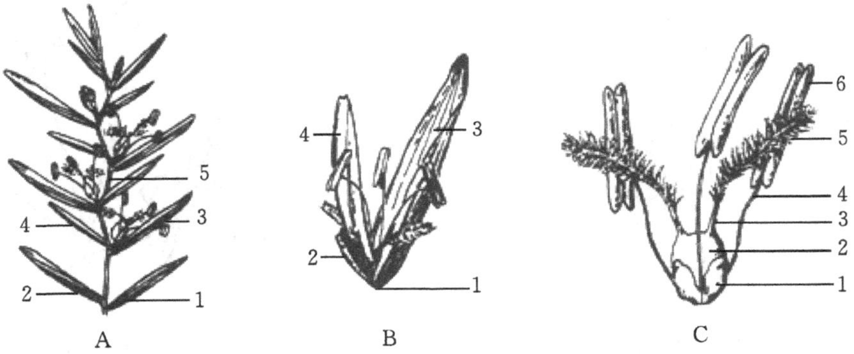


图12－73　禾本科植物花

A. 小穗解剖　1. 外颖　2. 内颖　3. 外稃　4. 内稃　5. 小穗轴

B. 小花　1. 基部　2. 小穗轴节间　3. 外稃　4. 内稃

C. 花的解剖　1. 鳞被　2. 子房　3. 花柱　4. 花丝　5. 柱头　6. 花药

该科植物表皮细胞平行排列，每纵行为1个长细胞和2个短细胞相间排列，细胞中常含硅质体；气孔保卫细胞为哑铃形，两侧各有略呈三角形的副卫细胞；叶表皮上常有运动细胞，主脉维管束具维管束鞘，叶肉细胞不分化为栅栏组织和海绵组织。

该科约660属，10000余种，广布于世界各地。该科分两个亚科：禾亚科（草本）和竹亚科

(木本)。我国228属,1200余种,全国皆产,已知药用85属,174种,多为禾亚科植物。该科植物含有生物碱、三萜类、氰苷、含氮化合物、黄酮类及挥发油等。此外,大麦、水稻、小麦、玉米等富含淀粉、多种氨基酸、维生素和各种酶类。

**【药用植物】**

**薏苡** *Coix lacryma-jobi* L. var. *ma-yuen* (Roman.) Stapf 草本。茎基部节上常生不定根。叶片条状披针形。由多个小穗组成的总状花序从上部叶鞘中抽出,小穗单性;总状花序基部具骨质总苞,内含2~3朵雌花组成的雌小穗;雄小穗位于总状花序上部,从骨质总苞中伸出,每个雄小穗由2朵雄花组成。颖果成熟时包于灰白色光滑球形的骨质总苞内。我国各地有栽培或野生(图12-74)。种子(薏苡仁)能健脾利湿、清热排脓、除痹止泻、抗癌。

**淡竹叶** *Lophatherum gracile* Brongn. 多年生草本,须根中部常膨大成纺锤状的块根。叶片宽披针形,有明显的横脉,叶舌截形。圆锥花序顶生;小穗疏生于花序轴上;每小穗仅第一花为两性,其余皆退化,仅具稃片,外稃先端具短芒(图12-75)。分布于长江以南各地。茎叶(淡竹叶)能清热除烦、利尿、生津止渴。

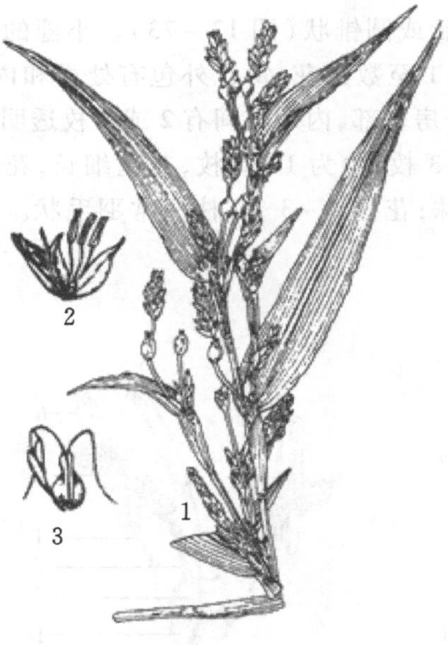


图12-74 薏苡

1. 植株 2. 雄花 3. 雌花

图12-75 淡竹叶

1. 植株 2. 小穗 3. 叶的一部分,示叶脉

**白茅** *Imperata cylindrica* Beauv. var. *major* (Nees) C. E. Hubb. 多年生草本,根状茎细长横走,节上有卵状披针形鳞片,有甜味。秆丛生,节上有柔毛。叶片条状披针形,叶鞘口有纤毛,叶舌短,膜质。圆锥花序紧贴呈穗状,密生丝状长柔毛。全国各地均有分布。根状茎(白茅根)能清热利尿、凉血止血、生津止渴。

该科常见药用植物尚有:**芦苇** *Phragmites communis* Trin. 根状茎(芦根)能清热泻火、生津止渴、除烦止呕、利尿。**稻** *Oryza sativa* L. 颖果发芽后药用称稻芽,能健脾消食。**大麦** *Hordeum vulgare* L. 发芽颖果药用称麦芽,能消食、回乳。**玉米** *Zea mays* L. 花柱(玉米须)能清热利尿、治消渴。**青秆竹** *Bambusa tuldoides* Munro、**大头典竹** *Sinocalamus beecheyanus*(Munro) Mcclure var. *pubescens* P. F. Li 或**淡竹** *Phyllostachys nigra* (Lodd.) Munro var. *henonis* (Mitf.) Stapf ex Rendle 茎秆的中间层(竹茹)能清热化痰、除烦止呕。**香茅** *Cymbopogon citratus* (DC.) Stapf. 全草能祛风利湿、消肿止痛。**小麦** *Triticum aestium* L. 干瘪轻浮的果实(浮小麦)能收涩止汗。

2. **天南星科** $♂\ P_0A_{(1\sim8),(\infty),1\sim8,\infty}$；$♀\ P_0G_{(1\sim\infty)}$；$⚥ * P_{4\sim6,0}A_{4\sim6}\underline{G}_{(1\sim\infty:1\sim\infty:1\sim\infty)}$

天南星科为草本，稀木质藤本。常具块茎或根状茎。单叶或复叶，常基生，叶柄基部常具膜质叶鞘，网状脉。肉穗花序，基部有一大型佛焰苞；花小，两性或单性，单性花同株或异株，同株时雌花群生于花序下部，雄花群生于花序上部，两者间常有无性花相隔，常无花被，雄蕊 1～8 枚，常愈合成雄蕊柱，少分离；两性花具花被片 4～6 片或缺，鳞片状，雄蕊与其同数而互生；雌蕊子房上位，1 个至数个心皮成 1 室至数室，每室 1 个至数个胚珠。浆果密集于花序轴上。

该科植物常有黏液细胞，内含针晶束；根状茎或块茎常具周木型或有限外韧型维管束。

该科约 115 属，2000 余种，主要分布于热带和亚热带地区。我国 35 属，210 余种，多数种类分布于长江以南各地区，已知药用 22 属，106 种。该科植物含聚糖类、生物碱、挥发油、黄酮类、氰苷等。多数植物有毒。

**【药用植物】**

**半夏** *Pinellia ternata* (Thunb.) Breit.　多年生草本，块茎扁球形。叶异型，一年生叶为单叶，卵状心形或戟形，2 年以上叶为三出复叶，基生。叶柄近基部内侧常有 1 白色珠芽。花单性同株，肉穗花序，佛焰苞绿色，下部闭合成管状，有横隔膜，雄花和雌花之间为不育部分，附属器鼠尾状，伸出佛焰苞外。浆果红色，卵圆形(图 12－76)。全国均有分布。块茎(半夏)有毒，炮制后才能使用，能燥湿化痰、降逆止呕。

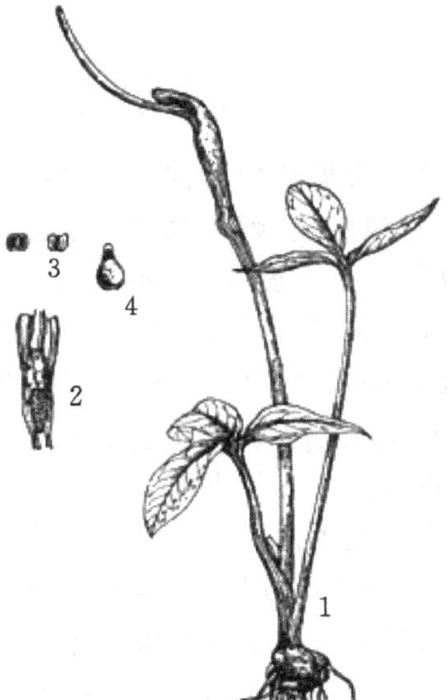


图 12－76　半夏

1. 植株　2. 佛焰苞剖开后，示肉穗花序上雄花(上)和雌花(下)　3. 雄蕊　4. 雌花纵切面

**天南星** *Arisaema erubescens* (Wall.) Schott　多年生草本，块茎扁球形。仅具 1 叶，有长柄，基生，叶片 7～24 裂，放射状排列于叶柄顶端，裂片披针形，末端延伸成丝状。花单性异株，肉穗花序，佛焰苞喉部不闭合，无横隔膜，其顶端细丝状，附属器棒状；雄花雄蕊 4～6 枚。浆果红色，紧密排列(图 12－77)。我国多数地区有分布。块茎(天南星)能燥湿化痰、祛风止痉、消肿散结。同属植物**东北天南星** *A. amurense* Maxim. 和**异叶天南星** *A. heterophyllum* Blume 块茎也作药材天南星使用。

**石菖蒲** *Acorus tatarinowii* Schott　多年生草本，全体具浓烈香气。根状茎横走。叶基生，剑状线形，叶片无中脉。佛焰苞叶状，不包围花序。花两性，黄绿色，花被 6 朵，雄蕊 6 枚，与花被对生，子房 2～3 室。浆果红色(图 12－78)。分布于长江流域及以南地区。根茎(石菖蒲)能开窍豁痰、醒神益智、化湿开胃。同属植物菖蒲 *A. calamus* L. 根茎(水菖蒲)功效同石菖蒲。

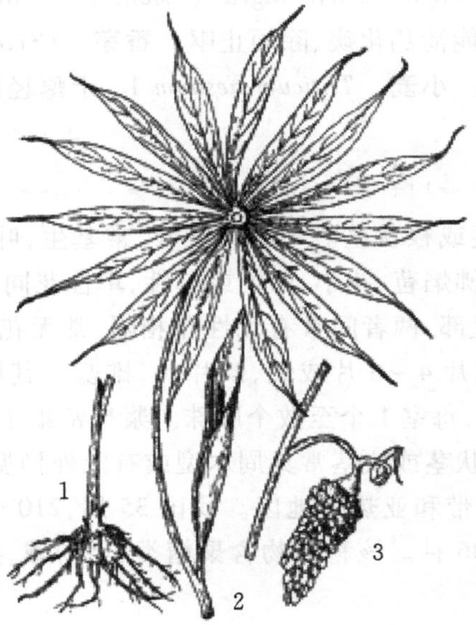


图 12－77　天南星

1. 块茎　2. 带花植株 3. 果序

图 12－78　石菖蒲

1. 植株　2. 花

该科常见药用植物尚有：**独角莲**　*Typhonium giganteum* Engl. 块茎（禹白附）有毒，能燥湿化痰、祛风解痉、解毒散结。**千年健**　*Homalomena occulta*（Lour.）Schott 根茎（千年健）能祛风湿、强筋骨。　**魔芋**　*Amorphophallus rivieri* Durieu 块茎生用有毒，能化痰散积、行瘀消肿。其所含的葡甘聚糖有降血糖作用。**掌叶半夏**　*Pinellia pedatisecta* Schott. 块茎（虎掌南星）为化痰药，能燥湿化痰、降逆止呕、消痞散结。

**3. 百合科**⚥ $*P_{3+3,(3+3)}\ A_{3+3}\ \underline{G}_{(3:3:\infty)}$

百合科为多年生草本，稀木本。常具鳞茎、根状茎、球茎或块根。单叶互生或基生，少对生或轮生。花大而显著，穗状、总状或圆锥花序；花两性，辐射对称，花被片 6 片，2 轮，花瓣状，分离或合生；雄蕊 6 枚；子房上位，3 个心皮合生成 3 室，中轴胎座，每室胚珠多数。蒴果或浆果。

该科植物体常有黏液细胞，并含有草酸钙针晶束。

该科约 240 属，4000 余种，广布于全球，以温带及亚热带地区较多。我国有 60 属，570 余种，全国各地均产，以西南地区种类较多。已知药用 46 属，370 种。该科化学成分复杂多样。已知有生物碱、强心苷、甾体皂苷、蜕皮激素、蒽醌类、黄酮类等化合物。

**【药用植物】**

**百合**　*Lilium brownii* F. E. Brown var. *viridulum* Baker　多年生草本，鳞茎近球形。茎光滑有紫色条纹。叶倒卵状披针形至倒卵形，上部叶常较小，3～5 脉。花大型，喇叭状，乳白色，背面稍带淡紫色，顶端向外张开或稍外卷，有香味；花粉粒红褐色；子房长圆柱形，柱头 3 裂。蒴果矩圆形，有棱（图 12－79）。分布于华北、华南及西南地区。鳞茎的鳞叶（百合）能养阴润肺、清心安神。同属植物**细叶百合** *L. pumilum* DC. 和**卷丹** *L. lancifolium* Thunb. 的鳞茎也作百合入药。

**浙贝母** *Fritillaria thunbergii* Miq. 多年生草本，鳞茎较大，常由2～3片肥厚的鳞叶组成。叶无柄，条状披针形，下部及上部叶对生或互生，中部叶轮生，上部叶先端卷曲呈卷须状。早春开花。花具长柄，钟形，花被片淡黄绿色，内面具紫色方格斑纹。蒴果具6条宽纵翅（图12－80）。主要分布于浙江北部，江苏、湖南、四川等省亦有栽培。鳞茎（浙贝母）含多种生物碱，能清热化痰止咳、解毒散结消痈。同属植物**暗紫贝母** *F. unibracteata* Hsiao et K. C. Hsia、**川贝母** *F. cirrhosa* D. Don、**甘肃贝母** *F. przewalskii* Maxim.、**梭砂贝母** *F. delavayi* Franch. 等的鳞茎为中药川贝母的主要来源，能清热润肺、止咳化痰。

图12－79 百合
1. 植株 2. 去花被的花，示雄蕊、雌蕊

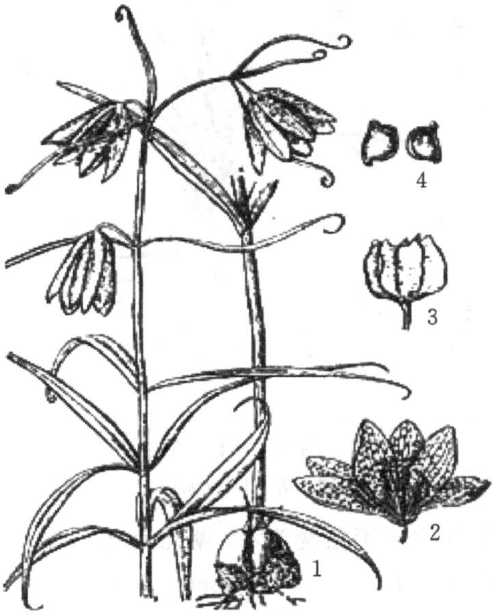


图12－80 浙贝母
1. 植株 2. 花展开，示花被、雄蕊和雌蕊 3. 果实 4. 种子

**麦冬** *Ophiopogon japonicus* (L. f) Ker－Gawl. 多年生草本。根茎细长横走，须根末端具椭圆状或纺锤状膨大，称块根。叶条形，基生成丛。总状花序；花两性，辐射对称；花被6片，白色或淡紫色，雄蕊6枚，花丝短；子房半下位，3个心皮组成3室。果实浆果状，成熟时暗蓝色（图12－81）。我国多数地区均有分布或栽培。主产于浙江、四川等地。块根（麦冬）能润肺清心、养阴生津。

**七叶一枝花** *Paris polyphylla* Smith var. *Chinensis* (Franch.) Hara 多年生草本。根状茎短而粗壮，密生环节。叶多为7片轮生于茎顶，叶椭圆形至倒卵状披针形。花单生，自轮生叶的中心抽出；花两性，辐射对称；花被片4～7片，外轮绿色，狭卵状披针形，内轮黄绿色，狭条形，长为外轮的1/3至近等长或稍超过，并与外轮花被片互生；雄蕊8～12枚，花药为花丝的3～4倍，药隔突出为小尖头；子房上位，1室，近球形，具棱，顶端具盘状花柱基，花柱4～5个；蒴果紫色；种子具红色外种皮（图12－82）。分布于长江流域。根状茎（重楼）能清热解毒、消肿止痛、凉肝定惊。同属植物**云南重楼** *P. polyphylla* Smith var. *yunnanensis* (Franch.) Hand.－Mazz. 根茎亦作重楼入药。

图 12－81　麦冬

1. 植株　2. 花　3. 花纵切面　4. 雄蕊

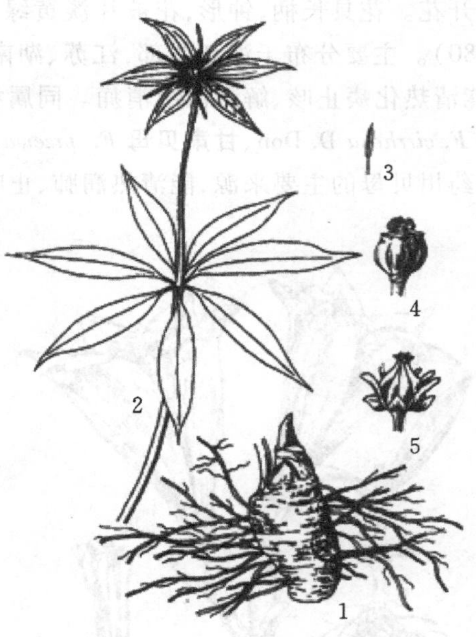


图 12－82　七叶一枝花

1. 根状茎　2. 花枝　3. 雄蕊　4. 雌蕊　5. 果实

该科的药用植物尚有：**湖北麦冬**　*Liriope spicata*（Thunb.）Lour. var. *prolifera* Y. T. Ma 和**短葶山麦冬** *L. muscari*（Decne.）Bailey 块根（山麦冬）功效同麦冬。**天门冬**　*Asparagus cochinchinensis*（Lour.）Merr. 块根（天冬）能养阴润燥、清肺生津。**知母** *Anemarrhena asphodeloides* Bge. 根茎（知母）能清热泻火、滋阴润燥。**黄精**　*Polygonatum sibiricum* Delar. ex Red.、**多花黄精**　*P. cyrtonema* Hua 或**滇黄精**　*P. kingianum* Coll. et Hemsl. 根茎（黄精）能补气养阴、健脾、润肺、益肾。**玉竹**　*P. odoratum*（Mill.）Druce 根状茎（玉竹）能养阴润燥、生津止渴。**库拉索芦荟**　*Aloe barbadensis* Miller 叶的汁液浓缩干燥物（芦荟）能泻下通便、清肝泻火、杀虫。**藜芦**　*Veratrum nigrum* L. 根（藜芦）有毒，能催吐、杀虫。**光叶菝葜**　*Smilax glabra* Roxb. 根茎（土茯苓）能清热解毒、通利关节、除湿。**剑叶龙血树**　*Dracaena cochinchinensis*（Lour.）S. C. Chen 和**海南龙血树**　*D. cambodiana* Pierre ex Gagnep. 树脂（国产血竭）内服能活血化瘀、止痛，外用能止血、生肌、敛疮。**铃兰**　*Conval lariamaidis* L. 全草能强心利尿，有毒。

## 知识拓展

百合科是单子叶植物纲中的1个大科，不同的分类系统对该科的划分很不一致。其中，恩格勒分类系统中百合科的范围较大，而哈钦松分类系统则把延龄草亚科和菝葜亚科从百合科中分出，另列延龄草科和菝葜科。塔赫他间分类系统则把恩格勒系统的百合科划分为秋水仙科、百合科、葱科，萱草科、天门冬科、日光兰科、龙血树科、延龄草科、菝葜科。克朗奎斯特分类系统将广义百合科划分为百合科、芦荟科、龙舌兰科和菝葜科等。

4. **薯蓣科** $♂ * P_{(3+3)} A_{3+3}; ♀ * P_{(3+3)} \overline{G}_{(3:3:2)}$

薯蓣科为多年生缠绕性草质藤本。具根茎或块茎。叶互生或中部以上为对生，单叶或掌状复叶，全缘或分裂，具掌状网脉。花小，单性，异株或同株，辐射对称，排成穗状、总状或圆锥花序；花被片 6 片，2 轮，基部常合生；雄花雄蕊 6 枚，有时 3 枚发育，3 枚退化；雌花常有 3 ~ 6 枚退化雄蕊，子房下位，3 个心皮 3 室，每室 2 个胚珠；花柱 3 个。蒴果具 3 棱形的翅。种子常有翅。

该科植物含黏液细胞及草酸钙针晶束，常有根被。

该科 10 属，600 余种，广布于热带、温带地区。我国仅 1 属（薯蓣属），约 60 种，主要分布于长江以南各地，已知药用 37 种。该科植物的特征性活性成分为甾体皂苷，如薯蓣皂苷、纤细薯蓣皂苷、山萆薢皂苷都为合成激素类药物的原料。此外还含生物碱，如薯蓣碱。

**【药用植物】**

**薯蓣** *Dioscorea opposita* Thunb.　多年生草质藤本。根状茎直生，肉质肥厚，圆柱形。茎常带紫色。基部叶互生，中部以上叶对生，叶三角形至三角状卵形，基部宽心形，叶脉 7 ~ 9 条，叶腋常有珠芽（零余子）。穗状花序腋生，花小，单性异株，辐射对称，花被 6 片，绿白色；雄花雄蕊 6 枚；雌花子房下位，柱头 3 裂。蒴果具 3 棱，被白粉，种子具宽翅（图 12 - 83）。全国大部分省区均有，多栽培。根状茎（山药）能健脾养胃、生津益肺、补肾涩精。

**穿龙薯蓣** *D. nipponica* Makino　多年生草质藤本。根状茎横生，外皮黄褐色。叶互生，掌状心形，3 ~ 7 浅裂，雌雄异株（图 12 - 84）。全国大部分地区均有分布，主产于长江以北地区。根状茎（穿山龙）能舒筋活血、祛风止痛。薯蓣皂苷含量较高，用于提取薯蓣皂苷元，作为合成激素类药物的原料。

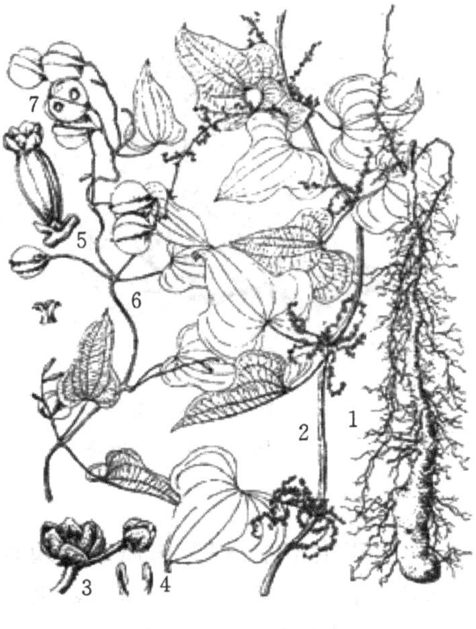


图 12 - 83　薯蓣

1. 块茎　2. 雄枝　3. 雄花序一部分　4. 雄蕊　5. 雌花　6. 果枝　7. 果实剖开示种子

图 12 - 84　穿龙薯蓣

1. 根茎　2. 茎、叶　3. 雄花　4. 雌花　5. 花枝　6. 果枝

该科常见的药用植物尚有：**黄独** *D. bulbifera* L. 块茎（黄药子）能解毒消肿、化痰散结、凉血止血。**粉背薯蓣** *D. hypoglauca* Palib. 根状茎（粉萆薢）能利湿浊、祛风湿。**绵萆薢** *D. septemloba* Thunb. 和**福州薯蓣** *D. futschuensis* Uline ex R. Kunth 根茎（绵萆薢）功效同粉萆薢。

5. 姜科 ⚥ ↑ $K_{(3)}$ $C_{(3)}$ $A_1$ $\overline{G}_{(3:3:\infty)}$

姜科为多年生草本，具块茎或根茎，通常有芳香或辛辣味。地上茎很短，有时为多数叶鞘包叠而成假茎。单叶2列互生，常有叶鞘和叶舌，羽状平行脉。花两性，两侧对称，单生或组成穗状、总状、圆锥花序；花序具苞片，每苞片具花一至数朵；花被片6片，2轮，外轮萼状，常合生成管，一侧开裂，上部3齿裂，内轮花冠状，上部3裂，后方一片较大；退化雄蕊2~4枚，外轮2枚（侧生退化雄蕊）花瓣状、齿状或缺，内轮2枚联合成显著而美丽的唇瓣，能育雄蕊1枚，花丝细长具槽；子房下位，3个心皮，3室，中轴胎座，稀侧膜胎座（1室），胚珠多数，花柱细长，被能育雄蕊的花丝槽包住，柱头漏斗状。蒴果，稀浆果状。种子具假种皮。

该科植物含油细胞。根状茎常具明显的内皮层，最外层具栓化皮层；块根常有根被。

该科约50属，1500余种，分布于热带、亚热带地区，以亚洲东部和东南亚为最丰富。我国约20属，近200种，主产于西南、华南至东南部地区。已知药用15属，103种。本科植物多含挥发油，其成分多为单萜和倍半萜，此外还含有甾体皂苷、黄酮类等。

【药用植物】

**姜** *Zingiber officinale* Rose. 草本。根状茎指状分枝，断面淡黄色，味辛辣。茎高约1m。叶片披针形，无柄。穗状花序由根茎抽出；苞片绿色至淡红色，花冠黄绿色，唇瓣中裂片具紫色条纹及淡黄色斑点（图12－85）。我国广为栽培。根状茎（生姜、干姜）入药，生姜能发汗解表、温胃止呕，干姜能温中散寒、回阳通脉、温肺化饮。

图12－85 姜

1. 植株 2. 花 3. 唇瓣

**阳春砂** *Amomum villosum* Lour. 多年生草本。根状茎细长横走。叶条状披针形或长椭圆形，全缘，尾尖，叶鞘上有凹陷的方格状网纹，叶舌半圆形。穗状花序球形，由根茎抽出；花冠白色，唇瓣白色，中间有淡黄色或红色斑点，圆匙形，先端2裂，药隔附属体3裂。蒴果椭圆形，表面具柔刺。种子多数，极芳香（图12－86）。分布于华南地区。果实（砂仁）能化湿开胃、温脾止泻、理气安胎。

**温郁金** *Curcuma wenyujin* Y. H. Chen et C. Ling 多年生草本，根茎肉质。具块根，断面黄色。穗状花序具密集苞片，先叶于根茎处抽出，上部苞片蔷薇红色（图12－87）。浙江、福建等地有栽培。块根（习称黑郁金）能行气解郁、凉血破瘀。温郁金与同属植物**蓬莪术** *C. phaeocaulis* Val. 及**广西莪术** *C. kwangsiensis* S. G. Lee et C. F. Liang 的根茎（莪术，前者习称

"温莪术")能行气破血、消积止痛,上述植物的块根(郁金)能破血行气、清心解郁、凉血止血、利胆退黄。商品药材分别称为温郁金、绿丝郁金、桂郁金。

图 12-86　阳春砂

1. 根茎及果序　2. 叶枝　3. 花　4、5. 雌蕊

图 12-87　温郁金

1. 叶和花序　2. 带块根的根和根茎　3. 花

该科常见的药用植物尚有:**姜黄**　*Curcuma Longa* L. 根茎(姜黄)能破血行气、通经止痛;块根(黄丝郁金)破血行气、清心解郁、凉血止血、利胆退黄。**白豆蔻**　*Amomum kravanh* Pierre ex Gagnep. 果实(豆蔻)化湿行气、温中止呕、开胃消食。**草果**　*A. tsao-ko* Crevost et Lemarie 果实(草果)能驱寒燥湿、除痰截疟。**大高良姜**　*Alpinia galanga* (L.) Willd. 根状茎(大高良姜)能散寒、暖胃、止痛;果实(红豆蔻)能燥湿散寒、醒脾消食。**高良姜**　*A. officinarum* Hance 根状茎(高良姜)功效同大高良姜。**益智**　*A. oxyphylla* Miq. 果实(益智)能暖肾固精缩尿、温脾止泻摄唾。

6. 兰科⚥↑ $P_{3+3}A_{1-2}\overline{G}_{(3:1:\infty)}$

兰科为多年生草本,陆生、附生或腐生,陆生及腐生者常具根状茎或块茎,附生者具有肥厚根被的气生根。茎常在基部或全部膨大为具1节或多节的假鳞茎。单叶互生,常排成2列,具叶鞘。花单生或排成总状、穗状或圆锥花序;花两性,两侧对称,花被片6片,2轮,常花瓣状,外轮3片为萼片,上方中央的1片称中萼片,下方两侧的2片称侧萼片;内轮3片,侧生的2片称花瓣,中间的1片称唇瓣,常特化成各种形状,基部有时成囊或矩,内有蜜腺,常因子房180°扭转而居下方;雄蕊与花柱(包括柱头)合生成合蕊柱,呈半圆柱形,面向唇瓣,花药通常1室,生于合蕊柱顶端背面,稀2室,生于合蕊柱两侧,花药2室,花粉粒黏结成花粉块;花药前方常具1突起,由柱头不育部分变成,称蕊喙,能育柱头常位于蕊喙下面,一般凹陷;子房下位,3个心皮,1室,侧膜胎座;胚珠细小,数目极多。蒴果。种子极小而多,无胚乳(图12-88)。

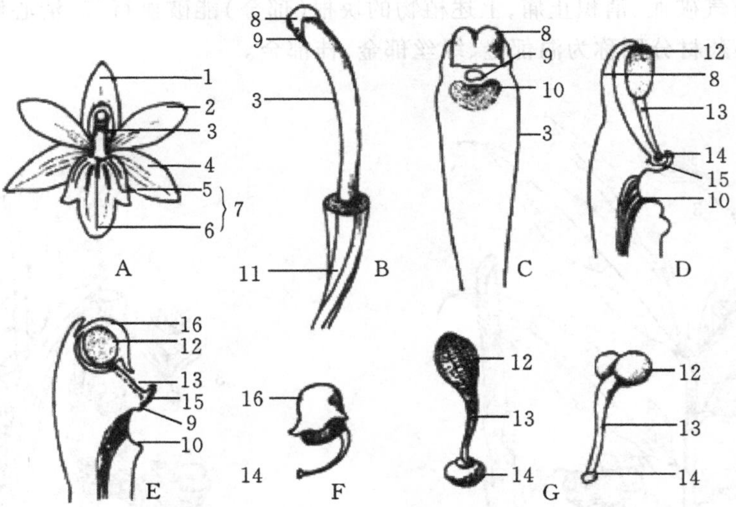


图 12－88　兰花的构造

A. 兰花的花被片各部分示意　B. 子房及合蕊柱　C. 合蕊柱全形　D、E. 合蕊柱纵切　F. 花药　G. 花粉块
1. 中萼片　2. 花瓣　3. 合蕊柱　4. 侧萼片　5、6. 侧裂片及中裂片　7. 唇瓣　8. 花药　9. 蕊喙
10. 柱头　11. 子房　12. 花粉团　13. 花粉块柄　14. 黏盘　15. 黏囊　16. 药帽

该科植物具黏液细胞，内含草酸钙针晶；维管束为周韧型或有限外韧型。

该科约 730 属，20000 余种，广布于全球，主产于南美和亚洲的热带地区。我国约 170 属，1000 余种，主产于南方地区，以云南、海南、台湾种类最多。已知药用 76 属 289 种。该科植物主要活性成分为倍半萜类生物碱、酚苷类，此外，尚含吲哚苷、黄酮类、香豆素、甾醇类及芳香油等。

【药用植物】

**天麻**　*Gastrodia elata* Bl.　腐生草本，无根，依靠侵入体内的蜜环菌菌丝取得营养。块茎椭圆形，有均匀的环节，节上有膜质鳞叶。茎单生，黄褐色或带红色，叶退化成膜质鳞片，不含叶绿素，颜色与茎色相同，下部鞘状抱茎。总状花序顶生；花淡绿黄色或橙红色，花被合生，下部壶状，上部歪斜，唇瓣白色，先端 3 裂（图 12－89）。主产于西南地区，现多人工栽培。块茎（天麻）能息风止痉、平抑肝阳、祛风通络。

**白及**　*Bletilla striata*（Thunb.）Reichb. f.　多年生草本。块茎肥厚，三角状扁球形，上有环纹，断面富黏性。叶 3～6 片，带状披针形，基部鞘状抱茎。总状花序顶生；花紫红色，唇瓣 3 裂，有 5 条纵皱折，中裂片顶端微凹，合蕊柱顶端有一花药。蒴果圆柱形，有 6 条纵棱（图 12－90）。广布于长江流域。块茎（白及）能收敛止血、消肿生肌。

该科的药用植物尚有：**金钗石斛**　*Dendrobium nobile* Lindl. 茎（石斛）益胃生津、滋阴清热。**手参**　*Gymnadenia conopsea*（L.）R. Br. 块根能益气补血、生津止渴。**杜鹃兰**　*Cremastra appendiculata*（D. Don）Makino、**独蒜兰**　*Pleione bulbocodioides*（Franch.）Rolfe 及**云南独蒜兰**　*Pleione yunnanensis* Rolfe 假鳞茎（山慈菇）能清热解毒、化痰散结。

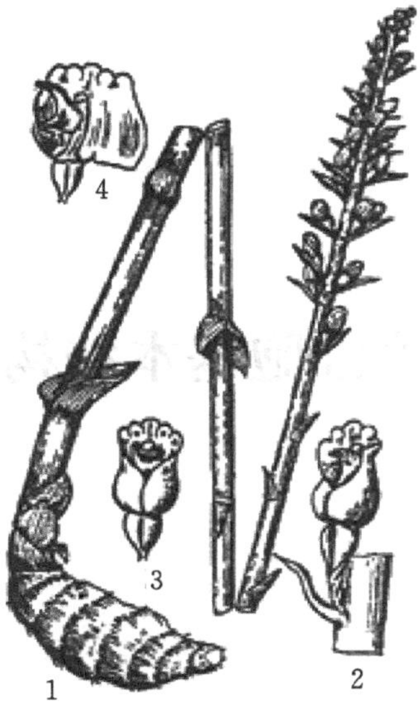


图 12－89　天麻

1. 植株　2. 花及苞片　3. 花
4. 花被展开，示唇瓣和合蕊柱

图 12－90　白及

1. 植株　2. 唇瓣　3. 合蕊柱　4. 合蕊柱顶端的药床及雄蕊背面　5. 花粉块　6. 蒴果

## 目标检测

1. 简述十字花科植物主要特征，并列举 2 种常用药用植物。
2. 简述豆科植物主要特征，并列举 2 种常用药用植物。
3. 简述伞形科植物主要特征，并列举 2 种常用药用植物。
4. 简述唇形科植物主要特征，并列举 2 种常用药用植物。
5. 简述葫芦科植物主要特征，并列举 2 种常用药用植物。
6. 简述菊科植物主要特征，并列举 2 种常用药用植物。
7. 简述天南星科植物主要特征，并列举 2 种常用药用植物。
8. 简述百合科植物主要特征，并列举 2 种常用药用植物。

# 附录一 实训指导

## 实验一 光学显微镜的使用及植物细胞基本结构观察

### 一、实验目的

(1)掌握显微镜的使用方法和植物细胞基本结构。

(2)熟悉表皮制片法及绘制植物细胞图。

(3)了解显微镜的种类、构造及其维护。

### 二、实验步骤

#### (一)光学显微镜的构造

光学显微镜可分为单式显微镜与复式显微镜两类。单式显微镜结构简单,如放大镜(放大倍数在10倍以下);解剖镜(放大倍数在200倍以下)。复式显微镜结构较复杂,其有效放大倍数可达1250倍,此显微镜即学生常用的光学显微镜。

复式显微镜分为光学部分和机械部分。

**1. 机械部分**

(1)镜座 显微镜基座,用以支持镜体的平衡,装有反光镜或照明光源。

(2)镜柱 镜座上面直立的短柱,连接、支持镜臂及以上部分。

(3)镜臂 弯曲如臂,下连镜柱,上连镜筒,是取放显微镜时手握的部位。直筒显微镜镜臂的下端与镜柱连接处有一活动关节,称倾斜关节,可使镜体在一定范围内后倾,便于观察。

(4)镜筒 显微镜上部圆形中空的长筒,其上端放置目镜,下端与物镜转换器相连。双筒斜式的镜筒,两筒距离可以根据两眼距离及视力来调节。镜筒的作用是保护成像光路与亮度。

(5)物镜转换器 装在镜筒下端的圆盘,可做圆周转动。盘上有3~5个螺口,在螺口上面可按顺序安装不同倍数的物镜。旋转转换器,不同倍数物镜即可固定在使用的位置,保证目镜与物镜光线合轴。

(6)载物台(镜台) 放置标本的平台,中部有一通光孔。上有标本固定装置,用以固定和移动标本(弯筒显微镜的标本移动装置在载物台下部)。

(7)调焦装置 为得到清晰的物像,调节物镜与标本之间的距离,使它与物镜工作距离相等,这种操作叫调焦。镜臂两侧有粗、细调焦螺旋各一对,旋转时可使镜筒上升或下降(弯筒显微镜的调焦螺旋在镜柱两侧,旋转调焦螺旋可使载物台上升或下降)。大的一对是粗调焦螺旋,用于低倍物镜检查标本时调焦;小的是细调焦螺旋,用于使物像更清晰的调焦。

(8)聚光器调节螺旋 安装在镜柱的左侧或右侧,旋转时可以使聚光器上下移动,可调节视野亮度。

2. 光学部分

光学部分由成像系统和照明系统组成。成像系统包括物镜和目镜。照明系统包括反光镜或电光源、聚光器。当使用显微镜成像时,所看到的标本是一个方向相反并倒置的虚像,因此标本移动的方向常和人眼所观察的物像相反。

(1)物镜　物镜的作用是将标本第一次放大成倒像。一般显微镜有几个放大倍数不同的物镜,如4倍镜(4×)、10倍镜(10×)、40倍镜(40×)和100倍镜(100×)。其中4倍镜、10倍镜为低倍物镜,40倍镜为高倍物镜,100倍镜为油镜(使用时需在标本和物镜之间加入折射率大于1,而与玻片折射率相近的液体,如香柏油作为介质)。

(2)目镜　目镜的作用是将物镜所成之像进一步放大。学生可根据观察需要选择使用5倍或10倍的目镜。当使用显微镜时,可在目镜内安装一段头发,在视野中成一黑线,叫"指针",可用它指示所观察标本的部位。根据需要,目镜内也可安装目镜测微尺,用以测量所观察物体的大小。

显微镜放大倍数=物镜放大倍数×目镜放大倍数

(3)聚光器　装在载物台下方的聚光器架上,由聚光镜(几个凸透镜)和虹彩光圈(可变光栏)组成,它可以使散射光汇集成束、集中一点,以增强被检物体的照明。聚光器可上下调节,如用高倍物镜时,视野范围小,则需上升聚光器;当用低倍物镜时,视野范围大,可下降聚光器。虹彩光圈装在聚光器内,拨动操作杆,可使光圈扩大或缩小,借以调节通光量。

(4)反光镜　装在聚光器或光圈盘下方的镜座插孔中,它可以朝任一方向旋转以对准光源。有平、凹两面,平面镜能反光;凹面镜有反光和聚光作用,一般在光线充足时使用平面镜,光线不足时使用凹面镜。

(5)电光源　有的显微镜没有反光镜,使用电光源,在镜座上聚光器下方装有电灯,还有电源开关和调节光线强弱的旋钮。

### (二)显微镜的使用

显微镜使用主要包括三个方面:一是光度调节,二是焦距调节,三是载物台调节。其具体使用方法如下。

1. 取镜和放镜

从显微镜柜中取出显微镜时,右手握住镜臂,左手平托镜座,保持镜体直立,严禁单手提显微镜,以防目镜和反光镜掉落。显微镜应放置在座位偏左距桌边5~6cm处,以便于观察和防止显微镜掉落。

2. 对光

一般用由窗口进入室内的散射光,或用日光灯作光源。对光时,先将低倍物镜转到中央,对准载物台的通光孔,然后用左眼(或双眼)从目镜观察,同时用手转动反光镜,使镜面向着光源,当光线从反光镜反射入镜筒时,在镜筒内就可看到一个圆形、明亮的视野,这时再利用聚光器或虹彩光圈调节光的强度,使视野内的光线均匀、明亮但不刺眼。

3. 低倍物镜的使用

观察标本时,首先必须用低倍物镜观察。因低倍物镜视野大,易于发现观察目标和确定观察部位。

(1)放置装片　旋转粗调焦螺旋以升高镜筒(或降低载物台),把装片放置于标本推进器内，使材料位于通光孔中心，缩小虹彩光圈。

(2)调整焦距　两眼从侧面注视物镜，转动粗调焦螺旋使镜筒徐徐下降(或载物台徐徐上升)至物镜距玻片约3mm处。接着用左眼或双目注视镜筒内，同时反方向慢慢转动粗调焦螺旋使镜筒慢慢上升(或载物台慢慢下降)，直至看到清晰的物像，再用细调焦螺旋调至最清晰。

(3)低倍物镜观察　焦距调好后，根据需要移动标本移动器向前后左右移动玻片，将观察部分移到最佳位置。如果视野太亮，可降低聚光器、缩小虹彩光圈或减弱灯光亮度，反之则升高聚光器或开大光圈或增强灯光亮度。

4. **高倍物镜的使用**

在低倍物镜观察基础上，需要观察细微结构或较小的物体，可使用高倍物镜观察。

(1)选好目标　因为高倍物镜视野小，所以使用高倍物镜前应在低倍物镜下选好欲观察的目标，并移至视野中央。然后转动物镜转换器，使高倍物镜至观察位置。

(2)调整焦点　在正常情况下转至高倍物镜观察时，视野中即可见到模糊的物像，只要稍许调节细调焦螺旋，就可获得最清晰的物像。如视野太暗，可重新调节视野亮度。

5. **换装片**

观察完毕，如需换看另一装片时，转动物镜转换器，将高倍物镜换成低倍物镜，取出装片，换上新装片，然后重新从低倍物镜开始观察。切忌在高倍物镜下换片，以免损坏高倍物镜。

6. **显微镜使用后的整理**

观察结束，将镜筒升高(或载物台降低)，取下装片，转动物镜转换器，使物镜头转离通光孔，再下降镜筒到适当高度，并将标本推进器移到适当位置，反光镜还原与桌面垂直，擦净镜体，右手握住镜臂，左手托住镜座放回显微镜柜内。

7. **显微镜使用和保养的注意事项**

(1)保持显微镜清洁，机械部分用软布擦拭。光学部分用镜头毛刷拂去或用吹风球吹去灰尘，再用擦镜纸轻擦，或用脱脂棉棒蘸少许酒精乙醚混合液由透镜中心向外进行轻擦，切忌用手指、纱布等擦抹。不用时用塑料罩罩好并及时收回镜箱。

(2)使用时要严格遵守操作规程。不许随便拆修，如某一部分发生故障，应及时报告教师处理。

(3)观察临时装片，一定要加盖盖玻片，并将盖玻片四周溢出的水液擦干后再进行观察。观察时不能使用倾斜关节，以免水、药液流出污染镜体，损坏镜头。电光源在不进行观察时应及时关闭。

(4)观察显微镜时，坐姿要端正，双目张开，用左眼观察，右眼作图，勿紧闭一眼。

(5)保养显微镜要求做到防潮、防尘、防热、防剧烈震动，保持镜体清洁、干燥和转动灵活。

## (三)植物细胞基本结构的观察

1. **洋葱鳞叶表皮细胞的观察**

取洋葱鳞茎肉质鳞片叶，用镊子撕取内表皮一小块(约5mm×5mm)，置于载玻片上预先加好的水滴中，展平，盖上盖玻片。先进行低倍物镜观察，可见洋葱内表皮为一层细胞，细胞排列紧密，无细胞间隙，多呈长方形。

取下装片，从盖玻片的一侧加入1～2滴碘－碘化钾试剂，从另一侧用吸水纸将清水吸去，使碘－碘化钾试剂浸入装片，放置几分钟后观察，在已被染色的区域，可见细胞壁染成了黄色，细胞核(细胞中一个近圆形的小球体)染成了深黄色,高倍物镜下细胞核中还可看到一至多个发亮的小颗粒,即核仁。

**2. 质体的观察**

(1)叶绿体　取任何绿色植物叶片,撕取一小块下表皮,用蒸馏水制成临时表面装片,置显微镜下观察,可见黏附在下表皮上的叶肉细胞中有多数扁球形或球形的绿色颗粒,此颗粒即叶绿体。

(2)有色体　取新鲜红辣椒或西红柿中果皮细胞少许,置载玻片上压散,制成临时水装片观察,可见许多橙黄色或橙红色呈类球形或棒状的颗粒,此即为有色体。

(3)白色体　取紫鸭跖草叶片,撕取下表皮一小块,用蒸馏水制成临时表面装片。高倍物镜下观察气孔副卫细胞,可见其细胞核周围具有一些无色透明、圆球状颗粒即为白色体。

**3. 胞间连丝观察**

取柿胚乳细胞永久制片观察,可见相邻细胞间有大量细丝彼此相连,此细丝即胞间连丝。

## 三、实验思考

(1)绘制洋葱鳞叶的内表皮细胞 2~3 个,并注明细胞的各部分名称。

(2)绘制红辣椒或西红柿中果皮细胞 2~3 个,示有色体。

# 实验二　植物细胞后含物和特化细胞壁的观察

## 一、实验目的

(1)掌握淀粉粒和草酸钙晶体的鉴别。

(2)熟悉特化细胞壁的鉴别;徒手切片、粉末制片及水合氯醛透化制片等方法。

## 二、实验步骤

**1. 淀粉粒的观察**

(1)取载玻片,滴加 2~3 滴蒸馏水,再取马铃薯块茎切开,将切口在载玻片上水滴中略洗,盖上盖玻片观察,可见许多卵圆形或椭圆形颗粒,转换高倍镜,颗粒上可见脐点和层纹,此即淀粉粒。注意分辨单粒、复粒和半复粒。

观察后,取下装片,在盖玻片一侧滴加 1 滴碘 - 碘化钾溶液,同时在另一侧用吸水纸吸取蒸馏水,再置显微镜下观察,淀粉粒呈蓝紫色反应。

(2)取少量半夏粉末,置于滴加了 1~2 滴蒸馏水或稀甘油的载玻片上,用解剖针充分搅匀后,加盖盖玻片,制成粉末装片,置显微镜下观察,可见众多复粒淀粉。

**2. 草酸钙结晶的观察**

(1)草酸钙簇晶　取少许大黄粉末,置于滴加了 2~3 滴水合氯醛的载玻片上,用解剖针将粉末搅匀,在酒精灯上用小火慢慢加热进行透化,注意不要煮沸或蒸干,可添加几次水合氯醛,并用滤纸吸去已带色的多余试剂,直至材料颜色变浅而透明时停止处理,加稀甘油 1 滴并盖上盖玻片。将装片置显微镜下观察,可见许多灰白色、星状的草酸钙簇晶。

(2)草酸钙方晶　取少许黄柏或甘草粉末,按上述方法透化制片,置显微镜下观察,可见一些方形、不规则形及斜方形等形状的草酸钙方晶。这些方晶常成行排列于纤维束旁边的薄壁细胞中。

(3)草酸钙针晶　取少许半夏粉末,按上述方法透化制片,置显微镜下观察,可见成束的或散在的草酸钙针晶。

3. 特化细胞壁的观察与鉴别

(1)木质化细胞壁　取冬青卫矛幼茎做横切面徒手切片,用间苯三酚和浓硫酸各1滴制片,将装片置显微镜下观察,可见冬青卫矛幼茎横切面上,木质化细胞壁染成了紫红色。

(2)木栓化细胞壁　取少许黄柏粉末于载玻片上,滴加1~2滴苏丹Ⅲ试液,在酒精灯上轻轻加热或放置2分钟,盖上盖玻片,置显微镜下观察,可见木栓化细胞壁被染成橙红色。

(3)角质化细胞壁　取冬青卫矛叶片,用马铃薯块茎夹住,做横切面徒手切片,切片如上法用苏丹Ⅲ试液装片,置显微镜下观察,可见叶的上、下表皮外侧各有一条紧紧与表皮细胞连在一起的橙红色亮带,即为角质层。

## 三、实验思考

(1)绘制马铃薯淀粉粒的形态图,并标注。

(2)绘制大黄簇晶、黄柏方晶、半夏针晶的形态图,并标注。

(3)写出木质化、木栓化、角质化细胞壁的显微鉴别结果。

# 实验三　保护组织和机械组织观察

## 一、实验目的

(1)掌握毛茸、气孔、纤维、石细胞的显微特征。

(2)熟悉表面制片和水合氯醛透化制片等方法。

## 二、实验步骤

### (一)保护组织

1. 薄荷叶观察

用镊子撕取薄荷叶下表皮制成临时水装片,置显微镜下观察,可见气孔和三种毛茸。

(1)线状非腺毛　非腺毛较大,顶端尖锐,多由3~8个细胞单列构成,以4个为多见,也有单细胞的,细胞壁较厚。

(2)腺毛　腺毛较小,由椭圆形单细胞腺头和短小的单细胞腺柄组成。

(3)腺鳞　腺鳞较多,表面观腺头大而明显,呈圆球形,常由6~8个细胞组成,腺柄不明显。

(4)直轴式气孔　气孔数量多,两个副卫细胞的长轴与保卫细胞的长轴相垂直。

2. 单细胞线状毛

取忍冬叶制成临时水装片,置显微镜下观察,可见由一个细胞组成的顶端尖锐的单细胞毛茸,其上具疣状突起。

3. 丁字形毛

取菊花叶制成临时水装片，置显微镜下观察，可见毛茸顶部有一个两端尖锐、横生的大细胞，还有 2 ~3 个细胞与顶生细胞相垂直，形成丁字形。

4. 星状毛

取木芙蓉叶制成临时水装片，置显微镜下观察，可见呈放射状排列的毛茸。

5. 不定式气孔

取天竺葵叶的下表皮制成临时水装片，置显微镜下观察，可见气孔的副卫细胞数目不定，其形状与一般表皮细胞相似。

（二）机械组织

1. 肉桂纤维、石细胞观察

取少许肉桂粉末，用水合氯醛试液透化装片，置显微镜下观察，可见长梭形纤维细胞，单个或多个成束，完整或折断，胞腔狭小，孔沟不明显；石细胞呈方形或类圆形，有的三面厚一面薄，胞腔较大，孔沟明显。

2. 梨果实中石细胞观察

用镊子夹取梨果实中硬颗粒少许，置载玻片上，用镊子柄压碎，制成临时水装片，置显微镜下观察，可见石细胞呈类圆形、椭圆形或长方形，细胞壁很厚，孔沟明显。

## 三、实验思考

（1）绘制薄荷叶非腺毛、腺毛、腺鳞和气孔图。

（2）绘制肉桂纤维、石细胞图。

# 实验四　输导组织和分泌组织观察

## 一、实验目的

（1）掌握导管、油细胞、油室的显微特征。

（2）熟悉徒手切片制片和水合氯醛透化制片等方法。

## 二、实验步骤

（一）输导组织

1. 黄芩导管观察

取少许黄芩粉末，用水合氯醛试液透化装片，置显微镜下观察，可见网纹导管较多，孔纹导管较少。

2. 甘草导管观察

取少许甘草粉末，用水合氯醛试液透化装片，置显微镜下观察，可见孔纹导管。

3. 黄豆芽导管观察

取新鲜黄豆芽根的中心部分材料少许，置载玻片上，用镊子柄压散，加间苯三酚和浓硫酸各 1 滴，置显微镜下观察，可见红色的环纹导管、螺纹导管、梯纹导管及网纹导管。

(二)分泌组织

**1. 鲜姜油细胞观察**

取鲜姜行徒手切片,制成临时水装片,置显微镜下观察,可见薄壁组织中,有许多淡黄色类圆形的油细胞散在。

**2. 橘皮油室观察**

取橘皮行横切面徒手切片,制成临时水装片,置显微镜下观察,可见一些大而呈椭圆形的腔隙,在腔隙周围可看到有部分破裂的分泌细胞,该腔隙就是油室。

## 三、实验思考

(1)绘制黄芩、甘草和黄豆芽的导管图。

(2)绘制姜的油细胞图。

# 实验五　根的内部构造

## 一、实验目的

(1)掌握双子叶植物根的初生和次生构造。

(2)熟悉单子叶植物根的初生构造。

## 二、实验步骤

(一)双子叶植物根的初生构造

取毛茛根的横切永久制片,先用低倍镜进行整体观察,然后用高倍镜有外向内依次观察,注意每个部位细胞特征。

**1. 表皮**

表皮是幼根的最外层细胞,排列整齐紧密。

**2. 皮层**

皮层在表皮之内,占幼根的大部分,由多层薄壁细胞组成。皮层可分为外皮层:表皮下方1~2层排列整齐的细胞;皮层薄壁细胞:细胞多层、较大,排列疏松;内皮层:皮层最内一层排列整齐紧密的细胞。其左右径向壁和上下横壁常出现一条带状增厚,并木栓化,称为凯氏带,但在横切片上往往只能看到凯氏点。毛茛根的内皮层往往有六面增厚的现象。

**3. 维管柱**

内皮层以内为维管柱,由中柱鞘、初生木质部、初生韧皮部和薄壁细胞所构成。

(1)维管柱鞘　维管柱鞘是维管柱的最外层,细胞壁薄,通常由1~2层细胞组成,排列整齐而紧密。它在根中起着重要的作用,保持着分生组织的特点和分生功能,侧根、周皮和维管形成层的一部分都发生于维管柱鞘。

(2)初生木质部　细胞壁厚而胞腔大,常排列成4束星芒状。每束导管口径大小不一致,靠近中柱鞘的导管最先发育,口径小,是一些螺纹和环纹加厚的导管,叫原生木质部。分布在近根中心位置的导管,口径大,分化较晚,为后生木质部,其导管着色往往较浅,甚至不显红色。

(3)初生韧皮部　初生韧皮部位于初生木质部的两个辐射角之间,与木质部相间排列,由筛管、伴胞等构成。

在初生木质部和初生韧皮部之间,还分布着薄壁组织,当根进行次生生长时它将分化成维管形成层的一部分。

大多数双子叶植物根中心部分均为导管所占据,是没有髓的。但有少数植物,也可能后生木质部没有能分化到中心而有少量薄壁细胞。

### (二)单子叶植物根的构造

取百部根的横切永久制片,先用低倍镜进行整体观察,然后用高倍镜由外向内依次观察,注意每个部位细胞特征。

**1. 根被**

根被为最外面的3~4层细胞。

**2. 皮层**

皮层占根的大部分,可分为外皮层:紧靠根被的下方为一层排列整齐,略呈方形,较根被细胞为小的细胞;皮层薄壁细胞:位于内、外皮层之间的多列、较大、排列疏松的细胞;内皮层:最内层,细胞较小,切向延长,排列紧密,侧壁略增厚。

**3. 维管柱**

内皮层以内为维管柱,由中柱鞘、初生木质部、初生韧皮部和薄壁细胞所构成。

(1)维管柱鞘　在内皮层内侧,由1~2层小型的,切向延长的,略相似于内皮层的薄壁细胞组成。

(2)木质部　木质部约有20多束,与韧皮部相间排列。木质部的导管染成红色,注意导管的成熟顺序。

(3)韧皮部　韧皮部与木质部相间排列,由一群细小而呈多角形的细胞组成。

(4)髓　髓位于维管柱中心,由许多大型薄壁细胞组成(有的单子叶植物髓部细胞可能木质化)。

### (三)双子叶植物根的次生构造

取防风根的横切永久制片,先用低倍镜进行整体观察,然后用高倍镜由外向内依次观察,注意每个部位细胞特征。

(1)周皮　周皮外为数层排列整齐的长方形细胞,其下面为木栓形成层。当木栓形成层正在活动时,与木栓层的界限不太明显。其内可见细胞较大的栓内层。

(2)次生韧皮部　次生韧皮部较宽,占半径1/2左右,韧皮射线随着韧皮部的添加挤压而弯曲,有时出现裂隙。韧皮部含有筛管、伴胞及薄壁细胞等,所以细胞大小、形态有区别。

(3)形成层　形成层只是一层细胞,但处于正在分化的阶段,向内向外分化的木质部和韧皮部细胞尚未成熟,形态上相似,不易区分,因此,往往将这几层合称为形成层区。

(4)次生木质部　形成层以内均为木质部,导管大小不一,呈放射状排列,木射线由1~2列薄壁细胞组成,呈放射状。仔细区分次生木质部和初生木质部,并根据导管的特点区分原生木质部和后生木质部。大多数双子叶植物的根没有髓部。

(5)分泌道　在横切面上,还可见到分泌道,主要分布在次生韧皮部和栓内层中。

(四)双子叶植物根的异常构造

取牛膝根的横切永久制片,先用低倍镜进行整体观察,然后用高倍镜由外向内依次观察,注意每个部位细胞特征。

(1)周皮　周皮分清三层结构。

(2)正常维管束　正常维管束位于中心,包括初生和次生生长。

(3)异型维管束　在周皮与正常维管束之间的部分有很多异型维管束呈环状分布。在最外层的一轮维管束环中有的部位还隐约见到副形成层连成的间断环状。

观察异常构造的关键是要弄清与正常次生构造的区别。异常构造是在次生生长的基础上进行的,尽管中心部位的次生构造不发达,但其中仍可分为木质部和韧皮部。有些次生生长发达的根,由于导管较少,且排列稀疏,不要误认为是异常构造。

## 三、实验思考

(1)绘制百部根横切面的简图。

(2)绘制防风根横切片的简图。

# 实验六　茎的形态和内部结构

## 一、实验目的

(1)掌握茎的形态类型及变态类型;双子叶植物茎的初生构造、双子植物木质茎和草质茎的次生构造、单子叶植物茎的构造。

(2)熟悉茎与根的外形区别。

(3)了解双子植物茎和根状茎的异常构造。

## 二、实验步骤

### (一)茎的类型

观察下列材料或室外植物的茎,指出其质地和生长习性类型:薄荷、栝楼、蛇莓、地锦、牵牛、麻黄、杜仲、紫荆、鸡血藤等。

### (二)茎的变态类型

观察下列材料或标本。

(1)地上茎变态:仙人掌、山楂、天冬、栝楼、贴梗海棠、钩藤等。

(2)地下茎变态:玉竹、白茅根、半夏、百合、洋葱、马铃薯、天麻、山药蛋、荸荠、大黄、黄连、天南星、白术、黄精、元胡等。

### (三)双子叶植物茎的初生构造

取向日葵茎横切制片观察。

**1. 表皮**

表皮细胞较小,只有一层,排列紧密,细胞外壁可见有角质化的角质层。有的表皮细胞转化成表皮毛，有单细胞的或多细胞的。

2. *皮层*

皮层为表皮以内，维管柱以外的部分。靠近表皮的几层细胞较小，是厚角细胞，细胞在角隅处加厚，其内侧是数层薄壁细胞，即基本组织。在基本组织中，有由分泌细胞围起来的分泌腔。

3. **维管柱**

维管柱比较发达，因为没有明显的内皮层和微管柱鞘细胞，所以常使维管柱与皮层的界限难以区分。

(1)维管束　维管束多呈束状，在横切面上许多维管束排列成一环，染色较深，很易识别。每个维管束都由初生韧皮部、束内(中)形成层和初生木质部组成。韧皮部在木质部外，称外韧维管束，束内有形成层存在，为无限维管束。

1)初生韧皮部：包括原生韧皮部和后生韧皮部，其为外始式，维管束最外方是原生韧皮纤维。在韧皮纤维之内方是筛管、伴胞和韧皮薄壁细胞。

2)束内形成层：原形成层保留下来的仍具有分裂能力的分生组织。在横切面上，细胞扁平状，壁薄。

3)初生木质部：包括原生木质部和后生木质部，其导管分化方向是内始式。

(2)髓射线　髓射线存在于两个维管束之间的薄壁细胞，它连接皮层和茎中央的髓。

(3)髓　髓位于茎的中央的薄壁细胞，排列疏松，常具贮藏的功能。

回忆在双子叶植物根中，有无见到髓及髓射线。

(四)单子叶植物茎的构造

取玉米茎横切制片观察。

1. **表皮**

在茎的最外一层为表皮。横切面为扁方形，排列整齐，外壁增厚，有的细胞较小，壁上有发亮的硅质加厚。

2. **基本组织**

在成熟的茎中，靠近表皮处，有1~3层细胞排列紧密，形状较小，是厚壁细胞组成的外皮层，内部为薄壁的基本组织细胞，细胞较大，排列疏松，并有细胞间隙。越靠茎的中央，细胞直径越大。

3. **维管束**

在基本组织中，有许多散生的维管束。维管束在茎的边缘分布多，每个维管束较小，在茎的中央部分分布少，但每个维管束较大。因此，在玉米茎中没有皮层、维管柱及髓之间的明显界限。

玉米茎维管束被一圈厚壁组织(纤维)构成的鞘包裹着。里面只有初生木质部和初生韧皮部两部分，其间没有形成层，初生木质部通常含有3~4个显著的导管，它们在横切面上排列成V形。

初生木质部的外方是初生韧皮部，其中原生韧皮部位于初生韧皮部的外侧，但已被挤压破坏，有时还可看到一些残留遗迹。后生韧皮部是初生韧皮部的有效部分，只含有筛管和伴胞两种成分，通常没有韧皮薄壁细胞和其他成分。

### (五)双子叶植物木质茎的次生构造

取椴树茎横切制片观察。

**1. 表皮**

在茎的最外层,由一层排列紧密的表皮细胞组成。细胞在横切面上略呈扁长方形,外壁角质化,并有角质层。在 2 ~3 年生的枝条上,表皮已不完整,有些地方已被皮孔胀破并脱落。

**2. 周皮**

周皮由木栓层、木栓形成层、栓内层细胞共同组成。

(1)木栓形成层　木栓形成层是由皮层细胞恢复分裂能力以后形成的。椴木茎的木栓形成层产生于皮层靠外层的薄壁细胞。木栓形成层的细胞在横切面上扁平,细胞质浓,只有一层细胞。刚形成的木栓层细胞是活细胞,也呈扁平状,与木栓形成层的细胞很难区别。

(2)木栓层　木栓层在横切面上是一些在同一半径线上排列整齐的扁平细胞。壁栓质加厚,是死细胞。

(3)栓内层　栓内层一般只有 1 ~2 层,从横切面上看,这两层细胞是具有细胞核的活细胞,细胞质很浓,往往被染成较深的颜色。

**3. 皮层**

皮层在维管柱外,仅有数层薄壁细胞组成,有的细胞内含有簇晶。

**4. 韧皮部**

韧皮部在形成层以外,细胞排列成梯形,其底边靠近形成层。

**5. 形成层**

形成层是因分裂出来的细胞还没有分化成木质部和韧皮部的各类细胞,所以看上去这种扁长形的细胞有 4 ~5 层之多。

**6. 木质部**

木质部在形成层之内,在横切面上占有最大面积。由于细胞直径大小及细胞壁厚薄的不同,可看出年轮的界限。

**7. 髓**

髓位于茎中心,由薄壁细胞组成。在髓的外部紧靠初生木质部处,有数层排列紧密,体积较小的薄壁细胞,这些细胞含有丰富的贮存物质,有的含有黏液,制片中染色较深,称环髓鞘。

**8. 髓射线**

髓射线由髓的薄壁细胞辐射状向外排列,经木质部时,是一或二列细胞,至韧皮部,薄壁细胞面积扩大,并沿切向方向延长,呈倒梯形,这是由原来初生构造中的髓射线与次生生长的维管射线合并而成。

**9. 维管射线**

维管射线在每个维管束之内,由木质部和韧皮部之间的横向运输的薄壁细胞组成。

### (六)双子叶植物草质茎的次生构造

取薄荷茎横切制片观察。草质茎生长期短,次生生长有限,次生构造不发达,木质部量较少,质地较柔软,茎四方形。

**1. 表皮**

表皮最外层由一层排列紧密的长方形表皮细胞组成。常有毛茸、角质层。

2. 皮层

皮层较窄，为数层排列疏松的薄壁细胞组成，四个棱角内方是几层厚角细胞组成的厚角组织，细胞在角隅处加厚，内皮层明显，具红色的凯氏点。

3. 维管柱

(1)维管束　维管束由四个大的维管束(正对棱角)和期间较小的维管束环状排列，韧皮部在外，狭窄，形成层环状，束间形成层明显。

(2)髓　髓发达，有的髓中央破裂成空洞。

(3)髓射线　髓射线为维管束间的薄壁细胞组成，宽窄不一。

注意观察其与双子叶木本植物茎次生结构的不同点及与双子叶植物茎的初生结构区别。

## 三、实验思考

(1)完成上述观察内容，指出茎的类型及变态类型。

(2)绘制薄荷茎、玉米茎的横切面简图。

(3)绘制椴树茎横切面的部分简图。

# 实验七　叶的观察

## 一、实验目的

(1)掌握三大脉序的特征及双子叶植物叶片的构造；单叶与复叶的区别。

(2)熟悉确定叶片全形的方法。

(3)了解双子叶植物叶的构造。

## 二、实验步骤

### (一)脉序类型的观察

分别观察枇杷、红枫、竹、芭蕉、玉簪和银杏等植物叶片的脉序，识别每种植物叶的脉序类型，并说明判断依据。

### (二)单叶、复叶的观察

分别观察月季、柚子、红花檵木、龙爪槐、南天竹等植物的带叶茎枝，判断各植物的叶是单叶、复叶还是单身复叶，并说明判断依据。

### (三)确定叶片全形

测定表中所列植物叶片的长宽比例及最宽处的位置，并确定叶形。

| 材料名称 | 长宽比例 | 最宽处位置 | 叶片形状 |
|---|---|---|---|
| 樟树叶 | | | |
| 番泻叶 | | | |
| 竹叶 | | | |

(四)观察双子叶植物叶的构造

取叶的永久切片(薄荷叶)显微镜下观察表皮、叶肉和主脉等主要特征。

1. 表皮

表皮位于叶的表面,由一层扁平的细胞组成,上表皮细胞长方形,下表皮细胞稍小,具气孔;上下表皮细胞有多数凹陷,内有大型特异的扁球形腺鳞。

2. 叶肉

叶肉位于非主脉处和非大脉处的上下表皮之间,包括栅栏组织和海绵组织。叶属于异面叶,叶内栅栏组织 1 ~2 层细胞,海绵组织 4 ~5 层细胞,排列疏松;叶肉细胞中含针簇状橙皮苷结晶,以栅栏组织的细胞多见。

3. 主脉

主脉的维管束为外韧型,其木质部位于韧皮部上方,木质部导管常 2 ~6 个排列成行,韧皮部外侧与木质部外侧均有厚角组织。

## 三、实验思考

(1)描述所观察植物叶的特征。

(2)绘制薄荷叶的横切面简图,并标注各部分名称。

# 实验八　花的观察

## 一、目的要求

(1)掌握花的外部形态及其各组成部分的基本特征及判断子房位置的方法。

(2)熟悉花及花序的几种类型,学习解剖花以及使用花程式描述花的方法。

(3)了解花的四种卷叠方式,为学习植物分类部分知识打好基础。

## 二、器材试剂

(1)仪器　显微镜、放大镜、双筒解剖镜。

(2)用品　载玻片、盖玻片、镊子、解剖用品、解剖针、刀片、培养皿、吸水纸、擦镜纸纱布块。

(3)材料　5%福尔马林溶液浸泡的花,花序腊叶标本或应季采集实验需求的鲜花,供解剖观察用。

(4)试剂　蒸馏水。

## 三、内容方法

(一)花的构造

(1)十字形花科植物(如板蓝根花或油菜)的新鲜花解剖观察。

观察中要注意几个问题:花萼离生还是合生?花冠离生还是合生?有几个雄蕊,什么类型?花丝和花药是否合生?几个雌蕊?柱头几裂?子房几室?花萼和花冠镊合方式?

(2)其他几种指定花的观察依然要注意同样的问题。

### (二)花冠类型

观察指定的几种花,结合教材识别花冠的类型。同时思考辐状花冠与钟状花冠的区别在哪里？高脚碟形花冠和辐状花冠的区别？

### (三)子房的结构

(1)以油菜子房为例,取油菜子房横切观察,由两个心皮组成,子房室被假隔膜分成假两室,胚珠着生在腹缝线上,侧膜胎座。每个心皮中部都有一束称为背缝线的维管束。

(2)观察花的子房时通常不去掉花被。因此,观察桃花、油菜花、桔梗花、蒲公英花的子房时,请注意保持花的完整,对各花进行纵切,找到其花被的基点,然后观察子房位置。

### (四)花序类型的观察

花序按开花顺序可分为无限花序和有限花序两大类。

**1. 无限花序**

(1)总状花序　观察油菜、萝卜或荠菜等植物的花序。

(2)圆锥花序(复总状花序)　观察女贞等植物的花序。

(3)穗状花序　观察车前的花序。

(4)复穗状花序　观察小麦的花序。

(5)肉穗花序　观察玉米的雌花序。

(6)柔荑花序　观察杨树的花序。

(7)伞房花序　观察梨、棠梨等植物的花序。

(8)伞形花序　观察五加、三七等植物的花序。

(9)复伞形花序　观察胡萝卜的花序。

(10)头状花序　观察向日葵、菊等植物的花序。

(11)隐头花序　观察无花果的花序。

(12)轮伞花序　观察益母草、薄荷等植物的花序。

**2. 有限花序(聚伞类花序)**

开花顺序自上而下或由中央渐及边缘。

(1)单歧聚伞花序　观察石菖蒲的花序。

(2)二歧聚伞花序　观察石竹的花序。

(3)多歧聚伞花序　观察猫眼草的花序。

## 四、实验报告

(1)写出油菜花(十字花科植物)的花程式。

(2)列出所观察植物花的特点及所属花序和花冠类型等。

# 实验九　果实和种子

## 一、目的要求

通过对各种果实的观察,认识果实的类型、分类原则及各类果实的特征。

## 二、器材试剂

(1)仪器　显微镜。

(2)用品　载玻片、盖玻片、镊子、解剖针、刀片、培养皿、吸水纸、擦镜纸。

(3)材料　番茄、柑橘、黄瓜、梨、苹果、绿豆、茄子、八角茴香、牵牛、棉、马齿苋、罂粟、木槿、油菜、白菜、荠菜、独行菜、向日葵、荞麦、小麦、水稻、桃、胡萝卜、板栗、悬钩子、桑、无花果(或薜荔)等的果实。

(4)试剂　碘－碘化钾试液、蒸馏水。

## 三、内容方法

### (一)果实类型和结构的观察

**1. 单果**

一朵花中仅有一枚雌蕊,形成一颗果实。单果分为肉质果和干果两大类。

(1)肉质果　果实成熟后果皮或果实其他部分肉质多汁。

1)浆果:观察番茄、茄子果实。

2)柑果:观察柑橘果实。

3)瓠果:观察瓜类果实。

4)梨果:观察苹果、梨。

5)核果:观察桃、李、梅、杏、枣等果实。

(2)干果　果实成熟时,果皮呈干燥状态。干果分为裂果和不裂果。

1)裂果:果实成熟后果皮开裂。根据心皮数目和开裂方式不同分类如下。

①蓇葖果:观察芍药果实。

②荚果:观察豆类果实。

③角果:观察十字花科植物果实。

④蒴果:观察棉(背裂)、牵牛(腹裂)、车前草(盖裂)、罂粟(孔裂)。

2)不裂果:果实成熟后果皮不开裂。

①瘦果:观察向日葵。

②颖果:观察玉米、水稻等。

③坚果:观察板栗、榛子。

④翅果:观察榆、臭椿、槭。

⑤双悬果:观察小茴香、胡萝卜等。

**2. 聚合果**

观察莲、八角、草莓、悬钩子等。

3. 聚花果(复果)

观察桑葚、菠萝、无花果等。

### (二)种子类型的观察

种子由胚、胚乳和种皮三部分组成。

1. 无胚乳种子

取浸泡后成为湿软状态的蚕豆种子,从外到内仔细观察。种子扁平肾形,最外有一层革质,在一端有黑色疤痕,是成熟时与果实脱离后留下的痕迹,称种脐。将种子擦干,用手挤压种子两侧,可见水和气泡从种脐一端溢出,此处有一个小孔,称种孔。在种孔另一端上的瘤状突起是种脊。剥开种皮,可见胚根露于子叶外,两片肥厚的豆瓣为子叶,掰开两片子叶,可见子叶着生在胚轴上,在胚轴上端的芽状物为胚芽。

2. 有胚乳种子

取浸泡后的玉米进行观察。为马齿形,稍扁,在下端有果柄,去掉果柄时可见果皮上有一块黑色组织,即为种脐。透过愈合的果种皮可看到白色的胚位于宽面的下部。垂直颖果宽面沿胚之正中纵切成两半观察,外面有一层愈合的果皮和种皮;内部大部分是胚乳,在切面上加1滴碘液,胚乳部分马上变成蓝色;胚在基部一角,遇碘呈黄色。观察胚的结构,可见上部有锥形胚芽,下部有锥形的胚根,位于胚芽和胚乳之间的盾状物为子叶,胚芽与胚根之间和子叶相连的部分为胚轴。

## 四、实验报告

将实验中所观察的果实种类列表归类。

# 实验十　被子植物分类

## 一、目的要求

掌握被子植物的主要特征;通过解剖植物的花、果,掌握花程式的编写方法;掌握植物分类检索表的使用。

## 二、器材用品

(1)仪器　显微镜、解剖镜。

(2)用品　载玻片、盖玻片、镊子、解剖针、刀片、培养皿、吸水纸、擦镜纸。

(3)材料　何首乌、玉兰、菘蓝、龙牙草、决明、白芷、益母草、蒲公英、薏苡、百合(或根据实验时间和当地药用植物资源自行选择适当材料)。

## 三、内容方法

### (一)被子植物的分类检索

解剖下列各代表植物,写出它们的花程式,并利用被子植物分科检索表检索下列植物到科。

(1)何首乌　缠绕草本,块根表面红褐色。叶互生,卵状心形,具膜质托叶鞘,抱茎。圆锥花序,花白色,较小,花被2裂,外侧3片,背部有翅。瘦果具3棱。

(2)玉兰　落叶乔木,叶倒卵形至倒卵状长圆形,叶面有光泽,叶背被柔毛。注意花被片、雄蕊、雌蕊的数目,子房位置。聚合蓇葖果。

(3)菘蓝　一年生至二年生草本。主根圆柱形。全株灰绿色。基生叶有柄,长圆状椭圆形;茎生叶较小,长圆状披针形,基部垂耳圆形,半抱茎。圆锥花序。注意花萼、花冠、雄蕊、雌蕊的数目、位置。横切子房或果实观察雌蕊的类型、心皮数、子房位置、子房室数,胎座的类型。角果。

(4)龙牙草　多年生草本,全株密生长柔毛。奇数羽状复叶,小叶5~7片,小叶间杂有小型小叶,小叶椭圆状卵形或倒卵形,边缘有锯齿。圆锥花序顶生。取一朵花观察,注意花萼、花冠、雄蕊、雌蕊的数目。子房位置、心皮数、室数。瘦果。

(5)决明　一年生半灌木状草本。叶互生;偶数羽状复叶,小叶6片,倒卵形或倒卵状长圆形。花成对腋生。取一朵花观察,注意花萼、花冠、雄蕊、雌蕊的数目,子房位置、心皮数目。荚果。

(6)白芷　多年生高大草本。根长圆锥形。茎粗壮,叶鞘暗紫色。茎中部叶二至三回羽状分裂,最终裂片卵形至长卵形,基部下延成翅;上部叶简化成囊状叶鞘。注意观察花序类型,总苞片的数目。取一朵花,观察花萼、花冠、雄蕊、雌蕊的数目,子房位置,胚珠数目。双悬果椭圆形。

(7)益母草　草本,茎方形。注意基生叶、中部叶、顶生叶的形状(异形叶性)。判断花序的类型。取一朵小花解剖观察,注意花萼5裂,其中前两齿较长;花冠二唇形,粉红色至淡紫红色,上唇直立,全缘,下唇3裂;注意雄蕊几枚?什么类型?花柱如何着生?子房上位,2个心皮合生,4深裂成假四室。4颗小坚果。

(8)蒲公英　多年生草本,有白色乳汁。叶全部基生成莲座状,倒披针形或倒卵形,羽状深裂。头状花序单生,外有多列总苞片,花全部为舌状花。取一朵舌状花观察,注意心皮数目、子房类型及雄蕊,是否为聚药雄蕊?果实为瘦果,顶端有冠毛。

(9)薏苡　草本,杆直立,基部节上生根,叶互生,叶鞘与叶片间具白色膜状的叶舌,叶片长披针形,基部鞘状抱茎,总状花序腋生,小穗单性;雄小穗排列于花序上部,雌小穗生于花序下部,包藏于骨质总苞中,总苞在果实成熟时坚硬而光滑、质脆易破碎,内含颖果。

(10)百合　草本,具鳞茎,叶互生,花乳白色大型,喇叭状,注意观察花被片基部具蜜槽。花被片先端外弯,花冠喉部淡黄色,雄蕊6枚,花药丁字形。花柱细长,柱头3裂。取子房,横切,观察子房室数及胎座类型。蒴果。

### (二)植物分类检索表的应用

当遇到未知植物需要鉴定时,应当根据植物的形态特征,按检索表的顺序,逐一寻找该植物所处的分类地位。应用植物分类检索表要注意以下几点。

**1. 选择适合鉴定要求的检索表**

针对所需鉴定的未知植物类群,要选择不同的植物分类检索表。特别是鉴别不同地区的植物类群,需选择不同地区的植物分类检索表。

**2. 标本的采集要求**

最好采摘具有花、果的标本,因为许多检索的性状是依据花、果的形状而编制。特别在初学时，还应采摘花、果较大的植物标本进行检索，便于观察和解剖。所采摘的枝条其叶要完整，如为小型草本，则尽可能采全株。

3. **全面观察标本**

检索鉴定时，首先必须对所需要鉴定的植物进行全面观察，包括植物的营养器官和生殖器官。仔细观察植物体的外形，着重解剖和观察花、果的结构，并写出花程式。要根据植物的特征，按顺序逐项往下查。要全面核对两对相对性状，对比哪一性状更符合要鉴定的植物的特征，并要顺着符合的性状往下查，直至查出为止。在能直接判断出所检索植物属于哪一科、属时，可直接由此往下检索，而不必从头开始检索。

## 四、实验报告

写出何首乌、玉兰、菘蓝、龙牙草、决明、白芷、益母草、蒲公英、薏苡、百合等植物的花程式和检索路线。

# 附录二 植物标本的采集与制作

植物标本包含着一个物种的大量信息，如形态特征、生态环境、地理分布和物候期等，是植物分类和植物区系研究必不可少的科学依据。植物标本也是教学、资源调查及学术交流的重要资料。植物标本最常用的是腊叶标本和液浸标本。

## 一、腊叶标本的制作方法

将植物全株或部分（通常带有花或果等繁殖器官）干燥后装订在台纸上，以永久保存的标本称为腊叶标本。一份合格的标本应该符合以下几方面。

（1）种子植物标本要带有花或果（种子），蕨类植物要有孢子囊群，苔藓植物要有孢蒴，以及其他有重要形态鉴别特征的部分，如竹类植物要有几片箨叶、一段竹竿及地下茎。

（2）标本上挂有号牌，号牌上写明采集人、采集号码、采集地点和采集时间 4 项内容，据此可以按号码查到采集记录。

（3）附有一份详细的采集记录，记录内容包括采集日期、地点、生境、性状等，并有与号牌相对应的采集人和采集号。

**1. 采集用具**

（1）标本夹　压制标本的主要用具之一。它的作用是将吸水草和标本置于其内压紧，使花叶不致皱缩凋落，而使枝叶平坦，容易装订于台纸上。标本夹用坚韧的木材为材料，一般长约 43cm，宽 30cm，以宽 3cm，厚 5 ~ 7mm 的小木条，横直每隔 3 ~ 4cm，用小钉钉牢，四周用较厚的木条（约 2cm）嵌实。

（2）枝剪　用以剪断木本或有刺植物。

（3）高枝剪　用以采集高大树木上的枝条或陡险处的植物。

（4）采集箱、采集袋或背篓　临时收藏采集品，以防止标本风吹日晒或受压变形。

（5）小锄头　用来挖掘草本及矮小植物的地下部分。

（6）吸水纸　普通草纸。长约 42cm，宽约 29cm。

（7）记录簿、号牌　野外记录用。

（8）其他　海拔仪、地球卫星定位仪（GPS）、照相机、钢卷尺、放大镜、铅笔等用品。

**2. 采集方法**

选取有代表性、无病虫害、略小于台纸、能反映植物体典型特征的植株（或植株的一部分）为采集对象。一般除采枝叶外，最好带有花或果。如果有用部分是根和地下茎或树皮，也必须同时选取少许压制。每种植物应采 2 至多个复份。要用枝剪来取标本，不能用手折，因为手折容易伤树，而且断面不整齐，压成的标本也不美观。不同的植物标本应用不同的采集方法。

（1）木本植物　应采典型、有代表性特征、带花或果的枝条。对先花后叶的植物，应在同一植株上，先采花，后采枝叶。雌雄异株或同株的，雌雄花应分别采取。一般应有 2 年生的枝条，因为2年生的枝条较一年生的枝条常常有许多不同的特征，同时还可见该树种的芽鳞有无和多少。如果是乔木或灌木，标本的先端不能剪去，以便与藤本植物相区别。

（2）草本及矮小灌木　要采取地下部分如匍匐枝、根茎、块茎、块根或根系等，以及开花或结果的全株。

（3）藤本植物　剪取中间一段，在剪取时应注意能表示它的藤本性状。

（4）寄生植物　须连同寄主一起采压，并且寄主的种类、形态、同被采的寄生植物的关系等记录在采集记录上。

（5）水生植物　很多有花植物生活在水中，有些种类具有地下茎，有些种类的叶柄和花柄是随着水的深度而增长的，因此采集这种植物时，有地下茎的应采取地下茎，这样才能显示出花柄和叶柄着生的位置。但采集时必须注意有些水生植物全株都很柔软而脆弱，一提出水面，它的枝叶即彼此粘贴重叠，携回室内后常失去其原来的形态。因此，采集这类植物时，最好整株捞取，用塑料袋包好，放在采集箱里，带回室内立即将其放在水盆中，等到植物的枝叶恢复原来形态时，用旧报纸一张，放在浮水的标本下轻轻将标本提出水面后，立即放在干燥的草纸里好好压制。

（6）蕨类植物　采生有孢子囊群的植株，连同根状茎一起采集。

**3. 野外记录**

我们在野外采集标本时，常常只采集植物体的一部分，而且有不少植物在压制后颜色会发生变化、气味会变淡甚至消失。如果所采回的标本没有详细记录，日后就会记忆模糊，在鉴定植物时造成很大困难。因此，记录工作在野外采集时是极其重要的，采集前要准备足够的采集记录纸，做到随采随记，养成良好的记录习惯。记录工作应掌握2条基本原则：一是在野外看得见，而在制成标本后无法带回的内容应记录；二是标本压干后会消失或改变的特征应记录。例如，有关植物的产地、生长环境，习性，叶、花、果的颜色、有无香气和乳汁，采集日期以及采集人和采集号等必须记录。记录时应该注意观察，在同一株植物上往往有两种叶形，如果采集时只能采到一种叶形的话，就要靠记录工作来帮助了。此外，如禾本科植物像芦苇等高大的多年生草本植物，我们采集时只能采到其中的一部分。因此，我们必须将它们的高度，地上及地下茎的节的数目，颜色记录下来。这样采回来的标本对植物分类工作者才有价值。现将常用的野外采集记录表介绍如下，以供参考。

| | | |
|---|---|---|
| 采集日期： | | |
| 产地：　省　县（市） | | |
| 生境： | 海拔：　m | |
| 习性： | | |
| 体高：　m | 胸径：　cm | |
| 叶： | 树皮： | |
| 花： | | |
| 果实： | | |
| 附记：（乳汁、气味等） | | |
| | | |
| 科名： | 种中文名： | |
| 种学名： | | |
| 采集者： | 采集号： | |

采集标本时参考以上采集记录的格式逐项填好后，必须立即用带有采集号的小标签挂在植物标本上，同时要注意检查采集记录上的采集号与小标签上的采集号是否一致。同一采集人采集号要连续不重复，同种植物的复份标本要编号相同。

4. 标本的压制

(1)整形　对采到的标本根据有代表性、大小适宜的原则做适当的修理和整枝，剪去多余密迭的枝叶，以便于观察。如果叶片太大，可沿着中脉的一侧剪去全叶的百分之四十，保留叶尖；若是羽状复叶，可以将叶轴一侧的小叶剪短，保留小叶的基部以及小叶片的着生部位，以及顶端的小叶。对肉质植物如景天科、天南星科、仙人掌科等先用开水烫死。对球茎、块茎、鳞茎等除用开水烫死外，还要切除一半，再压制。以便干燥。

(2)压制　整形、修饰过的标本及时挂上小标签，将有绳子的标本夹板做底板，上置吸水纸4~5张，然后将标本平放在吸水纸上，标本上再盖几张吸水纸，如此逐个与吸水纸相互间隔。放置标本时宜将标本的首尾不时调换位置，在一张吸湿纸上放一种植物，过长的草本或藤本植物可作"I""V""N"形的弯折，最后将另一块标本板盖上，用绳子缚紧。

植物标本的形状(1:"I"字形，2:"V"字形，3:"N"形)

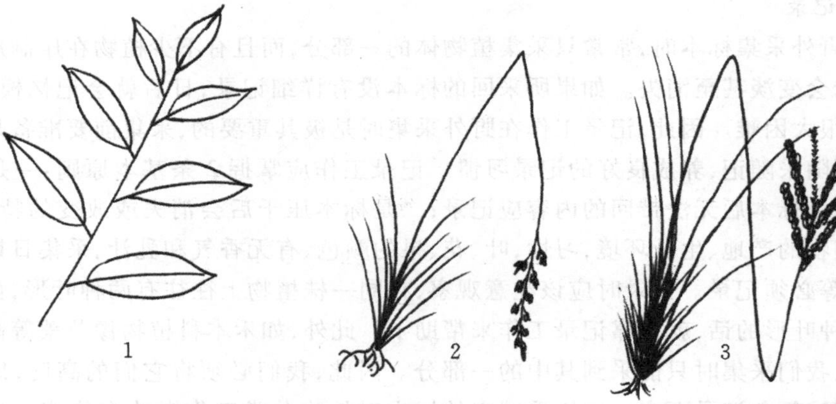


(3)换纸干燥　标本压制头两天要勤换吸水纸，每天早晚二次，换出的湿纸应晒干或烘干，换纸是否勤和干燥，对压制标本的质量关系很大。要特别注意，如果两天内不换干纸，标本颜色将转暗，花、果及叶易脱落，甚至发霉腐烂。标本在第二、第三次换纸时，对标本要注意整形，若枝叶拥挤、卷曲时要拉开伸展，不使折皱。除了正面的叶以外，还要有1~2片反面的叶。易脱落的花、果实和种子，要用小纸袋装好，放在标本旁边，以免翻压时丢失。

(4)标本临时保存　标本干后，如不马上上台纸，可留在吸水纸中保存较长时间。也可从吸水纸中取出，夹在旧报纸内暂时保存。

5. 标本的杀虫与灭菌

为防止害虫蛀食标本，必须进行消毒，通常用升汞[即氯化汞($HgCl_2$)，有剧毒，操作时需特别小心]配制0.5%的酒精溶液，倾入平底盆内，将标本浸入溶液处理1~2分钟，再拿出夹入吸水纸内干燥。此外，也可用敌敌畏、二硫化碳或其他药剂熏蒸消毒杀虫。

在保存过程中也会发生虫害，如标本室不够干燥还会发霉，因此必须经常检查。

(1)隔绝虫源　包括门、窗安装纱网；标本柜的门能紧密关闭；新标本或借出归还的标本入柜前须严格消毒杀虫。

(2)环境条件的控制　标本室的温度应保持在20～23℃,湿度在40%～60%;内部环境应保持干净。

(3)定期熏蒸　每隔2～3年或在发现虫害时,采用药物熏蒸的办法灭虫,常用药品有甲基溴、磷化氢、磷化铝、环氧乙烷等。但这些药品均有很强的毒性,应请专业人员操作或在其指导下进行。此外,也可用除虫菊和硅石粉混合制成的杀虫粉除虫,毒性低,不残留,比较安全。在标本柜内放置樟脑能有效防止标本的虫害。

6. **标本的装订**

把干燥的标本放在台纸上(一般用250g或350g白板纸),台纸大小通常为42cm×29cm。但市场上纸张规格为109cm×78cm,照此只能裁5开,浪费较大,为经济着想,可裁8开,大小为39cm×27cm,也同样可用。一张台纸上只能订一种植物标本,标本的大小、形状、位置要适当修剪和安排,然后用棉线或纸条订好,也可用胶水粘贴。在台纸的右下角和右上角要留出,以分别贴上鉴定名签和野外采集记录(格式见后)。脱落的叶、花、果等,装入小纸袋,粘贴于台纸的。

7. **标本的保存**

装订好的标本,经定名后,都应放入标本柜中保存,标本柜应有专门的标本室放置,注意干燥、防蛀(放入樟脑丸等除虫剂)。标本室中的标本应按一定的顺序排列,科通常按分类系统排列,也有按地区排列或按科名拉丁字母的顺序排列;属、种一般按学名的拉丁字母顺序排列。

## 二、液浸标本的采集和制作

用化学药剂制成的保存液将植物浸泡起来制成的标本叫植物的液浸标本或浸制标本。植物整体和根、茎、叶、花、果实各部分器官均可以制成浸制标本。尤其是植物的花、果实和幼嫩、微小、多肉的植物,经压干后,容易变色、变形,不易观察。制成浸制标本后,可保持原有的形态,这对于教学和科研工作具有重要的意义。

植物的浸制标本,由于要求不同,处理方法也不同。一般常见有以下几种。整体液浸标本:将整个植物按原来的形态浸泡在保存液中。解剖液浸标本:将植物的某一器官加以解剖,以显露出主要观察的部位,并浸泡在保存液中。系统发育浸制标本:将植物系统发育各环节的材料放在一起浸泡在保存液中。比较浸制标本:将植物相同器官但不同类型的材料放在一起浸泡于保存液中。

在制作植物的浸制标本时,要选择发育正常,具有代表性的新鲜标本,采集后,先在清水中除去污泥,经过整形,放入保存液中,如标本浮在液面,可用玻璃棒暂时固定,使其下沉,待细胞吸水后,即自然下沉。

浸制标本的制作主要是保存液的配制,下面仅简单介绍普遍浸制标本保存液的配制。

普通浸制标本主要用于浸泡教学用的实验材料,故方法简单,易于掌握,常用的保存液配方如下。

1. **甲醛液(最常用,价格最低)**

| | |
|---|---|
| 甲醛(市售者含量为40%) | 5～10ml |
| 蒸馏水 | 100ml |

2. **酒精液(价格略贵,所浸制的标本较甲醛液软一些)**

| | |
|---|---|
| 95%酒精 | 100ml |

| | |
|---|---|
| 蒸馏水 | 195ml |
| 甘油 | 5～10ml |

**3. 甲醛、醋酸、酒精混合液(简称FAA,浸制效果较前两种好,但价格较贵)**

| | |
|---|---|
| 70%酒精 | 90ml |
| 甲醛 | 5ml |
| 冰醋酸 | 5ml |

当保存液配制完毕后,将植物标本放入浸泡,加盖后用溶化的石蜡将瓶口严密封闭。贴上标签。浸制标本做好后,应放在阴凉避光处妥善保存。

# 附录三　被子植物门分科检索表

1. 子叶2片,极稀可为1片或较多;茎具中央髓部;在多年生的木本植物有年轮;叶片常有网状脉;花常为5出或4出数(次1项见251页) …… 双子叶植物纲 Dicotyledoneae
2. 花无真正的花冠(花被片逐渐变化,呈覆瓦状排列成2至4层的,也可在此检索);有或无花萼,有时且可类似花冠。(次2项见225页)
3. 花单性,雌雄同株或异株,其中雄花,或雌花和雄花均可成葇荑花序或类似葇荑状的花序。(次3项见214页)
4. 无花萼,或在雄花中存在。
5. 雌花以花梗着生于椭圆形膜质苞片的中脉上,心皮1个 …………………………………………………………………………………………… 漆树科 Anacardiaceae（九子母属 *Dobinea*)
5. 雌花情形非如上述;心皮2个或更多数。
6. 多为木质藤本;叶为全缘单叶,具掌状脉;果实为浆果 …………………………………………………………………………………………… 胡椒科 Piperaceae
6. 乔木或灌木;叶可呈各种形式,但常为羽状脉;果实不为浆果。
7. 旱生性植物,有具节的分枝,和极退化的叶片,后者在每节上且连合成为具齿的鞘状物 …………………………………… 木麻黄科 Casuarinaceae（木麻黄属 *Casuarina*)
7. 植物体为其他情形者。
8. 果实为具多数种子的蒴果;种子有丝状茸 ………… 杨柳科 Salicaceae
8. 果实为仅具1粒种子的小坚果、核果或核果状的坚果。
9. 叶为羽状复叶;雄花有花被 …………………… 胡桃科 Juglandaceae
9. 叶为单叶(有时在杨梅科中可为羽状分裂)
10. 果实为肉质核果;雄花有无花被 …………… 杨梅科 Myricaceae
10. 果实为小坚果;雄花有花被 ………………… 桦木科 Betulaceae
4. 有花萼,或在雄花中不存在。
11. 子房下位。
12. 叶对生,叶柄基部互相连合………………………………… 金粟兰科 Chloranthaceae
12. 叶互生。
13. 叶为羽状复叶 ……………………………………………… 胡桃科 Juglandaceae
13. 叶为单叶。
14. 果实为蒴果 …………………………………………… 金缕梅科 Hamamelidaceae
14. 果实为坚果。

15. 坚果封藏于一变大呈叶状的总苞中 …………………… 桦木科 Betulaceae

15. 坚果有一壳斗下托,或封藏在一多刺的果壳中 ………… 壳斗科 Fagaceae

11. 子房上位。

16. 植物体中具白色乳汁。

17. 子房 1 室;桑葚果 ………………………………………………… 桑科 Moraceae

17. 子房 2~3 室;蒴果 ………………………………………… 大戟科 Euphorbiaceae

16. 植物体中无乳汁,或在大戟科的重阳木属 *Bischofia* 中具红色液体。

18. 子房为单心皮所成;雄蕊的花丝在花蕾中向内屈曲 ……… 荨麻科 Urticaceae

18. 子房为 2 个以上的连合心皮所组成;雄蕊的花丝在花蕾中常直立(在大戟科的重阳木属 *Bischofia* 及巴豆属 *Croton* 中则向前屈曲)。

19. 果实为 3 颗(稀可 2~4 颗)离果所成的蒴果;雄蕊 10 枚至多枚,有时少于 10 枚 ……………………………………………………………………………………………………………………… 大戟科 Euphorbiaceae

19. 果实为其他情形;雄蕊少数至数枚(大戟科的黄桐树属 *Endospermum* 为 6~10 枚),或与花萼裂片同数且对生。

20. 雌雄同株的乔木或灌木。

21. 子房 2 室;蒴果 …………………………… 金缕梅科 Hamamelidaceae

21. 子房 1 室;坚果或核果 ……………………………………… 榆科 Ulmaceae

20. 雌雄异株的植物。

22. 草本或草质藤本;叶为掌状分裂或为掌状复叶 ……… 桑科 Moraceae

22. 乔木或灌木;叶全缘,或在重阳木属为 3 小叶所为的复叶 ………… …………………………………………………… 大戟科 Euphorbiaceae

3. 花两性或单性,但并不成为葇荑花序。

23. 子房或子房室内有数个至多数胚珠。(次 23 项见 217 页)

24. 寄生性草本,无绿色叶片 ……………………………… 大花草科 Rafflesiaceae

24. 非寄生性草本,有正常绿色,或叶退化而以绿色茎代行叶的功用。

25. 子房下位或部分下位。

26. 雌雄同株或异株,如为两性花时,则成肉质穗状花序。

27. 草本。

28. 植物体含多量液汁;单叶常不对称 ………… 秋海棠科 Begoniaceae (秋海棠属 *Begonia*)

28. 植物体不含多量液汁;羽状复叶 ………………… 四数木科 Datiscaceae (野麻属 *Datisca*)

27. 木本。

29. 花两性,成肉质穗状花序;叶全缘 ………… 金缕梅科 Hamamelidaceae (假马蹄荷属 *Chunia*)

29. 花单性,成穗状、总状或头状花序;叶缘有锯齿或具裂片。

30. 花成穗状或总状花序;子房 1 室 ……………… 四数木科 Datiscaceae (四数木属 *Tetrameles*)

30. 花成头状花序;子房 2 室 ………………… 金缕梅科 Hamamelidaceae
(枫香树亚科 Liquidambaroideae)

26. 花两性,但不成肉质穗状花序。

31. 子房 1 室。

32. 无花被,雄蕊着生在子房上 ……………………… 三白草科 Saururaceae

32. 有花被;雄蕊着生在花被上。

33. 茎肥厚,绿色,常具棘针;叶常退花;花被片和雄蕊都多数;浆果 …………………………………………………………… 仙人掌科 Cactaceae

33. 茎不成上述形状;叶正常;花被片和雄蕊皆五出或四出数,或雄蕊数为前者的 2 倍;蒴果 ……………………… 虎耳草科 Saxifragaceae

31. 子房 4 室或更多室。

34. 乔木;雄蕊为不定数 ………………………… 海桑科 Sonneratiaceae

34. 草本或灌木。

35. 雄蕊 4 枚……………………………………… 柳叶菜科 Onagraceae
(丁香蓼属 *Ludwigia*)

35. 雄蕊 6 枚或 12 枚 ……………………… 马兜铃科 Aristolochiaceae

25. 子房上位。

36. 雌蕊或子房 2 室,或更多数。

37. 草本。

38. 复叶或多少有些分裂,稀可为单叶(如驴蹄草属 *Caltha*),全缘或具齿裂;心皮多数至少数……………………………… 毛茛科 Ranunculaceae

38. 单叶,叶缘有锯齿;心皮和花萼裂片同数 ……… 虎耳草科 Saxifragaceae
(扯根菜属 *Penthorum*)

37. 木本。

39. 花的各部为整齐的三出数 ………………… 木通科 Lardizabalaceae

39. 花为其他情形。

40. 雄蕊数个至多数,连合成单体 ………………… 梧桐科 Sterculiaceae
(苹婆族 *Sterculieae*)

40. 雄蕊多数,离生。

41. 花两性;无花被 ……………………… 昆栏树科 Trochodendraceae
(昆栏树属 *Trochodendron*)

41. 花雌雄异株,具 4 片小形萼片………… 连香树科 Cercidiphyllaceae
(连香树属 *Cercidiphyllum*)

36. 雌蕊或子房单独 1 室。

42. 雄蕊周位,即着生于萼筒或杯状花托上。

43. 有不育雄蕊,且与 8 ~ 12 枚能育雄蕊互生 ………………… 大风子科 Flacourtiaceae
(山羊角树属 *Casearia*)

43. 无不育雄蕊。

44. 多汁草本植物;花萼裂片呈覆瓦状排列,成花瓣状,宿存;蒴果盖裂 ……………

……………………………………………………………………………………… 番杏科 Aizoaceae

（海马齿属 *Sesuvium*）

44. 植物体为其他情形；花萼裂片不成花瓣状。

45. 叶为双数羽状复叶，互生；花萼裂片呈覆瓦状排列；果实为荚果；常绿乔木 ……………………………………………………………………………………… 豆科 Leguminosae

（云实亚科 Caesalpinoideae）

45. 叶为对生或轮生单叶；花萼裂片呈镊合状排列；非荚果。

46. 雄蕊为不定数；子房10室或更多室；果实浆果状 ………………………………………………………………………………… 海桑科 Sonneratiaceae

46. 雄蕊4~12枚（不超过花萼裂片的2倍）；子房1室至数室；果实蒴果状。

47. 花杂性或雌雄异株，微小，成穗状花序，再成总状或圆锥状排列 …………………………………………………………………… 隐翼科 C rypteroniaceae

（隐翼属 *Crypteronia*）

47. 花两性，中型，单生至排列成圆锥花序 ……………………………………………………………………………………… 千屈菜科 Lythraceae

42. 雄蕊下位，即着生于扁平或凸起的花托上。

48. 木本；叶为单叶。

49. 乔木或灌木；雄蕊常多数，离生；胚胎生于侧膜胎座或隔膜上 ……………………………………………………………………………… 大风子科 Flacourtiaceae

49. 木质藤本；雄蕊4枚或5枚，基部连合成杯状或环状；胚珠基生（即位于子房室的基底） ……………………………………………………………… 苋科 Amaranthaceae

（浆果苋属 *Deeringia*）

48. 草本或亚灌木。

50. 植物体沉没水中，常为一具背腹面呈原叶体状的构造，像苔藓 …………………………………………………………………………… 河苔草科 Podostmaceae

50. 植物体非如上述情形。

51. 子房3~5室。

52. 食虫植物；叶互生；雌雄异株 ………………………… 猪笼草科 Nepenthaceae

（猪笼草属 *Nepenthes*）

52. 非为食虫植物；叶对生或轮生；花两性 ……………… 番杏科 Aizoaceae

（粟米草属 *Mollugo*）

51. 子房1~2室。

53. 叶为复叶或多少有些分裂 ……………………… 毛茛科 Renunculaceae

53. 叶为单叶。

54. 侧膜胎座。

55. 花无花被 …………………………………………… 三白草科 Saururaceae

55. 花具4片离生萼片 ………………………………… 十字花科 Cruciferae

54. 特立中央胎座。

56. 花序呈穗状、头状或圆锥状；萼片多小为干膜质 …… 苋科 Amaranthaceae

56. 花序呈聚伞状；萼片草质 ………………………… 石竹科 Caryophyllaceae

23. 子房或其子房室内仅有 1 个至数个胚珠。

57. 叶片中常有透明微点。

58. 叶为羽状复叶 ……………………………………………………… 芸香科 Rutaceae

58. 叶为单叶，全缘或有锯齿。

59. 草本植物或有时在金粟兰科为木本植物；花无花被，常成简单或复合的穗状花序，但在胡椒科齐头绒属 *Zippelia* 则成疏松总状花序。

60. 子房下位，仅 1 室有 1 个胚珠；叶对生，叶柄在基部连合 ……………………………………………………………………………………………… 金粟兰科 Chloranthaceae

60. 子房上位；叶如为对生时，叶柄也不在基部连合。

61. 雌蕊由 3～6 个近于离生心皮组成，每心皮各有 2～4 个胚珠 ……………………………………………………………………………… 三白草科 Saururaceae（三白草属 *Saururus*）

61. 雌蕊由 1～4 个合生心皮组成，仅 1 室，有 1 个胚珠 …… 胡椒科 Piperaceae（齐头绒属 *Zippelia*，豆瓣绿属 *Peperomia*）

59. 乔木或灌木；花具一层花被；花序有各种类型，但不为穗状。

62. 花萼裂片常 3 片，呈镊合状排列；子房为 1 个心皮所成，成熟时肉质，常以 2 瓣裂开；雌雄异株 ………………………………………………… 肉豆蔻科 Myristicaceae

62. 花萼裂片 4～6 片，呈覆瓦状排列；子房为 2～4 个合生心皮所成。

63. 花两性；果实仅 1 室，蒴果状，2～3 瓣裂开 ……………… 大风子科 Flacourtiaceae（山羊角树属 *Casearia*）

63. 花单性，雌雄异株；果实 2～4 室，肉质或革质，很晚才裂开 ……………………………………………………………………………… 大戟科 Euphorbiaceae（白树属 *Celonium*）

57. 叶片中无透明微点。

64. 雄蕊连为单体，至少在雄花中有这现象。花丝互相连合成筒状或一中柱。 ……………………………………………………………………… 蛇菰科 Balanophoraceae

65. 肉质寄生草本植物，具退化呈鳞片的叶片，无叶绿素。

65. 植物体非为寄生性，有绿叶。

66. 雌雄同株，雄花成球形头状花序，雌花以 2 个同生于 1 个有 2 室而具有钩状芒刺的果壳中 ………………………………………………… 菊科 Compositae（苍耳属 *Xanthium*）

66. 花两性，如为单性时，雄花及雌花也无上述情形。

67. 草本植物；花两性。

68. 叶互生 ……………………………………………… 藜科 Chenopodiaceae

68. 叶对生。

69. 花显著，有连合成花萼状的总苞 ……………… 紫茉莉科 Nyctaginaceae

69. 花微小，无上述情形的总苞 ……………………… 苋科 Amaranthaceae

67. 乔木或灌木，稀可为草本；花单性或杂性；叶互生。

70. 萼片呈覆瓦状排列，至少在雄花中如此 ………… 大戟科 Euphorbiaceae

70. 萼片呈镊合状排列。

71. 雌雄异株；花萼常具3裂片；雌蕊为1个心皮所成，成熟时肉质，且常以2瓣裂开 ………………………………………… 肉豆蔻科 Myristicaceae

71. 花单性或雄花和两性花同株；花萼具4~5裂片或裂齿；雌蕊为3~6个近于离生的心皮所成，各心皮于成熟时为革质或木质，呈蓇葖果状而不裂开 ……………………………………… 梧桐科 Sterculiaaceae（苹婆族 *Sterculieae*）

64. 雌蕊各自分离，有时仅为1枚，或花丝成为分支的簇丛（如大戟科的蓖麻属 *Ricinus*）

72. 每花有雌蕊2枚至多枚，近于或完全离生；或花的界限不明显时，则雌蕊多数，成1球形头状花序。

73. 花托下陷，呈杯状或坛状。

74. 灌木；叶对生；花被片在坛状花托的外侧排列成数层 ………………………………………………………… 蜡梅科 Calycanthaceae

74. 草本或灌木；叶互生；花被片在杯或坛状花托的边缘排成一轮 ………………………………………………………… 蔷薇科 Rosaceae

73. 花托扁平或隆起，有时可延长。

75. 乔木、灌木或木质藤本。

76. 花有花被 ……………………………………………… 木兰科 Magnoliaceae

76. 花无花被。

77. 落叶灌木或小乔木；叶卵形，具羽状脉和锯齿缘；无托叶；花两性或杂性，在叶腋中丛生；翅果无毛，有柄 ……………… 昆栏树科 Trochodendraceae（领春木属 *Euptelea*）

77. 落叶乔木，叶广阔，掌状分裂，叶缘有缺刻或大锯齿；有托叶围茎成鞘，易脱落；花单性，雌雄同株，分别聚成球形头状花序；小坚果，围以长柔毛而无柄 ……………………………………… 悬铃木科 Platanaceae（悬铃木属 *Platanus*）

75. 草木或稀为亚灌木，有时为攀援性。

78. 胚珠倒生或直生。

79. 叶片多少有些分裂或为复叶；无托叶或极微小；有花被（花萼）；胚珠倒生；花单生或成各种类型的花序 ……………………… 毛茛科 Renunculaceae

79. 叶为全缘单叶；有托叶；无花被；胚珠直生；花成穗形总状花序 ………………………………………………………… 三白草科 Saururaceae

78. 胚珠常弯生；叶为全缘单叶。

80. 直立草本，叶互生，非肉质 ……………………… 商陆科 Phytolaccaceae

80. 平卧草本；叶对生或近轮生，肉质 ……………………… 番杏科 Aizoaceae（针晶粟草属 *Gisekia*）

72. 每花仅有1枚复合或单雌蕊，心皮有时于成熟后各自分离。

81. 子房下位或半下位。（次81项见220页）

82. 草本。

83. 水生或小形沼泽植物。

84. 花柱 2 个或更多;叶片(尤其沉没水中的)常成羽状细裂或为复叶……………………………………………………………………… 小二仙草科 Haloragidaceae

84. 花柱 1 个,叶为线形全缘单叶 …………………… 杉叶藻科 Hippuridaceae

83. 陆生草本。

85. 寄生性肉质草本,无绿叶。

86. 花单性,雌花常无花被;无珠被及种皮 ………… 蛇菰科 Balanophoraceae

86. 花杂性,有一层花被,两性花有 1 枚雄蕊;有珠被及种皮 …………………………………………………………………… 锁阳科 Cynomoriaceae

(锁阳属 *Cynomorium*)

85. 非寄生性植物,或于百蕊草属 *Thesium* 为半寄生性,但均有绿叶。

87. 叶对生,其形宽广而有锯齿缘…………………… 金粟兰科 Chloranthaceae

87. 叶互生。

88. 平铺草本(限于我国植物),叶片宽,三角形,多少有些肉质……………………………………………………………………… 番杏科 Aizoaceae

(番杏属 *Tetragonia*)

88. 直立草本,叶片窄而细长 ……………………… 檀香科 Santalaceae

(百蕊草属 *Thesium*)

82. 灌木或乔木。

89. 子房 3 ~ 10 室。

90. 坚果 1 ~ 2 颗,同生在一个木质且可裂为 4 瓣的壳斗里 ………… 壳斗科 Fagacea

(水青冈属 *Fagus*)

90. 核果,并不生在壳斗里。

91. 雌雄异株,成顶生的圆锥花序,后者并不为叶状苞片所托 …………………………………………………………………………… 山茱萸科 Cornaceae

(鞘柄木属 *Torricellia*)

91. 花杂性,形成球形的头状花序,后者为 2 ~ 3 片白色叶状苞片所托 ……………………………………………………………………… 珙桐科 Nyssacea

(珙桐属 *Davidia*)

89. 子房 1 室或 2 室,或在铁青树科的青皮木属 *Schoepfia* 中,子房的基部可为 3 室。

92. 花柱 2 个。

93. 蒴果,2 瓣裂开……………………………………… 金缕梅科 Hamamelidacea

93. 果实呈核果状,或为蒴果状的瘦果,不裂开 ………………… 鼠李科 Rhamnacea

92. 花柱 1 个或无花柱。

94. 叶片下面多少有些具皮屑状或鳞片状的附属物 ………… 胡颓子科 Elaeagnacea

94. 叶片下面无皮屑状或鳞片状的附属物。

95. 叶缘有锯齿或圆锯齿,稀可在荨麻科的紫麻属 *Oreocnide* 中有全缘者。

96. 叶对生,具羽状脉;雄花裸露,有雄蕊 1 ~ 3 枚 …… 金粟兰科 Chloranthaceae

96. 叶互生，大都于叶基具三出脉；雄花具花被及雄蕊 4 枚（稀可 3 枚或 5 枚）
………………………………………………………………… 荨麻科 Urticaceae

95. 叶全缘，互生或对生。

97. 植物体寄生在乔木的树干或枝条上；果实呈浆果状 …………………………
………………………………………………………… 桑寄生科 Loranthaceae

97. 植物体大都陆生，或有时可为寄生性；果实呈坚果状或核果状，胚珠 1～5 个。

98. 花多为单性；胚珠垂悬于基底胎座上 ……………… 檀香科 Santalaceae

98. 花两性或单性；胚珠垂悬于子房室的顶端或中央胎座的顶端。

99. 雄蕊 10 枚，为花萼裂片的 2 倍数 ……………… 使君子科 Combretaceae
（诃子属 *Terminalia*）

99. 雄蕊 4 枚或 5 枚，与花萼裂片同数且对生 ………… 铁青树科 Olacaceae

81. 子房上位，如有花萼时，与它相分离，或在紫茉莉科及胡颓子科中，当果实成熟时，子房为宿存萼筒所包围。

100. 托叶鞘围抱茎的各节；草本，稀可为灌木 …………………… 蓼科 Polygonaceae

100. 无托叶鞘，在悬铃木科有托叶鞘但易脱落。

101. 草本，或有时在藜科及紫茉莉科中为亚灌木。（次 101 项见 222 页）

102. 无花被。

103. 花两性或单性；子房 1 室，内仅有 1 个基生胚珠。

104. 叶基生，由 3 片小叶而成；穗状花序在一个细长基生无叶的花梗百货上
…………………………………………………………… 小檗科 Berberidaee
（裸花草属 *Achlys*）

104. 叶茎生，单叶；穗状花序顶生或腋生，但常与叶相对生 ………………
………………………………………………………… 胡椒科 Piperaceae
（胡椒属 *Piper*）

103. 花单性；子房 3 室或 2 室。

105. 水生或微小的沼泽植物，无乳汁；子房 2 室，每室内含 2 个胚珠 ………
…………………………………………………… 水马齿科 Callitfichaceae
（水马齿属 *Callitriche*）

105. 陆生植物；有乳汁；子房 3 室，每室内仅含 1 个胚珠 ……………………
…………………………………………………………… 大戟科 Euphorbiaceae

102. 有花被，当花为单性时，特别是雄花时如此。

106. 花萼呈花瓣状，且成管状。

107. 花有总苞，有时这总苞类似花萼 ……………… 紫茉莉科 Nyctaginaceae

107. 花无总苞。

108. 胚珠 1 个，在子房的近顶端处 ………………… 瑞香科 Thymelaeaceae

108. 胚珠多数，生在特立中央胎座上 ……………… 报春花科 Pfimtdaceae
（海乳草属 *Glaux*）

106. 花萼非如上述情形。

109. 雄蕊周位,即位于花被上。

110. 叶互生,羽状复叶而有草质的托叶;花无膜质苞片,瘦果 …………………………………………………………………………………… 蔷薇科 Rosaceae

(地榆族 *Sanguisorbieae*)

110. 叶对生,或在蓼科的冰岛蓼属 *Koenigia* 为互生,单叶无草质托叶;花有膜质苞片。

111. 花被片和雄蕊各为5枚或4枚,对生;襄果;托叶膜质 …………………………………………………………… 石竹科 Caryophyllaceae

111. 花被片和雄蕊各为3枚,互生;坚果;无托叶 …… 蓼科 Polygonaceae

(冰岛蓼属 *Koenigia*)

109. 雄蕊下位,即位于子房下。

112. 花柱或其分枝为2个或数个,内侧常为柱头面。

113. 子房常为数室或多数心皮连合而成 ……………………… 商陆科 Phytolaccaceae

113. 子房常为2个或3个(或5个)心皮连合而成。

114. 子房3室,稀可2室或4室 ……………………………… 大戟科 Euphorbiaceae

114. 子房1室或2室。

115. 叶为掌状复叶或具掌状脉而有宿存托叶 …………………… 桑科 Moraceae

(大麻亚科 Cannaboideae)

115. 叶具羽状脉,或稀可为掌状脉而无托叶,也可在藜科中叶退化成鳞片或为肉质而形如圆筒。

116. 花有草质而带绿色或灰绿色的花被及苞片 ……… 藜科 Chenopodiaceae

116. 花有干膜质而常有色泽的花被及苞片 ……………… 苋科 Amaranthaceae

112. 花柱1个,常顶端有柱头,也可无花柱。

117. 花两性。

118. 雌蕊为单心皮;花萼由2膜质且宿存的萼片而成;雄蕊2 …………………………………………………………………………… 毛茛科 Ranunculaceae

(星叶草属 *Circaeaster*)

118. 雌蕊由2个合生心皮而成。

119. 萼片2片;雄蕊多数 …………………………………………… 罂粟科 Papaveraceae

(博落回属 *Macleaya*)

119. 萼片4片;雄蕊2枚或4枚 ……………………………… 十字花科 Cruciferae

(独行菜属 *Lepidium*)

117. 花单性。

120. 沉没于淡水中的水生植物;叶细裂成丝状 ………… 金鱼藻科 Ceratophyllaceae

(金鱼藻属 *Ceratophyllum*)

120. 陆生植物;叶为其他情形。

121. 叶含多量水分;托叶连接口十柄的基部;雄花的花被片2片;雄蕊多数 …… …………………………………………………………………… 假牛繁缕科 Theligonaceae

(假牛繁缕属 *Thdigonum*)

121. 叶不含多量水分;如有托叶时,也不连接叶柄的基部;雄花的花被片和雄蕊均各为4枚或5枚,二者相对生 …………………………………… 荨麻科 Urticaceae

101. 木本植物或亚灌木。

122. 耐寒旱性的灌木,或在藜科的琐琐属 *Haloxylon* 为乔木;叶微小,细长或呈鳞片状,也可有时(如藜科)为肉质而成圆筒形或半圆筒形。

123. 雌雄异株或花杂性;花萼为三出数,萼片微呈花瓣状,和雄蕊同数且互生;花柱1个,极短,常有6~9个放射状且有齿裂的柱头;核果;胚体近直;常绿而基部偃卧的灌木;叶互生,无托叶 …………………………………… 岩高兰科 Empetraceae

(岩高兰属 *Empetrum*)

123. 花两性或单性,花萼为五出数,稀可三出或四出数,萼片或花萼裂片草质或革质,和雄蕊同数且对生,或在黎科中雄蕊由于退化而数较少,甚或1个;花柱或花柱分枝2个或3个,内侧常为柱头面;胞果或坚果;胚体弯曲如环或弯曲成螺旋形。

124. 花无膜质苞片;雄蕊下位;叶互生或对生;无托叶;枝条常具关节 …………………………………… 藜科 Chenopodiaceae

124. 花有膜质苞片;雄蕊周位;叶对生,基部常互相连合;有膜质托叶;枝条不具关节 …………………………………… 石竹科 Caryophyllaceae

122. 不是上述的植物;叶片矩圆形或披针形,或宽广至圆形。

125. 果实及子房均为2室至数室,或在大风子科中为不完全的2至数室。

126. 花常为两性。

127. 萼片4片或5片,稀可3片,呈覆瓦状排列。

128. 雄蕊4枚,4室的蒴果 …………………………………… 木兰科 Magnohaceae

(水青树属 *Tetracentron*)

128. 雄蕊多数,浆果状的核果 …………………………………… 大风子科 Flacouriticeae

127. 萼片多5片,呈镊合状排列。

129. 雄蕊为不定数;具刺的蒴果 …………………………………… 杜英科 Elaeocarpaceae

(猴欢喜属 *Sloanea*)

129. 雄蕊和萼片同数;核果或坚果。

130. 雄蕊和萼片对生,各为3~6枚 …………………………………… 铁青树科 Olacaceae

130. 雄蕊和萼片互生,各为4枚或5枚 …………………………………… 鼠李科 Rhamnaceae

126. 花单性(雌雄同株或异株)或杂性。

131. 果实各种;种子无胚乳或有少量胚乳。

132. 雄蕊常8枚;果实坚果状或为有翅的蒴果;羽状复叶或单叶 …………………………………… 无患子科 Sapindaceae

132. 雄蕊5枚或4枚,且和萼片互生;核果有2~4个小核;单叶 …………………………………… 鼠李科 Rhanmaceae

(鼠李属 *Rhomnus*)

131. 果实多呈蒴果状,无翅;种子常有胚乳。

133. 果实为具2室的蒴果,有木质或革质的外种皮及角质的内果皮 ……

…………………………………………………………………… 金缕梅科 Hamamelidaceae

133. 果实纵为蒴果时,也不像上述情形。

134. 胚珠具腹脊;果实有各种类型,但多为胞间裂开的蒴果 …………………………………………………………………………………………… 大戟科 Euphorbiaceae

134. 胚珠具背脊;果实为胞背裂开的蒴果,或有时呈核果状 …… 黄杨科 Buxaceae

125. 果实及子房均为1室或2室,稀可在无患子科的荔枝属 *Litchi* 及韶子属 *Nephelium* 中为3室,或在卫矛科的十齿花属 *Dipentodon* 及铁青树科的铁青树属 *Olax* 中,子房的下部为3室,而上部为1室。

135. 花萼具显著的萼筒,且常呈花瓣状。

136. 叶无毛或下面有柔毛;萼筒整个脱落 …………………… 瑞香科 Thymelaeaceae

136. 叶下面具银白色或棕色的鳞片;萼筒或其下部永久宿存,当果实成熟时,变为肉质而紧密包着子房 ……………………………………… 胡颓子科 Elaeagnaceae

135. 花萼不是像上述情形,或无花被。

137. 花药以2或4舌瓣裂开 ………………………………………………… 樟科 Iauraceae

137. 花药不以舌瓣裂开。

138. 叶对生。

139. 果实为有双翅或呈圆形的翅果 ……………………… 槭树科 Aceraceae

139. 果实为有单翅而呈细长形兼矩圆形的翅果 ……………… 木犀科 Oleaceae

138. 叶互生。

140. 叶为羽状复叶。

141. 叶为二回羽状复叶,或退化仅具叶状柄(特称为叶状叶柄 *phyHodia*) … ………………………………………………………………… 豆科 Leguminosae（金合欢属 *Acacia*）

141. 叶为一回羽状复叶。

142. 小叶边缘有锯齿;果实有翅 ……………… 马尾树科 Rhoipteleaceae（马尾树属 *Rhoiptelea*）

142. 小叶全缘;果实无翅。

143. 花两性或杂性 ………………………………… 无患子科 Sapindaceae

143. 雌雄异株 ………………………………………… 漆树科 Anacardiaceae（黄连木属 *Pistacia*）

140. 叶为单叶。

144. 花均无花被。

145. 多为木质藤本;叶全缘;花两性或杂性,成紧密的穗状花序 …………… ………………………………………………………… 胡椒科 Piperaceae（胡椒属 *Piper*）

145. 乔木;叶缘有锯齿或缺刻;花单性。

146. 叶宽广,具掌状脉及掌状分裂,叶缘具缺刻或大锯齿;有托叶,围茎成鞘,但易脱落;雌雄同株,雌花和雄花分别成球形的头状花序;雌蕊为单心皮而成;小坚果为倒圆锥形而有棱角,无刺也无梗,但围以长柔毛

………………………………………………………… 悬铃木科 Platanaceae

（悬铃木属 *Platanus*）

146. 叶椭圆形至卵形，具羽状脉及锯齿缘；无托叶；雌雄异株，雄花聚成疏松有苞片的簇丛，雌花单生于苞片的腋内；雌蕊为 2 个心皮而成；小坚果扁平，具翅且有柄，但无毛 ……………………… 杜仲科 Eucommiaceae

（杜仲属 *Eucommia*）

144. 花常有花萼，尤其在雄花。

147. 植物体内有乳汁 ………………………………………………………… 桑科 Moraceae

147. 植物体内无乳汁。

148. 花柱或其分枝 2 个或数个，但在大戟科的核实树属 *Dtypetes* 中则柱头几无柄，呈盾状或肾脏形。

149. 雌雄异株或有时为同株；叶全缘或具波状齿。

150. 矮小灌木或亚灌木；果实干燥，包藏于具有长柔毛而互相连合成双角状的 2 苞片中：胚体弯曲如环 ……………………………… 藜科 ChenoPodiaceae

（优若藜属 *Eurotia*）

150. 乔木或灌木；果实呈核果状，常为 1 室含 1 粒种子，不包藏于苞片内；胚体近直 ………………………………………………………… 大戟科 Euphorbiaceae

149. 花两性或单性；叶缘多有锯齿或具齿裂，稀可全缘。

151. 雄蕊多数 ………………………………………………… 大风子科 Flacourtiaceae

151. 雄蕊 10 枚或较少。

152. 子房 2 室，每室有 1 个至数个胚珠；果实为木质蒴果 ……………………………………………………………………… 金缕梅科 Hammnelidaceae

152. 子房 1 室，仅含 1 个胚珠；果实不是本质蒴果 …………… 榆科 Ulmaceae

148. 花柱 1 个，也可有时（如荨麻属）不存，而柱头呈画笔状。

153. 叶缘有锯齿；子房为 1 个心皮而成。

154. 花两性 ………………………………………………… 山龙眼科 Proteaceae

154. 雌雄异株或同株。

155. 花生于当年新枝上；雄蕊多数 ……………………… 蔷薇科 Rosaceae

（假桐李属 *Maddenia*）

155. 花生于：老枝上；雄蕊和萼片同数 …………………… 荨麻科 Urticaceae

153. 叶全缘或边缘有锯齿；子房为 2 个以上连合心皮所成。

156. 果实呈核果状或坚果状，内有 1 粒种子；无托叶。

157. 子房具 2 室或 2 个胚珠；果实于成熟后由萼筒包围 … 铁青树科 Olacaceae

157. 子房仅具 1 个胚珠；果实和花萼相分离，或仅果实基部有花萼衬托之 …………………………………………………………… 山柚仔科 Opiliaceae

156. 果实呈蒴果状或浆果状，内含 1 粒至数粒种子。

158. 花下位，雌雄异株，稀可杂性，雄蕊多数；果实呈浆果状；无托叶 …………………………………………………… 大风子科 Flacourtiaceae

（柞木属 *Xylosma*）

158. 花周位，两性；雄蕊 5～12 枚；果实呈蒴果状；有托叶，但易脱落。

159. 花为腋生的簇丛或头状花序；萼片 4～6 片 …… 大风子科 Flacourtiaceae（山羊角树属 *Casearia*）

159. 花为腋生的伞形花序；萼片 10～14 片 ……………… 卫矛科 Celastraceae（十齿花属 *Dipentodon*）

2. 花具花萼也具花冠，或有两层以上的花被片，有时花冠可为蜜腺叶所代替。

160. 花冠常为离生的花瓣所组成。（次 160 项见 243 页）

161. 成熟雄蕊（或单体雄蕊的花药）多在 10 枚以上，通常多数，或其数超过花瓣的 2 倍。（次 161 项见 231 页）

162. 花萼和 1 枚或更多的雌蕊多少有些互相愈合，即子房下位或半下位。

163. 水生草本植物；子房多室 ……………………………… 睡莲科 Nymphaeaceae

163. 陆生植物；子房 1 室至数室，也可心皮为 1 个至数个，或在海桑科中为多室。

164. 植物体具肥厚的肉质茎，多有刺，常无真正叶片 …… 仙人掌科 Cactaceae

164. 植物体为普通形态，不呈仙人掌状，有真正的叶片。

165. 草本植物或稀可为亚灌木。

166. 花单性。

167. 雌雄同株；花鲜艳，多成腋生聚伞花序；子房 2～4 室 ……………………………………………………………… 秋海棠科 Begoniaceae（秋海棠属 *Begonia*）

167. 雌雄异株；花小而不显著，成腋生穗状或总状花序 ……………………………………………………………… 四数木科 Datiscaceae

166. 花常两性。

168. 叶基生或茎生，呈心形，或在阿柏麻属 *Apama* 为长形，不为肉质；花为三出数 ……………………………… 马兜铃科 Aristolochiaceae（细辛族 *Asareae*）

168. 叶茎生，不呈心形，多少有些肉质，或为圆柱形；花不是三出数。

169. 花萼裂片常为 5 片，叶状；蒴果 5 室或更多室，在顶端呈放射状裂开 ……………………………………… 番杏科 Aizoaceae

169. 花萼裂片 2 片；蒴果 1 室，盖裂 ……… 马齿苋科 Portulacaceae（马齿苋属 *Portulaca*）

165. 乔木或灌木（但在虎耳草科的银梅草属 *Deinanthe* 及草绣球属 *Cardiandra* 为亚灌木，黄山梅属 *Kirengeshoma* 为多年生高大草本），有时以气生小根而攀援。

170. 叶通常对生（虎耳草科的草乡球属 *Cardiandra* 为例外），或在石榴科的石榴属 *Punica* 中有时可互生。

171. 叶缘常有锯齿或全缘；花序（除山梅花族 *Philadelpheae* 外）常有不孕的边缘花………………………………………………………………… 虎耳草科 Saxffragaceae

171. 叶全缘；花序无不孕花。

172. 叶为脱落性；花萼呈朱红色 ……………………………… 石榴科 Punicaceae

（石榴属 *Punica*）

172. 叶为常绿性；花萼不呈朱红色。

173. 叶片中有腺体微点；胚珠常多数 ………………………… 桃金娘科 Myrtaceae

173. 叶片中无微点。

174. 胚珠在每子房室中为多数 …………………………… 海桑科 Sonnerafiaceae

174. 胚珠在每子房室中仅 2 个，稀可较多 ……………… 红树科 Rhizophoraceae

170. 叶互生。

175. 花瓣细长形兼长方形，最后向外翻转 ……………………… 八角枫科 Alangiaceae

（八角枫属 *Alangium*）

175. 花瓣不呈细长形，或纵为细长形时，也不向外翻转。

176. 叶无托叶。

177. 叶全缘；果实肉质或木质 …………………………… 玉蕊科 Lecythidaceae

（玉蕊属 *Barringtonia*）

177. 叶缘多少有些锯齿或齿裂；果实呈核果状，其形歪斜 … 山矾科 Symplocaceae

（山矾属 *Symplocos*）

176. 叶有托叶。

178. 花瓣呈旋转状排列；花药隔向上延伸；花萼裂片中 2 片或更多个在果实上变大而呈翅状 ……………………………………… 龙脑香科 Dipterocarpaceae

178. 花瓣呈覆瓦状或旋转状排列（玄口蔷薇科的火棘属 *Pyracantha*）；花药隔并不向上延伸；花萼裂片也无上述变大情形。

179. 子房 1 室，内具 2 ~ 6 侧膜胎座，各有 1 个至多个胚珠；果实为革质蒴果，自顶端以 2 ~ 6 片裂开 ……………………………… 大风子科 Flacourtiaceae

（天料木属 *Homalium*）

179. 子房 2 ~ 5 室，内具中轴胎座，或其心皮在腹面互相分离而具边缘胎座。

180. 花成伞房、圆锥、伞形或总状等花序，稀可单生；子房 2 ~ 5 室，或心皮 2 ~ 5 个，下位，每室或每心皮有胚珠 1 ~ 2 个，稀可有时为 3 个至 10 个，或为多数；果实为肉质或木质假果；种子无翅 ………… 蔷薇科 Rosaceae

（梨亚科 *Pomoideae*）

180. 花成头状或肉穗花序；子房 2 室，半下位，每室有胚珠 2 ~ 6 个；果为木质蒴果；种子有或无翅 ……………………… 金缕梅科 Hamamelidaceae

（马蹄荷亚科 *Bucklandioideae*）

162. 花萼与 1 枚或更多的雌蕊互相分离，即子房上位。

181. 花为周位花。

182. 萼片和花瓣相似，覆瓦状排列成数层，着生于坛状花托的外侧 ……………………………………………………………………… 蜡梅科 Calycanthaceae

（洋蜡梅属 *Calycanthus*）

182. 萼片和花瓣有分化，在萼筒或花托的边缘排列成 2 层。

183. 叶对生或轮生，有时上部者可互生，但均为全缘单叶；花瓣常于蕾中呈皱褶状。

184. 花瓣无爪,形小,或细长;浆果 ……………………… 海桑科 Sonneratiaceae

184. 花瓣有细爪,边缘具腐蚀状的波纹或具流苏;蒴果 … 千屈菜科 Lythraceae

183. 叶互生,单叶或复叶;花瓣不呈皱褶状。

185. 花瓣宿存;雄蕊的下部连成一管……………………………… 亚麻科 Linaceae

（粘木属 *Lxonanthes*）

185. 花瓣脱落性;雄蕊互相分离。

186. 草本植物,具二出数的花朵;萼片 2 片,早落性;花瓣 4 片 ……………………………………………………………………………… 罂粟科 Papaveraceae

（花菱草属 *Eschscholzia*）

186. 木本或草本植物,具五出或四出数的花朵。

187. 花瓣镊合状排列;果实为荚果;叶多为二回羽状复叶;有时叶片退化,而叶柄发育为叶状柄;心皮 1 个 ……………………………… 豆科 Leguminosae

（含羞草亚科 Mimosoideae）

187. 花瓣覆瓦状排列;果实为核果、蓇葖果或瘦果;叶为单叶或复叶;心皮 1 个至多个 ……………………………………………………… 蔷薇科 Rosaceae

181. 花为下位花,或至少在果实时花托扁平或隆起。

188. 雌蕊少数至多数,互相分离或微有连合。

189. 水生植物。

190. 叶片呈盾状,全缘 ………………………………………… 睡莲科 Nymphaeaceae

190. 叶片不呈盾状,多少有些分裂或为复叶 ……………… 毛茛科 Ranunculaceae

189. 陆生植物。

191. 茎为攀援性。

192. 草质藤本。

193. 花显著,为两性花 ………………………………… 毛茛科 Rammculaceae

193. 花小形,为单性,雌雄异株 ………………………… 防己科 Menispermaceae

192. 木质藤本或为蔓生灌木。

194. 叶对生,复叶由 3 片小叶所成,或顶端小叶形成卷须 ……………………………………………………………………… 毛茛科 RannncLilaceae

（锡兰莲属 *Naravelia*）

194. 叶互生,单叶。

195. 花单性。

196. 心皮多数,结果时聚生成一球状的肉质体或散布于极延长的花托上 ……………………………………………………… 木兰科 Magnoliaceae

（五味子亚科 *Schisandroideae*）

196. 心皮 3 ~ 6 个,果为核果或核果状 ………… 防己科 Menispermaceae

195. 花两性或杂性;心皮数个,果为蓇葖果 ………… 五桠果科 Dilleniaceae

（锡叶藤属 *Tetracera*）

191. 茎直立,不为攀援性。

197. 雄蕊的花丝连成单体 ………………………………… 锦葵科 Malvaceae

197. 雄蕊的花丝互相分离。
198. 草本植物,稀可为亚灌木;叶片多少有些分裂或为复叶。
199. 叶无托叶,种子无胚乳 …………………………………………… 毛茛科 Ranunculaceae
199. 叶多有托叶,种子有胚乳 ……………………………………………… 蔷薇科 Rosaceae
198. 木本植物;叶片全缘或边缘有锯齿,也稀有分裂者。
200. 萼片及花瓣均为镊合状排列;胚乳具嚼痕 ……………… 番荔枝科 Annonaceae
200. 萼片及花瓣均为覆瓦状排列;胚乳无嚼痕。
201. 萼片及花瓣相同,三出数,排列成3层或多层,均可脱落 ……………………………………………………………………………… 木兰科 Magnoliaceae
201. 萼片及花瓣甚有分化,多为五出数,排列成2层,萼片宿存。
202. 心皮3个至多个;花柱互相分离;胚珠为不定数 ……………………………………………………………… 五桠果科 Dilleniaceae
202. 心皮3~10个;花柱完全合生;胚珠单生 ………… 金莲木科 Ochnaceae（金莲木属 *Ochna*）
188. 雄蕊1枚,但花柱或柱头为1个至多个。
203. 叶片中无透明微点。
204. 叶互生,羽状复叶或退化为仅有1顶生小叶 ……………… 芸香科 Rutaceae
204. 叶对生,单叶 ……………………………………………………… 藤黄科 Guttiferae
203. 叶片中具透明微点。
205. 子房单纯,具子房1室。
206. 乔木或灌木;花瓣呈镊合状排列;果实为荚果………………… 豆科 keguminosae（含羞草亚科 Mimosoideae）
206. 草本植物;花瓣呈覆瓦状排列;果实不是荚果。
207. 花为五出数;蓇葖果 ……………………………… 毛茛科 Ranunculaceae
207. 花为三出数;浆果 ……………………………………… 小檗科 Berberidaceae
205. 子房为复合性。
208. 子房1室,或在马齿苋科的土人参属 *Talinum* 中子房基部为3室。
209. 特立中央胎座。
210. 草本;叶互生或对生;子房的基部3室,有多数胚珠 ……………………………………………………………… 马齿苋科 Poaulacaceae（土人参属 *lhlinum*）
210. 灌木;叶对生;子房1室,内有成为3对的6个胚珠 ……………………………………………………………… 红树科 Rhizophoraceae（秋茄树属 *Kandelia*）
209. 侧膜胎座。
211. 灌木或小乔木(在半日花科中常为亚灌木或草本植物),子房柄不存在或极短;果实为蒴果或浆果。
212. 叶对生;萼片不相等,外面2片较小,或有时退化,内面3片呈旋转状排列 ……………………………………………… 半日花科 Cistaceae

（半日花属 *Helianthemum*）

212. 叶常互生，萼片相等，呈覆瓦状或镊合状排列。

213. 植物体内含有色泽的汁液；叶具掌状脉，全缘；萼片 5 片，互相分离，基部有腺体；种皮肉质，红色 …………… 红木科 Bixaceae

（红木属 *Bixa*）

213. 植物体内不含有色泽的汁液；叶具羽状脉或掌状脉；叶缘有锯齿或全缘；萼片 3～8 片，离生或合生；种皮坚硬，干燥 ………………………………………………………… 大风子科 Flacourtiaceae

211. 草本植物，如为木本植物时，则具有显著的子房柄；果实为浆果或核果。

214. 植物体内含乳汁；萼片 2～3 片 …………… 罂粟科 Papaveraceae

214. 植物体内不含乳汁；萼片 4～8 片。

215. 叶为单叶或掌状复叶；花瓣完整；长角果 ………………………………………………………………… 白花菜科 Capparidaceae

215. 叶为单叶，或为羽状复叶或分裂；花瓣具缺刻或细裂；蒴果仅于顶端裂开 …………………………………… 木犀草科 Resedaceae

208. 子房 2 室至多室，或为不完全的 2 室至多室。

216. 草本植物，具多少有些呈花瓣状的萼片。

217. 水生植物；花瓣为多数雄蕊或鳞片状的蜜腺叶所代替 … 睡莲科 Nymphaeaceae

（萍蓬草属 *Nuphar*）

217. 陆生植物；花瓣不为蜜腺叶所代替。

218. 一年生草本植物；叶呈羽状细裂；花两性 ……………… 毛茛科 Ranunculaceae

（黑种草属 *Nigella*）

218. 多年生草本植物；叶全缘而呈掌状分裂；雌雄同株 …… 大戟科 Euphorbiaceae

（麻风树属 *Jatropha*）

216. 木本植物，或陆生草本植物，常不具呈花瓣状的萼片。

219. 萼片于蕾内呈镊合状排列。

220. 雄蕊互相分离或连成数束。

221. 花药 1 室或数室；叶为掌状复叶或单叶；全缘，具羽状脉 ………………………………………………………………………… 木棉科 Bombacaceae

221. 花药 2 室；叶为单叶，叶缘有锯齿或全缘。

222. 花药以顶端 2 孔裂开 ……………………………… 杜英科 Elaeocarpaceae

222. 花药纵长裂开 ……………………………………………… 椴树科 Tiliaceae

220. 雄蕊连为单体，至少内层者如此，并且多少有些连成管状。

223. 花单性；萼片 2 片或 3 片 ……………………………… 大戟科 Euphorbiaceae

（油桐属 *Aleurites*）

223. 花常两性；萼片多 5 片，稀可较少。

224. 花药 2 室或更多室。

225. 无副萼；多有不育雄蕊；花药 2 室；叶为单叶或掌状分裂 ………………

……………………………………………………………… 梧桐科 Sterculiaceae

225. 有副萼;无不育雄蕊;花药数室;叶为单叶,全缘且具羽状脉 ……………
……………………………………………………………… 木棉科 Bombacaceae
(榴莲属 *Durio*)

224. 花药 1 室。

226. 花粉粒表面平滑;叶为掌状复叶 …………………… 木棉科 Bombacaceae
(木棉属 *Gossampinus*)

226. 花粉粒表面有刺;叶有各种情形 ……………………… 锦葵科 Malvaceae

219. 萼片于蕾内呈覆瓦状或旋转状排列,或有时(如大戟科的巴豆属 *Croton*)近于呈镊合状排列。

227. 雌雄同株或稀可异株;果实为蒴果,由 2~4 个各自裂为 2 片的离果所成 ………
……………………………………………………………… 大戟科 Euphorbiaceae

227. 花常两性,或在猕猴桃科的猕猴桃属 *Actinidia* 中为杂性或雌雄异株;果实为其他情形。

228. 萼片在果实时增大且呈翅状;雄蕊具伸长的花药隔 ……………………………
……………………………………………………… 龙脑香科 Dipterocarpaceae

228. 萼片及雄蕊二者不为上述情形。

229. 雄蕊排列成 2 层,外层 10 个与花瓣对生,内层 5 个与萼片对生 ………
……………………………………………………… 蒺藜科 Zygophyllaceae
(骆驼蓬属 *Peganum*)

229. 雄蕊的排列为其他情形。

230. 食虫的草本植物;叶基生,呈管状,其上再具有小叶片 ……………………
……………………………………………………… 瓶子草科 Sarraceniaceae

230. 不是食虫植物;叶茎生或基生,但不呈管状。

231. 植物体呈耐寒旱状;叶为全缘单叶。

232. 叶对生或上部者互生;萼片 5 片,互不相等,外面 2 片较小或有时退化,内面 3 片较大,成旋转状排列,宿存;花瓣早落 ……………………
…………………………………………………… 半日花科 Cistaceae

232. 叶互生;萼片 5 片,大小相等;花瓣宿存;在内侧基部各有 2 舌状物…
…………………………………………………… 柽柳科 Tamaricaceae
(琵琶柴属 *Reaumuria*)

231. 植物体不是耐寒耐旱状;叶常互生;萼片 2~5 片,彼此相等;呈覆瓦状或稀可呈镊合状排列。

233. 草本或木本植物;花为四出数,或其萼片多为 2 片且早落。

234. 植物体内含乳汁;无或有极短子房柄;种子有丰富胚乳 ……………
…………………………………………………… 罂粟科 Papaveraceae

234. 植物体内不含乳汁;有细长的子房柄;种子无或有少量胚乳 ………
…………………………………………………… 白花菜科 Capparidaceae

233. 木本植物;花常为五出数,萼片宿存或脱落。

235. 果实为具 5 个棱角的蒴果,分成 5 个骨质各含 1 粒或 2 粒种子的心皮后,再各沿其缝线而 2 瓣裂开 …………………… 蔷薇科 Rosaceae
(白鹃梅属 *Exochorda*)
235. 果实不为蒴果,如为蒴果时则为胞背裂开。
236. 蔓生或攀援的灌木;雄蕊互相分离;子房 5 室或更多室;浆果,常可食 ………………………………………… 猕猴桃科 Actinidiaceae
236. 直立乔木或灌木;雄蕊至少在外层者连为单体,或连成 3 ~5 束而着生于花瓣的基部;子房 3 ~5 室。
237. 花药能转动,以顶端孔裂开;浆果;胚乳颇丰富 ……………… ………………………………………… 猕猴桃科 Actinidiaceae
(水冬哥属 *Sourauia*)
237. 花药能或不能转动,常纵长裂开;果实有各种情形;胚乳通常量微小 ………………………………………… 山茶科 Theaceae
161. 成熟雄蕊 10 枚或较少,如多于 10 枚时,其数并不超过花瓣的 2 倍。
238. 成熟雄蕊与花瓣同数,且与它对生。
239. 雌蕊 3 枚至多枚,离生。
240. 直立草本或亚灌木;花两性,五出数 ………………………… 蔷薇科 Rosaceae
(地蔷薇属 *Chamaerhodos*)
240. 木质或草质藤本;花单性,常为三出数。
241. 叶常为单叶;花小型;核果;心皮 3 ~6 个,呈星状排列,各含 1 个胚珠 …… ………………………………………………………… 防己科 Menispermaceae
241. 叶为掌状复叶或由 3 片小叶组成;花中型;浆果;心皮 3 个至多个,轮状或螺旋状排列,各含 1 个或多个胚珠 ……………… 木通科 Lardizabalaceae
239. 雌蕊 1 枚。
242. 子房 2 室至数室。
243. 花萼裂齿不明显或微小;以卷须缠绕他物的灌木或草本植物 …………… …………………………………………………………… 葡萄科 Vitaceae
243. 花萼具 4 ~5 裂片;乔木、灌木或草本植物,有时也可为缠绕性,但无卷须。
244. 雄蕊连成单体。
245. 叶为单叶;每子房室内含胚珠 2 ~6 个(或在可可树亚族 *Theobromineae* 中为多数) ……………………………………… 梧桐科 Sterculiaceae
245. 叶为掌状复叶;每子房室内含胚珠多个 ………… 木棉科 Bombacaeae
(吉贝属 *Ceiba*)
244. 雄蕊互相分离,或稀可在其下部连成一管。
246. 叶无托叶;萼片各不相等;呈覆瓦状排列;花瓣不相等,在内层的 2 片常很小 …………………………………………… 清风藤科 Sabiaceae
246. 叶常有托叶;萼片同大,呈镊合状排列;花瓣均大小同形。
247. 叶为单叶 ………………………………… 鼠李科 Rhamnaceaea
247. 叶为一至三回羽状复叶 ………………………… 葡萄科 Vitaceae

（火筒树属 *Leea*）

242. 子房1室（在马齿苋科的土人参属 *Talinum* 及铁青树科的铁青树属 *Olax* 中则子房的下部多少有些成为3室）。

248. 子房下位或半下位。

249. 叶互生，边缘常有锯齿；蒴果 …………………………… 大风子科 Flacourtiaceae

（天料木属 *Homalium*）

249. 叶多对生或轮生，全缘；浆果或核果 …………………………… 桑寄生科 Loranthaceae

248. 子房上位。

250. 花药以舌瓣裂开 …………………………… 小檗科 Berberidaceae

250. 花药不以舌瓣裂开。

251. 缠绕草本；胚珠1个；叶肥厚，肉质 …………………………… 落葵科 Basellaceae

（落葵属 *Dasella*）

251. 直立草本，或有时为木本；胚珠1个至多个。

252. 雄蕊连成单体；胚珠2个 …………………………… 梧桐科 Sterculiaceae

（蛇婆子属 *Walthenia*）

252. 雄蕊互相分离，胚珠1个至多个。

253. 花瓣6～9片；雌蕊单纯 …………………………… 小檗科 Berberidaceae

253. 花瓣4～8片；雌蕊复合。

254. 常为草本；花萼有2个分离萼片。

255. 花瓣4片；侧膜胎座 …………………………… 罂粟科 Papaveraceae

（角茴香属 *Hypecoum*）

255. 花瓣常5片；基底胎座 …………………………… 马齿苋科 Portulacaceae

254. 乔木或灌木，常蔓生；花萼呈倒圆锥形或杯状。

256. 通常雌雄同株；花萼裂片4～5片；花瓣呈覆瓦状排列；无不育雄蕊；胚珠有2层珠被 …………………………… 紫金牛科 Myrsinaceae

（信筒子属 *Embelia*）

256. 花两性；花萼于开花时微小，而具不明显的齿裂；花瓣多为镊合状排列；有不育雄蕊（有时代以密腺）；胚珠无珠被。

257. 花萼于果时增大；子房的下部为3室，上部为1室，内含3个胚珠 …………………………… 铁青树科 Olacaceae

（铁青树属 *Olax*）

257. 花萼于果时不增大；子房1室，内仅含1个胚珠 …………………………… 山柚仔科 Opiliaceae

238. 成熟雄蕊和花瓣不同数，如同数时则雄蕊与它互生。

258. 雌雄异株；雄蕊8枚，不相同，其中5枚较长，有伸出花外的花丝，且与花瓣相互生，另3枚则较短而藏于花内；灌木或灌木状草本；互生或对生单叶；心皮单生；雌花无花被，无梗，贴生于宽圆形的叶状苞片上 …………………………… 漆树科 Anacardiaceae

（九子不离母属 *Dobinea*）

258. 花两性或单性，纵为雌雄异株时，其雄花中叶无上述情形的雄蕊。

259. 花萼或其筒部与子房多少有些连合。

260. 每子房室内含胚珠或种子2粒至多粒。

261. 花药以顶端孔裂开；草本或木本植物；叶对生或轮生，大都于叶片基部具3～9脉 …………………………………………………… 野牡丹科 Melastomaceae

261. 花药纵长裂开。

262. 草本或亚灌木；有时为攀援性。

263. 具卷须的攀援草本；花单性 …………………… 葫芦科 Cucurbitaceae

263. 无卷须的植物；花常两性。

264. 萼片或花萼裂片2片；植物体多少肉质而多水分 ………………………………………………………………… 马齿苋科 Portulacaceae（马齿苋属 *Portulaca*）

264. 萼片或花萼裂片4～5片；植物体常不为肉质。

265. 花萼裂片呈覆瓦状或镊合状排列；花柱2个或更多；种子具胚乳 ………………………………………………… 虎耳草科 Saxifragacea

265. 花萼裂片呈镊合状排列；花柱1个，具2～4裂，或为1呈头状的柱头；种子无胚乳 …………………………… 柳叶菜科 Onagraceae

262. 乔木或灌木，有时为攀援性。

266. 叶互生。

267. 花数朵至多数成头状花序；常绿乔木；叶革质，全缘或具浅裂 ………………………………………………………………… 金缕梅科 Hamamelidaceae

267. 花呈总状或圆锥花序。

268. 灌木；叶为掌状分裂，基部具3～5脉；子房1室，有多数胚珠；浆果 ………………………………………………………………… 虎耳草科 Saxifragaceae（茶藨子属 *Ribes*）

268. 乔木或灌木；叶缘有锯齿或细锯齿，有时全缘，具羽状脉；子房3～5室，每室内含2个至数个胚珠，或在山茉莉属 *Huodendron* 为多数；干燥或木质核果，或蒴果，有时具棱角或有翅 ………………………… 野茉莉科 Styracaceae

266. 叶常对生（使君子科的榄李树属 *Lumnitzera* 例外，同科的风车子属 *Combretum* 叶可有时为互生，或互生和对生共存于一枝上）。

269. 胚珠多数，除冠盖藤属 *Pileostegia* 自子房室顶端垂悬外，均位于侧膜或中轴胎座上；浆果或蒴果；叶缘有锯齿或为全缘，但均无托叶；种子含胚乳 ………………………………………………………………… 虎耳草科 Saxifragaceae

269. 胚珠2个至数个，近于子房顶端垂悬；叶全缘或有圆锯齿；果实多不裂开，内有种子1粒至数粒。

270. 乔木或灌木，常为蔓生，无托叶，不为形成海岸林的组成分子（榄李树属 *Lumnitzera* 例外）；种子无胚乳，落地后始萌芽 …………… 使君子科 Combretaceae

270. 常绿灌木或小乔木，具托叶；多为形成海岸林的主要组成分子，种子常有胚乳，在落地前即萌芽（胎生）…………………………… 红树科 Rhizophoraceae

260. 每子房室内仅含胚珠或种子1粒。

271. 果实裂开为2颗干燥的离果，并共同悬于一果梗上；花序常为伞形花序（在变豆菜属 *Sanicula* 及鸭儿芹属 *Cryptotaenia* 中为不规则的花序，在刺芫荽属 *Eryngium* 中，则为头状花序）……………………………………………………伞形科 Umbelliferae

271. 果实不裂开或裂开而不是上述情形的；花序可为各种型式。

272. 草本植物。

273. 花柱或柱头2～4个；种子具胚乳；果实为小坚果或核果，具棱角或有翅 ……………………………………………………………………小二仙草科 Haloragidaceae

273. 花柱1个，具有1头状或呈2裂瓣的柱头；种子无胚乳。

274. 陆生草本植物，具对生叶；花为二出数；果实为一具钩状刺毛的坚果 ……………………………………………………………………柳叶菜科 Onagraceae

（露珠草属 *Circaea*）

274. 水生草本植物，有聚生而漂浮水面的叶片；花为四出数；果实为具2～4刺的坚果（栽培种果实可无显著的刺）……………………… 菱科 Trapaceae

（菱属 *Trapa*）

272. 木本植物。

275. 果实干燥或为蒴果状。

276. 子房2室；花柱2个 ……………………………………金缕梅科 Hamamelidaceae

276. 子房1室；花柱1个。

277. 花序伞房状或圆锥状 …………………………………………莲叶桐科 Hernandiaceae

277. 花序头状……………………………………………………………珙桐科 Nyssaceae

（旱莲木属 *Camptotheca*）

275. 果实核果状或浆果状。

278. 叶互生或对生；花瓣呈镊合状排列；花序有各种形式，但稀为伞形或头状，有时且可生于叶片上。

279. 花瓣3～5片，卵形或披针形；花药短 ………………… 山茱萸科 Cornaceae

279. 花瓣4～10片，狭窄形并向外翻转；花药细长 …… 八角枫科 Alangiaceae

（八角枫属 *Alangium*）

278. 叶互生；花瓣呈覆瓦状或镊合状排列；花序常为伞形或呈头状。

280. 子房1室；花柱1个；花杂性兼雌雄异株，雌花单生或以少数朵至数朵聚生，雌花多数，腋生为有花梗的簇丛……………………珙桐科 Nyssaceae

（蓝果树属 *Nyssa*）

280. 子房2室或更多室；花柱2～5个；如子房为1室而具1花柱时（例如马蹄参属 *Diplopanax*），则花两性，形成顶生类似穗状的花序…………………………………………………………………………………五加科 Araliaceae

259. 花萼和子房相分离。

281. 叶片中有透明微点。

282. 花整齐，稀可两侧对称；果实不为荚果……………………………芸香科 Ruaaceae

282. 花整齐或不整齐；果实为荚果 ………………………………………豆科 Leguminosae

281. 叶片中无透明微点。

283. 雌蕊 2 枚或更多,互相分离或仅有局部的连合;也可子房分离而花柱连合成 1 个。

284. 多水分的草本,具肉质的茎及叶 ………………………… 景天科 Crassulaceae

284. 植物体为其他情形。

285. 花为周位花。

286. 花的各部分呈螺旋状排列,萼片。逐渐变为花瓣;雄蕊 5 枚或 6 枚;雌蕊多数 ……………………………………………… 蜡梅科 Calycanthaceae（蜡梅属 *Chimolmnthus*）

286. 花的各部分呈轮状排列,萼片和花瓣甚有分化。

287. 雌蕊 2 ~4 枚,各有多个胚珠;种子有胚乳;无托叶 …………………… ……………………………………………………… 虎耳草科 Saxifragacea

287. 雌蕊 2 枚至多枚,各有 1 个至数个胚珠;种子无胚乳;有或无托叶 … …………………………………………………………… 蔷薇科 Rosaceae

285. 花为下位花,或在悬铃木科中微呈周位。

288. 草本或亚灌木。

289. 各子房的花柱互相分离。

290. 叶常互生或基生,多少有些分裂;花瓣脱落性,较萼片为大,或于天葵属 *Semiaquilegia* 稍小于成花瓣状的萼片 …………………… ………………………………………………… 毛茛科 Ranunculaceae

290. 叶对生或轮生,为全缘单叶;花瓣宿存性,较萼片小 …………… …………………………………………………… 马桑科 Coriariaceae（马桑属 *Coriaria*）

289. 各子房合具一共同的花柱或柱头;叶为羽状复叶;花为五出数;花萼宿存;花中有和花瓣互生的腺体;雄蕊 10 枚 … 牻牛儿苗科 Gemniaceae（熏倒牛属 *Biebersteinia*）

288. 乔木;灌木或木本的攀援植物。

291. 叶为单叶。

292. 叶对生或轮生 …………………………………………… 马桑科 Coriariaceae（马桑属 *Coriaria*）

292. 叶互生。

293. 叶为脱落性,具掌状脉;叶柄基部扩张成帽状以覆盖腋芽 …………………… ………………………………………………………… 悬铃木科 Platanaceae（悬铃木属 *Platanus*）

293. 叶为常绿性或脱落性,具羽状脉。

294. 雌蕊 7 枚至多枚(稀可少至 5 枚);直立或缠绕性灌木;花两性或单性…… …………………………………………………………… 木兰科 Monoliaceae

294. 雌蕊 4 ~6 枚;乔木或灌木;花两性。

295. 子房 5 室或 6 室,以一共同的花柱而连合,各子房均可熟为核果 ……… ……………………………………………………… 金莲木科 Ochnaceae

（赛金莲木属 *Ouzatia*）

295. 子房 4～6 室，各具 1 个花柱，仅有一子房可成熟为核果 ……………………………………………………………………… 漆树科 Anacardiaceae

（山様仔属 *Buchanania*）

291. 叶为复叶。

296. 叶对生 ………………………………………………………………… 省沽油科 Staphyleaceae

296. 叶互生。

297. 木质藤本；叶为掌状复叶或三出复叶 ……………………… 木通科 Lardizabalaceae

297. 乔木或灌木（有时在牛栓藤科中有缠绕性者）；叶为羽状复叶。

298. 果实为一含多数种子的浆果，状似猫屎 ……………… 木通科[ardizabalaceae

（猫儿屎属 *Decaisnea*）

298. 果实为其他情形。

299. 果实为蓇葖果 ……………………………………………… 牛栓藤科 Connaraceae

299. 果实为离果，或在臭椿属 Ailanthus 中为翅果 ……… 苦木科 Simaroubaceae

283. 雌蕊 1 枚，或至少其子房为 1 室。

300. 雌蕊或子房确是单纯的，仅 1 室。

301. 果实为核果或浆果。

302. 花为三出数，稀可二出数；花药以舌瓣裂开 …………………… 樟科 Lauraceae

302. 花为五出或四出数；花药纵长裂开。

303. 落叶具刺灌木；雄蕊 10 枚，周位，均可发育 ……………… 蔷薇科 Rosaceae

（扁核木属 *Prinsepia*）

303. 常绿乔木；雄蕊 1～5 枚，下位，常仅其中 1 枚或 2 枚可发育 ……………………………………………………………… 漆树科 Anacardiaceae

（杧果属 *Mangifera*）

301. 果实为蓇葖果或荚果。

304. 果实为蓇葖果。

305. 落叶灌木；叶为单叶；蓇葖果内含 2 粒至数粒种子 ……… 蔷薇科 Rosaceae

（绣线菊亚科 *Spiraeoideae*）

305. 常为木质藤本；叶多为单数复叶或具 3 片小叶；有时因退化而只有 1 小叶；蓇葖果内仅含 1 粒种子 ………………………………… 牛栓藤科 Connaraceae

304. 果实为荚果 …………………………………………………………… 豆科 Leguminosae

300. 雌蕊或子房并非单纯者，有 1 个以上的子房室或花柱、柱头、胎座等部分。

306. 子房 1 室或因有一假隔膜的发育而成 2 室，有时下部 2～5 室，上部 1 室。（次 306 项见 239 页）

307. 花下位，花瓣 4 片，稀可更多。

308. 萼片 2 片 ………………………………………………………………… 罂粟科 Papaveraceae

308. 萼片 4～8 片。

309. 子房柄常细长，呈线状 ……………………………………… 白花菜科 Capparidaceae

309. 子房柄极短或不存在。

310. 子房为 2 个心皮连合组成，常具 2 子房室及一假隔膜 ……………………………………………………………………… 十字花科 Crucfferae

310. 子房 3～6 个心皮连合组成，子房仅 1 室。

311. 叶对生，微小，为耐寒旱性；花为辐射对称；花瓣完整，具瓣爪，其内侧有舌状的鳞片附属物 ………………………… 瓣鳞花科 Frankeniaceae（瓣鳞花属 *Frankenia*）

311. 叶互生，显著，非为耐寒旱性；花为两侧对称；花瓣常分裂，但其内侧并无舌状的鳞片附属物 ………………………… 木犀草科 Resedaceae

307. 花周位或下位，花瓣 3～5 片，稀可 2 片或更多。

312. 每子房室内仅有胚珠 1 个。

313. 乔木，或稀为灌木；叶常为羽状复叶。

314. 叶常为羽状复叶，具托叶及小托叶 ……………………… 省沽油科 Staphyleacea（银鹊树属 *Tapiscia*）

314. 叶为羽状复叶或单叶，无托叶及小托叶 ……………… 漆树科 Anacardiaceae

313. 木本或草本；叶为单叶。

315. 通常均为木本，稀可在樟科的无根藤属 *Cassytha* 则为缠绕性寄生草本；叶常互生，无膜质托叶。

316. 乔木或灌木；无托叶；花为三出数或二出数，萼片和花瓣同形，稀可花瓣较大；花药以舌瓣裂开；浆果或核果………………………… 樟科 Lauraceae

316. 蔓生性的灌木，茎为合轴型，具钩状的分枝；托叶小而早落；花为五出数，萼片和花瓣不同形，前者且于结实时增大呈翅状；花药纵长裂开；坚果 …… ……………………………………………… 钩枝藤科 Ancistrocladaceae（钩枝藤属 *Ancistrocladus*）

315. 草本或亚灌木；叶互生或对生，具膜质托叶 ……………… 蓼科 Polygonaceae

312. 每子房室内有胚珠 2 个至多个。

317. 乔木、灌木或木质藤本。

318. 花瓣及雄蕊均着生于花萼上 ………………………………… 千屈菜科 Lythraceae

318. 花瓣及雄蕊均着生于花托上（或于西番莲科中雄蕊着生于子房柄上）。

319. 核果或翅果，仅有 1 粒种子。

320. 花萼具显著的 4 或 5 裂片或裂齿，微小而不能长大 …………………… ……………………………………………………………… 茶茱萸科 Icacinaceae

320. 花萼呈截平头或具不明显的萼齿，微小，但能在果实上增大 ……………… ……………………………………………………………… 铁青树科 Olacaceae（铁青树属 *Olax*）

319. 蒴果或浆果，内有 2 粒至多粒种子。

321. 花两侧对称。

322. 叶为二至三回羽状复叶；雄蕊 5 枚 ……………………… 辣木科 Molingaceae（辣木属 *Moringa*）

322. 叶为全缘的单叶；雄蕊 8 枚 ………………………………… 远志科 Polysdaceac

321. 花辐射对称；叶为单叶或掌状分裂。

323. 花瓣具有直立而常彼此衔接的瓣爪 …………… 海桐花科 pittosporaceae

（海桐花属 *Pittosrum*）

323. 花瓣不具细长的瓣爪。

324. 植物体为耐寒旱性，有鳞片状或细长形的叶片；花无小苞片 …………

…………………………………………………………… 柽柳科 Tamaricaceae

324. 植物体非为耐寒旱性，具有较宽大的叶片。

325. 花两性。

326. 花萼和花瓣不甚分化，且前者较大 …… 大风子科 Flacourtiaceae

（红子木属 *Erythrospermum*）

326. 花萼和花瓣很有分化，前者很小 ………… 堇菜科 Violaceae

（雷诺木属 *Rinorea*）

325. 雌雄异株或花杂性。

327. 乔木；花的每一花瓣基部各具位于内方的一鳞片；无子房柄 ……

…………………………………………………… 大风子科 Flacourtiaceae

（大风子属 *Hydnocarpus*）

327. 多为具卷须而攀援的灌木；花常具一为 5 鳞片所成的副冠，各鳞片和萼片相 对生；有子房柄 ……… 西番莲科 Passifloraceae

（蒴莲属 *Adenia*）

317. 草本或亚灌木。

328. 胎座位于子房室的中央或基底。

329. 花瓣着生于花萼的喉部 ………………………………… 千屈菜科 Lythraceae

329. 花瓣着生于花托上。

330. 萼片 2 片；叶互生，稀可对生 ……………………… 马齿苋科 Portulacaceae

330. 萼片 5 片或 4 片；叶对生 ………………………… 石竹科 Caryophyllaceae

328. 胎座为侧膜胎座。

331. 食虫植物，具生有腺体刚毛的叶片 …………………… 茅膏菜科 Droseraceae

331. 非为食虫植物，也无生有腺体毛茸的叶片。

332. 花两侧对称。

333. 花有一位于前方的距状物；蒴果 3 瓣裂开 ………… 堇菜科 Violaceae

333. 花有一位于后方的大型花盘；蒴果仅于顶端裂开 … 木犀草科 Resedaceae

332. 花整齐或近于整齐。

334. 植物体为耐寒旱性；花瓣内侧各有一舌状的鳞片 ………………

…………………………………………… 瓣鳞花科 Frankeniaceae

（瓣鳞花属 *Frankenia*）

334. 植物体非为耐寒旱性；花瓣内侧无鳞片的舌状附属物。

335. 花中有副冠及子房柄 ……………………… 西番莲科 Passifioraceae

（西番莲属 *Passifiora*）

335. 花中无副冠及子房柄 …………………………… 虎耳草科 Saxifragaceae

306. 子房2室或更多室。

336. 花瓣形状彼此极不相等。

337. 子房室内有数个至多数胚珠。

338. 子房2室 …………………………………………… 虎耳草科 Saxifragaceae

338. 子房5室 ………………………………………… 凤仙花科 Balsaminaceae

337. 每子房室内仅有1个胚珠。

339. 子房3室;雄蕊离生;叶盾状,叶缘具棱角或波纹 … 旱金莲科 Tropaeolaceae
（旱金莲属 *Tropaeolum*）

339. 子房2室(稀可1室或3室);雄蕊连合为一单体;叶不呈盾状,全缘 ………
…………………………………………………………… 远志科 Polygalaceae

336. 花瓣形状彼此相等或微有不等,且有时花也可为两侧对称。

340. 雄蕊数和花瓣数既不相等,也不是它的倍数。

341. 叶对生。

342. 雄蕊4~10枚,常8枚。

343. 蒴果……………………………………………… 七叶树科 Hippocastanaceae

343. 翅果 …………………………………………………… 槭树科 Aceraceae

342. 雄蕊2枚或3枚,也稀可4枚或5枚。

344. 萼片及花瓣均为五出数;雄蕊多为3枚………… 翅子藤科 Hippocrateaceae

344. 萼片及花瓣常均为四出数;雄蕊2枚,稀可3枚 ………… 木犀科 Oleaceae

341. 叶互生。

345. 叶为单叶,多全缘,或在油桐属 *Aleurites* 中可具3~7裂片;花单性 …………
……………………………………………………………… 大戟科 Euphorbiaceae

345. 叶为单叶或复叶;花两性或杂性。

346. 萼片为镊合状排列;雄蕊连成单体 …………………… 梧桐科 Sterculiaceae

346. 萼片为覆瓦状排列;雄蕊离生。

347. 子房4室或5室,每子房室内有8~12个胚珠;种子具翅 ………………
………………………………………………………………… 楝科 Meliaceae
（香椿属 *Toona*）

347. 子房常3室,每子房室内有1个至数个胚珠;种子无翅。

348. 花小型或中型,下位,萼片互相分离或微有连合 ………………………
……………………………………………………… 无患子科 Sapindaceae

348. 花大型,美丽,周位,萼片互相连合成一钟形的花萼 ………………
…………………………………………… 钟萼木科 Bretschneideraceae
（钟萼木属 Bretschneidera）

340. 雄蕊数与花瓣数相等,或是它的倍数。

349. 每子房室内有胚珠或种子3粒至多粒。(次349项见241页)

350. 叶为复叶。

351. 雄蕊连合成为单体 ……………………………………… 酢浆草科 Oxalidaceae

351. 雄蕊彼此相互分离。

352. 叶互生。

353. 叶为二三回的三出叶，或为掌状叶 ………………… 虎耳草科 Saxifragaceae
（落新妇亚族 Astilbinae）

353. 叶为一回羽状复叶 …………………………………………… 楝科 Meliaceae
（香椿属 Toona）

352. 叶对生。

354. 叶为双数羽状复叶 ………………………………… 蒺藜科 Zygophyllaceae

354. 叶为单数羽状复叶 ………………………………… 省沽油科 Staphyleaceae

350. 叶为单叶。

355. 草本或亚灌木。

356. 花周位；花托多少有些中空。

357. 雄蕊着生于杯状花托的边缘 ………………… 虎耳草科 Saxifragaceae

357. 雄蕊着生于杯状或管状花萼（或即花托）的内侧 … 千屈菜科 Lythraceae

356. 花下位；花托常扁平。

358. 叶对生或轮生，常全缘。

359. 水生或沼泽草本，有时（如田繁缕属 *Bergia*）为亚灌木；有托叶 ………
…………………………………………………… 沟繁缕科 Elatinaceae

359. 陆生草本；无托叶 ……………………………… 石竹科 Caryophyllaceae

358. 叶互生或基生；稀可对生，边缘有锯齿，或叶退化为无绿色组织的鳞片。

360. 草本或亚灌木：有托叶；萼片呈镊合状排列，脱落性 ………………
…………………………………………………………… 椴树科 Tiliaceae
（黄麻属 *Corchorus*，田麻属 *Corchoropsis*）

360. 多年生常绿草本，或为死物寄生植物而无绿色组织；无托叶；萼片呈覆瓦状排列，宿存性 ……………………………… 鹿蹄草科 Pyrolaceae

355. 草本植物。

361. 花瓣常有彼此衔接或其边缘互相依附的柄状瓣爪 ……… 海桐花科 Pittosporaceae
（海桐花属 *Pittoporum*）

361. 花瓣无瓣爪，或仅具互相分离的细长柄状瓣爪。

362. 花托空凹；萼片呈镊合状或覆瓦状排列。

363. 叶互生，边缘有锯齿，常绿性 ………………………… 虎耳草科 Saxifragaceae
（鼠刺属 *ltea*）

363. 叶对生或互生，全缘，脱落性。

364. 子房 2~6 室，仅具 1 个花柱；胚珠多数，着生于中轴胎座上 ………………
………………………………………………………… 千屈菜科 Lythraceae

364. 子房 2 室，具 2 个花柱；胚珠数个，垂悬于中轴胎座上 ………………
…………………………………………………… 金缕梅科 Hamamelidaceae
（双花木属 *Disanthus*）

362. 花托扁平或微凸起；萼片呈覆瓦状或于杜英科中呈镊合状排列。

365. 花为四出数；果实呈浆果状或核果状；花药纵长裂开或顶端舌瓣裂开。

366. 穗状花序腋生于当年新枝上；花瓣先端具齿裂 …… 杜英科 Elaeocarpaceae

（杜英属 Elaeocarpus）

366. 穗状花序腋生于昔年老枝上；花瓣完整 ………… 旌节花科 Stachyuraceae

（旌节花属 *Stachyums*）

365. 花为五出数；果实呈蒴果状；花药顶端孔裂。

367. 花粉粒单纯；子房 3 室 ……………………………………… 山柳科 Clethraceae

（山柳属 *Clethra*）

367. 花粉粒复合，成为四合体；子房 5 室 …………………… 杜鹃花科 Ericaceae

349. 每子房室内有胚珠或种子 1 个或 2 个。

368. 草本植物，有时基部呈灌木状。

369. 花单性、杂性，或雌雄异株。

370. 具卷须的藤本；叶为二回三出复叶 …………………… 无患子科 Sapindaceae

（倒地铃属 *Cardiosperrman*）

370. 直立草本或亚灌木；叶为单叶 ……………………… 大戟科 Euphorbiaceae

369. 花两性。

371. 萼片呈镊合状排列；果实有刺 ……………………………… 椴树科 Tiliaceae

（刺蒴麻属 *Triumfetta*）

371. 萼片呈覆瓦状排列；果实无刺。

372. 雄蕊彼此分离；花柱互相连合 …………………… 牻牛儿苗科 Geraniaceae

372. 雄蕊互相连合；花柱彼此分离……………………………… 亚麻科 Linaceae

368. 木本植物。

373. 叶肉质，通常仅为 1 对小叶所组成的复叶 ………………… 蒺藜科 Zygophyllaceae

373. 叶为其他情形。

374. 叶对生；果实为 1 颗、2 颗或 3 颗翅果所组成。

375. 花瓣细裂或齿裂；每果实有 3 颗翅果 ……………… 金虎尾科 Malpighiaceae

375. 花瓣全缘；每果实具 2 颗或连合为 1 颗的翅果 …………… 槭树科 Aceraceae

374. 叶互生，如为对生时，则果实不为翅果。

376. 叶为复叶，或稀可为单叶而有具翅的果实。

377. 雄蕊连为单体。

378. 萼片及花瓣均为三出数；花药 6 个，花丝生于雄蕊管的口部 …………
……………………………………………………………… 橄榄科 Burseraceae

378. 萼片及花瓣均为四出至六出数；花药 8～12 个，无花丝，直接着生于雄蕊管的喉部或裂齿之间 ……………………………………… 楝科 Mehaceae

377. 雄蕊各自分开。

379. 叶为单叶；果实为一具 3 翅而其内仅有 1 粒种子的小坚果 ……………
……………………………………………………………… 卫矛科 Celastraceae

（雷公藤属 *Tripterygium*）

379. 叶为复叶；果实无翅。

380. 花柱 3～5 个；叶常互生，脱落性 ……………… 漆树科 Anacardiaceae

380. 花柱1个;叶互生或对生。

381. 叶为羽状复叶,互生,常绿性或脱落性;果实有各种类型 ………………………………………………………………………… 无患子科 Sapindaceae

381. 掌状复叶,对生,脱落性;果实为蒴果 …… 叶树科 Hippocastanaceae

376. 叶为单叶;果实无翅。

382. 雄蕊连成单体,或如为2轮时,至少其内轮者如此,有时其花药无花丝(如大戟科的三宝木属 *Trigonastemon*)。

383. 花单性;萼片或花萼裂片2~6片,呈镊合状或覆瓦状排列 ………………………………………………………………………… 大戟科 Euphorbiaceae

383. 花两性;萼片5片,呈覆瓦状排列。

384. 果实呈蒴果状;子房3~5室,各室均可成熟 ……………… 亚麻科 Linaceae

384. 果实呈核果状;子房3室,大都其中的2室为不孕性,仅另1室可成熟,而有1个或2个胚珠 ………………………………………… 古柯科 Erythroxylaceae (古柯属 *Erythroxylum*)

382. 雄蕊各自分离,有时在毒鼠子科中可和花瓣相连合而形成一管状物。

385. 果呈蒴果状。

386. 叶互生或稀可对生;花下位。

387. 叶脱落性或常绿性;花单性或两性;子房3室,稀可2室或4室,有时可多至15室(如算盘子属 *Glochidion*) ………………… 大戟科 Euphorbiaceae

387. 叶常绿性;花两性;子房5室 ……………… 五列木科 Pentaphylacaceae (五列木属 *Pentaphylax*)

386. 叶对生或互生;花周位 ……………………………… 卫矛科 Celastraceae

385. 果呈核果状,有时木质化,或呈浆果状。

388. 种子无胚乳,胚体肥大而多肉质。

389. 雄蕊10枚 ……………………………………… 蒺藜科 Zygophyllaceae

389. 雄蕊4枚或5枚。

390. 叶互生;花瓣5片,各2裂或成两部分 …… 毒鼠子科 Dichapetalaceae (毒鼠子属 *Dichapetalum*)

390. 叶对生;花瓣4片,均完整 ………………… 刺茉莉科 Salvadoraceae (刺茉莉属 *Azima*)

388. 种子有胚乳,胚乳有时很小。

391. 植物体为耐寒旱性;花单性,三出或二出数 ………… 岩高兰科 Empetraceae (岩高兰属 *Empetrum*)

391. 植物体为普通形状;花两性或单性,五出或四出数。

392. 花瓣呈镊合状排列。

393. 雄蕊和花瓣同数 ……………………………… 茶茱萸科 Icacinaceae

393. 雄蕊为花瓣的倍数。

394. 枝条无刺,而有对生的叶片 ………………… 红树科 Rhizophoraceae (红树族 *Gynotrocheae*)

394. 枝条有刺，而有互生的叶片 …………………… 铁青树科 Olacaceae
(海檀木属 *Ximenia*)

392. 花瓣呈覆瓦状排列，或在大戟科的小束花属 *Microdesmis* 中为扭转兼覆瓦状排列。

395. 花单性，雌雄异株；花瓣较小于萼片 ………… 大戟科 Euphorbiaceae
(小盘木属 *Microdesmis*)

395. 花两性或单性；花瓣常较大于萼片。

396. 落叶攀援灌木；雄蕊 10 枚；子房 5 室，每室内有 2 个胚珠 …………
…………………………………………………… 猕猴桃科 Actinidiaceae
(藤山柳属 *Clematoclethra*)

396. 多为常绿乔木或灌木；雄蕊 4 枚或 5 枚。

397. 花下位，雌雄异株或杂性，无花盘 ………… 冬青科 Aquifoliaceaea
(冬青属 *Llex*)

397. 花周位，两性或杂性；有花盘 ………………… 卫矛科 Celastraceae
(异卫矛亚科 Cassinioideae)

160. 花冠为多少有些连合的花瓣所组成。

398. 成熟雄蕊或单体雄蕊的花药数多于花冠裂片。

399. 心皮 1 个至数个，互相分离或大致分离。

400. 叶为单叶或有时可为羽状分裂，对生，肉质 …………… 景天科 Crassulaceae

400. 叶为二回羽状复叶，互生，不呈肉质 ……………………… 豆科 Legtaninosae
(含羞草亚科 *Mimosoideae*)

399. 心皮 2 个或更多，连合成一复合性子房。

401. 雌雄同株或异株，有时为杂性。

402. 子房 1 室；无分枝而呈棕榈状的小乔木 ……………… 番木瓜科 Caricaceae
(番木瓜属 *Carica*)

402. 子房 2 室至多室；具分枝的乔木或灌木。

403. 雄蕊连成单体，或至少内层者如此；蒴果 ………… 大戟科 Euphorbiaceae
(麻疯树科 Jatropha)

403. 雄蕊各自分离；浆果 ……………………………………… 柿树科 Ebenaeeae

401. 花两性。

404. 花瓣连成一盖状物，或花萼裂片均可合成为 1 层或 2 层的盖状物。

405. 叶为单叶，具有透明微点 …………………………… 桃金娘科 Myrtaceae

405. 叶为掌状复叶，无透明微点 ………………………… 五加科 Araliaceae
(多蕊木属 *Tupidantmhus*)

404. 花瓣及花萼裂片均不连成盖状物。

406. 每子房室中有 3 个至多个胚珠。

407. 雄蕊 5 ~ 10 枚或其数不超过花冠裂片的 2 倍，稀可在野茉莉科的银钟花属 *Halesia* 其数可达 16 枚，而为花冠裂片的 4 倍。

408. 雄蕊连成单体或其花丝于基部互相连合；花药纵裂；花粉粒单生。

409. 叶为复叶;子房上位;花柱 5 个 …………… 酢浆草科 Oxalidaceae

409. 叶为单叶;子房下位或半下位;花柱 1 个;乔木或灌木,常有星状毛 ………………………………………………………… 野茉莉科 Styracaceae

408. 雄蕊各自分离;花药顶端孔裂;花粉粒为四合型 …………………………………………………………………… 杜鹃花科 Ericaceae

407. 雄蕊为不定数。

410. 萼片和花瓣常各为多数,而无显著的区分;子房下位;植物体肉质;绿色,常具棘针,而其叶退化 ………………… 仙人掌科 Cactaceae

410. 萼片和花瓣常各为 5 片,而有显著的区分;子房上位。

411. 萼片呈镊合状排列;雄蕊连成单体 …………… 锦葵科 Malvaceae

411. 萼片呈显著的覆瓦状排列。

412. 雄蕊连成 5 束,且每束着生于一花瓣的基部;花药顶端孔裂开;浆果 ……………………………………… 猕猴桃科 Actinidiaceae

(水冬哥属 *Saurauia*)

412. 雄蕊的基部连成单体;花药纵长裂开;蒴果 …………………………………………………………………… 山茶科 Theaceae

(紫茎木属 *Stewartia*)

406. 每子房室中常仅有 1 个或 2 个胚珠。

413. 花萼中的 2 片或更多片于结实时能长大成翅状 ……… 龙脑香科 Dipterocarpaceae

413. 花萼片无上述变大的情形。

414. 植物体常有星状毛茸 ……………………………………… 野茉莉科 styracaceae

414. 植物体无星状毛茸。

415. 子房下位或半下位;果实歪斜 ………………………… 山矾科 Symplocaceae

(山矾属 *Symplocos*)

415. 子房上位。

416. 雄蕊相互连合为单体;果实成熟时分裂为离果 ………… 锦葵科 Malvaceae

416. 雄蕊各自分离;果实不是离果。

417. 子房 1 室或 2 室;蒴果 ………………………… 瑞香科 Thymelaeaceae

(沉香属 *Aquilaria*)

417. 子房 6 ~ 8 室;浆果 …………………………………… 山榄科 Sapotaceae

(紫荆木属 *Madhuca*)

398. 成熟雄蕊并不多于花冠裂片或有时因花丝的分裂则可过之。

418. 雄蕊和花冠裂片为同数且对生。

419. 植物体内有乳汁。 ………………………………………… 山榄科 Sapotaceae

419. 植物体内不含乳汁。

420. 果实内有数粒至多粒种子。

421. 乔木或灌木;果实呈浆果状或核果状 …………… 紫金牛科 Myrsinaceae

421. 草本;果实呈蒴果状 ……………………………… 报春花科 Pfimulaceae

420. 果实内仅有 1 粒种子。

422. 子房下位或半下位。
423. 乔木或攀援性灌木；叶互生 …………………………… 铁青树科 Olacaceae
423. 常为半寄生性灌木；叶对生 ………………………… 桑寄生科 Loranthaceae
422. 子房上位。
424. 花两性。
425. 攀援性草本；萼片 2；果为肉质宿存花萼所包围 … 落葵科 Basellaceae
（落葵属 *Basella*）
425. 直立草本或亚灌木，有时为攀援性；萼片或萼裂片 5；果为蒴果或瘦果，不为花萼所包围 ……………………………… 蓝雪科 Plumbaginaceae
424. 花单性，雌雄异株；攀援性灌木。
426. 雄蕊连合成单体；雌蕊单纯性………………… 防已科 Menispermaceae
（锡生藤亚族 Cissampelinae）
426. 雄蕊各自分离；雌蕊复合性 …………………… 茶茱萸科 Icacinaceae
（微花藤属 *Iodes*）
418. 雄蕊和花冠裂片为同数且互生，或雄蕊数较花冠裂片为少。
427. 子房下位。
428. 植物体常以卷须而攀援或蔓生；胚珠及种子皆为水平生于侧膜胎座上 ……… …………………………………………………………… 葫芦科 Cucurbitaceae
428. 植物体直立，如为攀援时也无卷须；胚珠及种子并不为水平生长。
429. 雄蕊互相连合。
430. 花整齐或两侧对称，呈头状花序，或在苍耳属 Xanthium 中，雌花序为一仅含 2 花的果壳，其外生有钩状刺毛；子房 1 室，内仅有 1 个胚珠……………… ……………………………………………………………… 菊科 Compositae
430. 花多两侧对称，单生或呈总状或伞房花序；子房 2 或 3 室，内有多数胚珠。
431. 花冠裂片呈镊合状排列；雄蕊 5 枚，具分离的花丝及连合的花药 ……… …………………………………………………… 桔梗科 Campanulaceae
（半边莲亚科 Lobelioideae）
431. 花冠裂片呈覆瓦状排列；雄蕊 2 枚，具连合的花丝及分离的花药 ……… ……………………………………………………… 花柱草科 Stylidiaceae
（花柱草属 *Stylidium*）
429. 雄蕊各自分离。
432. 雄蕊和花冠相分离或近于分离。
433. 花药顶端孔裂开；花粉粒连合成四合体；灌木或亚灌木 …… 杜鹃花科 Ericaceae
（乌饭树亚科 Vaccinioideae）
433. 花药纵长裂开，花粉粒单纯；多为草本。
434. 花冠整齐；子房 2～5 室，内有多数胚珠 ……………… 桔梗科 Campanulaceae
434. 花冠不整齐；子房 1～2 室，每子房室内仅有 1 个或 2 个胚珠 ……………… ………………………………………………… 草海桐科 Goodeniaceae
432. 雄蕊着生于花冠上。

435. 雄蕊 4 枚或 5 枚,与花冠裂片同数。
436. 叶互生;每子房室内有多个胚珠 ………………………………… 桔梗科 Campanulaceae
436. 叶对生或轮生;每子房室内有 1 个至多个胚珠。
437. 叶轮生,如为对生时,则有托叶存在 ………………………… 茜草科 Rubiaceae
437. 叶对生,无托叶或稀可有明显的托叶。
438. 花序多为聚伞花序 ……………………………………………… 忍冬科 Caprifoliaceae
438. 花序为头状花序 ………………………………………………… 川续断科 Dipsacaceae
435. 雄蕊 1~4 枚,其数较花冠裂片为少。
439. 子房 1 室。
440. 胚珠多个,生于侧膜胎座上 ………………………………… 苦苣苔科 Gesneriaceae
440. 胚珠 1 个,悬于子房的顶端 ………………………………… 川续断科 Dipsacaceae
439. 子房 2 室或更多室,具中轴胎座。
441. 子房 2~4 室,所有的子房室均可成熟;水生草本 ……… 胡麻科 Pedaliaceae
(茶菱属 *Trapella*)
441. 子房 3 室或 4 室,仅其中 1 室或 2 室可成熟。
442. 落叶或常绿的灌木;叶片常全缘或边缘有锯齿 …… 忍冬科 Caprifoliaceae
442. 陆生草本;叶片常有很多的分裂 ……………………… 败酱科 Valerianaceae
427. 子房上位。
443. 子房深裂为 2~4 部分;花柱或数花柱均自子房裂片之间伸出。
444. 花冠两侧对称或稀可整齐;叶对生 ………………………………… 唇形科 Labiatae
444. 花冠整齐;叶互生。
445. 花柱 2 个;多年生匍匐性小草本;叶片呈圆肾形 …… 旋花科 Convolvulaceae
(马蹄金属 *Dichondra*)
445. 花柱 1 个 ……………………………………………………… 紫草科 Boraginaceae
443. 子房完整或微有分裂,或为 2 个分离的心皮所组成;花柱自子房的顶端伸出。
446. 雄蕊的花丝分裂。
447. 雄蕊 2 枚,各分为 3 裂 ……………………………………………… 罂粟科 Papaveraceae
(紫堇亚科 *Fumarioideae*)
447. 雄蕊 5 枚,各分为 2 裂 ……………………………………………… 五福花科 Adoxaceae
(五福花属 *Adoxa*)
446. 雄蕊的花丝单纯。
448. 花冠不整齐,常多少有些呈二唇状。
449. 成熟雄蕊 5 枚。
450. 雄蕊和花冠离生 …………………………………………… 杜鹃花科 Ericaceae
450. 雄蕊着生于花冠上 ………………………………………… 紫草科 Boraginaceae
449. 成熟雄蕊 2 枚或 4 枚,退化雄蕊有时也可存在。
451. 每子房室内仅含 1 个或 2 个胚珠(如为后一情形时,可在次 451 项检索)。
452. 叶对生或轮生;雄蕊 4 枚,稀可 2 枚;胚珠直立,稀可垂悬。
453. 子房 2~4 室,共有 2 个或更多的胚珠……… 马鞭草科 Verbenaceae

453. 子房 1 室，仅含 1 个胚珠 …………………… 透骨草科 Phrymaceae
（透骨草属 *Phryma*）

452. 叶互生或基生；雄蕊 2 枚或 4 枚，胚珠垂悬；子房 2 室，每子房室内仅有 1 个胚珠 ……………………………… 玄参科 Scrophulariaceae

451. 每子房室内有 2 个至多个胚珠。

454. 子房 1 室具侧膜胎座或中央胎座（有时可因侧膜胎座的深入而为 2 室）。

455. 草本或木本植物，不为寄生性，也非食虫性。

456. 多为乔木或木质藤本；叶为单叶或复叶，对生或轮生，稀可互生，种子有翅，但无胚乳 ……………………… 紫葳科 Bignoniaceae

456. 多为草本；叶为单叶，基生或对生；种子无翅，有或无胚乳 ……… ……………………………………… 苦苣苔科 Gesneriaceae

455. 草本植物，为寄生性或食虫性。

457. 植物体寄生于其他植物的根部，而无绿叶存在；雄蕊 4 枚；侧膜胎座
……………………………………… 列当科 Orobanchaceae

457. 植物体为食虫性，有绿叶存在；雄蕊 2 枚；特立中央胎座；多为水生或沼泽植物，且有具距的花冠………… 狸藻科 kentibulariaceae

454. 子房 2 ~ 4 室，具中轴胎座，或于角胡麻科中为子房 1 室而具侧膜胎座。

458. 植物体常具分泌黏液的腺体毛茸；种子无胚乳或具一薄层胚乳。

459. 子房最后成为 4 室；蒴果的果皮质薄而不延伸为长喙；油料植物 ……………………………………… 胡麻科 Pedaliaceae
（胡麻属 *Sesamum*）

459. 子房 1 室，蒴果的内皮坚硬而成木质，延伸为钩状长喙；栽培花卉 ……………………………………… 角胡麻科 Martyniaceae
（角胡麻属 *Pooboscidea*）

458. 植物体不具上述的毛茸；子房 2 室。

460. 叶对生；种子无胚乳，位于胎座的钩状突起上 …………………… ……………………………………… 爵床科 Acanthaceae

460. 叶互生或对生；种子有胚乳，位于中轴胎座上。

461. 花冠裂片具深缺刻；成熟雄蕊 2 枚 …………… 茄科 Solanaceae
（蝴蝶花属 *Schizanthus*）

461. 花冠裂片全缘或仅其先端具一凹陷；成熟雄蕊 2 枚或 4 枚 … ……………………………………… 玄参科 Scrophulariaceae

448. 花冠整齐，或近于整齐。

462. 雄蕊数较花冠裂片为少。

463. 子房 2 ~ 4 室，每室内仅含 1 个或 2 个胚珠。

464. 雄蕊 2 枚 ……………………………………… 木犀科 Oleaceae

464\. 雄蕊 4 枚。

465\. 叶互生,有透明腺体微点存在 ………………………… 苦槛蓝科 Myoporaceae

465\. 叶对生,无透明微点 …………………………………… 马鞭草科 Verbenaceae

463\. 子房 1 室或 2 室,每室内有数个至多数胚珠。

466\. 雄蕊 2 枚;每子房室内有 4~10 个胚珠垂悬于室的顶端…… 木犀科 Oleaceae（连翘属 *Forsythia*）

466\. 雄蕊 4 枚或 2 枚;每子房室内有多数胚珠着生于中轴或侧膜胎座上。

467\. 子房 1 室,内具分歧的侧膜胎座,或因胎座深入而使子房成 2 室 ……………………………………………………………………… 苦苣苔科 Gesneriaceae

467\. 子房为完全的 2 室,内具中轴胎座。

468\. 花冠于蕾中常折叠;子房 2 个心皮的位置偏斜………… 茄科 Solanaceae

468\. 花冠于蕾中不折叠,而呈覆瓦状排列;子房的 2 个心皮位于前后方 …………………………………………………………… 玄参科 Scrophulariaceae

462\. 雄蕊和花冠裂片同数。

469\. 子房 2 室,或为 1 室而成熟后呈双角状。

470\. 雄蕊各自分离;花粉粒也彼此分离 ………………………… 夹竹桃科 Apocynaceae

470\. 雄蕊互相连合;花粉粒连成花粉块 ………………………… 萝藦科 Asclepiadaceae

469\. 子房 1 室,不呈双角状。

471\. 子房 1 室或因两侧膜胎座的深入而成 2 室。

472\. 子房为 1 个心皮所成。

473\. 花显著,呈漏斗形而簇生;果实为 1 颗瘦果,有棱或有翅 ……………………………………………………………………… 紫茉莉科 Nyctaginaceae（紫茉莉属 *Mirabilis*）

473\. 花小形而形成球形的头状花序;果实为 1 颗荚果,成熟后则裂为仅含 1 种子的节荚 …………………………………………………… 豆科 Leguminosae（含羞草属 *Mimosa*）

472\. 子房为 2 个以上连合心皮所成。

474\. 乔木或攀援性灌木,稀可为攀援性草木,而体内具有乳汁(例如心翼果属 *Cardiopteris*);果实呈核果状(但心翼果属则为干燥的翅果),内有 1 个种子 ……………………………………………………………… 茶茱萸科 Icacinaceae

474\. 草本或亚灌木,或于旋花科的麻辣仔藤属 *Erycibe* 中为攀援灌木;果实呈蒴果状(麻辣仔藤属中呈浆果状),内有 2 粒或更多的种子。

475\. 花冠裂片呈覆瓦状排列。

476\. 叶茎生,羽状分裂或为羽状复叶(限于我国植物如此) ……………………………………………………………… 田基麻科 Uydrophyllaceae（水叶族 *Hydrophylleae*）

476\. 叶基生,单叶,边缘具齿裂 ……………………… 苦苣苔科 Gesneriaceae（苦苣苔属 *Conandron*,黔苣苔属 *Tengia*）

475\. 花冠裂片常呈旋转状或内折的镊合状排列。

477. 攀援性灌木；果实呈浆果状，内有少数种子 … 旋花科 Convolvulaceae（麻辣仔藤属 *Erycibe*）

477. 直立陆生或漂浮水面的草本；果实呈蒴果状，内有少数至多数种子……………………………………………………………… 龙胆科 Gentianaceae

471. 子房 2～10 室。

478. 无绿叶而为缠绕性的寄生植物 ………………………… 旋花科 Convolvulaceae（菟丝子亚科 *Cuscutoideae*）

478. 不是上述的无叶寄生植物。

479. 叶常对生，且多在两叶之间有托叶所成的连接线或附属物 ……………………………………………………………………………… 马钱科 Loganiaceae

479. 叶常互生，或有时基生，如为对生时，其两叶之间也无托叶所成的连系物，有时其叶也可轮生。

480. 雄蕊和花冠离生或近于离生。

481. 灌木或亚灌木；花药顶端孔裂；花粉粒为四合体；子房常 5 室 ………………………………………………………………… 杜鹃花科 Ericaceae

481. 一年或多年生草本，常为缠绕性；花药纵长裂开；花粉粒单纯；子房常 3～5 室 ……………………………………………… 桔梗科 Campanulaceae

480. 雄蕊着生于花冠的筒部。

482. 雄蕊 4 枚，稀可在冬青科为 5 枚或更多。

483. 无主茎的草本，具有少数至多数花朵所形成的穗状花序生于一基生花葶上 ……………………………………………… 车前科 Plantaginaceae（车前属 *Plantago*）

483. 乔木、灌木，或具有主茎的草本。

484. 叶互生，多常绿 ……………………………… 冬青科 Aquifoliaceae（冬青属 *Ilex*）

484. 叶对生或轮生。

485. 子房 2 室，每室内有多数胚珠 …………… 玄参科 Scrophulariaceae

485. 子房 2 室至多室，每室内有 1 个或 2 个胚珠 ……………………………………………………………… 马鞭草科 Verbenaceae

482. 雄蕊常 5 枚，稀可更多。

486. 每子房室内仅有 1 个或 2 个胚珠。

487. 子房 2 室或 3 室；胚珠自子房室近顶端垂悬；木本植物；叶全缘。

488. 每花瓣 2 裂或 2 分；花柱 1 个；子房无柄，2 室或 3 室，每室内各有 2 个胚珠；核果；有托叶 …………………… 毒鼠子科 Dichapetalaceae（毒鼠子属 *Dichapetalum*）

488. 每花瓣均完整；花柱 2 个；子房具柄，2 室，每室内仅有 1 个胚珠；翅果；无托叶 ……………………………… 茶茱萸科 Icacinaceae

487. 子房 1～4 室；胚珠在子房室基底或中轴的基部直立或上举；无托叶；花柱 1 个，稀可 2 个，有时在紫草科的破布木属 *Cordia* 中其先端可成两次的二分。

489. 果实为核果；花冠有明显的裂片，并在蕾中呈覆瓦状或旋转状排列；叶全缘或有锯齿；通常均为直立木本或草本，多粗壮或具刺毛 ……………………………………………………… 紫草科 Boraginaceae

489. 果实为蒴果；花瓣完整或具裂片；叶全缘或具裂片，但无锯齿缘。

490. 通常为缠绕性稀可为直立草本，或为半木质的攀援植物至大型木质藤本（如盾苞藤属 *Neuropeltis*）；萼片多互相分离；花冠常完整而几无裂片，于蕾中呈旋转状排列，也可有时深裂而其裂片成内折的镊合状排列（如盾苞藤属） ………… 旋花科 Convolvulaceae

490. 通常均为直立；萼片连合成钟形或筒状；花冠有明显的裂片，唯于蕾中也呈旋转状排列 ………………… 花荵科 Polemoniaceae

486. 每子房室内有多数胚珠，或在花荵科中有时为1个至数个；多无托叶。

491. 高山区生长的耐寒旱性低矮多年生草本或丛生亚灌木；叶多小型，常绿，紧密排列呈覆瓦状或莲座式；花无花盘；花单生至聚集成几为头状花序；花冠裂片成覆瓦状排列；子房3室；花柱1个；柱头3裂；蒴果室背开裂 ……………………………………… 岩梅科 Diapensiaceae

491. 草本或木本，不为耐寒旱性；叶常为大型或中型，脱落性，疏松排列而各自展开；花多有位于子房下方的花盘。

492. 花冠不于蕾中折叠，其裂片呈旋转状排列，或在田基麻科中为覆瓦状排列。

493. 叶为单叶，或在花荵属 *Polemonium* 为羽状分裂或为羽状复叶；子房3室（稀可2室）；花柱1个；柱头3裂；蒴果多室背开裂 …… ……………………………………… 花荵科 Polemoniaceae

493. 叶为单叶，且在田基麻属 *Hydrolea* 为全缘；子房2室；花柱2个，柱头呈头状；蒴果室间开裂 …………… 田基麻科 Hydrophyllacea （田基麻族 *Hydroleeae*）

492. 花冠裂片呈镊合状或覆瓦状排列，或其花冠于蕾中折叠，且成旋转状排列；花萼常宿存；子房2室；或在茄科中为假3室至假5室；花柱1个；柱头完整或2裂。

494. 花冠多于蕾中折迭，其裂片呈覆瓦状排列；或在曼陀罗属 *Datura* 呈旋转状排列，稀可在枸杞属 *Lycium* 和颠茄属 *Atrope* 等属中，并不于蕾中折迭，而呈覆瓦状排列，雄蕊的花丝无毛；浆果，或为纵裂或横裂的蒴果 ……………………………… 茄科 Solanaceae

494. 花冠不于蕾中折叠，其裂片呈覆瓦状排列；雄蕊的花丝具毛茸（尤以后方的2个如此）。

495. 室间开裂的蒴果 ……………………… 玄参科 Scrophulariaceae （毛蕊花属 *Verbascum*）

495. 浆果，有刺灌木 ……………………………… 茄科 Solanaceae （枸杞属 *Lycium*）

1. 子叶1片;茎无髓部,也无呈年轮状的生长;叶多具平行叶脉;花为三出数,有时为四出数,但极少为五出数 …………………………………… 单子叶植物纲 Monocotyledoneae

496. 木本植物,或其叶于芽中呈折叠状。

497. 灌木或乔木;叶细长或呈剑状,在芽中不呈折叠状 …… 露兜树科 Pandanaceae

497. 木本或草本;叶甚宽,常为羽状或扇形的分裂,在芽中呈折叠状而有强韧的平行脉或射出。

498. 植物体多甚高大,呈棕榈状,具简单或分枝少的主干;花为圆锥或穗状花序,托以佛焰状苞片 …………………………………………………… 棕榈科 Palmae

498. 植物体常为无主茎的多年生草木,具常深裂为2片的叶片;花为紧密的穗状花序 ………………………………………………………… 环花科 Cyclanthaceae（巴拿马草属 *Carludovica*）

496. 草本植物或稀可为本质茎,但其叶于芽中从不呈折叠状。

499. 无花被或在眼子菜科中很小。

500. 花包藏于或附托以呈覆瓦状排列的壳状鳞片(特称为颖)中,由多花至一花形成小穗(自形态学观点而言,此小穗实即简单的穗状花序)。

501. 秆多少有些呈三棱形,实心;茎生叶呈三行排列;叶鞘封闭;花药以基底附着花丝;果实为瘦果或囊果 ………………………………… 莎草科 Cyperaceae

501. 秆常呈圆筒形;中空;茎生叶呈二行排列;叶鞘常在一侧纵裂开;花药以其中部附着花丝;果实通常为颖果 ……………………………… 禾本科 Gramineae

500. 花虽有时排列为具总苞的头状花序,但并不包藏于呈壳状的鳞片中。

502. 植物体微小,无真正的叶片,仅具无茎而漂浮水面或沉没水中的叶状体………………………………………………………………………… 浮萍科 Lenmaceae

502. 植物体常具茎,也具叶,其叶有时可呈鳞片状。

503. 水生植物,具沉没水中或漂浮水面的叶片。

504. 花单性,不排列成穗状花序。

505. 叶互生;花呈球形的头状花序 …………… 黑三棱科 Sparganiaceae（黑三棱属 *Sparganium*）

505. 叶多对生或轮生;花单生,或在叶腋间形成聚伞花序。

506. 多年生草本;雌蕊为1个或更多而互相分离的心皮所成;胚珠自子房室顶端垂悬 …………………… 眼子菜科 Potamogetonaceae（角果藻族 *Zannichellieae*）

506. 一年生草本;雌蕊1枚,具2～4个柱头;胚珠直立于子房室的基底 ……………………………………………… 茨藻科 Najadaceae（茨藻属 *Najas*）

504. 花两性或单性,排列成简单或分歧的穗状花序。

507. 花排列于一扁平穗轴的一侧。

508. 海水植物;穗状花序不分歧,但其雌雄同株或异株的单性花;雄蕊1枚,具无花丝而为1室的花药;雌蕊1枚,具2个柱头;胚珠1个,垂悬于子房室的顶端 …………… 眼子菜科 Potamogetonaceae

（大叶藻属 *Zostera*）

508. 淡水植物；穗状花序常分为二歧而具两性花；雄蕊 6 枚或更多，具极细长的花丝和 2 室的花药；雌蕊为 3～6 个离生心皮所成；胚珠在每室内 2 个或更多，基生 ……… 水蕹科 Aponogetonaceae

（水蕹属 *Aponogeton*）

507. 花排列于穗轴的周围，多为两性花；胚珠常仅 1 个 ………………………………………………………… 眼子菜科 Potamogetonaceae

503. 陆生或沼泽植物，常有位于空气中的叶片。

509. 叶有柄，全缘或有各种形状的分裂，具网状脉；花形成一肉穗花序，后者常有一大型而常具色彩的佛焰苞片；花两性 ………………………………… 天南星科 Araceae

509. 叶无柄，细长形、剑形，或退化为鳞片状，其叶片常具平行脉。

510. 花形成紧密的穗状花序，或在帚灯草科为疏松的圆锥花序。

511. 陆生或沼泽植物；花序为由位于苞腋间的小穗所组成的疏散圆锥花序；雌雄异株；叶多呈鞘状 ……………………………………… 帚灯草科 Restionaceae

（薄果草属 *Leptocarpus*）

511. 水生或沼泽植物；花序为紧密的穗状花序。

512. 穗状花序位于一呈二棱形的基生花葶的一侧，而另一侧则延伸为叶状的佛焰苞片；花两性 ………………………………………… 天南星科 Araceae

（石菖蒲属 *Acorus*）

512. 穗状花序位于一圆柱形花梗的顶端，形如蜡烛而无佛焰苞；雌雄同株 …… ………………………………………………………… 香蒲科 Typhaceae

510. 花序有各种型式。

513. 花单性，呈头状花序。

514. 头状花序单生于基生无叶的花葶顶端；叶狭窄，呈禾草状，有时叶为膜质… ……………………………………………………… 谷精草科 Eriocaulaceae

（谷精草属 *Eriocaulon*）

514. 头状花序散生于具叶的主茎或枝条的上部，雄性者在上，雌性者在下；叶细长，呈扁三棱形，直立或漂浮水面，基部呈鞘状 … 黑三棱科 Sparganiaceae

（黑三棱属 Sparganivm）

513. 花常两性。

515. 花序呈穗状或头状，包藏于两个互生的叶状苞片中；无花被；叶小，细长形或呈丝状；雄蕊 1 枚或 2 枚；子房上位，1～3 室，每子房室内仅有 1 个垂悬胚珠… ………………………………………………… 刺鳞草科 Centrolepidaceae

515. 花序不包藏于叶状的苞片中；有花被。

516. 子房 3～6 室，至少在成熟时互相分离 ……… 水麦冬科 Juncaginaceae

（水麦冬属 *Triglochin*）

516. 子房 1 室，由 3 个心皮连合所组成 ……………… 灯心草科 Juncaceae

499. 有花被，常显著，且呈花瓣状。

517. 雌蕊3枚至多枚,互相分离。
518. 死物寄生性植物,具呈鳞片状而无绿色叶片。
519. 花两性,具2层花被片;心皮3个,各有多数胚珠…………… 百合科 Liiiaceae
(无叶莲属 *Petrosavia*)
519. 花单性或稀可杂性,具一层花被片;心皮数个,各仅有1个胚珠 ……………
………………………………………………………………… 霉草科 Tdu6daceae
(喜阴草属 *Sciaphila*)
518. 不是死物寄生性植物,常为水生或沼泽植物,具有发育正常的绿叶。
520. 花被裂片彼此相同;叶细长,基部具鞘 ……………… 水麦冬科 Juncaginaceae
(芝菜属 *scheuchzeria*)
520. 花被裂片分化为萼片和花瓣2轮。
521. 叶(限于我国植物)呈细长形,直立;花单生或呈伞形花序;蓇葖果 ………
……………………………………………………………… 花蔺科 Butomaceae
(花蔺属 *Butomus*)
521. 叶呈细长兼披针形至卵圆形,常为箭镞状长柄;花常轮生,呈总状或圆锥花序;瘦果 ………………………………………………… 泽泻科 Alismataceae
517. 雌蕊1枚,复合性或于百合科的岩菖蒲属 *Tofieldia* 中其心皮近于分离。
522. 子房上位,或花被和子房相分离。
523. 花两侧对称;雄蕊1枚位于前方,即着生于远轴的一花被片的基部 …………
…………………………………………………………………… 田葱科 Philydraceae
(田葱属 *Philydrum*)
523. 花辐射对称,稀可两侧对称;雄蕊3枚或更多。
524. 花被分化为花萼和花冠2轮,后者于百合科的重楼族中,有时为细长形或线形的花瓣所组成,稀可缺如。
525. 花形成紧密而具鳞片的头状花序;雄蕊3枚;子房1室 …………………
………………………………………………………… 黄眼草科 Xyridaceae
(黄眼草属 *Xyris*)
525. 花不形成头状花序;雄蕊数在3枚以上。
526. 叶互生,基部具鞘,平行脉;花为腋生或顶生的聚伞花序;雄蕊6枚,或因退化而数较少 ………………………… 鸭跖草科 Commelinaceae
526. 叶以3个或更多个生于茎的顶端而成一轮,网状脉而于基部具3~5脉;花单独顶生;雄蕊6枚、8枚或10枚 …………… 百合科 Liliaceae
(重楼族 *Parideae*)
524. 花被裂片彼此相同或近于相同,或于百合科的白丝草属 *Chinographis* 中则极不相同,又在同科的油点草属 *Tricynis* 中其外层3个花被裂片的基部呈囊状。
527. 花小型,花被裂片绿色或棕色。
528. 花位于一穗形总状花序上;蒴果自一宿存的中轴上裂为3~6瓣,每果瓣内仅有1粒种子 ……………………………………… 水麦冬科 Juncaginaceae
(水麦冬属 *Triglochin*)

528. 花位于各种型式的花序上;蒴果室背开裂为3瓣,内有多数至3粒种子……………………………………………………………………………… 灯心草科 Juncaceae

527. 花大型或中型,或有时为小型,花被裂片多少有些具鲜明的色彩。

529. 叶(限于我国植物)的顶端变为卷须,并有闭合的叶鞘;胚珠在每室内仅为1个;花排列为顶生的圆锥花序……………………………… 须叶藤科 Flagellariaceae（须叶藤属 *Flagellaria*）

529. 叶的顶端不变为卷须;胚珠在每子房室内为多数,稀可仅为1或2。

530. 直立或漂浮的水生植物;雄蕊6枚,彼此不相同,或有时有不育者…………………………………………………………………………… 雨久花科 Pontedefiaceae

530. 陆生植物;雄蕊6枚、4枚或2枚,彼此相同。

531. 花为四出数,叶(限于我国植物)对生或轮生,具有显著纵脉及密生的横脉……………………………………………………………… 百部科 Stemonaceae（百部属 *Stemona*）

531. 花为三出或四出数;叶常基生或互生 …………………… 百合科 Liliaceae

522. 子房下位,或花被多少有些和子房相愈合。

532. 花两侧对称或为不对称形。

533. 花被片均成花瓣状;雄蕊和花柱多少有些互相连合 ……… 兰科 Orchidaceae

533. 花被片并不是均成花瓣状,其外层者形如萼片;雄蕊和花柱相分离。

534. 后方的1枚雄蕊常为不育性,其余5枚则均发育而具有花药。

535. 叶和苞片排列成螺旋状;花常因退化而为单性;浆果;花管呈管状,其一侧不久即裂开 …………………………………………………… 芭蕉科 Musaceae（芭蕉属 *Musa*）

535. 叶和苞片排列成2行;花两性,蒴果。

536. 萼片互相分离或至多可和花冠相连合;居中的1片花瓣并不成为唇瓣………………………………………………………………………… 芭蕉科 Musaceae（鹤望兰属 *Strelitzia*）

536. 萼片互相连合成管状;居中(位于远轴方向)的1片花瓣为大形而成唇瓣……………………………………………………………………… 芭蕉科 Musaceae（兰花蕉属 *Orchidantha*）

534. 后方的1枚雄蕊发育而具有花药,其余5枚则退化,或变形为花瓣状。

537. 花药2室;萼片互相连合为一萼筒,有时呈佛焰苞状 … 姜科 Zingiberaceae

537. 花药1室;萼片互相分离或至多彼此相衔接。

538. 子房3室,每子房室内有多数胚珠位于中轴胎座上;各不育雄蕊呈花瓣状,互相于基部简短连合 ………………………… 美人蕉科 Cannaceae（美人蕉属 *Canna*）

538. 子房3室或因退化而成1室,每子房室内仅含1个基生胚珠;各不育雄蕊也呈花瓣状,唯多少有些互相连合 ………… 竹芋科 Marantaceae

532. 花常辐射对称,也即花整齐或近于整齐。

539. 水生草本,植物体部分或全部沉没水中 ……………… 水鳖科 Hydrocharitaceae

539. 陆生草木。

540. 植物体为攀援性;叶片宽广,具网状脉(还有数主脉)和叶柄……………………………………………………………………………………………… 薯蓣科 Dioscoreaceae

540. 植物体不为攀援性;叶具平行脉。

541. 雄蕊 3 枚。

542. 叶 2 行排列,两侧扁平而无背腹面之分,由下向上重叠跨覆;雄蕊和花被的外层裂片相对生 ……………………………………… 鸢尾科 Lridaceae

542. 叶不为 2 行排列;茎生叶呈鳞片状;雄蕊和花被的内层裂片相对生 ……………………………………………………………… 水玉簪科 Burmanniaceae

541. 雄蕊 6 枚。

543. 果实为浆果或蒴果,而花被残留物多少和它相合生,或果实为一聚花果;花被的内层裂片各于其基部有 2 舌状物;叶呈带形,边缘有刺齿或全缘 ……………………………………………………… 凤梨科 Bromcliaceae

543. 果实为蒴果或浆果,仅为一花所成;花被裂片无附属物。

544. 子房 1 室,内有多数胚珠位于侧膜胎座上;花序为伞形,具长丝状的总苞片 ……………………………………………… 蒟蒻薯科 Taccaceae

544. 子房 3 室,内有多数至少数胚珠位于中轴胎座上。

545. 子房部分下位 ……………………………………… 百合科 Liliaceae
(肺筋草属 *Aletris*,沿阶草属 *Ophiopogon*,球子草属 *Peliosanthes*)

545. 子房完全下位 ……………………………… 石蒜科 Amaryllidaceae

# 参考文献


[1]中国科学院植物研究所．中国高等植物图鉴[M]．北京:科学出版社,1972.

[2]谢成科．药用植物学[M]．北京:人民卫生出版社,1986.

[3]中国科学院植物志编辑委员会．中国植物志[M]．北京:科学出版社,1988.

[4]中国医学科学院药用植物资源开发研究所,中国医学科学院药物研究所．中药志[M]．北京:人民卫生出版社,1994.

[5]李正理,张新英．植物解剖学[M]．北京:高等教育出版社,1996.

[6]国家中医药管理局《中华本草》编委会．中华本草[M]．上海:上海科学技术出版社,1999.

[7]周云龙．植物生物学[M]．北京:高等教育出版社,1999.

[8]姚振生．药用植物学[M]．北京:中国中医药出版社,2003.

[9]杨春澍．药用植物学[M]．上海:上海科学技术出版社,2004.

[10]徐寿长．药用植物学[M]．济南:山东科学技术出版社,2006.

[11]丁景和．药用植物学[M]．上海:上海科学技术出版社,2007.

[12]郑汉臣．药用植物学[M]．北京:人民卫生出版社,2008.

[13]郑小吉．药用植物学[M]．北京:人民卫生出版社,2010.

[14]国家药典委员会．中华人民共和国药典[M]．北京:中国中医药科技出版社,2015.

[15]彭学著．药用植物学[M]．西安:第四军医大学出版社,2015.